施工现场业务管理细节大全丛书

施 工 员

第 3 版

双 全 主编

机 械 工 业 出 版 社

本书系"施工现场业务管理细节大全丛书"施工员 第3版，书中内容有：建筑施工现场管理，地基基础工程，脚手架工程，砌体工程，混凝土结构工程，钢结构工程，屋面及防水工程，地面工程，装饰装修工程。

本书可供现场施工员、技术人员、管理人员和相关专业大中专院校师生使用。

图书在版编目（CIP）数据

施工员／双全主编 . —3版 . —北京：机械工业出版社，2015.6
（2019.10重印）
（施工现场业务管理细节大全丛书）
ISBN 978-7-111-50521-1

Ⅰ.①施⋯ Ⅱ.①双⋯ Ⅲ.①建筑工程—工程施工
Ⅳ.①TU74

中国版本图书馆 CIP 数据核字（2015）第 130718 号

机械工业出版社（北京市百万庄大街22号 邮政编码100037）
策划编辑：何文军 责任编辑：何文军 刘欣宇
版式设计：霍永明 责任校对：张晓蓉
封面设计：马精明 责任印制：乔 宇
北京九州迅驰传媒文化有限公司印刷
2019 年 10 月第 3 版第 2 次印刷
184mm×260mm · 21.5 印张 · 530 千字
标准书号：ISBN 978-7-111-50521-1
定价：66.00 元

《施工现场业务管理细节大全丛书·施工员》
（第3版）
编 写 人 员

主　编　双　全

参　编　（按姓氏笔画排序）

王红英	王洪德	王钦秋	王　静
王燕琦	白桂欣	白雅君	卢　玲
孙　元	石云峰	李方刚	刘香燕
刘家兴	刘　捷	刘　磊	陈煜淼
陈洪刚	谷文来	邱　东	宋砚秋
张　军	张吉文	张　彤	张建铎
张　慧	宫国盛	胡　风	胡　君
胡　俊	姜　雷	姚　鹏	唐　颖
徐芳芳	徐旭伟	袁嘉仑	崔立坤
董文晖	韩实彬	解　华	

第 3 版前言

鉴于国家标准《屋面工程质量验收规范》（GB 50207—2012）、《屋面工程技术规范》（GB 50345—2012）、《地下防水工程质量验收规范》（GB 50208—2011）、《钢筋焊接及验收规程》（JGJ 18—2012）、《普通混凝土配合比设计规程》（JGJ 55—2011）等规范进行了修订，本书第 2 版的相关章节已经不能适应发展的需要，故本书进行了修订。

由于编者的水平有限，书中存在不足和错误之处在所难免，望广大读者给予批评、指正。

编　者
2014 年 9 月

第2版前言

鉴于国家标准《浸渍纸层压木质地板》(GB/T 18102—2007)、《普通混凝土长期性能和耐久性能试验方法标准》(GB 50082—2009)、《地下工程防水技术规范》(GB 50108—2008)以及行业标准《建筑砂浆基本性能试验方法标准》(JGJ 70—2009)、《建筑桩基技术规范》(JGJ 94—2008)、《钢筋机械连接技术规程》(JGJ 107—2010)等 10 余种规范进行了修改,本书第 1 版的相关章节已经不能适应发展的需要,故本书进行了修订。

由于编者的水平有限,书中缺陷乃至错误在所难免,望广大读者给予批评、指正。

编　者
2010 年 7 月

第1版前言

使人疲惫不堪的不是远处的高山，而是鞋里的一粒砂子。许多事情的失败，往往是由于细节上没有尽力而造成的。我们应该始终把握工作细节，而且注重在做事的细节中认真求实、埋头苦干，从而使工作走上成功之路。

改革开放以来，我国建筑业发展很快，城镇建设规模日益扩大，建筑施工队伍不断增加，基层施工一线中的施工员肩负着重要的职责。工程项目能否高质量、按期完成，施工现场的基层业务管理人员是最终决定的因素，而施工员又属其中重要的角色，是施工现场能否有序、高效、高质量完成的关键。

为了进一步健全和完善施工现场全面质量管理问题，不断提高施工员的业务素质和工作水平，以更多的建筑精品工程面对日益激烈的市场竞争需求。根据《建筑工程施工质量验收统一标准》（GB 50300—2001）和《建筑地基基础工程施工质量验收规范》（GB 50202—2002）、《建筑地面工程施工质量验收规范》（GB 50209—2002）、《混凝土结构工程施工质量验收规范》（GB 50204—2002）等相关规范和标准的规定，编写了这本《施工现场业务管理细节大全丛书·施工员》。

本书主要介绍了施工现场业务管理的细节要求，以及土石方工程、地基与基础工程、脚手架工程、砌体工程、混凝土结构工程、预应力工程、屋面及防水工程、结构安装工程、地面工程与装饰装修工程等分项工程施工中，施工员应掌握的最基本、最实用的专业知识和施工细则。其主要内容都以细节中的要点详细阐述，其表述形式新颖，易于理解，便于执行，方便读者抓住主要问题，及时查阅和学习。全书通俗易懂，操作性、实用性强，可供施工技术人员、现场管理人员、相关专业大中专院校的师生学习参考。

我们希望通过本书的介绍，对施工现场各岗位的人员及广大读者均有所帮助。

由于编者的经验和学识所限，加之当今我国建筑业施工水平的迅速发展，尽管编者尽心尽力，但书中难免有疏漏或未尽之处。敬请有关专家和广大读者批评指正。

编　者
2006 年 9 月

目　　录

1　建筑施工现场管理

细节：施工现场管理的含义

施工现场管理就是运用科学的管理思想、管理组织、管理方法和管理手段，对施工现场的各种生产要素，如人（操作者、管理者）、机（设备）、料（原材料）、法（工艺、检测）、环境、资金、能源、信息等，进行合理的配置和优化组合，通过计划、组织、控制、协调、激励等管理职能，保证现场能按预定的目标，实现优质、高效、低耗、按期、安全、文明的生产。

细节：施工现场管理的任务和内容

1. 施工现场管理的任务

施工现场管理的具体任务，可以归纳为以下几点：

1）全面完成生产计划规定的任务（含产量、产值、质量、工期、资金、成本、利润和安全等）。

2）按施工规律组织生产，优化生产要素的配置，实现高效率和高效益。

3）搞好劳动组织和班组建设，不断提高施工现场人员的思想和技术素质。

4）加强定额管理，降低物料和能源的消耗，减少生产储备和资金占用，不断降低生产成本。

5）优化专业管理，建立和完善管理体系，有效地控制施工现场的投入和产出。

6）加强施工现场的标准化管理，使人流、物流高效有序。

7）整治施工现场环境，改变"脏、乱、差"的状况，注意保护施工环境，做到施工不扰民。

2. 施工现场管理的内容

施工现场管理不仅包含组织管理工作，而且包括大量的企业管理的基础工作在现场的落实和贯彻，一般应包括以下的内容：

1）落实施工任务，签订内部承包合同。

2）进行开工前的各项准备工作，促成工程顺利开工。

3）进行施工过程中经常性的施工准备工作。

4）按计划组织综合施工，对施工的全过程进行全面控制和协调（计划、质量、成本、技术与安全、物质、劳动力等）。

5）搞好场地管理，各种材料、设施堆放有序，道路畅通，施工环境整洁。

6）利用施工任务书，进行基层的施工管理。

7）组织工程交工验收。

细节：施工员应具备的条件

1. 建筑行业的职业道德

建筑产品消耗大量的财力、物力和人力，一经建成，很难随意推倒重建，工程的优劣，其随后的影响是长远的，特别是住宅，工程的优劣直接牵动着千家万户的心。所以，作为建筑行业的职工，一定要树立为社会主义现代化服务的道德观念，献身建筑事业，认真履行行业职责，工程建设做到优质、守信、用户满意。

（1）行业的职业道德标准

1）坚持百年大计，质量第一。精心设计，精心施工，严把质量关，不合格的工程不交工。

2）信守合同，维护企业信誉。严格按合同要求组织设计和施工，不拖延期限，不留工程尾巴，做到工完场清。

3）安全生产，文明施工。施工区域应用围墙与非施工区域隔离，防止施工污染施工区域以外的环境。施工围墙应完整严密，牢固美观。

施工现场应有科学的现场平面布置图，各种临时建筑和临时设施排列有序，材料堆码整齐，道路畅通整洁。运输车辆不带泥砂出场，并做到沿途不遗撒，施工垃圾应及时清运到指定消纳场所，严禁乱倒乱卸。

临街建筑工程，必须支搭牢固可靠的防护棚，确保人和物的安全。

4）做好建筑施工现场的环境保护工作。不乱排污水，不乱倒施工垃圾，施工不扰民，夜间施工要严格控制时间和施工噪声，道路和管道开挖尽量不影响周围的交通。

5）坚持良好的产后服务，主动定期回访返修。所有竣工工程都要按照保修条例回访保修，不推诿，不扯皮。

（2）对施工员的要求　作为一个施工现场的管理人员，除了遵守上述的行业道德标准外，施工员根据自身的职责，还应做好以下几点：

1）科学组织，周密安排。施工员应以高度的责任感，对工程建设的各个环节根据技术人员的交底，做出周密细致的安排。合理组织好劳动力，精心实施作业程序，使施工有条不紊地进行，防止盲目施工和窝工。

2）按图施工，不谋非分。施工员应严格按图施工，规范作业。不使用无合格证的产品和未经抽样检验的产品，不偷工减料，不在钢材用量、混凝土配合比、结构尺寸等方面做手脚，谋取非法利益。

3）安全生产，质量第一。以对人民生命安全和国家财产极端负责的态度，时刻不忘安全和质量，严格检查和监督，把好关口。不违章指挥，不玩忽职守，施工做到安全、优质、低耗，对已竣工的工程要主动回访保修，坚持良好的施工后服务，信守合同，维护企业的信誉。

4）实事求是，准确签证。在施工的全过程中，施工员应以实事求是、认真负责的态度准确签证，不多签或少签工程量和材料数量，不虚报冒领，不拖拖拉拉，完工即签证，并做好资料的收集和整理归档工作。

5）勤俭节约，精打细算。在施工过程中，时时处处要精打细算，降低能源和原材料的消耗，合理调度材料和劳动力，准确申报建筑材料的使用时间、型号、规格、数量，既保证供料及时，又不浪费材料。

6）做好施工环境保护工作。做到施工不扰民，严格控制粉尘、施工垃圾和噪声对环境的污染，做到文明施工。

提高建筑行业职工队伍的素质，加强建筑行业职工道德建设，对于提高行业的质量和效益，树立行业新风，培养"有理想、有道德、有文化、有纪律"的建筑队伍，建设社会主义精神文明具有重要意义。

2. 施工员应具备的专业知识和工作能力

（1）施工员应具备的专业知识　施工员应当掌握建筑施工技术、施工组织与管理知识，熟悉建筑水电知识、建筑材料、经营管理知识、法律知识、工程项目管理基本知识，了解工程建设监理和其他相关知识。具体而言，应包括以下几个方面：

1）掌握一般建筑结构的基本构造、建筑力学和简单施工计算方法。

2）掌握常用的建筑测量、建筑制图原理和方法。

3）掌握一般工业与民用建筑施工的标准、规范和施工技术。

4）掌握一定的施工组织和科学的管理方法。

5）掌握地基处理、基础施工的一般原理和方法。

6）掌握常用建筑材料（包括水泥、钢材、木材、砂石等）的性能和质量标准。

7）了解一般房屋中水、暖、电、卫设备和设施的基本知识。

8）了解一定的建筑机械知识和电工知识。

9）掌握一定的质量管理知识。

10）掌握一定的经济与经营管理知识，能编制施工预算，能进行工程统计和现场经济活动分析。

（2）施工员应具备的工作能力　作为一个施工员，除应具备岗位必备的专业知识外，还应具有一定的施工实践经验。只有具备了实践经验，才能处理各种可能遇到的实际问题。施工员应具备以下实际工作能力：

1）有一定的组织、管理能力。能有效地组织、指挥人力、物力和财力进行科学施工，取得最佳的经济效益。能编制施工预算，进行工程统计，劳务管理、现场经济活动分析。

2）有一定的协调能力。能根据工程的需要，协调各工种、人员、上下级之间的关系，正确处理施工现场的各种社会关系，保证施工能按计划高效、有序地进行。

3）有较丰富的施工经验。对施工中的稳定性问题（包括缆风设置、脚手架架设、吊点设计等）具有鉴别的能力，对安全质量事故能进行初步的分析。

① 能比较熟练地承担施工现场的测量、图纸会审和向工人交底的工作。能在不同地质条件下正确确定土方开挖、回填夯实、降水、排水等措施。

② 能正确地按照国家施工规范进行施工。施工中能掌握施工计划的关键线路，保证施工进度。

③ 能根据施工要求，合理选用和管理建筑机具，具有一定的电工知识，能管理施工用电。

④ 能运用质量管理方法指导施工，控制施工质量。

细节：施工员的任务、职责、权利与义务

1. 施工员的主要任务

施工员在施工全过程中的主要任务是：根据工程的要求，结合现场施工条件，把参与施工的人员、施工机具和建筑材料、构配件等，科学地、有序地协调组织起来，并使他们在时间和空间上取得最佳的组合，取得较好的效益。

施工员在施工全过程中的主要任务，具体在以下几个方面：

（1）施工准备工作　这里指的是施工现场的作业准备工作，它贯穿于工程开工前和各道施工工序的整个施工过程中。

技术准备工作	1）熟悉施工图纸、有关技术规范和施工工艺标准，了解设计要求及细部、节点做法，弄清有关技术资料对工程质量的要求，以便向工人进行技术交底，指导和检查各施工项目的施工 2）熟悉施工组织设计及有关技术经济文件对施工顺序、施工方法、技术措施、施工进度及现场施工总平面布置的要求；弄清完成施工任务的薄弱环节和关键线路，研究节约材料、降低成本、提高劳动生产率的途径 3）熟悉有关合同、经济核算资料，弄清人、财、物在施工中的需求、消耗情况，了解并制定施工预算与现场工资分配制度
现场准备	1）对现场"三通一平"（水电供应、交通道路及通信线路畅通,完成场地平整）进行验收 2）完成并检验现场抄平，测量放线工作 3）组织现场临时设施施工，并根据工程进展需要逐步交付使用 4）选定并组织施工机具进场、试运转和交付使用 5）按照施工进度安排、现场总平面布置及安全文明生产的要求，合理组织材料、构配件陆续进场，并按现场平面布置图堆放在预先规划好的位置上 6）全面规划、统一布置好现场施工的消防安全设施
组织准备	1）根据施工组织设计和施工进度计划安排，分期分批组织劳动力进场，并按照不同施工对象和不同工种，选定合理的劳动力组织形式及工种配备比例 2）确定工种工序间的搭接次序、交叉的时间和工程部位 3）合理组织分段、平行、流水、交叉作业 4）全面安排好施工现场一、二线，前、后台，施工生产和辅助作业之间的协调配合

（2）进行施工交底　施工交底的具体内容见下表：

施工任务交底	除按计划任务书要求向工人班组普遍进行施工任务交底外，还应重点交清任务大小、工期要求、关键进度线、交叉配合要求等，强调完成任务中的时间观念、全局观念
施工技术措施和操作方法交底	交清施工任务特点，有关技术规范、操作规程和工艺标准的要求，有关重要施工部位、细部、节点的做法及施工组织设计选定的施工方法和技术措施
施工定额和经济分配方式的交底	在交底中应明确使用何种定额，根据工程量计算出的劳动工日、机械台班、物资消耗数量、经济分配和奖罚制度等
文明、安全施工交底	根据施工任务和施工条件、特点，在交底中提出对施工安全和文明施工的要求及有关防护措施，明确施工操作中应重点注意的部位和有关事项，对常见多发事故的安全措施要反复强调，责任到人

对新工艺、新材料、新结构，要针对工程的不同特点和不同施工人员的操作水平制定施工方案，进行专门交底。

（3）在施工中实行有目标的组织协调控制　这是施工员的一项关键性工作。做好施工准备，向施工人员交代清楚施工任务要求和施工方法，只是为完成施工任务，实现建筑施工整体目标创造了一个良好的施工条件。尤其重要的是要在施工全过程中按照施工组织设计和有关技术、经济文件的要求，围绕着质量、工期、成本等既定施工目标，在每个阶段、每一工序、每张施工任务书中积极组织平衡，严格协调控制，使施工中人、财、物和各种关系能够保持最好的结合，确保工程顺利进行。一般应主要抓好以下几个环节：

1）检查班组作业前的准备工作。

2）检查外部供应条件及专业施工等协作配合单位，能否按计划进度履行合同。

3）检查工人班组能否按交底要求进入施工现场，掌握施工方法和操作要点；能否按规定时间和质量、安全文明要求完成施工任务。发现问题，应采取补救措施。

4）对关键部位组织人员加强检查，预防事故的发生。凡属关键部位施工的操作人员应具有相应的技术水平。

5）随时纠正现场施工中的违章违纪、违反操作规程及现场施工规定的行为。

6）严格质量自检、互检、交接检制度，及时完成工程隐检、预检。

7）如遇设计修改或施工条件变化，应组织有关人员修改补充原有施工方案，并随时进行补充交底，同时办理工程增量或减量记录，并办理相应的手续。

（4）做好技术资料和交工验收资料的积累收集工作　在施工过程中，施工员应及时积累和记录施工技术资料，包括：

1）施工日志。内容有每日施工任务进展情况，工人调动使用情况，物资供应情况，操作中的经验教训，质量、进度、安全、文明施工情况等。

2）设计修改变更。

3）混凝土、砂浆试块试验结果。

4）隐蔽工程记录。

5）施工质量检查情况等。

2. 施工员的职责

施工员的职责是由其承担的任务决定的。在工程施工阶段，施工员代表施工单位与业主、分包单位联系、协商问题，协调施工现场的施工、设计、材料供应、工程预算等各方面的工作。施工员对项目经理负责。

（1）施工员的工程职责　施工员在项目经理的领导下，对主管的栋号（工号）的生产、技术、管理等负有全部责任。

1）认真贯彻并执行项目经理对栋号下达的季、月度生产计划，负责完成计划所定的各项指标。

2）在确保完成项目经理下达生产计划指标的前提下，合理组织人力、物力，安排好班组的生产计划，并向班组进行工期、质量、安全、技术、经济效益交底，做到参与施工成员人人心中有数。

3）抓好抓细施工准备工作，为班组创造好的施工条件，搞好与分包单位协调配合，避免等工、窝工。

4）在工程开工前认真学习施工图纸、技术规范、工艺标准，进行图纸审查，对设计图存在问题提出改进性意见和建议。

5）参与施工组织设计及分项施工方案的讨论编制工作，随时提供较好的施工方法和施工经验。

6）认真贯彻项目施工组织设计所规定的各项施工要求和组织实现施工平面布置规划。

7）组织砂浆混凝土开盘鉴定工作，填报配合比申请和混凝土浇灌申请。及时通知试验工按规定做好试块。

8）对于重要部位拆模必须做好申请手续，经技术和质检部门批准后方可拆模。

9）根据施工部位、进度，组织并参与施工过程中的预检、隐检、分项工程检查。督促抓好班组的自检、互检、交接检等工作。及时解决施工中出现的问题。把质量问题消灭在施工过程中。

10）坚持上班前、下班后对施工现场进行巡视检查。对危险部位做到跟踪检查，参加小组每日班前安全检查，制止违章操作，并做到不违章指挥，发现问题及时解决。

11）坚持填写栋号施工日志，将施工的进展情况，发生的技术、质量、安全消防等问题的处理结果逐一记录下来，做到一日一记、一事一记，不得间断。

12）认真积累和汇集有关技术资料，包括技术经济洽商，隐、预检资料，各项交底资料以及其他各项经济技术资料。

13）认真做好施工任务书下达，对施工班组所负责的施工单项任务完成后，严格组织任务书考核验收。

14）严格执行限额领料，对不执行限额领料小组不予结算任务书。

15）认真做好场容管理，要经常检查、督促各生产班组做好文明生产，做到活完脚下清。

16）认真贯彻技术节约措施计划，并做到落实到班组和个人。确保各项技术节约措施指标的落实。

（2）施工员的岗位职责

1）在项目经理的直接领导下，贯彻安全第一、预防为主的方针，按规定搞好安全防范措施，把安全工作落到实处，做到净效益必须讲安全，抓生产首先必须抓安全。

2）认真审查施工图纸、编制各项施工组织设计方案和施工安全、质量、技术方案，编制各单项工程进度计划及人力、物力计划和机具、用具、设备计划。

3）编制、组织职工按期开会学习，合理安排、科学引导、顺利完成本工程的各项施工任务。

4）协同项目经理、认真履行《建设工程施工合同》条款，保证施工顺利进行，维护企业的信誉和经济利益。

5）编制文明工地实施方案，根据本工程施工现场合理规划布局现场平面图，安排、实施、创建文明工地。

6）编制工程总进度计划表和月进度计划表及各施工班组的月进度计划表。

7）搞好分项总承包的成本核算（按单项和分部分项）单独及时核算，并将核算结果及时通知承包部的管理人员，以便及时改进施工计划及方案，争创更高效益。

8）向各班组下达施工任务书及材料限额领料单。配合项目经理工作。

（3）施工员的安全职责

1）学习贯彻国家关于安全生产的规程、法令，认真执行上级有关安全技术、安全生产的各项规定。对自己负责的工号或施工区域职工安全健康负责。

2）认真贯彻执行本工程的各项安全技术措施，在每项工程施工前，向班组进行有针对性的书面安全交底和口头交底，对本工程搭设的架子、垂直运输设备、临时用电设施等有关设施的安全防护措施，使用前要组织有关人员验收，把安全工作贯彻到每个环节。

3）认真执行本企业制定的安全生产奖惩制度，对严格遵守安全规章，避免事故者，提出奖励意见；对违章蛮干，造成事故者，提出惩罚意见。

4）经常对工人进行安全生产教育，组织工人学习操作规程，及时传达安全生产有关文件，推广安全生产经验，做好安全记录，内容包括：安全教育、安全交底、安全检查等安全活动情况的，隐患立项消项记录，奖惩记录，未遂和已遂工伤事故的等级和处理结果等。

5）组织本工地的安全员、机械员和班组长定期检查安全，每日巡视施工作业面，及时消除隐患或采取紧急防护措施，制止违章指挥。严格执行有关特殊工种持证上岗制度。

6）监督检查职工正确使用个人劳动保护用品。

7）发生工伤事故时，及时组织抢救，保护现场并立即上报。配合上级查明发生事故的原因，提出防范重复事故的措施。

（4）施工员的质量职责

1）学习贯彻国家关于质量生产的法规、规定，认真执行上级有关工程质量和本企业质量管理的各项规定。对自己负责的工号或施工工程质量负责。

2）制定并认真贯彻执行保证本工程质量的技术措施。使用符合标准的建筑材料和构配件；认真保养、维修施工用的机具、设备。

3）认真执行本企业制定的质量管理奖惩制度，对严格遵守操作规程施工者，提出奖励意见；对违章蛮干，造成质量事故者，提出惩罚意见。

4）经常对工人进行工程质量教育，组织工人学习操作规程，及时传达保证工程质量的有关文件，推广质量保证管理经验；领导本人管辖范围的班组开展质量日活动；检查班组长每日上班前的质量讲话；加强工程施工质量专业检查并做好记录，内容包括：质量教育、自检、互检和交接检记录，质量隐患立项消项记录、奖惩记录，未遂和已遂质量事故的等级和处理结果等。

5）组织本工地的质量员和班组长等有关人员认真执行自检、互检和交接检制度，每日巡视施工作业面，及时消除质量隐患或采取相应的紧急措施。

6）创造良好的施工操作条件，加强成品保护。

7）发生质量事故后，应保护现场并立即上报。配合上级查明发生事故原因，提出防范重复事故的措施。

3. 施工员的权利和义务

施工员的权利和义务见表1-1：

表 1-1　施工员的权利和义务

施工员的权利	根据施工员的职责和任务,施工员应具备以下权力: 1)在分部分项、单位工程施工中,在行政管理上(如对劳动人员组合、人员调动、规章制度等)有权处理和决定,发现问题,应及时请示和报告有关部门 2)根据施工要求,对劳动力、施工机具和材料等,有权合理使用和调配 3)对上级已批准的施工组织设计、施工方案和技术安全措施等文件,要求施工班组认真贯彻执行。未经有关人员同意,不得随意变动 4)对不服从领导和指挥,违反劳动纪律和违反操作规程人员,经多次说服教育不改者,有权停止其工作,并做出严肃处理 5)发现不按施工程序施工,不能保证工程质量和安全生产的现象,有权加以制止,并提出改进意见和措施 6)督促检查施工班组做好考勤日报,检查验收施工班组的施工任务书,发现问题进行处理
施工员的义务	1)对上级下达的各项经济技术指标,应积极主动地组织施工人员完成任务 2)努力学习和认真贯彻建筑施工方针政策和有关部门规定,学习好国家和建设部等有关部门的技术标准、施工规范、操作规程和先进单位的施工经验,不断提高施工技术和施工管理水平 3)牢固树立"百年大计,质量第一"的思想,以为用户服务和对国家、对人民负责的态度,坚持工程回访和质量回访制度,虚心听取用户的意见和建议 4)信守合同、协议,做到文明施工,保证工期,信誉第一,不留尾巴,工完场清 5)主动积极做好施工班组的政治思想工作,关心职工生活 6)正确树立经济效益和社会效益、环境效益统一的观点

4. 施工员与相关部门、人员的关系

施工员与相关部门、人员的关系见表 1-2:

表 1-2　施工员与相关部门、人员的关系

与工程建设监理的关系	1)建设监理是指对工程建设参与者的行为所进行的监督、控制、督促、评价和管理,以保证建设行为符合国家法律、法规和有关政策的规定,制止建设行为的随意性和盲目性,促进建设的进度、成本、质量按计划实现 2)施工员与现场监理人员不存在领导与被领导的关系,但监理单位与施工单位存在监理和被监理的关系,施工员与现场监理员在工作中围绕工程项目进行经常性的接触,制约这种接触的是业主对监理工程师的授权和业主与施工单位签订的工程施工承包合同。监理单位依据其与业主签订的监理委托合同服务,施工单位依据其与业主签订的工程承包合同施工 3)施工员应积极配合现场监理人员在施工质量控制、施工进度控制、工程投资控制等三方面所作的各种工作和检查,全面履行工程承包合同
与设计单位的关系	1)施工单位与设计单位之间存在着工作关系,现场设计单位代表依据设计单位与业主之间的协议,以业主代理人的身份负责施工管理和合同管理。设计单位应积极配合施工,负责交代设计意图,解释设计文件,及时解决施工中设计文件出现的问题,负责设计变更和修改预算,并参加工程竣工验收 2)施工员在施工过程中发现了未预料到的新情况,使工程或其中的任何部位在数量、质量和形式上发生了变化,应及时向上反映,由建设单位、设计单位和施工单位三方协商解决,办理设计变更与洽商

（续）

与劳务管理的关系	1）目前，建筑企业的劳动力主要来自建筑劳务基地，项目经理部根据劳动力需用计划，向企业的内部劳务市场招募劳动力 2）施工员是施工现场劳动力动态管理的直接责任者，负责按计划要求向项目经理或劳务管理部门申请派遣劳务人员，并签订劳务合同；按计划分配劳务人员，并下达施工任务单或承包任务书；在施工中不断进行劳动力平衡、调整，并按合同支付劳务报酬
与其他基层专业管理人员的关系	施工员是栋号或某分部分项工程的管理者和负责人，是单位工程施工现场的管理中心，对分管工程施工负有直接责任。为了确保按时、按质、低耗完成施工任务，施工员应成为协调施工现场基层专业管理人员（预算员、质量检查员、安全员、材料员等）劳务人员等各方面关系的纽带，使之紧密配合，分工协作。在施工项目管理或某一分部分项工程施工中，施工员要指挥和协调基层专业管理人员的工作，使管理班子精干、高效、有序

细节：现场施工准备

1. 现场施工准备的任务

现场施工准备工作的基本任务就是为了工程顺利开工和连续施工创造必要的技术、物质条件，组织施工力量，并进行相应的各种准备。具体任务包括表 1-3：

表 1-3 现场施工准备的任务

办理开工手续	任何一项工程施工，都要办理各种批准手续，涉及国家计划、城市规划、地方行政、交通、消防、公用事业和环境保护等有关部门。因此，施工准备阶段要派出得力人员到有关单位办好各种开工必备的手续，取得各方的支持，才能顺利开工
熟悉设计要求，掌握工程的重点和难点	施工准备阶段要熟悉图纸和相关的技术资料，了解设计意图，审核工程设计中存在的问题，并详细了解基础、结构、设备安装和装修中的重点和难点，制定相应的措施，为工程按时、保质、高效完成做好各种准备
施工条件的调查与创造	工程施工条件复杂多变，其中包括社会条件、投资条件、经济条件、技术条件、自然条件、现场条件和资源条件等，在开工之前，要对施工条件进行广泛周密的调查，分析对施工的有利和不利的因素，积极创造计划、技术、物资、资金、人员、组织、场地等方面的必备条件，以满足工程顺利开工和连续施工的需要
合理部署和使用施工力量	为了确保施工全过程必备的人力资源，在开工前要根据工程的规模和特点选择分包单位，合理调配劳动力，完善劳动组织，并按施工要求对进场人员进行事前的对口培训
预测施工中可能出现的风险，做好应变对策	由于工程施工周期长，影响施工的因素复杂多变，施工随时可能遇到各种意外的风险，因此，为了确保工程顺利施工，在施工准备阶段，要对可能出现的各种风险进行预测，并制定必要的措施和对策，防止或减少风险损失，提高施工中的应变和动态控制能力

2. 现场施工准备工作的主要内容

（1）组织和思想准备　组织准备主要是根据工程任务的目标要求、工程规模、工程特点、施工地点、技术要求和施工条件等，结合企业的具体情况，由企业经理任命项目经理，由项目经理组建项目经理部，与企业签订工程的内部承包合同，明确管理目标和经济责任。

（2）技术准备 技术准备也称内业准备，主要内容见表1-4：

表1-4 技术准备

熟悉、审核图纸和有关资料	此项工作主要审核图纸有无错、漏的地方，有无不明确的地方，做好记录以便与设计单位洽商
进行现场调查	现场调查的目的是收集现场的各种资料，为编制面向现场的施工组织设计提供真实的资料，调查的内容包括自然条件、技术经济条件的情况，要特别注意调查施工现场周围环境、现有单位对施工的制约
编制施工组织设计	施工组织设计是指导工程项目，进行施工准备和组织施工的重要文件，是工程项目施工组织管理的首要条件。施工组织总设计一般由主持工程的总包单位为主编制；单位工程施工组织设计一般由施工现场管理班子或施工项目经理部编制；分部（分项）施工方案用以指导分项工程施工，它是以施工难度较大或技术较复杂的分项工程为对象编制的，一般由施工队编制和实施
编制施工预算	施工预算是编制施工作业计划的依据，是施工项目经理部向班组签发任务单和限额领料的依据；是包工、包料的依据；是实行按劳分配的依据；还是施工项目经理部开展施工成本控制，进行施工图预算和施工预算对比的依据。它一般由施工项目经理部编制

（3）施工现场准备 施工现场准备也称外业工作，具体内容见表1-5：

表1-5 施工现场准备

施工现场测量	按照建筑总平面图和已有的永久性经纬坐标控制网和水准控制基桩进行施工区域的施工测量，设置该地区的永久性经纬坐标桩、水准基桩和工程测量控制网，用其进行建筑物的定位放线
"三通一平"准备	所谓"三通一平"是指施工区域内的道路、水、电通畅和施工场地平整，施工准备阶段应按要求完成，以保证工程的顺利进行
大型临时设施的准备	为了使施工顺利地进行，施工现场必须修建现场施工人员的办公、生活和公用的房屋和构筑物，施工用的仓库、混凝土搅拌站、木工场、钢筋加工场、预制场等临时建筑，上述建筑要在施工准备期间按施工总平面图给定的位置建造起来
物资准备	现场物资准备主要包括：建筑材料和建筑构件的订货、储存和堆放；配置落实生产设备的订货和进场；提供建筑材料的实验申请计划，安装、调试施工机械等
其他准备工作	对有冬期、雨期施工的项目要落实临时设施和技术措施的准备工作，同时按照施工组织设计的要求，建立消防、保安等组织机构并落实相关措施

（4）施工队伍的准备

1）根据工程项目的规模和特点，选择施工队伍，并随工程的进展分期、分批进场，做好进场人员的培训，进行安全教育，对特殊工种要按计划进行专门培训，合格后方可上岗。施工项目开工前，要向参加施工的全体人员进行动员和交底，落实各项责任制度。

2）现场施工准备工作千头万绪，因此，必须制订周密的工作计划，落实责任者和必须完成的工期，当各项准备工作已就绪，应按既定程序向有关单位提出开工报告，经审核批准后，才能组织开工。

细节：现场施工过程的管理

现场施工过程的管理是根据施工计划和施工组织设计对拟建的工程项目在施工过程中的进度、质量、安全、节约等进行指导、协调和控制，以达到不断提高施工过程的经济效益的目的。

1. 施工过程管理的实施

（1）施工任务单的贯彻

1）施工任务书是下达施工任务、组织指导施工、实行计划、定额管理、对工人考核、支付工资和奖励的具体文件。任务单一般以半个月至一个月为一个工期，根据任务的大小，可按小组签发，也可以向专业队签发。任务单的下发和回收要及时，回收后，要抓紧时间进行结算、分析、总结，并作为原始记录妥善保管。

2）施工任务单的式样如表1-6所示。

表1-6　施工任务单

单位工程名称：××建筑工程公司估工任务书　　　　　　　　　　　编号：

生产小组：　　　年　　月　　日　　　　　　　　　　　　　　要求完工日期：

序号	工程项目	计量单位	计 划 任 务			实 际 完 成			质量评定	附注：① 估工与计时项目不得混合签发 ② 生产用工与非生产用工项目不得混合签发 ③ 单位工程不同，不能混合在一起
			工程量	估工定额	工日	工程量	估工定额	工日		
1										
2										
3										
	合计									
工作范围	质量要求			安全生产要求				估工工日		
								实耗工日		
								完成%		
								定额员		

负责人：　　　　　　　　　　签发人：　　　　　　　　　考勤员：

（2）按施工计划组织综合施工　通过施工任务书将施工计划下达到班组，按照预定的计划，科学组织施工队伍，配备相应的材料和机具，在不同的地点和部位，协调地进行综合施工。其间要健全单位工程责任制和班组定包责任制，强调管理要为一线服务，加强和提高班组自身管理能力。

2. 施工过程中的检查与监督

（1）施工过程中的检查与监督的内容

1）作业检查监督和质量检查监督。

2）对安全生产和节约的检查监督。

（2）施工过程中的检查与监督的方法

1）专业检查与群众检查相结合，要充分发挥操作人员的主观能动性。

2）认真执行关键项目隐蔽工程检查验收制度，日常应坚持班组自检、互检、交接检等制度。

3）日常检查与经常检查相结合。

4）召开业务交流会和有关协作单位的碰头会，调查、分析施工过程中出现的问题，并及时提出处理意见。

3. 施工调度与施工平面图的管理

（1）施工调度

1）施工调度在指挥生产、确保计划完成的过程中发挥重要作用，它重点保持人力、物力特别是后勤供应的持续和平衡，是组织施工中各个环节、专业、工种协调动作的中心。

2）施工调度必须高度集中统一，全面掌握施工过程中质量、安全、成本的第一手资料，协调各种关系，处理各种矛盾，促进人力、物力的平衡，以保证施工任务的顺利完成。

（2）施工平面图管理

1）在工程施工的不同阶段，都应有相应的施工平面图，以便规范工程施工、办公区域、材料堆放区域、现场加工区域的各自正常运作，避免相互干扰，影响工程的顺利进行。

2）现场的道路应坚持畅通，大宗材料、设备、车辆等进场时间要作妥善安排，避免拥挤而堵塞交通。任何单位不能随意占用施工现场用地，凡涉及改变现场布置图的各项活动，都必须事先申请，经批准后方可实施。

4. 工程质量验收工作

（1）质量验收的准备 质量验收的准备工作见表1-7：

表 1-7 质量验收的准备

质量验收的依据	1）上级主管部门批准的计划任务书和有关文件 2）建设单位和施工单位签订的工程合同 3）设计图纸、文件和设备技术说明书 4）图纸会审记录、设计变更和技术核定单 5）国家现行的施工技术验收规范 6）建筑安装工程统计规定 7）有关施工记录和构件、材料等合格证明文件 8）引进新技术或成套设备项目，还应按合同和国外设计文件验收
质量验收的标准	1）工程项目根据合同的规定和设计图纸的要求已全部施工完毕，达到国家规定的质量标准，能满足使用要求 2）建筑物周围应按规定进行平整清理 3）技术档案、资料要齐全 4）竣工决算要完成
质量验收资料的内容	1）竣工图及工程项目一览表 该表的内容包括：竣工工程名称、位置、结构、层次、面积或规格、附设备、装置等清单 2）施工图、合同等设计文件 3）各种验收报告 ① 开竣工报告 ② 竣工验收证明 ③ 中间交工验收签证 ④ 隐蔽工程验收签证等 4）地基及测量文件

（续）

质量验收资料的内容	① 地基与地质钻探资料、土方处理方案、土壤灰土试验记录 ② 测量成果资料（包括工程定位测量图、永久性或半永久性水准点坐标位置、标高测量记录及沉降和变形观测记录等） 5）检验试验报告及质量报告 ① 进场材料、制成品、半成品、设备合格证及说明书、质量检验记录和试验报告 ② 土建施工的试验记录 ③ 各种管线、设备安装工程的施工检验和试验记录、自控仪器的调整记录、试车、试运转记录 ④ 分部分项工程、单位工程质量验收记录 6）有关施工记录 ① 地基处理记录 ② 工程质量事故处理记录 ③ 预制构件吊装记录 ④ 新技术、新工艺及特殊施工项目的有关记录 ⑤ 预应力施工记录及构件荷重试验记录等 7）工程结算资料及有关签证、文件 8）施工单位和设计单位提供的有关建（构）筑物及设备的使用注意事项文件 9）其他有关该工程的技术决定等

（2）质量验收程序和方法

1）检验批及分项工程质量验收。检验批及分项工程应由监理工程师（建设单位项目技术负责人）组织施工单位项目专业质量（技术）负责人等进行验收。

检验批合格质量标准	① 主控项目的质量经抽样检验均应合格 ② 一般项目的质量经抽样检验合格。当采用计数抽样时，合格点率应符合有关专业验收规范的规定，且不得存在严重缺陷。对于计数抽样的一般项目，正常检验一次、二次抽样可按表1-8、表1-9制定 ③ 具有完整的施工操作依据、质量验收记录
分项工程质量验收合格标准	① 所含检验批的质量均应验收合格 ② 所含检验批的质量验收记录应完整 ③ 分项工程质量验收记录见表1-10 ④ 检验批质量验收记录见表1-11
检验批、分项工程达不到要求的处理	① 经返工或返修的检验批，应重新进行验收 ② 经有资质的检测机构检测鉴定能够达到设计要求的检验批，应予以验收 ③ 经有资质的检测机构检测达不到设计要求，但经原设计单位核算认可能够满足安全和使用功能的检验批，可予以验收 ④ 经返修或加固处理的分项工程，满足安全及使用功能要求时，可按技术处理方案和协商文件的要求予以验收

表 1-8   一般项目正常检验一次抽样判定

样本容量	合格判定数	不合格判定数
5	1	2
8	2	3
13	3	4
20	5	6
32	7	8
50	10	11
80	14	15
125	21	22

表 1-9   一般项目正常检验二次抽样判定

抽样次数	样本容量	合格判定数	不合格判定数
(1)	3	0	2
(2)	6	1	2
(1)	5	0	3
(2)	10	3	4
(1)	8	1	3
(2)	16	4	5
(1)	13	2	5
(2)	26	6	7
(1)	20	3	6
(2)	40	9	10
(1)	32	5	9
(2)	64	12	13
(1)	50	7	11
(2)	100	18	19
(1)	80	11	16
(2)	160	26	27

注：(1)和(2)表示抽样次数，(2)对应的样本容量为两次抽样的累计数量。

表 1-10 _____检验批质量验收记录

单位（子单位）工程名称		分部（子分部）工程名称		分项工程	
施工单位		项目负责人		检验批容量	
分包单位		分包单位项目负责人		检验批部位	
施工依据			验收依据		

		验收项目	设计要求及规范规定	最小/实际抽样数量	检查记录	检查结果
主控项目	1					
	2					
	3					
	4					
	5					
	6					
	7					
	8					
	9					
	10					
一般项目	1					
	2					
	3					
	4					
	5					

施工单位检查结果	专业工长： 项目专业质量检查员： 年 月 日
监理单位验收结论	专业监理工程师： 年 月 日

表 1-11 _____分项工程质量验收记录

编号：_____

单位（子单位）工程名称			分部（子分部）工程名称		
分项工程数量			检验批数量		
施工单位		项目负责人		项目技术负责人	
分包单位		分包单位项目负责人		分包内容	
序号	检验批名称	检验批容量	部位/区段	施工单位检查结果	监理单位验收结论
1					
2					
3					
4					
5					
6					
7					
8					
9					
10					
11					
12					
13					
14					
15					

说明：

施工单位检查结果	项目专业技术负责人： 年 月 日
监理单位验收结论	专业监理工程师： 年 月 日

2）分部工程质量验收。分部工程应由总监理工程师（建设单位项目负责人）组织施工单位项目负责人和技术、质量负责人等进行验收；地基与基础、主体结构分部工程的勘察、设计单位工程项目负责人和施工单位技术、质量部门负责人也应参加相关分部工程验收，见表 1-12。

表 1-12　分部工程质量验收

分部工程质量验收合格标准	① 所含分项工程的质量均应验收合格 ② 质量控制资料应完整 ③ 有关安全、节能、环境保护和主要使用功能的抽样检验结果应符合相应规定 ④ 观感质量应符合要求 分部(子分部)工程验收记录见表 1-13
分部工程达不到要求的处理	① 经返工或返修的检验批，应重新进行验收 ② 经有资质的检测机构检测鉴定能够达到设计要求的检验批，应予以验收 ③ 经有资质的检测机构检测达不到设计要求，但经原设计单位核算认可能够满足安全和使用功能的检验批，可予以验收 ④ 经返修或加固处理的分部工程，满足安全及使用功能要求时，可按技术处理方案和协商文件的要求予以验收 ⑤ 经返修或加固处理仍不能满足安全或重要使用要求的分部工程严禁验收

表 1-13　＿＿＿＿＿＿＿＿分部工程质量验收记录

编号：＿＿＿＿＿＿＿

单位(子单位) 工程名称		子分部工程数量		分项工程数量	
施工单位		项目负责人		技术（质量）负责人	
分包单位		分包单位负责人		分包内容	
序号	子分部工程名称	分项工程名称	检验批数量	施工单位检查结果	监理单位验收结论
1					
2					
3					
4					
5					
6					
7					
8					
质量控制资料					
安全和功能检验结果					
观感质量检验结果					
综合验收结论					

施工单位项目负责人： 年　　月　　日	勘察单位项目负责人： 年　　月　　日	设计单位项目负责人： 年　　月　　日	监理单位总监理工程师： 年　　月　　日

注：1. 地基与基础分部工程的验收应由施工、勘察、设计单位项目负责人和总监理工程师参加并签字。
　　2. 主体结构、节能分部工程的验收应由施工、设计单位项目负责人和总监理工程师参加并签字。

3）单位工程质量验收。单位工程完工后，施工单位应自行组织有关人员进行检查评定，并向建设单位提交工程验收报告。

建设单位收到工程验收报告后，应由建设单位(项目)负责人组织施工(含分包单位)、设计、监理等单位(项目)负责人进行单位工程验收。

单位工程由分包单位施工时，分包单位对所承包的工程项目应按建筑工程施工质量验收统一标准规定的程序检查评定，总包单位应派人参加。分包工程完成后，应将工程有关资料交总包单位，见表1-14。

表1-14 单位工程质量验收

质量标准	单位工程质量验收合格应符合下列规定： ① 所含分部工程的质量均应验收合格 ② 质量控制资料应完整 ③ 所含分部工程中有关安全、节能、环境保护和主要使用功能的检验资料应完整 ④ 主要使用功能的抽查结果应符合相关专业验收规范的规定 ⑤ 观感质量应符合要求
验收记录	单位工程质量竣工验收记录见表1-15，质量控制资料核查记录见表1-16，安全和功能检验资料核查及主要功能抽查记录见表1-17，观感质量检查记录见表1-18
单位工程达不到要求的处理	① 经返工或返修的检验批，应重新进行验收 ② 经有资质的检测机构检测鉴定能够达到设计要求的检验批，应予以验收 ③ 经有资质的检测机构检测达不到设计要求，但经原设计单位核算认可能够满足安全和使用功能的检验批，可予以验收 ④ 经返修或加固处理的分项工程，满足安全及使用功能要求时，可按技术处理方案和协商文件的要求予以验收 ⑤ 经返修或加固处理后仍不能满足安全成重要使用要求的单位工程严禁验收

表1-15 单位工程质量竣工验收记录

工 程 名 称		结 构 类 型		层数/建筑面积	
施工单位		技术负责人		开工日期	
项目负责人		项目技术负责人		完工日期	

序号	项 目	验 收 记 录	验 收 结 论
1	分部工程验收	共 分部，经查 符合设计及标准规定 分部	
2	质量控制资料核查	共 项，经核查符合规定 项	
3	安全和使用功能及抽查结果	共核查 项，符合规定 项，共抽查 项，符合规定 项，经返工处理符合规定 项	
4	观感质量验收	共抽查 项，达到"好"和"一般"的 项，经返修处理符合要求的 项	
综合验收结论			

参加验收单位	建设单位	监理单位	施工单位	设计单位	勘察单位
	（公章）	（公章）	（公章）	（公章）	（公章）
	项目负责人 年 月 日	总监理工程师 年 月 日	项目负责人 年 月 日	项目负责人 年 月 日	项目负责人 年 月 日

注：单位工程验收时，验收签字人员应由相应单位的法人代表书面授权。

表 1-16 单位工程质量控制资料核查记录

工程名称			施工单位				
序号	项目	资料名称	份数	施工单位		监理单位	
				核查意见	核查人	核查意见	核查人
1	建筑与结构	图纸会审记录、设计变更通知单、工程洽谈记录					
2		工程定位测量、放线记录					
3		原材料出厂合格证书及进场检验、试验报告					
4		施工试验报告及见证检测报告					
5		隐蔽工程验收记录					
6		施工记录					
7		地基、基础、主体结构检验及抽样检测资料					
8		分项、分部工程质量验收记录					
9		工程质量事故调查处理资料					
10		新技术论证、备案及施工记录					
11							
1	给水排水与供暖	图纸会审记录、设计变更通知单、工程洽谈记录					
2		原材料出厂合格证书及进场检验、试验报告					
3		管道、设备强度试验、严密性试验记录					
4		隐蔽工程验收记录					
5		系统清洗、灌水、通水、通球试验记录					
6		施工记录					
7		分项、分部工程质量验收记录					
8		新技术论证、备案及施工记录					
9							
1	通风与空调	图纸会审记录、设计变更通知单、工程洽谈记录					
2		原材料出厂合格证书及进场检验、试验报告					
3		制冷、空调、水管道强度试验、严密性试验记录					
4		隐蔽工程验收记录					
5		制冷设备运行调试记录					
6		通风、空调系统调试记录					
7		施工记录					
8		分项、分部工程质量验收记录					
9		新技术论证、备案及施工记录					
10							
1	建筑电气	图纸会审记录、设计变更通知单、工程洽谈记录					
2		原材料出厂合格证书及进场检验、试验报告					
3		设备调试记录					
4		接地、绝缘电阻测试记录					
5		隐蔽工程验收记录					

（续）

工程名称			施工单位					
序号	项目	资料名称	份数	施工单位		监理单位		
				核查意见	核查人	核查意见	核查人	
6	建筑电气	施工记录						
7		分项、分部工程质量验收记录						
8		新技术论证、备案及施工记录						
9								
1	智能建筑	图纸会审记录、设计变更通知单、工程洽谈记录						
2		原材料出厂合格证书及进场检验、试验报告						
3		隐蔽工程验收记录						
4		施工记录						
5		系统功能测定及设备调试记录						
6		系统技术、操作和维护手册						
7		系统管理、操作人员培训记录						
8		系统检测报告						
9		分项、分部工程质量验收记录						
10		新技术论证、备案及施工记录						
11								
1	建筑节能	图纸会审记录、设计变更通知单、工程洽谈记录						
2		原材料出厂合格证书及进场检验、试验报告						
3		隐蔽工程验收记录						
4		施工记录						
5		外墙、外窗节能检验报告						
6		设备系统节能检测报告						
7		分项、分部工程质量验收记录						
8		新技术论证、备案及施工记录						
9								
1	电梯	图纸会审记录、设计变更通知单、工程洽谈记录						
2		设备出厂合格证书及开箱检验记录						
3		隐蔽工程验收记录						
4		施工记录						
5		接地、绝缘电阻试验记录						
6		负荷试验、安全装置检查记录						
7		分项、分部工程质量验收记录						
8		新技术论证、备案及施工记录						
9								

结论：

施工单位项目负责人：　　　　　　　　　　　　总监理工程师：

　　　　　　　年　月　日　　　　　　　　　　　　　　　年　月　日

表 1-17 单位工程安全和功能检验资料核查及主要功能抽查记录

工程名称			施工单位				
序号	项目		安全和功能检查项目	份数	核查意见	抽查结果	核查（抽查）人
1	建筑与结构		地基承载力检验报告				
2			桩基承载力检验报告				
3			混凝土强度试验报告				
4			砂浆强度试验报告				
5			主体结构尺寸、抽查记录				
6			建筑物垂直度、标高、全高测量记录				
7			屋面淋水或蓄水试验报告				
8			地下室渗漏水检测记录				
9			有防水要求的地面蓄水试验记录				
10			抽气（风）道检查记录				
11			外窗气密性、水密性、耐风压检测报告				
12			幕墙气密性、水密性、耐风压检测报告				
13			建筑物沉降观测测量记录				
14			节能、保温测试记录				
15			室内环境检测报告				
16			土壤氡气浓度检测报告				
1	给水排水与供暖		给水管道通水试验记录				
2			暖气管道、散热器压力试验记录				
3			卫生器具满水试验记录				
4			消防管道、燃气管道压力试验记录				
5			排水干管通球试验记录				
6			锅炉试运行、安全阀及报警联动测试记录				
1	通风与空调		通风、空调系统试运行记录				
2			风量、温度测试记录				
3			空气能量回收装置测试记录				
4			洁净室洁净度测试记录				
5			制冷机组试运行调试记录				
1	建筑电气		建筑照明通电试运行记录				
2			灯具固定装置及悬吊装置的载荷强度试验记录				
3			绝缘电阻测试记录				
4			剩余电流动作保护器测试记录				
5			应急电源装置应急持续供电记录				
6			接地电阻测试记录				
7			接地故障回路阻抗测试记录				

（续）

工程名称			施工单位				
序号	项目	安全和功能检查项目	份数	核查意见	抽查结果	核查（抽查）人	
1	智能建筑	系统试运行记录					
2		系统电源及接地检测报告					
3		系统接地检测报告					
1	建筑节能	外墙节能构造检查记录或热工性能检验报告					
2		设备系统节能性能检查记录					
1	电梯	运行记录					
2		安全装置检测报告					

结论：

施工单位项目负责人：　　　　　　　　　总监理工程师：

年 月 日　　　　　　　　　　　年 月 日

注：抽查项目由验收组协调确定。

表 1-18 单位工程观感质量检查记录

工程名称				施工单位					
序号	项目		抽查质量状况						质量评价
1	建筑与结构	主体结构外观	共检查	点，好	点，一般	点，差	点		
2		室外墙面	共检查	点，好	点，一般	点，差	点		
3		变形缝、雨水管	共检查	点，好	点，一般	点，差	点		
4		屋面	共检查	点，好	点，一般	点，差	点		
5		室内墙面	共检查	点，好	点，一般	点，差	点		
6		室内顶棚	共检查	点，好	点，一般	点，差	点		
7		室内地面	共检查	点，好	点，一般	点，差	点		
8		楼梯、踏步、护栏	共检查	点，好	点，一般	点，差	点		
9		门窗	共检查	点，好	点，一般	点，差	点		
10		雨罩、台阶、坡道、散水	共检查	点，好	点，一般	点，差	点		
11									
1	给水排水与供暖	管道接口、坡度、支架	共检查	点，好	点，一般	点，差	点		
2		卫生器具、支架、阀门	共检查	点，好	点，一般	点，差	点		
3		检查口、扫除口、地漏	共检查	点，好	点，一般	点，差	点		
4		散热器、支架	共检查	点，好	点，一般	点，差	点		
5									
1	通风与空调	风管、支架	共检查	点，好	点，一般	点，差	点		
2		风口、风阀	共检查	点，好	点，一般	点，差	点		
3		风机、空调设备	共检查	点，好	点，一般	点，差	点		
4		管道、阀门、支架	共检查	点，好	点，一般	点，差	点		

（续）

工程名称			施工单位							质量评价
序号		项目	抽查质量状况							质量评价
5	通风与空调	水泵、冷却塔	共检查	点，好	点，一般	点，差	点			
6		绝热	共检查	点，好	点，一般	点，差	点			
7										
1	建筑电气	配电箱、盘、板、接线盒	共检查	点，好	点，一般	点，差	点			
2		设备器具、开关、插座	共检查	点，好	点，一般	点，差	点			
3		防雷、接地、防火	共检查	点，好	点，一般	点，差	点			
4										
1	智能建筑	机房设备安装及布局	共检查	点，好	点，一般	点，差	点			
2		现场设备安装	共检查	点，好	点，一般	点，差	点			
3										
1	电梯	运行、平层、开关门	共检查	点，好	点，一般	点，差	点			
2		层门、信号系统	共检查	点，好	点，一般	点，差	点			
3		机房	共检查	点，好	点，一般	点，差	点			
4										
观感质量综合评价										

结论：

施工单位项目负责人：　　　　　　　　　　　　总监理工程师：
　　　年　月　日　　　　　　　　　　　　　　　年　月　日

注：1. 对质量评价为差的项目应进行返修。
　　2. 观感质量现场检查原始记录应作为本表附件。

当参加验收各方对工程质量验收意见不一致时，可请当地建设行政主管部门或工程质量监督机构协调处理。

单位工程质量验收合格后，建设单位应在规定时间内将工程竣工验收报告和有关文件，报建设行政管理部门备案。

4）工程交接

① 各项工程符合质量标准，验收合格，即可全部移交建设单位使用。

② 根据承包合同，结合设计变更，隐蔽工程记录及各项技术鉴定办理工程结算手续，移交全套技术经济资料。

③ 除注明在规定的保修期内，因工程质量原因造成的问题负责保修外，双方的经济关系与法律责任至此解除。

（3）现场施工结束工作

1）施工项目结算：

施工项目结算的具体内容见表1-19：

表 1-19 施工项目结算

施工项目结算的依据	① 承包单位与发包单位签订的工程承包合同中规定的工程造价、开竣工日期、材料供应方式、工程价款结算方式 ② 施工进度计划 ③ 施工图预算 ④ 国家关于工程结算的有关规定
施工项目结算方式	① 按月结算。即实行旬末或月中预支，月终结算，竣工后清算的办法。跨年度施工的工程，在年终进行工程盘点，办理年度结算 ② 竣工后一次结算。建设项目或单项工程全部建筑安装工程建设期在 12 个月以内，或者工程承包合同价值在 100 万元以下的，可以实行工程价款每月月中预支，竣工后一次结算 ③ 分段结算。即当年开工，当年不能竣工的单项工程或单位工程按照工程形象进度，划分不同阶段进行结算 ④ 结算双方约定并经开户建设银行同意的其他结算方式
工程价款结算	① 承包单位办理工程价款结算时，应填写"工程价款结算账单"（见表 1-20），经发包单位审查签证后，通过开户银行办理结算 ② 承包单位应根据施工图、施工组织设计和现行定额、费用标准、价格信息等编制施工图预算或根据现有施工图修正概算或中标价格，经发包单位同意，送开户银行审定后，作为结算工程价款的依据 ③ 承包单位预支工程款时，应根据工程进度填写"工程价款预支账单"（见表 1-21）送发包单位和开户银行办理付款手续。预支的款项应在月终和竣工结算时抵充应收的工程款 ④ 每月末，承包单位应根据当月实际完成的工程量以及施工图预算所列的工程单价和取费标准，计算已完工程价值，编制"工程价款结算账单"和"已完工程月报表"（见表 1-22），送交开户银行办理结算 ⑤ 不论工期长短，其结算价款一般不得超过承包合同价值的 95%。结算双方可以在 5% 幅度内协商确认尾款比例，并在工程承包合同中订明。尾款应专户存入开户银行，待工程竣工验收后清算。承包单位已向发包单位出具履约保函或有其他保证的，可以不留工程尾款 ⑥ 承包单位收取备料款和工程款时，可以按规定采用汇兑、委托收款、汇票、本票，支票等各种结算手段
材料往来的结算	① 由承包单位采购材料的，发包单位可在双方签订承包合同后，按年度工作量的一定比例向承包单位预付备料资金，并在一个月内付清 ② 按工程承包合同规定由承包单位包工包料的，发包单位将分配的材料指标划交承包单位，由承包单位购货付款，并收取备料款 ③ 按合同由发包单位供应材料时，其材料可按材料预算价格转给承包单位。材料价款在结算时，陆续抵扣。承包单位不收备料款 ④ 凡无工程承包合同或不具备施工条件的工程，发包单位不得预付，当承包单位收取备料款后两个月仍不开工或发包单位无故不按合同预付备料款的，开户银行可以根据双方工程承包合同的约定，分别从有关账户中收回或付出备料款

表 1-20 工程价款结算账单

建设单位名称：　　　　　　　　　　　年　月　日　　　　　　　　　　单位：元

单项工程项目名称	合同预算		本期应收工程款	应抵扣款项					本期实收款	备料款余额	本期止已收工程价款累计	说明
	价值	其中：计划利润		合计	预支工程款	备料款	建设单位供给材料价款	各种往来款				
1	2	3	4	5	6	7	8	9	10	11	12	13

承包单位：　　　　（签单）　　　　财务负责人：　　　　（签单）

说明：1. 本账单由承包单位在月终和竣工结算工程价款时填列，送建设单位和经办银行各一份。

2. 第4栏"本期应收工程款"应根据已完工程月报数填列。

表 1-21 工程价款预支账单

建设单位名称：　　　　　　　　　　　年　月　日　　　　　　　　　　单位：元

单项工程项目名称	合同预算价值	本旬（或半月）完成数	本旬（或半月）预支工程款	本月预支工程款	应扣预收款项	实支款项	说明
1	2	3	4	5	6	7	8

施工企业：　　　　（签单）　　　　财务负责人：　　　　（签单）

说明：本账单由承包单位在预支工程款时编制。送建设单位和经办银行各一份。

表 1-22 已完工程月报

建设单位名称：　　　　　　　　　　　年　月　　　　　　　　　　单位：元

单项工程项目名称	施工图预算（或计划投资额）	建筑面积	开竣工日期		实际完成数		说明
			开工日期	竣工日期	至上月止已完工程累计	本月份已完工程	
1	2	3	4	5	6	7	8

施工企业：　　　　（签单）　　　　编制：　　　　　　　　年　月　日

说明：本表作为本月份结算工程价款的依据，送建设单位和经办银行各一份。

2）施工项目管理分析与总结：

① 工程项目完工以后，施工现场管理班子必须对施工项目管理进行全面系统的技术评价和经济分析，以总结经验，吸取教训，不断提高施工技术和管理水平。

② 施工项目的分析包括全面分析和单项分析，全面分析的评价指标体系，如图 1-1 所示；施工项目单项分析的具体内容如图 1-2 所示。

③ 施工项目总结包括技术总结和经济总结两方面，通过总结对施工项目的运作做出恰如其分的结论，并找出经验教训，以便在其后的工程施工中，取得更佳的效果。

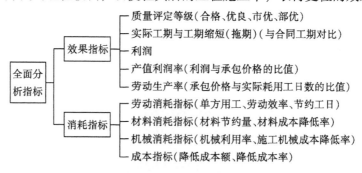

图 1-1　施工项目全面分析指标体系

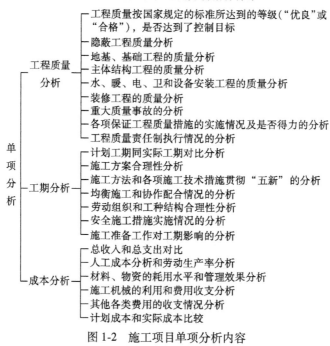

图 1-2　施工项目单项分析内容

细节：施工现场质量与技术管理

建筑工程质量的好坏，牵动着千家万户的心，提高工程质量是物质文明和精神文明建设的要求，也是企业生存与发展的要求，建筑企业必须坚持"质量第一"的方针，努力提高全体职工的质量意识，把技术和管理提高到一个新的水平，提高企业的社会效益和经济效益，促进国民经济的持续发展。

1. 施工现场质量管理的内容

施工现场质量管理一般分为施工前的质量管理、施工过程中的质量管理以及工程竣工验收时的质量管理。

（1）施工前的质量管理　施工前的质量管理也就是施工准备工作的质量控制，其主要内容有：

1）对影响现场质量的因素进行控制（含施工队伍、机械、材料、施工方案及保证质量措施等）。

2）建立施工现场质量保证体系，使现场质量目标和措施得到落实。

3）审核开工报告书，准备工作完成后，经检查合格填写开工报告，经批准方可开工。

（2）施工过程中的质量控制　施工过程中的质量控制是整个施工阶段现场施工控制的中心环节，必须制定切实可行的措施，落实到人，质量管理人员要重点抓好以下工作：

1）施工操作质量检查，确保操作符合规程要求。

2）工序质量交接检查，通过自检、互检、交接检查，一环扣一环，环环不放松，确保工程质量。

3）隐蔽工程的检查。此项检查是防止质量隐患，避免质量事故的重要措施，必须办理质量隐检鉴证手续，隐检中发现的问题要及时认真处理，处理后经监理工程师复核认证后，方可进行下一道工序。

4）加强工程施工预检，未经预检或预检不合格，均不得进行下道工序施工。

成品保护的检查，对已完成的工程成品要采取保护、包裹、覆盖、局部封闭等措施，防止后续工序对成品的污染和破坏。

（3）施工结束后的质量控制　施工结束后的质量控制主要包括以下内容：

1）竣工预验收。这是工程顺利通过正式验收的有力措施。

2）工程项目的正式验收。正式验收须提交的技术资料及相关程序按国家现行有关质量验收规范办理。工程项目验收后，应办理竣工验收签证书（见表1-23）。

表 1-23　竣工验收签证书

工 程 名 称		工 程 地 点	
工程范围	按合同要求定	建筑面积	
工程造价			
开工日期	年　月　日	竣工日期	年　月　日
日历工作天		实际工作天	
验收情况			
建设单位验收人			

建设单位	公章 年　月　日	监理单位	公章 年　月　日	施工单位	工程项目负责人 公章 公司负责人 年　月　日

2. 施工现场质量管理的方法

（1）全面质量管理的基本工作方法——PDCA 循环法　全面质量管理活动的全过程就是质量计划和组织实施的过程。美国质量管理专家戴明博士把这一过程划分为计划的 P、D、C、A 四个阶段，简称为 PDCA 循环法。即按计划一实施一检查一处理四个阶段周而复始地进行质量管理，四个阶段的基本工作见表 1-24：

表 1-24　PDCA 循环法

计划阶段(P)	计划阶段的主要工作就是确定质量管理方针、质量目标以及实现该方针和目标的措施和行动计划
实施阶段(D)	此阶段按照预定计划、目标和措施及其分工，采取切实可行的步骤去执行，努力实现预期的要求
检查阶段(C)	认真检查执行情况和实施的结果，及时地将执行情况和实施的结果与拟定计划进行比较，找出成功的经验和失败的教训
处理阶段(A)	这一阶段包括两个具体的步骤： ① 总结经验，将有效的措施形成标准。通过修订、完善相应的工艺文件、工艺规程、作业标准和各种质量管理规章制度，将质量工作提高到一个新的水平 ② 提出尚未解决的问题。通过检查，对效果不明显或效果不符合设计要求的问题，以及未得到解决的质量问题，归总列为遗留问题，在下一个循环中要作为重要问题加以解决

（2）建立施工现场质量保证体系　图 1-3 为一个施工项目质量管理保证体系网络示意。在施工现场的各类人员要各司其职、自我把关、人尽其责，做到按图施工、按工艺操作、按制度办事，保证本岗位不将不合格的产品流向下一道工序。

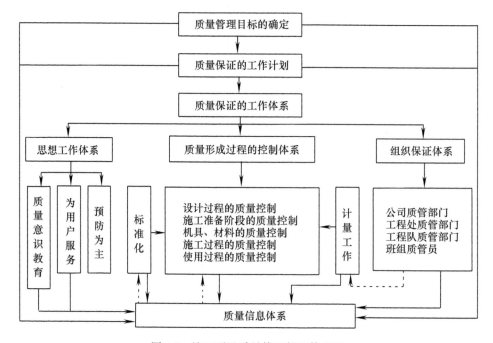

图 1-3　施工项目质量管理保证体系图

（3）建立质量监控点

1）质量监控点是施工现场在一定时期和一定条件下，需要特别加强监控的部位和工序，这是质量管理的重点。

2）通常考虑以下因素设置质量监控点：

① 关键工序和关键部位。

② 施工工艺本身有特殊要求或对下一道工序施工和安装有重大影响的分部分项工程项目。

③ 易出安全事故的工序。

④ 质量不稳定、可能出现不合格产品较多的施工部位与分部分项工程项目。

⑤ 回访、保修中信息反馈回来的不良环节。

（4）加强"三检制"　"三检制"是指操作人员"自检"、"互检"和专职质量管理人员的"专检"相结合的检验制度。它是确保现场施工质量的一种行之有效的方法。

1）自检。自检是操作人员对自己的施工工序或已完成分项工程进行自我检验，及时消除质量不合格的异常因素，防止不合格的产品流向下一道工序，起到自我监督作用。

2）互检。互检是操作人员之间对已完成的工序或分项工程进行相互检验，起到相互监督的作用。

3）专检。专检是指专职质量检验员对分部分项工程进行检验。在专检的管理中，还可以细分为专检、巡检和终检。

设置自检、互检是为了提高全员的质量意识，使质量标准深入人心，将质量事故杜绝在萌芽状态中。专检是站在工程全局的高度，对分部分项工程、上下工序的接交部的质量问题进行专控。

（5）开展质量管理小组活动

1）质量管理小组的建立和管理。质量管理小组有以下两种形式：

① 在行政班组内设置，成员相对固定，一般以10人左右为宜。

② 针对某项具体活动临时成立的跨部门、跨班组的质量管理小组，任务完成以后，自行解散。

2）质量管理小组活动必须坚持按PDCA循环程序进行，要做到有课题、有分析、有图表、有对策、有实施、有总结、有成果。

3）具体工序如图1-4所示。

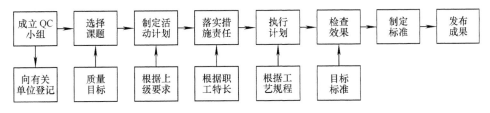

图1-4　质量管理小组活动流程

3. 施工现场施工技术管理

（1）施工现场施工技术管理的组织、任务和内容　施工现场施工技术管理的组织、任务和内容见表1-25：

表1-25　施工现场施工技术管理的组织、任务和内容

技术管理的组织体系	我国建筑企业大多实行三级管理，故而形成以总工程师为首的三级技术管理组织体系，如图1-5所示
技术管理的任务	施工现场技术管理的基本任务如下： 1）保证施工过程符合技术规律要求，保证施工的正常秩序 2）努力使用新技术，不断提高工程项目的施工质量 3）合理使用人力、物力，完善劳动组织，降低消耗，不断提高劳动生产率，增加经济效益 4）不断推广使用新材料、新技术、新工艺，不断提高现场的施工技术水平
技术管理的内容	现场技术管理的工作内容如图1-6所示

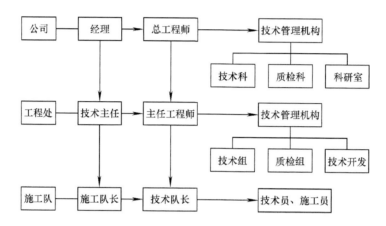

图1-5　技术管理组织体系

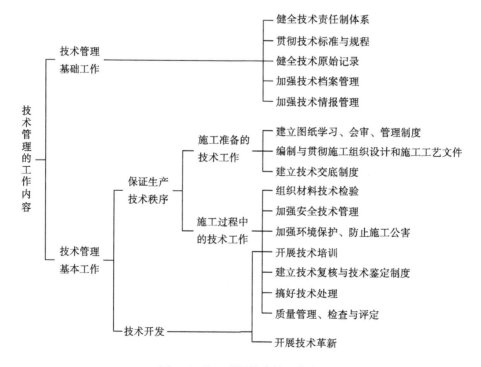

图1-6　施工现场技术管理内容

（2）技术管理制度

1）为了有效地开展施工现场技术管理工作，必须贯彻执行企业制度中有关技术管理的制度，与施工现场有关的技术管理制度见表1-26：

表1-26 施工现场有关的技术管理制度

图纸会审制度	图纸会审的目的是熟悉图纸、领会设计意图、明确技术要求，从而保证施工顺利进行。会审中发现的问题，由设计单位负责解释或处理，经洽商后，用技术核定单的形式，确定修改或处理意见，此技术核定单可作为施工依据
技术交底制度	技术交底是指工程开工前，由各级技术负责人将有关部门工程施工的各项技术要求，逐级向下传达贯彻，直到班组第一线。其目的在于使参与工程项目施工的技术人员和工人熟悉工程特点、设计意图、施工措施等，施工员应重点对施工项目的操作要求、技术与质量标准、主要技术措施等对操作工人详细交底，做到心中有数，保证工程顺利施工
材料检验、试验制度	① 材料检验、试验的目的是保证进入施工现场的材料、构配件和设备的质量符合设计要求，把质量隐患消灭在施工之前，以确保工序质量和工程质量 ② 各种材料的检验、试验应严格按照有关部门的制度和现行标准进行
工程质量检查和验收制度	工程质量检查和验收必须严格按照国家现行的质量验收规范进行，以保证工程项目的施工质量符合设计要求。施工员应在自己的责任范围内做好自检和互检工作，配合质量检查专职人员做好专检工作
做好施工日志、技术档案收集与保管制度	施工员应每天全面如实地详尽记录当天的施工情况，内容包括工程的开、竣工日期及有关分部、分项工程部位的起止施工日期；技术资料的收发日期和更改记录；质量、安全、机械事故情况记载、分析和处理记录；现场有关施工过程的重要会议记录；气温、气候、停水、停电、安全事故、停工待料情况记录等

2）技术档案的内容详见前述的质量验收资料的内容。施工员应对自己责任范围内的技术资料做好日常的收集和保管工作，以便工程竣工时交付验收。

细节：施工现场的安全管理

《建设工程安全生产管理条例》于2003年11月12日经国务院第28次常务会议审议通过，2003年11月24日国务院总理温家宝签署国务院第393号令，自2004年2月1日起施行。此条例的公布与施行，对于加强建设工程安全生产监督管理，保障人民群众生命和财产安全具有十分重要的意义。贯彻和实施《建设工程安全生产管理条例》是确保施工安全的根本保证。

安全管理是管理者对安全生产进行的立法（法律、条例、规程）和建章立制，计划、组织、指挥协调和控制的一系列活动，是企业管理的一个重要部分。施工现场应重点做好以下工作。

1. 安全生产责任制

各个岗位的安全生产责任见表1-27：

表1-27 各个岗位的安全生产责任

施工员的安全职责	安全生产责任制是企业各级领导、职能部门、工程技术人员、岗位操作人员在劳动生产过程中层层应负安全责任的一种制度。它是企业岗位责任制的一个重要组成部分,也是企业劳动保护管理的核心 安全生产责任制是企业实现"安全第一,预防为主"方针的具体体现。它是企业实行安全工作综合治理、齐抓共管的依据,使安全工作层层有人负责,事事有人管理,实现"横向到边,纵向到底"的责任落实要求 工长、施工员的职责是: 1)认真执行上级有关安全生产规定,对所管辖的班组的安全生产负直接领导责任 2)认真执行安全技术措施,针对生产任务特点,向班组进行详细安全交底,并对安全要求随时检查落实情况 3)随时检查施工现场内的各项防护设施、设备的完好和使用情况、发现问题及时处理,不违章指挥 4)组织领导班组学习安全操作规程,开展安全教育活动,指导并检查职工正确使用个人防护用品 5)发生工伤事故及未遂事故要保护现场,立即上报
班组长的安全职责	1)认真执行安全生产各项规章制度及安全操作要求,合理安排班组人员工作,对本班组人员在生产中的安全和健康负责 2)经常组织班组人员认真学习安全操作规程,监督班组人员正确使用个人防护用品,不断提高组员自保能力 3)认真落实施工员的安全交底,作好班前讲话,班后小结,不违章指挥,冒险蛮干 4)经常检查班组作业现场安全生产状况,发现问题及时解决并上报有关领导 5)认真作好新工人的岗前教育 6)发生工伤事故及未遂事故,保护现场并立即上报生产指挥者
操作工人的安全职责	1)认真学习、严格执行安全技术规程,模范遵守安全生产规章制度 2)积极参加安全活动,认真执行安全交底,不违章作业,服从安全人员的监督指导 3)发扬团结友爱精神,在安全生产方面做到互相帮助、互相监督,对新工人要积极传授安全生产知识,维护一切安全设施和工具,做到正确使用,不准随意拆改 4)对不安全作业要积极提出意见,并有权拒绝违章指令 5)发生伤亡和未遂事故,保护现场并立即上报

2. 安全生产教育

(1)安全生产教育内容

1)思想政治教育。思想政治教育通常从加强思想政治教育和劳动纪律教育两个方面进行。

2)劳动保护方针政策教育。劳动保护方针政策教育主要是使参加施工的各级人员了解党和国家的安全生产方针及有关的劳动保护法规,使大家正确全面理解,认真贯彻执行,不断提高政策水平,确保安全生产的顺利进行。

3)安全技术知识教育。安全技术知识教育包括一般生产技术知识教育、一般安全技术知识教育和专业安全技术知识教育。

4)典型经验和事故教训教育。通过典型经验教育、典型案例的教育和剖析使安全教育说服力更强,教育更深刻,这是防止事故发生的有效方法。

5)法制教育。通过国家有关劳动保护法制的教育,使施工人员懂得,在安全防护上、操作和指挥上、在施工生产过程中，什么是不违法的，什么是违法的；什么是犯了重大责任事故罪的，什么是犯了玩忽职守罪，从而提高人们遵纪、守法、执法的自觉性。

（2）安全生产教育方法

1）三级教育。三级教育包括公司及施工队和班组三级安全教育。施工队教育是对新工人或调动工作的工人，被分配到施工队以后、未上岗以前所进行的安全教育。经安全考试，合格者分配到班组，不合格者补课。

2）特种工种的专门教育。特种工种的专门教育是对特殊工种工人，进行专门的安全技术训练。经严格考试取得合格证以后，方可独立操作。

3）经常性的安全教育。这种安全教育应贯彻到施工的全过程中，将事故苗头消灭在萌芽状态。

3. 安全检查

（1）安全生产检查的目的

1）通过检查发现问题，查出隐患，采取有效措施，堵塞漏洞，把事故消灭在萌芽状态，坚持"安全第一，预防为主"的方针。

2）通过检查互相学习，取长补短，交流经验，共同提高。

3）通过检查，经常给忽视安全生产的思想敲起警钟，及时纠正违章指挥，违章作业的冒险行为。

（2）安全检查的内容和方法　安全检查的内容和方法见表1-28：

表1-28　安全检查的内容和方法

企业定期安全大检查	施工现场比较分散的公司，每季组织一次安全大检查，工程处(公司)每月组织一次，施工队每半月组织一次
验收性的安全检查	对于施工现场新搭设的脚手架、井字架、门式架、塔式起重机等重要设施，在使用之前要经过详细安全检查，发现问题及时纠正，确认合格后进行验收签字，并由工长进行使用安全交底后，方准投入使用
专业性安全检查	根据施工进展情况和安全生产存在的带有普遍性的主要问题，可以组织机械安全检查组、电器安全检查组、锅炉安全检查组、架子工程安全检查组。还可以组织更细一些的安全检查，如：塔式起重机安全检查组；井字架、门式架安全检查组。对塔式起重机、垂直运输设备的设计、制造、安装、使用、管理、维护保养和安全装置等进行全面性、会诊性的检查试验，并可以作出继续使用、停止使用、降吨位使用等结论性意见
经常性安全检查	各级领导和专职安全人员以及工会劳动保护监察检查员等，应经常深入施工现场、生产车间、库房、对各种设施、安全装置、机电设备起重设备运行状况、施工工程周围民房、通行道路、高压线路等防护情况、"三宝、四口、五临边"的防护情况，以及干部有无违章指挥，工人有无违章作业行为等，随时随地进行检查。发现问题，做出及时处置
班前班后安全检查	检查的重点是班组使用的架子、设备、手动工具、电动工具、安全带、安全帽等，发现问题及时修复或更换确保作业安全

（3）安全生产检查中应注意的问题

1）检查要有领导、有计划、有重点的进行。安全检查除工地上安全员进行的经常性安全检查外，其他各种安全检查都必须有领导、有计划地进行。

① 建立安全检查组织机构。在安全检查中，牵扯的部门较多，检查的范围较大，要根据情况需要建立安全检查机构，深入现场进行检查。

② 要制定安全检查计划。安全检查计划的目的是了解情况、发现问题、解决问题、交流经验、互相学习，预防事故发生，促进安全生产。安全检查计划要明确检查的方式和方法，明确检查的目的和要求。

③ 检查中要突出重点。安全检查的项目、内容都比较多，各个施工现场的情况各不相同，一定要把安全生产上现存的薄弱环节和关键问题，作为检查的重点。检查要防止不分轻重大小、险情和非险情同等对待的做法。

2）检查要狠抓整改。安全检查是发现危险因素的手段，安全整改是采取措施消除危险因素，把事故和职业病消灭在事故发生之前，保证安全生产的有力措施。因此，不论何种类型的安全检查，都要防止搞形式、走过场，要讲究实效。对检查出来的问题必须做到条条有落实，件件有交代。在狠抓整改中要注意抓住以下三个环节：

① 对检查出来的问题分类排队，采取相应的处理办法。

a. 立即要整改的问题。凡是有发生重大伤亡事故危险的险患，应立即整改，由检查组签发停工指令书。被检查的工程或单位负责人接到停工整改通知书后应立即停工讨论整改方案，全力解决人力、物力、财力，促使危险隐患尽快解决。改完之后，立即通知检查单位前来复查，认为合格者批准复工。

b. 限期整改的问题。凡是危险隐患比较严重，不尽快解决就可能发生重大伤亡事故的，但由于各种客观条件和困难，如购置物资设备或组织人力加工等，不能立即解决，应限期整改好。由检查组签发限期整改通知书。被检查单位领导接到通知书后，应立即研究整改方案，落实项目、设备、材料、人力、执行者、监督者，保证按期完成。逾期不改者，下达停工整改通知书或给责任者以经济处罚。

c. 口头提出整改的问题。对于非严重违章及一般隐患，不易造成重大事故者，将在检查组汇报检查问题时口头逐项提出，落实给责任者，限期整改完成。

② 搞好检查整改工作的"三定"、"五不推"。"三定"是指对检查出来的问题要定措施、定时间、定负责人，落实整改。"五不准"是：

a. 应由班组整改的不准推给施工员。

b. 应由施工员负责整改的不准推给施工队。

c. 应由施工队整改的不准推给工程处。

d. 应由工程处、厂、站整改的不准推给公司。

e. 应由公司（厂）解决的问题，不准推给总公司或工程局。

③ 搞好整改复查工作。对于签发了期限整改通知书的危险隐患，检查单位必须组织力量逐项复查。凡改得好、改得快、改得彻底或有革新者，应及时给予表扬、奖励。凡不认真整改者，对其主要责任者给予批评、经济处罚，性质严重的签发停工令。

3）检查要和评比、总结、奖罚结合起来。每一次安全检查都要有一个综合的评比意见。谁好、谁差要有标准，该表扬者要表扬，该批评者要批评，该奖的则奖，该罚的则罚。另外，在安全检查中，要注意总结、推广先进的安全经验，也要注意总结发生事故的教训。总结正反两方面的经验，找出规律，采取措施，防止事故发生，提高安全管理的水平。

细节：施工现场的生产责任管理

1. 管理人员安全生产责任

（1）总工程师安全生产责任

1）负责组织制定本单位安全技术规章制度并认真贯彻执行。

2）定期主持召开有关部门会议，研究解决安全技术问题。

3）在采用新技术、新工艺时，同时研究和采取防护措施；设计、制造新的生产设备，要有符合国家标准要求的安全卫生防护措施；新、改、扩建工程项目，认真执行"三同时"规定。

4）重视新产品、新材料、新设备的使用、储存和运输，督促有关部门加强安全管理。

5）主持或参与安全生产大检查，对重大隐患要审查制定整改计划，组织有关部门实施。

6）参加重大事故调查，并做出技术方面的鉴定。

（2）项目经理安全生产责任

1）对承包项目工程生产经营过程中的安全生产负全面领导责任。

2）贯彻落实安全生产方针、政策、法规和各项规章制度，结合项目工程特点及施工全过程的情况，制定本项目工程各项安全生产管理办法，或提出要求，并监督其实施。

3）在组织项目工程业务承包，聘用业务人员时，必须本着安全工作只能加强的原则，根据工程特点确定安全工作的管理体制和人员，并明确各业务承包人的安全责任和考核指标，支持、指导安全管理人员的工作。

4）健全和完善用工管理手续，录用外包队必须及时向有关部门申报，严格用工制度与管理，适时组织上岗安全教育，要对外包工队的健康与安全负责，加强劳动保护工作。

5）组织落实施工组织设计中的安全技术措施，组织并监督项目工程施工中的安全技术交底制度和设备、设施验收制度的实施。

6）领导、组织施工现场定期的安全生产检查，发现施工生产中不安全问题，组织制定措施及时解决。对上级提出的安全生产与管理方面的问题，要定时、定人、定措施予以解决。

7）发生事故，要做好现场保护与抢救工人的工作，及时上报，组织配合事故的调查，认真落实制定的防范措施，吸取事故教训。

（3）生产副经理安全生产责任

1）对本工程安全生产工作负直接领导责任，协助项目经理认真贯彻执行安全生产方针、政策、法规，落实本企业各项安全生产管理制度。

2）组织实施本企业中长期、年度、特殊时期安全工作规划、目标及实施计划，组织落实安全生产责任制。

3）参与编制和审核施工组织设计、特殊复杂工程项目或专业性工程项目施工方案。审批本企业工程生产建设项目中的安全技术管理措施，制定施工生产中安全技术措施经费的使用计划。

4）领导组织本企业的安全生产宣传教育工作，确定安全生产考核指标。领导、组织外包工队长的培训、考核与审查工作。

5）领导组织本企业定期和不定期的安全生产检查，及时解决施工中的不安全生产问题。

6）认真听取、采纳安全生产的合理化建议，保证本企业安全生产保障体系的正常运转。

7）在事故调查组的指导下，组织特大、重大伤亡事故的调查、分析及处理中的具体工作。

（4）技术副经理安全生产责任

1）对项目工程的安全生产负技术责任。

2）贯彻、落实安全生产方针、政策，严格执行安全技术规程、规范、标准。综合项目工程特点，主持项目工程的安全技术交底。

3）参加或组织编制施工组织设计，编制、审查施工方案时，要制定、审查安全技术措施，保证其可行性与针对性，并随时检查、监督、落实。

4）主持制定技术措施计划和季节性施工方案的同时，制定相应的安全技术措施并监督执行。及时解决执行中出现的问题。

5）项目工程应用新材料、新技术、新工艺，要及时上报，经批准后方可实施，同时要组织上岗人员的安全技术培训、教育。认真执行相应的安全技术措施与安全操作工艺、要求，预防施工中因化学物品引起的火灾、中毒或其新工艺实施中可能造成的事故。

6）主持安全防护设施和设备的验收。发现设备、设施的不正常情况应及时采取措施。严格控制不合标准要求的防护设备、设施投入使用。

7）参加安全生产检查，对施工中存在的不安全因素，从技术方面提出整改意见和办法予以消除。

8）参加、配合因工伤亡及重大未遂事故的调查，从技术上分析事故原因，提出防范措施、意见。

（5）技术负责人安全生产责任

1）认真学习、贯彻执行国家和上级有关安全技术及安全操作规程规定，保障施工生产中的安全技术措施的制定与实施。

2）在编制和审查施工组织设计和方案的过程中，要在每个环节中贯穿安全技术措施，对确定后的方案，若有变更，应及时组织修订。

3）检查施工组织设计和施工方案中安全措施的实施情况，对施工中涉及安全方面的技术性问题，提出解决办法。

4）对新技术、新材料、新工艺，必须制定相应的安全技术措施和安全操作规程。

5）对改善劳动条件，减轻笨重体力劳动，消除噪声等方面的治理进行研究解决。

6）参加伤亡事故和重大已、未遂事故中技术性问题的调查，分析事故原因，从技术上提出防范措施。

（6）外包队负责人安全生产责任

1）认真执行安全生产的各项法规、规定、规章制度及安全操作规程，合理安排班组人员工作，对本队人员在生产中的安全和健康负责。

2）按制度严格履行各项劳务用工手续，做好本队人员的岗位安全培训，经常组织学习安全操作规程，监督本队人员遵守劳动、安全纪律，做到不违章指挥，制止违章作业。

3）必须保持本队人员的相对稳定。人员变更，须事先向有关部门申报，批准以后，新来人员应按规定办理各种手续，并经入场和上岗安全教育后方准上岗。

4）根据上级的交底，向本队各工种进行详细的书面安全交底，针对当天任务、作业环境等情况，做好班前安全讲话，监督其执行情况，发现问题，及时纠正、解决。

5）定期和不定期组织、检查本队人员作业现场安全生产状况，发现问题，及时纠正，重大隐患应立即上报有关领导。

6）发生因工伤亡及未遂事故，保护好现场，做好伤者抢救工作，并立即上报有关领导。

2. 一般工种安全生产责任

（1）钢筋工安全生产责任

1）严格执行安全生产规章制度，拒绝违章指挥，杜绝违章作业。

2）认真学习和执行钢筋工安全技术操作规程，熟知安全知识。

3）坚持上班自检制度。

4）严格执行安全技术施工方案和安全技术交底，不得任意变更、拆除安全防护设施，并不得动用与班组无关的机械和电气设备，加强自我防护意识。

5）正确使用安全防护用品。

6）高空作业必须搭设脚手架，绑扎高层建筑物的圈梁要搭设安全网。

7）调直机上下不能堆放物料，手与滚筒应保持一定的距离。

8）对各级检查出的安全隐患，按要求及时整改。

9）实行文明施工，不得从高处往地面抛掷物品。

10）发生事故和未遂事故，立即向班组长报告，参与事故原因分析，吸取教训。

（2）木工安全生产责任

1）严格执行安全生产规章制度，拒绝违章指挥，杜绝违章作业。

2）认真学习和执行木工安全技术操作规程，熟知安全知识。

3）坚持上班自检制度。

4）严格执行安全技术施工方案和安全技术交底，不得任意变更、拆除安全防护设施，并不得动用与班组无关的机械和电气设备，加强自我防护意识。

5）正确使用安全防护用品。

6）木工车间每日要保持干净，车间内严禁吸烟。

7）上班前要保持所有电器完好无损，电线要架设合理。

8）机械设备要有防护措施，保证机械正常运转。

9）使用电锯前，应检查锯片，不得有裂纹；螺钉要拧紧；要有防护罩；操作时手臂不得跨越锯片。

10）使用压刨机时，身体要保持平稳，双手操作，严禁在刨料后推送，不得戴手套操作。

11）工作前，应事先检查所使用的工具是否牢固。

12）对各级检查提出的安全隐患，要按要求及时整改。

13）实行文明施工，不得从高处往地面抛掷物品。

14）发生事故和未遂事故，立即向班组长报告，参与事故原因分析，吸取教训。

（3）混凝土工安全生产责任

1）严格执行安全生产规章制度，拒绝违章指挥，杜绝违章作业。

2）认真学习和执行混凝土工安全技术操作规程，熟知安全知识。

3）坚持上班自检制度。

4）严格执行安全技术施工方案和安全技术交底，不得任意变更、拆除安全防护设施，并不得动用与班组无关的机械和电气设备，加强自我防护意识。

5）正确使用安全防护用品。

6）混凝土工施工的各种机械必须有可靠的接地、接零保护。

7）夜间施工照明灯具应齐全有效，行走运输信号要明显。

8）吊斗运料严禁冒高，以防坠落伤人。

9）采用井架上料时，井架及马道两边的防护要稳固可靠。

10）各种机械设备必须专人操作，并且懂得机械原理与维修。

11）对各级查出的安全隐患要按要求及时整改。

（4）瓦工、抹灰工安全生产责任

1）严格执行安全生产规章制度，拒绝违章指挥，杜绝违章作业。

2）认真学习和执行瓦工、抹灰工安全技术操作规程，熟知安全知识。

3）坚持上班自检制度。

4）严格执行安全技术施工方案和安全技术交底，不得任意变更、拆除安全防护设施，并不得动用与班组无关的机械和电气设备，加强自我防护意识。

5）正确使用安全防护用品。

6）对各级检查提出的隐患，按要求及时整改。

7）实行文明施工，不得从高处抛掷建筑垃圾和物品，并随时清理砖、瓦、灰、砂、石等。

8）发生事故或未遂事故，立即向班组长报告，参加事故分析，吸取教训。

9）外墙抹灰应检查各道安全网和护身栏杆是否安全有效，要防止物料腐蚀。

（5）油漆、玻璃安装工安全生产责任

1）严格执行安全生产规章制度，拒绝违章指挥，杜绝违章作业。

2）认真学习和执行油漆、玻璃安装工安全技术操作规程，熟知安全知识。

3）对各类油漆、易燃易爆品应存放在专用库房，不允许与其他材料混堆，对挥发性油料必须存于密闭容器内，必须设专人保管。

4）油漆库房应有良好的通风，并有足够的消防器材，悬挂醒目的"严禁烟火"的标志，库房与其他建筑物应保持一定的距离，严禁住人。通风不良处刷漆时，应有通风换气设施。

5）搬运玻璃时，应戴防护手套。安装窗扇玻璃时，应戴好安全带，并不得在同一垂直面内上下同时作业，工作场所碎玻璃要及时清理，以免刺伤、割伤。

6）对各级查出的安全隐患要及时整改，不符合要求的不得施工。

（6）管道安装工安全生产责任

1）严格执行安全生产规章制度，拒绝违章指挥，杜绝违章作业。

2）认真学习和执行管道安装工安全技术操作规程，熟知安全知识。

3）坚持上班自检制度。

4）严格执行安全技术施工方案和安全技术交底，不得任意变更、拆除安全防护设施，并不得动用与班组无关的机械和电气设备，加强自我防护意识。

5）正确使用安全防护用品。

6）管子变弯时要用干沙，加垫时管口不得站人。打眼时，楼板下及墙对面严禁站人。压力表要定期检校，发现不灵敏要及时更换。

7）对各级检查提出的安全隐患要按要求及时整改。

8）发生事故和未遂事故，立即向班组长报告，参加事故原因分析，吸取教训。

（7）机械维修工安全生产责任

1）严格执行安全生产规章制度，拒绝违章指挥，杜绝违章作业。

2）认真学习和执行机械维修工安全技术操作规程，熟知安全知识。

3）修理机械要选择平坦监视地点停放，支撑牢固和楔紧；使用千斤顶时，必须用支架垫稳，不准在发动的车辆下面操作。

4）检修有毒、易燃物的容器或设备时，应先严格清洗。在容器内操作，必须通风良好，外面应有人监护。

5）工作时，应经常检查工具是否损坏。打大锤时不准戴手套，在大锤甩转方向，上下不准有人。

6）检修中的机械应有"正在修理，禁止开动"的标志示警，非检修人员一律不准发动或转动。修理中不准将手伸进齿轮箱或用手指找正对孔。

7）清洗用油、润滑油及废油脂，必须按指定地点存放。废油、废棉纱不准随地乱扔。

8）修理电气设备，要先切断电源，并锁好开关箱，悬挂"有人检修，禁止合闸"的警示牌，并派专人监护，方可修理。

9）多人操作的工作平台，中间应设防护网，对面方向操作时应错开。

10）积极参加安全竞赛和安全活动，接受安全教育，做好设备的维修保养工作。

11）要严格执行安全技术施工方案和安全技术交底，不得任意变更、拆除安全防护设施，并不得动用与班组无关的机械和电气设备，加强自我防护意识。

12）正确使用安全防护用品。

13）对各级检查提出的隐患，要按要求及时整改。

细节：现场的文明施工

1. 施工现场场容

施工现场场容具体如下所述：

1）施工工地的大门和门柱应牢固、美观，高度不得低于2m。沿主要街道工地的门柱应为矩形或正方形，短边不得小于0.36m。

2）施工现场围墙应封闭严密、完整、牢固、美观。上口要平，外立面要直，高度不得低于1.8m。沿街围墙应按地区分别使用金属板材、标准砌块材（不得干码）、有机物板材、石棉板材或软质材（编织布、苦布等应拉平、绷紧）。

3）施工工地应在大门明显处设置统一样式的施工标牌。标牌应写明工程名称、建筑面积、建设单位、设计单位、施工单位、工地负责人、开工日期、竣工日期等内容，字体应书写正确规范、工整美观，并经常保持整洁完好。标牌面积不得小于 0.7m×0.5m，设置高度底边距地面不得低于 1.2m。

4）大门内应有施工平面布置图，布置合理并与现场实际相符。应有安全生产管理制度板、消防保卫管理制度板、场容卫生环保制度板，内容详细，字迹工整规范、清晰。

5）施工现场内应有排水措施，运输道路要平整、坚实、畅通。

6）建筑物内外的零散碎料和垃圾渣土应及时清理。楼梯踏步、休息平台、阳台处等悬挑结构上不得堆放料具和杂物。

7）预制楼梯踏步棱角、木门口、各种石料、镜面、玻璃、铝合金制品、卫生洁具等易损坏的部位和成品应有保护措施，确保成品完好。

8）施工现场不许随地大小便，现场应建有符合环境卫生要求的厕所。

9）施工区域和生活区域应有明确划分，并应划分责任区，设标志牌，分片包干到人。施工区域内不准住人。

10）施工现场的各种标语牌，应书写正确规范、工整美观，并经常保持整洁完好。

2. 现场料具管理

1）施工料具应码放在施工场地内，确因条件限制，需在施工现场外临时存放施工材料时，须经有关部门批准，并应按规定办理临时占地手续。材料要码放整齐，符合要求，不得妨碍交通和影响市容，堆放散料时应进行围挡，围挡高度不得低于 0.5m。

2）料具和构配件应按施工平面布置图指定位置分类码放整齐。预制圆孔板、大楼板、外墙板等大型构件和大模板存放时，场地应平整夯实，有排水措施，码放应符合规定。

3）施工现场各种料具应按施工平面布置图指定位置存放，并分规格码放整齐、稳固做到一头齐、一条线，砖应成丁、成行，高度不得超过 1.5m；砌块材码放高度不得超过 1.8m；沙、石和其他散料应成堆，界限清楚，不得混杂。

4）施工现场的材料保管，应依据材料性能采取必要的防雨、防潮、防晒、防冻、防火、防爆、防损坏等措施。贵重物品，易燃、易爆和有毒物品应及时入库，专库专管，加设明显标志，并建立严格的领退料手续。

3. 环境、卫生管理

1）施工单位应当遵守国家有关环境保护的法律规定，采取措施控制施工现场的各种粉尘、废气、废水、固体废弃物以及噪声、振动对环境的污染和危害。

2）施工单位应当采用下列防止环境污染的措施：

① 妥善处理泥浆水，未经处理不得直接排入城市排水设施和河流。

② 除设有符合规定的装置外，不得在施工现场熔化沥青或者焚烧油毡、油漆以及其他会产生有毒、有害烟尘和恶臭气体的物质。

③ 使用密封式的圈筒或者采取其他措施处理高空废弃物。

④ 采取有效措施控制施工过程中的扬尘，场内裸露的弃土应加以覆盖，运土车应密封，防止泥尘飞扬。

⑤ 禁止将有毒、有害废弃物用作土方回填。

⑥ 对产生噪声、振动的施工机械，应采取有效控制措施，减轻噪声扰民。

3）施工现场应经常保持整洁卫生。运输车辆不带泥沙出现场，并做到沿途不遗撒。

4）办公室、职工宿舍和更衣室要保持整洁、有序。生活区周围保持卫生，无污物和污水。生活垃圾应集中堆放，及时清理。

5）冬季取暖炉的防煤气中毒设施必须齐全有效。应建立验收合格证制度，经验收合格发证后，方准使用。

6）食堂、伙房要有一名工地领导主管食品卫生工作，并设有兼职或专职的卫生管理人员。食堂、伙房的设置需经当地卫生防疫部门的审查、批准。要严格执行食品卫生法和食品卫生有关管理规定。建立食品卫生管理制度，要办理食品卫生许可证、炊事人员身体健康证和卫生知识培训证。

7）伙房内外要整洁，炊具用具必须干净，无腐烂变质食品。操作人员上岗必须穿戴整洁的工作服并保持个人卫生。食堂、操作间、仓库要做到生、熟食品分开操作和保管，有灭鼠、防蝇措施，做到无蝇、无鼠、无蛛网。各种炊具、餐具要按规定每天进行消毒处理。

8）施工现场应供应开水，饮水器具要卫生。

9）工人宿舍要保证每人有一定的铺位面积，不应睡大通铺，宿舍内应通风良好，卫生整洁。

10）施工现场内的厕所应有专人保洁，按规定采取水冲或加盖措施，及时喷药消毒，防止蚊蝇滋生。市区及远郊城镇内施工现场的厕所，墙壁屋顶要严密，门窗要齐全。

细节：施工现场的安全保护

1. 基槽、坑、沟及大孔桩、扩底桩的防护

1）开挖槽、坑时沟深度超过1.5m，应根据土质和深度情况按规定放坡或加可靠支撑，并设置人员上下坡道或爬梯。开挖深度超过2m的，必须在边沿处设立两道护身栏杆。危险处夜间应设红色标志灯。

2）槽、坑、沟边1m以内不得堆土、堆料、停置机具。槽、坑、沟边与建筑物、构筑物的距离不得小于1.5m，特殊情况必须采用有效技术措施，并上报上级安全、技术部门审查同意后方准施工。

3）挖大孔径桩及扩底桩施工前，必须按规定制定防坠入落物、防坍塌、防人员窒息等安全防护措施，并指定专人负责实施。

2. 脚手架作业的防护

1）钢管脚手架应用外径为48～51mm、壁厚为3～3.5mm，无严重锈蚀、弯曲、压扁或裂纹的钢管。木脚手架应用小头有效直径不得小于8cm，无腐枯、折裂、枯节的杉篙。脚手杆件不得钢木混搭。

2）钢管脚手架的杆件连接必须使用合格的玛钢扣件，不得使用钢丝和其他材料绑扎。

3）杉篙脚手架的杆件绑扎应使用8号钢丝，搭设高度在6m以下的杉篙脚手架可使用直径不小于10mm的专用绑扎绳。

4）结构脚手架立杆间距不得大于1.5m，大横杆间距不得大于1.2m，小横杆间距不得大于1m。

5）装修脚手架立杆间距杉篙不得大于1.8m，钢管不得大于1.5m。大横杆间距不得大

于1.8m，小横杆间距不得大于1.5m。

6）脚手架必须按楼层与结构拉接牢固，拉接点垂直距离不得超过4m，水平距离不得超过6m。拉接所用材料的强度不得低于双股8号钢丝的强度。高大架子不得使用柔性材料进行拉接。在拉接点处设可靠支顶。

7）脚手架的操作面必须满铺脚手板，离墙面不得大于20cm，不得有空隙和探头板、飞跳板。脚手板下层兜设水平网。操作面外侧应设两道护身栏杆和一道挡脚板或设一道护身栏杆，立挂安全网，下口封严，防护高度应为1m。严禁用竹笆做脚手板，见图1-7。

8）脚手架必须保证整体结构不变形，凡高度在20m以上的外脚手架，纵向必须设置十字盖，十字盖宽度不得超过7根立杆，与水平交角应为45°～60°，高度在20m以上的，必须设置正反斜支撑。

9）特殊脚手架和高度在20m以上的高大脚手架，必须有设计方案。

10）结构用的里、外承重脚手架，使用时荷载不得超过2 646N/m²。装修用的里外脚手架使用荷载不得超过1 960N/m²。

11）在建工程（含脚手架具）的外侧边缘与室外电气架空线路的边线之间，应按规范保持安全操作距离。特殊情况，必须采取有效可靠的防护措施。

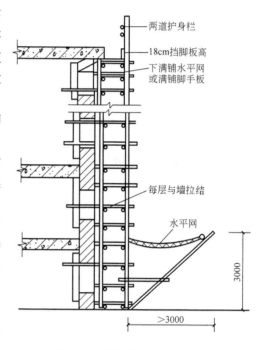

图1-7 外脚手架安全防护图

3. 工具式脚手架作业防护

1）插口、吊篮、桥式脚手架及外挂架应按规程支搭。脚手架必须坚实并固定铺严。脚手架与建筑物应拉接牢固，并立挂安全网，安全网下口应兜过脚手板下方后封严，外挂架必须用有防脱钩装置的穿墙螺栓，里侧加垫板并用双螺母紧固。桥式架必须有灵敏、有效的防脱钩自锁装置。桥式架立柱必须随层拉接牢固，拉接点垂直距离不得超过4m。

2）插口别杠应用10cm×10cm的木方，别杠每端应长于所别实墙20cm，插口架子上端的钢管应用双扣件锁牢。吊篮靠建筑物一侧应设1.2m高护身栏杆，使用时应与建筑物拉牢。

3）工具式脚手架升降时，必须用保险绳，吊篮保险绳应兜底使用，操作人员必须系安全带，吊钩必须有防脱钩装置。

4）桥式脚手架只允许高度在20m以下的建筑中使用，桥架的跨度不得大于12m。特殊情况应进行单独设计，并经上级主管部门审批后方可使用。

5）桥式脚手架只适用建筑外装修和结构外防护。外装修使用应保证施工活荷载不超过1177N/m²，外防护使用应保证防护高度必须超过操作面1.2m，超出部分应绑护身栏杆和立挂安全网。

4. 井字架、龙门架的使用防护

1）井字架、龙门架的支搭必须符合规程要求。高度为 10~15m 应设一组缆风绳，每增高 10m 加设一组，每组四根。临近建筑物或脚手架一侧应采取拉接措施。缆风绳应用直径不小于 12.5mm 的钢丝绳，并按规定埋设地锚，严禁捆绑在树木、电线杆等物体上，严禁用别杠调节钢丝绳长度。

2）井字架、龙门架首层进料口一侧应搭设长度不小于 2m 的防护棚，另三个侧面必须采取封闭的措施，每层卸料平台应有防护门，两侧应绑两道护身栏杆，并设挡脚板。

3）井字架、龙门架的吊笼出入口均应有安全门，两侧必须有安全防护措施。吊笼定位托杠必须采用定型装置，吊笼运行中不准乘人。

4）井字架、龙门架的导向滑轮必须单独设置牢固地锚，不得捆绑在脚手架上。井字架、龙门架的导向滑轮至卷扬机卷筒的钢丝绳，凡经通道处均应予以遮护。

5）井字架、龙门架的天轮与最高一层上料平台的垂直距离应不小于 6m，必须设置超高限位装置，使吊笼上升最高位置与天轮间的垂直距离不小于 2m。

5. "五临边"防护和"四口"防护

（1）"五临边"及其防护

1）建筑施工中的"五临边"是指：深度超过 2m 的槽、坑、沟的周边；无外脚手架的屋面和框架结构楼层的周边；井字架、龙门架、外用电梯和脚手架与建筑物的通道两侧边；楼梯口的梯段边；尚未安装栏板、栏杆阳台、料台、挑平台的周边。临边的不安定因素很多，是施工中防止人、物坠落伤人的重要环节。

2）临边的防护，一般是设两道防护栏杆或一道栏杆，加立挂安全网，在条件许可的情况下，阳台栏板和维护结构能随层安装，是解决相关安全防护的最好办法。

3）屋面楼层临边防护见图 1-8，图 1-9，图 1-10。

（2）四口防护　建筑施工中的"四口"是指楼梯平台口、电梯井口、出入口（通道口）、预留洞口。

1）楼梯平台口。位于构筑物上下楼梯的休息平台处，当上一步楼梯尚未安装时，在休息平台处形成可能发生坠落的状况。其防护通常是在楼梯口处设两道防护栏杆或制作专用的防护架，随层架设。回转式楼梯间应支设首层水平安全网，每隔四层要设一道水平安全网。

2）电梯井口。位于构筑物的每层将设置的电梯门处，当电梯未安装前，形成可发生坠落的隐患。其防护是在电梯井口设置不低于 1.2m 的金属防护门，电梯井内首层以上，每隔四层设一道水平安全网。安全网应封闭严密，未经上级主管技术部门批准，电梯井内不得做垂直运输通道或垃圾通道。如井内已搭设安装电梯的脚手架，其脚手板可花铺，但每隔四层应满铺脚手板。

3）出入口是指构筑物首层供施工人员进出建筑物的通道出入口。其防护标准是：在建筑物的出入口搭设长 3~6m、宽于通道各 1m 的防护棚，棚顶应满铺不小于 5cm 厚的脚手板，非出入口和出入口通道两侧必须封严，严禁人员出入。

4）预留洞口是指在构筑物中预留的各种设备管道、垃圾道、通风口的孔洞。其防护标准是：1.5m×1.5m 以下的孔洞，应预埋通长钢筋网并加固定盖板（见图 1-11），1.5m×1.5m 以上的孔洞，四周必须设两道护身栏杆（见图 1-12），中间支挂水平安全网。作为半地下室的采光井，上口应用脚手板铺满，并与建筑物固定。

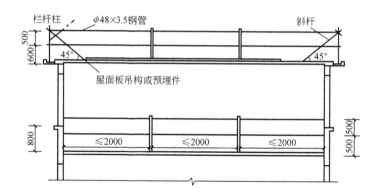

图 1-8 屋面楼层临边防护栏杆

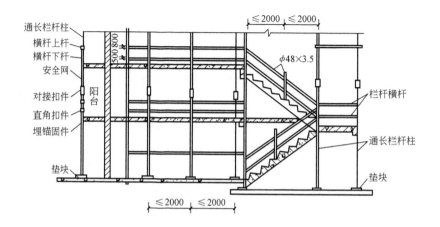

图 1-9 楼梯、楼层和阳台临边防护

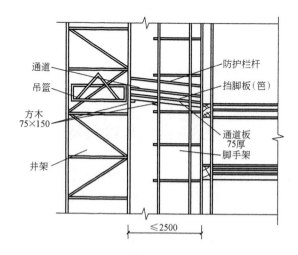

图 1-10 通道侧边防护栏杆

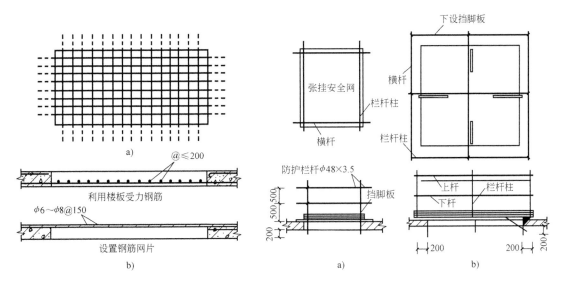

图 1-11 洞口钢筋防护网
a）平面图 b）剖面图

图 1-12 洞口防护栏的通用方式
a）边长为 1500～2000mm 的洞口
b）边长为 2000～4000mm 的洞口

6. 高处作业防护

1）无外脚手架或采用单排外脚手架和工具式脚手架时，凡高度在 4m 以上的建筑物，首层四周必须支固定 3m 宽的水平安全网（高层建筑支 6m 宽双层网），网底距下方物体表面不得小于 3m（高层建筑物不得小于 5m，如图 1-7 所示）；高层建筑每隔四层还应固定一道 3m 宽的水平安全网。水平安全网接口处必须连接严密，与建筑物之间缝隙不大于 10cm，并且外边缘明显高于内边缘。无法支搭水平网的，必须逐层设立网全封闭。支搭的水平安全网，直到没有高处作业时方可拆除。

2）建筑物的出入口应搭设长为 3.6m，宽于出入通道两侧各为 1m 的防护棚，棚顶应满铺不小于 5cm 厚的脚手板，非出入口和通道两侧必须封严。

3）临近施工区域，对人或物构成威胁的地方，必须支搭防护棚，确保人、物的安全。

4）高处作业使用的铁凳、木凳应牢固，两凳间需搭设脚手板时，间距不得大于 2m。

5）高处作业，严禁投掷物料。

7. 料具存放安全要求

1）大模板存放必须将地脚螺栓提上去，使自稳角呈 70°～90°。长期存放的大模板，必须用拉杆连接绑牢。没有支撑或自稳角不足的大模板，要存放在专用的堆放架内。

2）砖、加气块、小钢模码放稳固，高度不超过 1.5m。脚手架上放砖的高度不准超过三层侧砖。

3）存放水泥等袋装材料严禁靠墙码垛，存放沙、土、石料严禁靠墙堆放。

8. 临时用电安全防护

1）临时用电必须按部颁规范的要求做施工组织设计（方案），建立必要的内业档案资料。

2）临时用电必须建立对现场的线路、设施的定期检查制度，并将检查检验记录存档备查。

3）临时配电线路必须按规范架设整齐，架空线必须采用绝缘导线，不得采用塑胶软线，不得成束架空敷设，也不得沿地面明敷设。

施工机具、车辆及人员应与内、外电线路保持安全距离。达不到规范规定的最小距离时，必须采用可靠的防护措施。

4）配电系统必须实行分级配电。各类配电箱、开关箱的安装和内部设置必须符合有关规定。箱内电器必须可靠完好，其选型、定值要符合规定，开关电器应标明用途。

5）独立的配电系统必须按部颁标准采用三相五线制的接零保护系统，非独立系统可根据现场实际情况采取相应的接零或接地保护方式。各种电气设备和电力施工机械的金属外壳、金属支架和底座必须按规定采取可靠的接零或接地保护。

在采用接地和接零保护方式的同时，必须设两级漏电保护装置，实行分级保护，形成完整的保护系统。漏电保护装置的选择应符合规定。

各种高大设施必须按规定装设避雷装置。

6）手持电动工具的使用，应符合国家标准的有关规定。工具的电源线、插头和插座应完好，电源线不得任意接长和调换，工具的外绝缘应完好无损，维修和保管应由专人负责。

7）凡在一般场所采用200V电源照明的，必须按规定布线和装设灯具，并在电源一侧加装漏电保护器。特殊场所应按国家标准规定使用安全电压照明器。

使用行灯照明，其电源电压应不得超过36V，灯体与手柄应坚固绝缘良好，电源线须使用橡套电缆线，不得使用塑胶线。行灯变压器应有防潮、防雨水设施。

8）电焊机应单独设开关。电焊机外壳应做接零或接地保护。一次线长度应小于5m，二次线长度应小于30m，两侧接线应压接牢固，并安装可靠防护罩。焊把线应双线到位，不得借用金属管道、金属脚手架、轨道及结构钢筋做回路地线。焊把线无破损，绝缘良好。电焊机设置地点应防潮、防雨、防砸。

9. 施工机械安全防护

1）施工组织设计应有施工机械使用过程中的定期检测方案。

2）施工现场应有施工机械安装、使用、检测、自检记录。

3）塔式起重机的路基和轨道的铺设及起重机的安装必须符合国家标准及原厂使用规定，并办理验收手续，经检验合格后，方可使用。使用中，定期进行检测。

4）塔式起重机的安全装置(四限位，两保险)必须齐全、灵敏、可靠。

5）施工电梯的地基、安装和使用须符合原厂使用规定，并办理验收手续，经检验合格后，方可使用。使用中，应定期进行检测。

6）施工电梯的安全装置必须齐全、灵敏、可靠。

7）卷扬机必须搭设防砸、防雨的专用操作棚，固定机身必须设牢固地锚。传动部分必须安装防护罩，导向滑轮不得用开口拉板式滑轮。

8）操作人员离开卷扬机或作业中停电时，应切断电源，将吊笼降至地面。

9）搅拌机应搭防砸、防雨操作棚，使用前应固定，不得用轮胎代替支撑。移动时，必须先切断电源。起动装置、离合器制动器、保险链、防护罩应齐全完好，使用安全可靠。搅拌机停止使用料斗升起时，必须挂好上料斗的保险链。维修、保养、清理时必须切断电源，设专人监护。

10）机动翻斗车时速不得超过 5km/h，方向机构、制动器、灯光等应灵敏有效。行车中严禁带人。往槽、坑、沟卸料时，应保持安全距离并设挡墩。

11）蛙式打夯机必须两人操作，操作人员必须戴绝缘手套和穿绝缘胶鞋。手柄应采取绝缘措施。夯机用后应切断电源，严禁在夯机运转时清除积土。

12）统磨必须安装灵敏可靠的自锁装置，使用时，不得超载。

13）乙炔发生器必须使用金属防爆膜，严禁用橡胶薄膜代替。回火防止器应保持有一定水量。氧气瓶不得暴晒、倒置、平放，禁止沾油。氧气瓶和乙炔瓶（罐）工作间距不得小于 5m，两瓶同焊炬间的距离不得小于 10m。施工现场内，严禁使用浮桶式乙炔发生器。

14）圆锯的锯盘及传动部位应安装防护罩，并应设置保险挡、分料器。凡长度小于 50cm、厚度大于锯盘半径的木料，严禁使用圆锯。破料锯与横截锯不得混用。

15）砂轮机应使用单向开关。砂轮必须装设不小于 180°的防护罩和牢固的工件托架。严禁使用不圆、有纹裂和磨损剩余部分不足 25mm 的砂轮。

16）平面刨（手压刨）安全防护装置必须齐全有效。

17）吊索具必须使用合格产品。

① 钢丝绳应根据用途保证足够的安全系数。凡表面磨损、腐蚀、断丝超过标准的，打死弯、断股、油芯外露的不得使用。

② 吊钩除正确使用外，应有防止脱钩的保险装置。

③ 卡环在使用时，应使销轴和环底受力。吊运大模板、大灰斗、混凝土斗和预制墙板等大件时，必须用卡环。

10. 操作人员个人防护

1）进入施工区域的所有人员必须戴安全帽。

2）从事 2m 以上、无法采取可靠防护设施的高处作业人员必须系安全带。

3）从事电气焊、剔凿、磨削作业的人员应使用面罩或护目镜。

4）特种作业人员必须持证上岗，并佩戴相应的劳保用品。

细节：施工现场环境保护管理

1. 国家有关建设环境保护的主要规定

（1）环境保护法规　2014 年 4 月 24 日修订通过的《中华人民共和国环境保护法》规定，在防治环境污染和其他公害的过程中，必须坚持以下几项基本制度：

1）环境保护责任制度：该制度要求产生环境污染和其他公害的单位，必须将环境保护工作列入本单位工作计划，有目标、制度，环境保护工作规定到岗，落实到人，并同单位和个人的经济利益挂钩。使单位和个人自觉维护环境不受污染。

2）"三同时"制度：该制度规定建设项目（包括新建、改建、扩建项目）中的防治环境污染和其他公害的设施，必须与主体工程同时设计、同时施工、同时投产。

3）排污申报登记制度：该制度要求所有排污单位都应按环保部门的规定，向当地的环保部门申报拥有的污染排放设施，在正常作业条件下排放污染物的种类、数量和浓度，并提供防治污染方面的有关资料等。

4）排污收费制度：该制度规定所有排污单位必须按有关规定缴纳一定的排污费。

5）谁污染谁治理的制度：该制度规定长期超标排污的单位或个人，限期完成治理任务，超期不达标的要给予相应的处罚。

6）环境监测制度：环保部门建立环境监测网络，调查和掌握环境状况和发展趋势，并提出改善措施。

（2）国务院关于环境保护工作的决定　此决定即国发(1984)64号文件。它把保护和改善生活环境和生态环境，防止污染和自然环境破坏，作为我国社会主义现代化建设中的一项基本国策。文件规定新建、扩建、改建项目（包括小型项目）和技改项目，一切可能造成污染和破坏的工程建设和自然开发项目，都必须严格执行防治污染措施与主体工程同时设计、同时施工、同时投产（常称为"三同时"）。

（3）关于基建项目、技改项目要严格执行"三同时"的通知　此通知即(80)国环号第79号文件，有关主要内容是：

1）在安排基建计划时要落实"三同时"。

2）建成竣工的建设项目，在工程验收时，要把检查污染治理工程作为一个重要的验收内容。

3）凡污染治理工程没有建成的不予验收，不准投入使用。

（4）建设项目环境保护管理办法　此办法于1986年3月26日由国家环境保护委员会、国家计委、经委颁布实施。该办法规定建设项目必须执行环境影响报告书的审批制度、执行主体工程与环保设施"三同时"制度，对违反有关制度的处罚等作了重要规定。

（5）其他有关法规的规定

1）《中华人民共和国建筑法》中的有关规定：

第四十一条　建筑施工企业应当遵守有关环境保护和安全生产的法律、法规的规定，采取控制和处理施工现场的各种粉尘、废气、废水、固体废物以及噪声、振动对环境的污染和危害的措施。

2）《中华人民共和国消防法》中的有关规定：

第二十六条　建筑构件、建筑材料和室内装修、装饰材料的防火性能必须符合国家标准；没有国家标准的，必须符合行业标准。人员密集场所室内装修、装饰，应当按照消防技术标准的要求，使用不燃、难燃材料。

3）《中华人民共和国环境保护法》中的有关规定：

第四十二条　排放污染物的企业事业单位和其他生产经营者，应当采取措施，防治在生产建设或者其他活动中产生的废气、废水、废渣、医疗废物、粉尘、恶臭气体、放射性物质以及噪声、振动、光辐射、电磁辐射等对环境的污染和危害。

排放污染物的企业事业单位，应当建立环境保护责任制度，明确单位负责人和相关人员的责任。

重点排污单位应当按照国家有关规定和监测规范安装使用监测设备，保证监测设备正常运行，保存原始监测记录。

严禁通过暗管、渗井、渗坑、灌注或者篡改、伪造监测数据，或者不正常运行防治污染设施等逃避监管的方式违法排放污染物。

4）《中华人民共和国职业病防治法》中的有关规定：

① 第十五条：产生职业病危害的用人单位的设立除应当符合法律、行政法规规定的设立条件外，其工作场所还应当符合下列职业卫生要求：

a. 职业病危害因素的强度或者浓度符合国家职业卫生标准。

b. 有与职业病危害防护相适应的设施。

c. 生产布局合理，符合有害与无害作业分开的原则。

d. 有配套的更衣间、洗浴间、孕妇休息间等卫生设施。

e. 设备、工具、用具等设施符合保护劳动者生理、心理健康的要求。

f. 法律、行政法规和国务院卫生行政部门关于保护劳动者健康的其他要求。

② 第二十二条：用人单位必须采用有效的职业病防护设施，并为劳动者提供个人使用的职业病防护用品。

用人单位为劳动者个人提供的职业病防护用品必须符合防治职业病的要求；不符合要求的，不得使用。

③ 第二十四条：产生职业病危害的用人单位，应当在醒目位置设置公告栏，公布有关职业病防治的规章制度、操作规程、职业病危害事故应急救援措施和工作场所职业病危害因素检测结果。

对产生严重职业病危害的作业岗位，应当在其醒目位置，设置警示标识和中文警示说明。警示说明应当载明产生职业病危害的种类、后果、预防以及应急救治措施等内容。

④ 第三十三条：用人单位与劳动者订立劳动合同（含聘用合同，下同）时，应当将工作过程中可能产生的职业病危害及其后果、职业病防护措施和待遇等如实告知劳动者，并在劳动合同中写明，不得隐瞒或者欺骗。

劳动者在已订立劳动合同期间因工作岗位或者工作内容变更，从事与所订立劳动合同中未告知的存在职业病危害的作业时，用人单位应当依照前款规定，向劳动者履行如实告知的义务，并协商变更原劳动合同相关条款。

用人单位违反前两款规定的，劳动者有权拒绝从事存在职业病危害的作业，用人单位不得因此解除与劳动者所订立的劳动合同。

⑤ 第三十七条：发生或者可能发生急性职业病危害事故时，用人单位应当立即采取应急救援和控制措施，并及时报告所在地卫生行政部门和有关部门。卫生行政部门接到报告后，应当及时会同有关部门组织调查处理；必要时，可以采取临时控制措施。卫生行政部门应当组织做好医疗救治工作。

对遭受或者可能遭受急性职业病危害的劳动者，用人单位应当及时组织救治、进行健康检查和医学观察，所需费用由用人单位承担。

5）《中华人民共和国大气污染防治法》中的有关规定：

① 第六十八条：地方各级人民政府应当加强对建设施工和运输的管理，保持道路清洁，控制料堆和渣土堆放，扩大绿地、水面、湿地和地面铺装面积，防治扬尘污染。

住房城乡建设、市容环境卫生、交通运输、国土资源等有关部门，应当根据本级人民政府确定的职责，做好扬尘污染防治工作。

② 第七十九条：向大气排放持久性有机污染物的企业事业单位和其他生产经营者以及废弃物焚烧设施的运营单位，应当按照国家有关规定，采取有利于减少持久性有机污染物排放的技术方法和工艺，配备有效的净化装置，实现达标排放。

③ 第八十二条：禁止在人口集中地区和其他依法需要特殊保护的区域内焚烧沥青、油毡、橡胶、塑料、皮革、垃圾以及其他产生有毒有害烟尘和恶臭气体的物质。

禁止生产、销售和燃放不符合质量标准的烟花爆竹。任何单位和个人不得在城市人民政府禁止的时段和区域内燃放烟花爆竹。

6)《中华人民共和国固体废物污染环境防治法》中的有关规定：

① 第十六条：产生固体废物的单位和个人，应当采取措施，防止或者减少固体废物对环境的污染。

② 第十七条：收集、贮存、运输、利用、处置固体废物的单位和个人，必须采取防扬散、防流失、防渗漏或者其他防止污染环境的措施。不得擅自倾倒、堆放、丢弃、遗撒固体废物。

禁止任何单位或者个人向江河、湖泊、运河、渠道、水库及其最高水位线以下的滩地和岸坡等法律、法规规定禁止倾倒、堆放废弃物的地点倾倒、堆放固体废物。

③ 第四十六条：工程施工单位应当及时清运工程施工过程中产生的固体废物，并按照环境卫生行政主管部门的规定进行利用或者处置。

7)《中华人民共和国环境噪声污染防治法》中的有关规定：

① 第二十八条：在城市市区范围内向周围生活环境排放建筑施工噪声的，应当符合国家规定的建筑施工场界环境噪声排放标准。

② 第二十九条：在城市市区范围内，建筑施工过程中使用机械设备，可能产生环境噪声污染的，施工单位必须在工程开工十五日以前向工程所在地县级以上地方人民政府生态环境主管部门申报该工程的项目名称、施工场所和期限、可能产生的环境噪声值以及所采取的环境噪声污染防治措施的情况。

③ 第三十条：在城市市区噪声敏感建筑物集中区域内，禁止夜间进行产生环境噪声污染的建筑施工作业，但抢修、抢险作业和因生产工艺上要求或者特殊需要必须连续作业的除外。因特殊需要必须连续作业的，必须有县级以上人民政府或者其有关主管部门的证明。前款规定的夜间作业，必须公告附近居民。

2. 施工现场环境保护管理

（1）签订环境保护责任书 工程开工前，施工单位负责人应与上级和环保主管部门签订环境保护责任书，其主要内容包括：

1）施工单位负责人对施工区域的环境质量负责，须将环保工作列入工作计划之内，实行目标管理，要正确处理施工生产与环保的关系，采取有效措施防止环境污染，保证完成上级下达的环保任务。这项工作应作为政绩考核内容之一。

2）建立主管领导负责的防治环境污染的自我保证体系，指定专人负责日常工作，使该体系运转顺利。

3）建立健全环保的各项规章制度，认真贯彻执行环保的各项方针、政策、法规。

4）扎扎实实做好施工现场环保管理的基础工作，全面检查污染源，并制相应的治理措施。在编制施工组织设计的同时提出环保措施，并做好环保的统计和信息工作。

5）认真开展宣传教育工作，增强企业全员的环保意识，使环保工作成为全体职工的自觉行动。

6）制订环保管理奖惩制度，将环保工作与职工的经济利益挂钩，注重实效，扎扎实实做好环保工作。

（2）建筑施工现场环境保护管理规定

1）施工现场环境保护项目及内容：施工现场环境保护项目及内容视工程项目不同、施工地点不同而略有不同，一般可以概括为"三防八治理"，即：

① 三防：防大气污染、防水源污染、防噪声污染。

② 八治理：锅炉烟尘治理、锅灶烟尘治理、沥青锅烟尘治理、地面路面施工垃圾扬尘、搅拌站扬尘治理、施工废水治理、废油、废气治理、施工机械车辆噪声治理、人为噪声治理。

2）施工现场环境保护具体要求：

① 施工现场场容要求：

a. 施工区域应用围墙与非施工区域隔离，防止施工污染施工区域以外的环境。施工围墙应完整严密，牢固美观。

b. 施工现场应整洁，运输车辆不带泥砂出场，并做到沿途不遗撒。施工垃圾应及时清运到指定消纳场所，严禁乱倒乱卸。

c. 施工现场外一般不容许堆放施工材料，必须存放的须经有关部门批准，并办理临时占地手续。

d. 搅拌机四周，拌料处及施工地点无废弃砂浆和混凝土，运输道路和操作现场的落地料应及时清运。

e. 工地办公室、职工宿舍和更衣室要整齐有序，保持卫生，无污物，无污水，生活垃圾集中堆放及时清理，严禁随地大小便。

② 防大气污染要求：

a. 工地锅炉和生活锅灶须符合消烟除尘标准，应采用各种行之有效的消烟除尘技术，减少烟尘对大气的污染。

b. 尽量采用冷防水新技术、新材料。需熬热沥青的工程应采用消烟节能沥青锅，不得在施工现场敞口熔融沥青或者焚烧油毡、油漆以及其他会产生有毒、有害烟尘和恶臭气味的其他物质。

c. 有条件的应尽量采用商品混凝土，无法使用的必须在搅拌站安装除尘装置，搅拌机应采用封闭式搅拌机房，并安装除尘装置。应使用封闭式的圈筒或者采取其他措施处理高空废弃垃圾，严禁从建筑物的窗口、洞口向下抛撒施工垃圾。施工现场要坚持定期洒水制度，保证施工现场不起灰扬尘。施工垃圾外运时，应洒水湿润并遮盖，保证不沿路遗撒扬尘。

对水泥、白灰、粉煤灰等易飞扬的细颗粒材料应存放在封闭式库房内，如条件有限须库外存放时，应严密遮盖，卸运尽量安排在夜间，以减少集中扬尘。

d. 机械车辆的尾气要达标，不达标的不得行驶。

③ 施工废水处理：

a. 有条件的施工现场应采用废水集中回收利用系统。妥善处理泥浆水，未经处理不得直接排入城市排水设施和河流。

b. 搅拌站应设沉淀池。沉淀池应定期清掏。高层、多层大面积水磨石废水及外墙水刷石废水应挖排水沟并经沉淀池沉淀后方能排入下水道。

c. 搅拌站、洗车台等集中用水场地除设沉淀池外应设一定坡度不得有积水。现场道路应高出施工地面20~30cm，两侧设置畅通的排水沟，以保证现场不积水。

d. 工地食堂废水凡接入下水道的必须设置隔油、隔物池，附近无下水道的应选择适当地点挖渗坑，不得让污水横流。

④ 施工噪声治理：

a. 离居民区较近和要求宁静的施工现场，对强噪声机械如发电机。空压机、搅拌机、砂轮机、电焊机、电锯、电刨等，应设置封闭式隔声房，使噪声控制在最低限度。

b. 对无法隔声的外露机械如塔式起重机、电焊机、打桩机、振捣棒等应合理安排施工时间，一般不超过晚上22时，减轻噪声扰民。特殊情况需连续作业时，须申报当地环保部门批准，并妥善做好周围居民工作，方可施工。

c. 施工现场尽量保持安静，现场机械车辆少发动、少鸣笛，施工操作人员不要大声喧闹和发出刺耳的敲击、撞击声，做到施工不扰民。

d. 采用新技术、新材料、新工艺降低施工噪声，如自动密实混凝土技术等。

⑤ 油料污染治理：

a. 现场油料应存放库内，油库应做水泥砂浆地面，并铺油毡，四周贴墙高出地面不少于15cm，保证不渗漏。

b. 埋于地下的油库，使用前要使严密性试验，保证不渗不漏。

c. 距离饮水水源点周围50m内的地下工程禁止使用含有毒物质的材料。

3. 施工现场环境保护资料

为保证现场环保工作的切实执行，应做好资料的建立和归档工作，应设立归档的资料有如下几项。

（1）环境保护审批表（含平面布置图） 根据"三同时"原则，施工单位应根据施工项目特点和施工地点的要求，在作施工组织设计时做出环保措施要求（含平面布置图），报请当地环保部门批准。

（2）施工单位环保领导管理体系网络图 该图应详细列出领导机关到污染源的各层环境保护机构及人员，做到建制设岗、层层落实。

（3）现场管理制度和规定 该制度和规定根据国家和地区的环保有关规定制订，要结合工程实际情况和施工单位的实际情况制订，要切实可行。

（4）污染源登记表 按施工现场的污染源逐项登记。

（5）各种记录 包括噪声监测记录、烟尘监测记录、教育活动记录、现场检评记录等。

（6）其他有关资料 包括上级下发的有关环保文件通知、技术革新项目资料等。

2 地基基础工程

细节：土的现场鉴别

在建筑施工中，根据土的坚硬程度及开挖的难易程度，将土分为松软土、普通土、坚土、砂砾坚土、软石、次坚石、坚石、特坚石 8 类。土的这种 8 类分类法及其现场鉴别方法见表 2-1。前四类属一般土，后四类属岩石。土的类别对土方工程施工方法的选择、劳动量和机械台班的消耗及工程费用都有较大的影响。

表 2-1　土的工程分类与现场鉴别方法

土 的 分 类	土 的 名 称	可松性系数		现场鉴别方法
		K_s	K'_s	
一类土（松软土）	砂；亚砂土；冲积砂土层；种植土；泥炭（淤泥）	1.08～1.10	1.01～1.03	能用锹、锄头挖掘
二类土（普通土）	亚黏土；潮湿的黄土；夹有碎石、卵石的砂；种植土；填筑土及亚砂土	1.14～1.28	1.02～1.05	用锹、条锄挖掘，少许用镐翻松
三类土（坚土）	软及中等密度黏土；重亚黏土、粗砾石；干黄土及含碎石、卵石的黄土、亚黏土；压实的填筑土	1.24～1.30	1.05～1.07	主要用镐，少许用锹、条锄挖掘
四类土（砂砾坚土）	重黏土及含碎石、卵石的黏土；粗卵石；密实的黄土；天然级配砂石；软泥灰岩及蛋白石	1.26～1.35	1.06～1.09	整个用镐、条锄挖掘，少许用撬棍挖掘
五类土（软石）	硬质黏土；中等密度的页岩、泥灰岩、白垩土；胶结不紧的砾岩；软的石灰岩	1.30～1.40	1.10～1.15	用镐或撬棍、大锤挖掘，部分用爆破方法
六类土（次坚石）	泥岩；砂岩；砾岩；坚实的页岩；泥灰岩；密实的石灰岩；风化花岗岩；片麻岩	1.35～1.45	1.11～1.20	用爆破方法开挖，部分用风镐
七类土（坚石）	大理岩；辉绿岩；玢岩；粗、中粒、花岗岩；坚实的白云岩、砂岩、砾岩、片麻岩、石灰岩、风化痕迹的安山岩、玄武岩	1.40～1.45	1.15～1.20	用爆破方法开挖
八类土（特坚石）	安山岩；玄武岩；花岗片麻岩；坚实的细粒花岗岩，闪长岩、石英岩、辉长岩、辉绿岩、玢岩	1.45～1.50	1.20～1.30	用爆破方法开挖

细节：土方开挖

土方工程的施工过程主要包括：土方开挖、运输、填筑与压实等。应尽量采用机械施工，以加快施工速度。常用的施工机械有：推土机、铲运机、装载机、单斗挖土机等。土方工程施工前通常需完成以下准备工作：施工现场准备，土方工程的测量放线和编制施工组织设计等。有时还需完成以下辅助工作，如基坑、沟槽的边坡保护、土壁的支撑、降低地下水位等。

1. 土方边坡

土方开挖过程中及开挖完毕后，基坑(槽)边坡土体由于自重产生的下滑力在土体中产生剪应力，该剪应力主要靠土体的内摩阻力和内聚力平衡，一旦土体中力的体系失去平衡，边坡就会塌方。

为了避免不同土质的物理性能、开挖深度、土的含水率对边坡土壁的稳定性产生影响而塌方，在土方开挖时将坑、槽挖成上口大、下口小的形状，依靠土的自稳性能保持土壁的相对稳定。

土方边坡用边坡坡度和边坡系数表示，两者互为倒数，工程中常以 $1:m$ 表示放坡。边坡坡度是以土方挖土深度 H 与边坡底宽 B 之比表示，如图 2-1 所示。即：

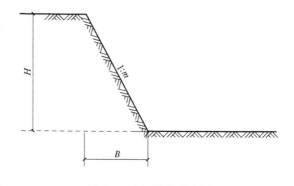

$$土方边坡坡度 = \frac{H}{B} = \frac{1}{m}$$

式中 $m = \frac{B}{H}$ 称为边坡系数。

图 2-1 边坡坡度示意图

土方边坡的大小主要与土质、开挖深度、开挖方法、边坡留置时间的长短、坡顶荷载状况、降排水情况及气候条件等有关。根据各层土质及土体所受到的压力，边坡可做成直线形、折线形或阶梯形，以减少土方量。当土质均匀、湿度正常，地下水位低于基坑(槽)或管沟底面标高，且敞露时间不长时，挖方边坡可做成直立壁不加支撑，但深度不宜超过下列规定：

密实、中密的砂土和碎石类土(充填物为砂土)为 1.0m。

硬塑、可塑的粉土及粉质黏土为 1.25m。

硬塑、可塑的黏土和碎石类土(充填物为黏性土)为 1.5m。

坚硬的黏土为 2m。

挖方深度超过上述规定时，应考虑放坡或做成直立壁加支撑。

当土的湿度、土质及其他地质条件较好且地下水位低于基坑(槽)或管沟底面标高时，挖方深度在 5m 以内可放坡开挖不加支撑的，其边坡的最陡坡度经验值应符合表 2-2 规定。

表 2-2　挖方深度在 5m 以内不加支撑的边坡的最陡坡度

土 的 类 别	边坡坡度（高∶宽）		
	坡顶无荷载	坡顶有静载	坡顶有动载
中密的砂土	1∶1.00	1∶1.25	1∶1.50
中密的碎石类土（充填物为砂土）	1∶0.75	1∶1.00	1∶1.25
硬塑的粉土	1∶0.67	1∶0.75	1∶1.00
中密的碎石类土（充填物为黏土）	1∶0.50	1∶0.67	1∶0.75
硬塑的粉质黏土、黏土	1∶0.33	1∶0.50	1∶0.67
老黄土	1∶0.1	1∶0.25	1∶0.33
软土（经井点降水后）	1∶1.00	—	—

注：静载指堆土或材料等；动载指机械挖土或汽车运输作业等。静载或动载距挖方边缘的距离应保证边坡和直立壁的稳定；堆土或材料应距挖方边缘 0.8m 以外，高度不超过 1.5m。

永久性挖方边坡应按设计要求放坡。对使用时间较长的临时性挖方边坡坡度，根据现行规范，其边坡的挖方深度及边坡的最陡坡度应符合表 2-3 规定。

表 2-3　临时性挖方边坡坡率允许值

土 的 类 别		边坡坡率（高∶宽）	土 的 类 别		边坡坡率（高∶宽）
砂土	不包括细砂、粉砂	1∶1.25~1∶1.50	黏性土	软 塑	1∶1.50 或更缓
黏性土	坚硬	1∶0.75~1∶1.00	碎石土	充填坚硬黏土、硬塑黏土	1∶0.50~1∶1.00
	硬塑、可塑	1∶1.00~1∶1.25		充填砂土	1∶1.00~1∶1.50

注：1. 本表适用于无支护措施的临时性挖方工程的边坡坡率。

　　2. 设计有要求时，应符合设计标准。

　　3. 本表适用于地下水位以上的土层。采用降水或其他加固措施时，可不受本表限制，但应计算复核。

　　4. 一次开挖深度，软土不应超过 4m，硬土不应超过 8m。

2. 土壁支撑

土壁支撑是土方施工中的重要工作。应根据工程特点、地质条件、现有的施工技术水平、施工机械设备等合理选择支护方案，保证施工质量和安全。土壁支撑有较多的方式。

（1）横撑式支撑　当开挖较窄的沟槽时多采用横撑式支撑。即采用横竖楞木、横竖挡土板、工具式横撑等直接进行支撑。可分为水平挡土板和垂直挡土板两种，如图 2-2 所示。这种支撑形式施工较为方便，但支撑深度不宜太大。

采用横撑式支撑时，应随挖随撑，支撑牢固。施工中应经常检查，如有松动、变形等现象时，应及时加固或更换。支撑的拆除应按回填顺序依次进行，多层支撑应自下而上逐层拆除，随拆随填。拆除支撑时，应防止附近建筑物和构筑物等产生下沉和破坏，必要时应采取妥善的保护措施。

（2）桩墙式支撑　桩墙式支撑中有许多的支撑方式，如：钢板桩、预制钢筋混凝土板桩等连续式排桩，预制钢筋混凝土桩、人工挖孔灌注桩、钻孔灌注桩、沉管灌注桩、H 型钢桩、工字型钢桩等分离式排桩，地下连续墙、有加劲钢筋的水泥土支护墙等。

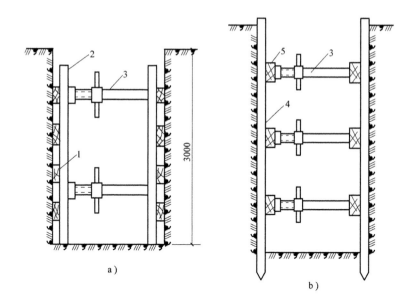

图 2-2　横撑式支撑

a）断续式水平挡土板支撑　b）垂直挡土板支撑

1—水平挡土板　2—竖楞木　3—工具式横撑　4—竖直挡土板　5—横楞木

（3）重力式支撑　通过加固基坑周边的土形成一定厚度的重力式墙，达到挡土的目的。如：水泥粉喷桩、深层搅拌水泥支护结构、高压旋喷帷幕墙、化学注浆防渗挡土墙等。

（4）土钉、喷锚支护　土钉、喷锚支护是一种利用加固后的原位土体来维护基坑边坡稳定的支护方法。一般由土钉（锚杆）、钢丝网喷射混凝土面板和加固后的原位土体三部分组成。

3. 基坑（槽）开挖

基坑（槽）开挖有人工开挖和机械开挖，对于大型基坑应优先考虑选用机械化施工，以减轻繁重的体力劳动，加快施工进度。

开挖基坑（槽）应按规定的尺寸合理确定开挖顺序和分层开挖深度，连续地进行施工，尽快地完成。

1）开挖基坑（槽）时，应符合下列规定：

① 由于土方开挖施工要求标高、截面准确，土体应有足够的强度和稳定性，因此在开挖过程中要随时注意检查。

② 挖出的土除预留一部分用作回填外，在场地内不得任意堆放，应把多余的土运到弃土地区，以免妨碍施工。为防止坑壁滑坍，根据土质情况及坑（槽）深度，在坑顶两边一定距离（一般为0.8m）内不得堆放弃土，在此距离外堆土高度不得超过1.5m，否则，应验算边坡的稳定性，在柱基周围、墙基或围墙一侧，不得堆土过高。

③ 在坑边放置有动载的机械设备时，也应根据验算结果，离开坑边较远距离，如地质条件不好，还应采取加固措施。

为防止基底土（尤其是软土）受到浸水或其他原因的扰动，基坑（槽）挖好后，应立即做垫层或浇筑基础，否则，挖土时应在基底标高以上保留150～300mm厚的土层，待基础施工时再行挖去。

④ 如用机械挖土，为防止扰动基底土，破坏结构，不应直接挖到坑(槽)底，应根据机械种类，在基底标高以上留出约 200~300mm，待基础施工前用人工铲平修整。

挖土不得挖至基坑(槽)的设计标高以下，如果个别处超挖，应用与基土相同的土料填补，并夯实到要求的密实度。如果用当地土填补不能达到要求的密实度时，应用碎石类土填补，并仔细夯实到要求的密实度。如果在重要部位超挖时，可用低强度等级的混凝土填补。

2) 在软土地区开挖基坑(槽)时，尚应符合下列规定：

① 施工前，必须做好地面排水和降低地下水位工作，地下水位应降低至基坑底以下 0.5~1.0m 后，方可开挖。降水工作应持续到回填完毕。

② 施工机械行驶道路应填筑适当厚度的碎石或砾石，必要时应铺设工具式路基箱(板)或梢排等。

③ 开挖相邻基坑(槽)时，应遵循先深后浅或同时进行的施工顺序，并应及时做好基础。

④ 在密集群桩上开挖基坑时，应在打桩完成后间隔一段时间，再对称挖土。在密集群桩附近开挖基坑(槽)时，应采取措施防止桩基位移。

⑤ 挖出的土不得堆放在坡顶上或建筑物附近。

4. 深基坑开挖

深基坑一般采用"分层开挖，先撑后挖"的开挖原则。基坑深度较大时，应分层开挖，以防开挖面的坡度过陡，引起土体位移，坑底面隆起，桩基侧移等异常现象发生。深基坑一般都采用支护结构以减小挖土面积，防止边坡塌方。

深基坑开挖注意事项如下：

1) 在挖土和支撑过程中，对支撑系统的稳定性要有专人检查、观测，并做好记录。发生异常，应立即查清原因，采取针对性技术措施。

2) 开挖过程中，对支护墙体出现的水土流失现象应及时进行封堵，同时留出泄水通道，严防地面大量沉陷、支护结构失稳等灾害性事故的发生。

3) 严格限制坑顶周围堆土等超载，适当限制与隔离坑顶周围振动荷载作用。

4) 开挖过程中，应定时检查井点降水深度。

5) 应做好机械上下基坑坡道部位的支护。严禁在挖土过程中，碰撞支护结构体系和工程桩，严禁损坏防渗帷幕。基坑挖土时，将挖土机械、车辆的通道布置、挖土的顺序及周围堆土位置安排等列为对周围环境的影响因素进行综合考虑。

6) 深基坑开挖过程中，随着土的挖除，下层土因逐渐卸载而有可能回弹，尤其在基坑挖至设计标高后，如搁置时间过久，回弹更为显著。对深基坑开挖后的土体回弹，应有适当的估计，如在勘察阶段，土样的压缩试验中应补充卸荷弹性试验等。还可以采取结构措施，在基底设置桩基等，或事先对结构下部土质进行深层地基加固。施工中减少基坑弹性隆起的一个有效方法，是把土体中有效应力的改变降低到最少。具体方法有加速建造主体结构，或逐步利用基础的重量来代替被挖去土体的重量，或采用逆筑法施工(先施工主体，再施工基础)。

7) 基坑(槽)开挖后应及时组织地基验槽，并迅速进行垫层施工，防止暴晒和雨水浸刷，以使基坑（槽）的原状结构不被破坏。

5. 质量检查

1）施工前应检查支护结构质量、定位放线、排水和地下水控制系统，以及对周边影响范围内地下管线和建（构）筑物保护措施的落实，并应合理安排土方运输车辆的行走路线及弃土场。附近有重要保护设施的基坑，应在土方开挖前对围护体的止水性能通过预降水进行检验。

2）施工中应检查平面位置、水平标高、边坡坡率、压实度、排水系统、地下水控制系统、预留土墩、分层开挖厚度、支护结构的变形，并随时观测周围环境变化。

3）施工结束后应检查平面几何尺寸、水平标高、边坡坡率、表面平整度和基底土性等。

4）临时性挖方工程的边坡坡率允许值应符合表2-3的规定或经设计计算确定。

5）土方开挖工程的质量检验标准应符合表2-4～表2-7的规定。

表2-4   柱基、基坑、基槽土方开挖工程的质量检验标准

项	序	项　目	允许值或允许偏差		检查方法
			单位	数值	
主控项目	1	标高	mm	0 −50	水准测量
	2	长度、宽度 （由设计中心线向两边量）	mm	+200 −50	全站仪或用钢尺量
	3	坡率	设计值		目测法或用坡度尺检查
一般项目	1	表面平整度	mm	±20	用2m靠尺
	2	基底土性	设计要求		目测法或土样分析

表2-5   挖方场地平整土方开挖工程的质量检验标准

项	序	项　目	允许值或允许偏差		检查方法
			单位	数值	
主控项目	1	标高	mm	人工 ±30	水准测量
				机械 ±50	
	2	长度、宽度 （由设计中心线向两边量）	mm	人工 +300 −100	全站仪或用钢尺量
				机械 +500 −150	
	3	坡率	设计值		目测法或用坡度尺检查
一般项目	1	表面平整度	mm	人工 ±20	用2m靠尺
				机械 ±50	
	2	基底土性	设计要求		目测法或土样分析

表 2-6　管沟土方开挖工程的质量检验标准

项	序	项　目	允许值或允许偏差		检 查 方 法
			单位	数值	
主控项目	1	标高	mm	0 −50	水准测量
	2	长度、宽度 （由设计中心线向两边量）	mm	+100 −0	全站仪或用钢尺量
	3	坡率	设计值		目测法或用坡度尺检查
一般项目	1	表面平整度	mm	±20	用 2m 靠尺
	2	基底土性	设计要求		目测法或土样分析

表 2-7　地（路）面基层土方开挖工程的质量检验标准

项	序	项　目	允许值或允许偏差		检 查 方 法
			单位	数值	
主控项目	1	标高	mm	0 −50	水准测量
	2	长度、宽度 （由设计中心线向两边量）	设计值		全站仪或用钢尺量
	3	坡率	设计值		目测法或用坡度尺检查
一般项目	1	表面平整度	mm	±20	用 2m 靠尺
	2	基底土性	设计要求		目测法或土样分析

注：地（路）面基层的偏差只适用于直接在挖、填方上做地（路）面的基层。

细节：土方回填

1. 土方回填的要求

（1）对回填土料的选择　选择回填土料应符合设计要求。如设计无要求时，应符合下列规定：

1）碎石类土、砂土和爆破石碴(粒径不大于每层铺填厚度的2/3)，可用于表层以下的填料。

2）含水量符合压实要求的黏性土，可用作各层填料。

3）淤泥和淤泥质土一般不能用作填料，但在软土或沼泽地区，经过处理含水量符合压实要求后，可用于填方中的次要部位。

4）碎块草皮和有机质含量大于8%的土，仅用于无压实要求的填方。

5）含盐量符合规定的盐渍土，一般可以使用，但在填方上部的建筑物应采取防盐、碱侵蚀的有效措施。填料中不准含有盐晶、盐粒或含盐植物的根茎。

6）填方土料为黏性土时，填土前应检查其含水量，含水量高的黏土不宜作为回填土使用。淤泥、冻土、膨胀性土及有机物质含量大于8%的土以及硫酸盐含量大于5%的土不能作为回填土料使用。

（2）对回填基底的处理　对回填基底的处理应符合设计要求。设计无要求时，应符合下列规定：

1）基底上的树墩及主根应拔除，坑穴应清除积水、淤泥和杂草、杂物等，并按规定分层回填夯实。

2）在建筑物和构筑物地面下的填方或厚度小于0.5m的填方，应清除基底上的草皮和垃圾。

3）在土质较好的平坦地上（地面坡度不陡于1/10）填方时，可不清除基底上的草皮，但应割除长草。

4）在稳定山坡上填方，应防止填土横向移动，当山坡坡度为1/10～1/5时，应清除基底上的草皮。坡度陡于1/5时，应将基底挖成阶梯形，阶宽不小于1m。

5）当填方基底为耕植土或松土时，应将基底辗压密实。

6）在水田、沟渠或池塘上填方前，应根据实际情况采用排水疏干，挖除淤泥或抛填块石、砂砾、矿渣等方法处理后，再进行填土。

（3）土方回填施工要求

1）土方回填前，应根据工程特点、填料种类、设计压实系数、施工条件等合理选择压实机具，并确定填料含水量控制范围、铺土厚度和压实遍数等参数。对于重要的土方回填工程或采用新型压实机具时，上述参数应通过填土压实试验确定。

2）填土密实度以设计规定的压实系数 λ 作为检查标准。压实系数是指土的实际干密度与最大干密度之比，土的实际干密度在现场采用环刀法、灌水法或灌砂法实测而得，土的最大干密度一般在试验室由击实试验确定。

3）土方回填施工应接近水平分层填土和夯实，在测定压实后土的干密度、检验其压实系数和压实范围均符合设计要求后，才能填筑上层土方。填土压实的质量要求和取样数量应符合规范的规定。

4）填土应尽量采用同类土填筑。如采用不同填料分层填筑时，为防止填方内形成水囊，上层宜填筑透水性较小的填料，下层宜填筑透水性较大的填料。填方基底表面应做成适当的排水坡度，边坡不得用透水性较小的填料封闭。因施工条件限制，上层必须填筑透水性较大的填料时，应将下层透水性较小的土层表面做成适当的排水坡度或设置盲沟。

5）分段填筑时，每层接缝处应做成斜坡形，辗压重叠宽度为0.5～1.0m。上下层接缝应错开，错开宽度不应小于1m。

6）回填基坑和管沟时，应从四周或两侧均匀地分层进行，以防基础和管道在土压力作用下产生偏移或变形。

2. 填土压实的方法

填土压实方法有碾压、夯实和振动压实三种。

（1）碾压法　是靠机械的滚轮在土表面反复滚压，靠机械自重将土压实。

碾压机械有光面碾（压路机）、羊足碾和气胎碾。还可利用运土机械进行碾压。

碾压机械压实填方时，行驶速度不宜过快，一般平碾控制在2km/h，羊足碾控制在3km/h。否则会影响压实效果。

用碾压法压实填土时，铺土应均匀一致，碾压遍数要一样，碾压方向以从填土区的两边逐渐压向中心，每次碾压应有150～200mm的重叠。

（2）夯实法　是利用夯锤的冲击来达到使基土密实的目的。

夯实法分人工夯实和机械夯实两种。夯实机械有夯锤、内燃夯土机和蛙式打夯机。人工夯土用的工具有木夯、石夯等。

夯实法的优点是,可以夯实较厚的土层。采用重型夯土机(如1t以上的重锤)时,其夯实厚度可达1~1.5m。但对木夯、石夯或蛙式打夯机等夯土工具,其夯实厚度则较小,一般均在200mm以内。

(3) 振动压实法 振动压实法是将重锤放在土层的表面或内部,借助于振动设备使重锤振动,土壤颗粒即发生相对位移达到紧密状态。此法用于振实非黏性土效果较好。

3. 填土压实的影响因素

填土压实的影响因素较多,主要有压实功、土的含水量以及每层铺土厚度。

(1) 压实功的影响 填土压实后的密度与压实机械在其上所施加的功有一定的关系。土的密度与压实功的关系如图2-3所示。当土的含水量一定,在开始压实时,土的密度急剧增加,待到接近土的最大密度时,压实功虽然增加许多,而土的密度则变化甚小。实际施工中,对不同的土应根据选择的压实机械和密实度要求选择合理的压实遍数,如:对于砂土只需碾压或夯击2~3遍,对于粉土只需3~4遍,对于粉质黏土或黏土只需5~6遍。此外,松土不宜用重型碾压机械直接滚压,否则土层有强烈起伏现象,效率不高。如果先用轻碾压实,再用重碾压实就会取得较好效果。

(2) 含水量的影响 在同一压实功条件下,填土的含水量对压实质量有直接影响。较为干燥的土,由于土颗粒之间的摩阻力较大,因而不易压实。当含水量超过一定限度时,土颗粒之间孔隙由水填充而呈饱和状态,也不能压实。当土的含水量适当时,水起了润滑作用,土颗粒之间的摩阻力减少,压实效果最好。各种土壤都有其最佳含水量。土在这种含水量的条件下,使用同样的压实功进行压实,所得到的密度最大(图2-4),各种土的最佳含水量和最大干密度参考表2-8。

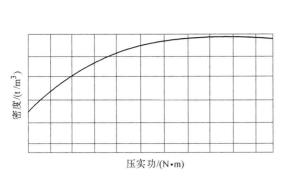

图 2-3 土的密度与压实功的关系示意图

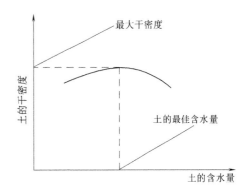

图 2-4 土的干密度与含水量的关系示意图

表 2-8 土的最佳含水量和最大干密度参考表

土的种类	变动范围		土的种类	变动范围	
	最佳含水量(质量比%)	最大干密度/(g/cm³)		最佳含水量(质量比%)	最大干密度/(g/cm³)
砂土	8~12	1.80~1.88	粉质黏土	12~15	1.85~1.95
黏土	19~23	1.58~1.70	粉土	16~22	1.61~1.80

注:1. 表中土的最大密度应根据现场实际达到的数字为准。

2. 一般性的回填可不作此项测定。

工地简单检验黏性土含水量的方法一般是以手握成团落地开花为适宜。为了保证填土在压实过程中处于最佳含水量状态，当土过湿时应予翻松晾干，也可掺入同类干土或吸水性土料，过干时，则应预先洒水润湿。

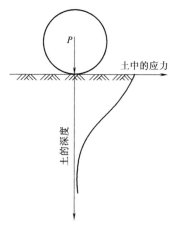

图 2-5　压实作用沿深度的变化示意图

（3）铺土厚度的影响　土在压实功的作用下，土壤内的应力随深度增加而逐渐减小（图 2-5），其影响深度与压实机械、土的性质和含水量等有关。铺土厚度应小于压实机械压土时的作用深度。最优的铺土厚度应能使土方压实而机械的功耗费最少，可按照表 2-9 选用。在表中规定的压实遍数范围内，轻型压实机械取大值，重型的则取小值。

表 2-9　填方每层的铺土厚度和压实遍数参考表

压 实 机 具	分层厚度/mm	每层压实遍数	压 实 机 具	分层厚度/mm	每层压实遍数
平碾	250~300	6~8	柴油打夯机	200~250	3~4
振动压实机	250~350	3~4	人工打夯	<200	3~4

4. 质量检查

1）施工前应检查基底的垃圾、树根等杂物清除情况，测量基底标高、边坡坡率，检查验收基础外墙防水层和保护层等。回填料应符合设计要求，并应确定回填料含水量控制范围、铺土厚度、压实遍数等施工参数。

2）施工中应检查排水系统，每层填筑厚度、辗迹重叠程度、含水量控制、回填土有机质含量、压实系数等。回填施工的压实系数应满足设计要求。当采用分层回填时，应在下层的压实系数经试验合格后进行上层施工。填筑厚度及压实遍数应根据土质、压实系数及压实机具确定。无试验依据时，应符合表 2-9 的规定。

3）施工结束后，应进行标高及压实系数检验。

4）填方工程质量检验标准应符合表 2-10、表 2-11 的规定。

表 2-10　柱基、基坑、基槽、管沟、地（路）面基础层填方工程质量检验标准

项	序	项　　目	允许值或允许偏差		检 查 方 法
			单位	数值	
主控项目	1	标高	mm	0 -50	水准测量
	2	分层压实系数	不小于设计值		环刀法、灌水法、灌砂法
一般项目	1	回填土料	设计要求		取样检查或直接鉴别
	2	分层厚度	设计值		水准测量及抽样检查
	3	含水量	最优含水量±2%		烘干法
	4	表面平整度	mm	±20	用 2m 靠尺
	5	有机质含量	≤5%		灼烧减量法
	6	辗迹重叠长度	mm	500~1000	用钢尺量

表 2-11 场地平整填方工程质量检验标准

项	序	项 目	允许值或允许偏差		检 查 方 法
			单位	数值	
主控项目	1	标高	mm	人工 ±30	水准测量
				机械 ±50	
	2	分层压实系数	不小于设计值		环刀法、灌水法、灌砂法
一般项目	1	回填土料	设计要求		取样检查或直接鉴别
	2	分层厚度	设计值		水准测量及抽样检查
	3	含水量	最优含水量±4%		烘干法
	4	表面平整度	mm	人工 ±20	用 2m 靠尺
				机械 ±30	
	5	有机质含量	≤5%		灼烧减量法
	6	辗迹重叠长度	mm	500~1000	用钢尺量

细节：地基分类

1. 天然地基

未经加固处理直接支撑建筑物的地基称为天然地基。

2. 人工加固处理地基

采用人工加固达到设计要求承载能力的地基称为人工加固处理地基。地基加固处理的方法有换填法、强夯法、注浆法、挤密法等多种方法。

细节：换土垫层法（换填法）

当建筑物基础下的持力层比较软弱，不能满足上部荷载对地基的要求时，常采用换土垫层法来处理软弱地基。施工时，先将基础以下一定深度、宽度范围内的软土层挖去，然后回填强度较大的灰土、砂或石等，并夯至密实。换土垫层按其回填的材料可分为灰土垫层、砂垫层、碎(砂)石垫层等。

1. 灰土垫层

灰土垫层是将基础底面以下要求范围内的软弱土层挖去，用一定比例的石灰和黏性土，在最优含水量情况下，充分拌和，分层回填夯实或压实而成。适合于地下水位较低，基槽经常处于较干燥状态下的一般黏性土地基的加固。该垫层具有一定的强度、水稳定性和抗渗性，施工工艺简单，取材容易，费用较低。适用于加固深 1~4m 厚的软弱土层、湿陷性黄土、杂填土等，还可用作结构的辅助防渗层。

（1）施工要点

1）施工前应验槽，将积水、淤泥清除干净，夯实两遍，待其干燥后，方可铺灰土。

2）灰土施工时，应适当控制其含水量，以用手紧握土料成团，两指轻捏能碎为宜。当土料水分过多或不足时可以晾干或洒水润湿。灰土应拌和均匀，颜色一致，拌好后应及时铺好夯实，要求随拌随用。

3）铺土应分层进行，每层铺土厚度可参照表 2-12 确定。厚度由槽(坑)壁上预设标志控制。每层灰土的夯打遍数，应根据设计要求的干密度在现场试验确定。一般夯打（或碾压）不少于4遍。

表2-12   灰土最大虚铺厚度

序　　　号	夯实机具	质量/t	厚度/mm	备　　　注
1	石夯、木夯	0.04~0.08	200~250	人力送夯，落距400~500mm，每夯搭接半夯
2	轻型夯实机械	—	200~250	蛙式或柴油打夯机
3	压路机	机重6~10	200~300	双轮

4）灰土分段施工时，不得在墙角、柱墩及承重窗间墙下接缝，上下相邻两层灰土的接缝间距不得小于0.5m，接缝处的灰土应充分夯实。当灰土垫层地基高度不同时，应做成阶梯形，每阶宽度不少于0.5m。

5）在地下水位以下的基槽、坑内施工时，应采取排水措施，确保在无水状态下施工。入槽的灰土，不得隔日夯打。夯实后的灰土三天内不得受水浸泡。

6）灰土夯打完后，应及时进行基础施工，并及时回填土，否则要做临时遮盖，防止日晒雨淋。刚夯打完毕或尚未夯实的灰土，如遭受雨淋浸泡，则应将积水及松软灰土除去并补填夯实。受浸湿的灰土，应在晾干后再使用。

7）冬期施工，必须在基层不冻的状态下进行，不得采用冻土或夹有冻土的土料，并应采取有效的防冻措施。

（2）质量检查

1）施工前应检查素土、灰土土料、石灰或水泥等配合比及灰土的拌合均匀性。

素土和灰土的土料宜用黏土、粉质黏土。严禁采用冻土、膨胀土和盐渍土等活动性较强的土料。需要时也可采用水泥替代灰土中的石灰。

2）施工中应检查分层铺设的厚度、夯实时的加水量、夯压遍数及压实系数。

验槽发现有软弱土层或孔穴时，应挖除并用素土或灰土分层填实。最优含水量可通过击实试验确定。

3）施工结束后，应进行地基承载力检验。

4）素土、灰土地基的质量检验标准应符合表2-13的规定。

表2-13   素土、灰土地基质量检验标准

项	序	检查项目	允许值或允许偏差		检查方法
			单位	数值	
主控项目	1	地基承载力	不小于设计值		静载实验
	2	配合比	设计值		检查拌和时的体积比
	3	压实系数	不小于设计值		环刀法
一般项目	1	石灰粒径	mm	≤5	筛析法
	2	土料有机质含量	%	≤5	灼烧减量法
	3	土颗粒粒径	mm	≤15	筛析法
	4	含水量	最优含水量±2%		烘干法
	5	分层厚度	mm	±50	水准测量

2. 砂垫层和砂石垫层

砂垫层和砂石垫层是将基础下面一定厚度软弱土层挖除，然后用强度较大的砂或碎石等回填，并经分层夯实至密实，作为地基的持力层，以起到提高地基承载力，减少沉降，加速软弱土层排水固结、防止冻胀和消除膨胀土的胀缩等作用。该垫层具有施工工艺简单、工期短、造价低等优点。适用于处理透水性强的软弱黏性土地基，但不宜用于湿陷性黄土地基和不透水的黏性土地基的加固，以免引起地基大量下沉，降低其承载力。

（1）施工要点

1）施工前应验槽，先将基底浮土、淤泥、杂物清除干净，基槽（坑）的边坡必须稳定，防止塌方。槽底和两侧如有孔洞、沟、井和墓穴等，应在施工前加以处理。

2）人工级配的砂、石材料，应按级配拌和均匀，再行铺填捣实。

3）砂垫层和砂石垫层的底面宜铺设在同一标高上，当深度不同时，施工应按先深后浅的程序进行。土面应挖成台阶或斜坡搭接，搭接处应注意捣实。

4）分层分段铺设时，接头处应做成斜坡或阶梯形搭接，每层错开 0.5~1.0m，并注意充分捣实。

5）采用碎石换填时，为防止基坑底面的表层软土发生局部破坏，应在基坑底部及四侧先铺一层砂，然后再铺一层碎石垫层。

6）换填应分层铺设，分层夯（压）实，每层的铺设厚度不宜超过表 2-14 规定数值。分层厚度可用样桩控制。垫层的捣实方法可视施工条件按表 2-14 选用。捣实砂垫层应注意不要扰动基坑底部和四侧的土，以免影响和降低地基强度。每铺好一层垫层，经密实度检验合格后方可进行上一层施工。

表 2-14 砂垫层和砂石垫层每层铺设厚度及最佳含水量

序号	压实方法	每层铺设厚度/mm	施工时的最佳含水量（%）	施工说明	备注
1	平振法	200~250	15~20	用平板式振捣器往复振捣	不宜使用干细砂或含泥量较大的砂所铺筑的砂垫层
2	插振法	振捣器插入深度	饱和	1）用插入式振捣器 2）插入点间距可根据机械振幅大小决定 3）不应插至下卧黏性土层 4）插入振捣完毕后，所留的孔洞，应用砂填实	不宜使用细砂或含泥量较大的砂所铺筑的砂垫层
3	水撼法	250	饱和	1）注水高度应超过每次铺筑面层 2）用钢叉摇撼捣实插入点间距为 100mm 3）钢叉分四齿，齿的间距为 80mm，长为 300mm，木柄长为 90mm	
4	夯实法	150~200	8~12	1）用木夯或机械夯 2）木夯重 40kg，落距 400~500mm 3）一夯压半夯全面夯实	
5	碾压法	250~350	8~12	6~12t 压路机往复碾压	适用于大面积施工的砂垫层和砂石垫层

注：在地下水位以下的垫层其最下层的铺筑厚度可比上表增加 50mm。

7）在地下水位高于基坑（槽）底面施工时，应采取排水或降低地下水位的措施，使基坑（槽）保持无积水状态。

8）冬期施工时，不得采用夹有冰块的砂石做垫层，并应采取措施防止砂石内水分冻结。

（2）质量检查

1）施工前应检查砂、石等原材料质量和配合比及砂、石拌和的均匀性。

原材料宜用中砂、粗砂、砾砂、碎石（卵石）、石屑。采用细砂时应掺入碎石或卵石，掺量按设计规定。

2）施工中应检查分层厚度、分段施工时搭接部分的压实情况、加水量、压实遍数、压实系数。

3）施工结束后，应进行地基承载力检验。

4）砂和砂石地基的质量检验标准应符合表2-15的规定。

表2-15 砂和砂石地基质量检验标准

项	序	检查项目	允许值或允许偏差		检查方法
			单位	数值	
主控项目	1	地基承载力	不小于设计值		静载试验
	2	配合比	设计值		检查拌和时的体积比或重量比
	3	压实系数	不小于设计值		灌砂法、灌水法
一般项目	1	砂石料有机质含量	%	≤5	灼烧减量法
	2	砂石料含泥量	%	≤5	水洗法
	3	砂石料粒径	mm	≤50	筛析法
	4	分层厚度	mm	±50	水准测量

细节：强夯法

强夯是法国人L.梅纳（Menard）于1969年首创的一种地基加固的方法，即利用起重设备将重锤（重为8~40t）提升到较大高度（一般为10~40m）后，自由落下，将产生的巨大冲击能量和振动能量作用于地基，从而在一定范围内提高地基的强度，降低压缩性，这是改善地基抵抗振动液化的能力、消除湿陷性黄土的湿陷性的一种有效的地基加固方法。

强夯法适用于处理碎石土、砂土、低饱和度的黏性土、粉土、湿陷性黄土及填土地基等的深层加固。具有效果好、速度快、节省材料、施工简便，但施工时噪声和振动大等特点。地基经强夯加固后，承载能力提高2~5倍，压缩性可降低2~10倍，其影响深度在10m以上。这种施工方法具有施工简单、速度快、节省材料、效果好等特点，是我国目前最为常用和最经济的深层地基处理方法之一。但强夯所产生的振动和噪声很大，对周围建筑物和其他设施有影响，在城市中心不宜采用，必要时应采取挖防震沟（沟深要超过建筑物基础深）等防震、隔振措施。

1. 施工要点

1）正式施工前，应做强夯试验（试夯）。根据勘察资料、建筑场地的复杂程度、建筑规模和建筑类型，在拟建场地选取一个或几个有代表性的区段作为试夯区。试夯结束待孔隙水压力消散后进行测试，对比分析夯前、夯后试验结果，确定强夯施工参数，并以此指导施工。

2）强夯前应平整场地，标出夯点布置并测量场地高程。当地下水位较高时，宜采取人工降水使地下水位低于坑底面以下2m；或在地表铺一定厚度的砂砾石、碎石、矿渣等粗颗粒垫层，其目的是在地表形成硬层，支承起重设备，确保机械设备通行和施工，同时还可加大地下水和地表面的距离，防止夯击时夯坑积水。

3）强夯前，应查明场地范围内的地下构筑物和各种地下管线的位置及标高等，并采取必要的措施，以免因强夯施工而造成破坏。当强夯产生的振动对邻近建筑物或设备有影响时，应设置监测点，并应采取挖隔振沟等隔振或防振措施。

4）强夯施工应按设计和试夯的夯击次数及控制标准进行。落锤应保持平稳，夯位准确，若发现因坑底倾斜而造成夯锤歪斜时，应及时将坑底整平。

5）每夯击一遍后，用推土机将夯坑填平，并测量场地平均下沉量，停歇规定的间歇时间，待土中超静孔隙水压力消散后，进行下一遍夯击。完成全部夯击遍数后，再用低能量满夯，将场地表层松土夯实，并测量夯实后场地高程。场地平均下沉量必须符合要求。

6）强夯施工过程中应有专人负责监测工作，并做好详细现场记录，如夯击次数、每击夯沉量、夯坑深度、开口大小、填料量、地面隆起与下沉、孔隙水压力增长与消散、附近建筑物的变形等，并注意起重机、夯锤附近人员的安全。

2. 质量检查

1）施工前应检查夯锤质量和尺寸、落距控制方法、排水设施及被夯地基的土质。

为避免强夯振动对周边设施的影响，施工前必须对附近建筑物进行调查，必要时采取相应的防振或隔振措施。施工时应由邻近建筑物开始夯击逐渐向远处移动。场地地下水位高，影响施工或夯实效果时，应采取降水或其他技术措施进行处理。

2）施工中应检查夯锤落距、夯点位置、夯击范围、夯击击数、夯击遍数、每击夯沉量、最后两击的平均夯沉量、总夯沉量和夯点施工起止时间等。

3）施工结束后，应进行地基承载力、地基土的强度、变形指标及其他设计要求指标检验。

强夯处理后的地基承载力检验，应在施工结束后间隔一定时间进行，对于碎石土和砂土地基，间隔时间宜为 7~14d；粉土和黏性土地基，间隔时间宜为 14~28d。

4）强夯地基质量检验标准应符合表 2-16 的规定。

表 2-16 强夯地基质量检验标准

项	序	检查项目	允许值或允许偏差		检查方法
			单位	数值	
主控项目	1	地基承载力	不小于设计值		静载实验
	2	处理后地基土的强度	不小于设计值		原位测试
	3	变形指标	设计值		原位测试
一般项目	1	夯锤落距	mm	±300	钢索设标志
	2	夯锤质量	kg	±100	称重
	3	夯击遍数	不小于设计值		计数法
	4	夯击顺序	设计要求		检查施工记录
	5	夯击击数	不小于设计值		计数法
	6	夯点位置	mm	±500	用钢尺量
	7	夯击范围（超出基础范围距离）	设计要求		用钢尺量
	8	前后两遍间歇时间	设计值		检查施工记录
	9	最后两击平均夯沉量	设计值		水准测量
	10	场地平整度	mm	±100	水准测量

对强夯地基场地平整度的检验为强夯处理后的场地平整度。

细节：重锤夯实法

重锤夯实是用起重机械将夯锤提升到一定高度后，利用其自由下落时的冲击能量重复夯打击实基土表面，使其形成一层比较密实的硬壳层，从而使地基得到加固。该法施工简便，费用较低；但布点较密，夯击遍数多，施工期相对较长，同时夯击能量小，孔隙水难以消散，加固深度有限。当黏性土的含水量较高时，易夯成橡皮土，处理较困难。该法适用于处理地下水位以上稍湿的黏性土、砂土、杂填土和分层填土，以提高其强度，减少其压缩性和不均匀性；也可用于消除湿陷性黄土的表层湿陷性。但当夯击振动对邻近建筑物或设备产生不利影响时，或当地下水位高于有效夯实深度，以及当有效夯实深度内存在软弱土时，不得采用重锤夯实法。

1. 施工要点

1）重锤夯实的效果与锤重、锤底直径、落距、夯击遍数和土的含水量有关。施工前应在现场进行试夯，选定夯锤重量、底面直径和落距，以便确定最后下沉量及相应的夯击遍数和总下沉量。最后下沉量系指最后二击平均每击土面的夯沉量，对黏性土和湿陷性黄土取10~20mm，对砂土取5~10mm。通过试夯可确定夯实遍数，一般试夯约6~10遍，施工时，可适当增加1~2遍。落距一般为4.0~6.0m。

2）试夯及夯实时，地基土的含水量应控制在最佳含水量范围以内，才能获得最好的夯实效果。如土的表层含水量过大，可采用铺撒吸水材料（如干土、碎砖、生石灰等）或换土等措施；如土含水量过低，应适当洒水，加水后待全部渗入土中一昼夜后，方可夯打。

3）采用重锤夯实分层填土地基时，每层的虚铺厚度以相当于锤底直径为宜，夯击遍数由试夯确定，夯实层数不宜少于两层。

4）基坑（槽）底面的标高不同时，应按先深后浅的顺序逐层夯实。夯实前坑（槽）底面应高出设计标高，预留土层的厚度可为试夯时的总下沉量再加50~100mm。基坑（槽）的夯实范围应大于基础底面，每边应比设计宽度加宽0.3m以上，以便于底面边角夯打密实。基坑（槽）边坡应适当放缓。

5）在大面积基坑或条形基槽内夯打时，应一夯挨一夯顺序进行。在一次循环中同一夯位应连夯两击，下一循环的夯位，应与前一循环错开1/2锤底直径，落锤应平稳，夯位应准确。在独立柱基基坑内夯击时，可采用先周边后中间或先外后里的跳夯法进行。

6）夯实后，应将基坑（槽）表面修整至设计标高。冬期施工时，必须保证地基在不冻的状态下进行夯击。否则，应将冻土层挖去或将土层融化。若基坑挖好后不能立即夯实，应采取防冻措施。

2. 质量检查

重锤夯实地基的质量控制可参考强夯法。

细节：灰土挤密桩

灰土挤密桩是利用锤击将钢管打入土中，侧向挤密土壤形成桩孔，将管拔出后，在桩孔中分层回填2：8或3：7灰土并夯实而成，与桩间土共同组成复合地基以承受上部荷载。适用于处理地下水位以上、天然含水量为12%~25%、厚度为5~15m的素填土、杂填土、湿陷性黄土以及含水率较大的软弱地基等，将土挤密或消除湿陷性，其效果是显著的。处理后地基承载力可以提高一倍以上，同时具有节省大量土方，降低造价70%~80%，施工简便等优点。

1. 施工要点

1）施工前应在现场进行成孔、夯填工艺和挤密效果试验，以确定分层填料厚度、夯击次数和夯实后干密度等要求。

2）灰土的土料和石灰质量要求及配制工艺要求同灰土垫层。填料的含水量超过最佳含水量±3%时，应进行晾干或洒水润湿等处理。

3）桩施工一般采取先将基坑挖好，预留20~30cm土层，然后在坑内施工灰土桩，基础施工前再将已搅动的土层挖去。桩的成孔方法可根据现有机具条件选用沉管（振动或锤击）法、爆扩法、冲击法或洛阳铲成孔法等。

4）桩的施工顺序应先外排后里排，同排内应间隔1~2孔，以免因振动挤压造成相邻孔产生缩孔或塌孔。成孔达到要求深度后，应立即夯填灰土。填孔前，应先清底夯实、夯平。夯击次数不少于8次。

5）桩孔内灰土应分层回填夯实，每层回填厚度为250~400mm，夯实可用人工或简易机械进行。一般落锤高度不小于2m，每层夯实不少于10锤。施打时，逐层下料，逐层夯实。桩顶施工标高应高出设计标高约150mm，挖土时将高出部分铲除。

6）当孔底出现饱和软弱土层时，可采取加大成孔间距，以防由于振动而造成已打好的桩孔内挤塞；当孔底有地下水流入时，可采用井点降水后再回填灰土或向桩孔内填入一定数量的干砖渣和石灰，经夯实后再分层填入灰土。

2. 质量检查

1）施工前应对石灰及土的质量、桩位等进行检查。

2）施工中应对桩孔直径、桩孔深度、夯击次数、填料的含水量及压实系数等进行检查。

3）施工结束后，应检验成桩的质量及复合地基承载力。

4）土和灰土挤密桩复合地基质量检验标准应符合表2-17的规定。

表2-17 土和灰土挤密桩复合地基质量检验标准

项	序	检 查 项 目	允许值或允许偏差		检 查 方 法
			单位	数值	
主控项目	1	复合地基承载力	不小于设计值		静载试验
	2	桩体填料平均压实系数	≥0.97		环刀法
	3	桩长	不小于设计值		测桩管长度或用测绳测孔深
一般项目	1	土料有机质含量	≤5%		灼烧减量法
	2	含水量	最优含水量±2%		烘干法
	3	石灰粒径	mm	≤5	筛析法
	4	桩位	条基边桩沿轴线	≤1/4D	全站仪或用钢尺量
			垂直轴线	≤1/6D	
			其他情况	≤2/5D	
	5	桩径	mm	+50 0	用钢尺量
	6	桩顶标高	mm	±200	水准测量，最上部500mm劣质桩体不计入
	7	垂直度	≤1/100		经纬仪测桩管
	8	砂、碎石褥垫层夯填度	≤0.9		水准测量
	9	灰土垫层压实系数	≥0.95		环刀法

注：D为设计桩径（mm）。

细节：砂石桩

砂桩和砂石桩统称砂石桩，是指用振动、冲击或水冲等方式在软弱地基中成孔后再将砂挤压入土孔中，形成大直径的密实砂柱体的加固地基方法。适用于挤密松散砂土、粉土、黏性土、素填土和杂填土等地基。对饱和黏土地基上对变形控制要求不严的工程，也可采用砂桩置换处理。砂桩还可用于处理可液化的地基。在用于饱和黏土的处理时，最好是通过现场试验后再确定是否采用。

1. 施工要点

1）打砂石桩时，地基表面会产生松动或隆起，在基底标高以上宜预留 1.0~2.0m 的土层，待砂石桩施工完后再将预留土层挖至设计标高，以消除表面松土。如坑底仍不够密实，可再辅以人工夯实或机械压实。

2）砂石桩的施工顺序，应从外围或两侧向中间进行。如砂石桩间距较大，亦可逐排进行。以挤密作用为主的砂石桩同一排应间隔跳打。

3）砂石桩的施工可采用振动成桩法或锤击成桩法两种施工方法。施工前，应进行成桩挤密试验，桩数宜为 7~9 根。如发现质量不能满足设计要求，应调整桩间距、填砂量等有关参数，重新试验或设计。

4）灌砂石时，含水量应加以控制，对饱和土层，砂石可采用饱和状态，对非饱和土、杂填土或能形成直立的桩孔孔壁的土层，含水量可采用 7%~9%。

5）砂石桩应控制填砂石量。砂桩的灌砂量应按桩孔的体积和砂在中密状态时的干土密度计算（一般取 2 倍桩管入土体积）。砂石桩实际灌砂石量（不包括水重），不得少于计算的95%。如发现砂石量不够或砂石桩中断等情况，可在原位进行复打灌砂石。

2. 质量检查

1）施工前应检查砂石料的含泥量及有机质含量等。振冲法施工前应检查振冲器的性能，应对电流表、电压表进行检定或校准。

2）施工中应检查每根砂石桩的桩位、填料量、标高、垂直度等。振冲法施工中尚应检查密实电流、供水压力、供水量、填料量、留振时间、振冲点位置、振冲器施工参数等。

3）施工结束后，应进行复合地基承载力、桩体密实度等检验。

4）砂石桩复合地基质量检验标准应符合表 2-18 的规定。

表 2-18 砂石桩复合地基质量检验标准

项	序	检查项目	允许值或允许偏差		检查方法
			单位	数值	
主控项目	1	复合地基承载力	不小于设计值		静载试验
	2	桩体密实度	不小于设计值		重型动力触探
	3	填料量	%	≥-5	实际用料量与计算填料量体积比
	4	孔深	不小于设计值		测钻杆长度或用测绳
一般项目	1	填料的含泥量	%	<5	水洗法
	2	填料的有机质含量	%	≤5	灼烧减量法

（续）

项	序	检查项目	允许值或允许偏差		检查方法
			单位	数值	
一般项目	3	填料粒径	设计要求		筛析法
	4	桩间土强度	不小于设计值		标准贯入试验
	5	桩位	mm	≤0.3D	全站仪或用钢尺量
	6	桩顶标高	不小于设计值		水准测量，将顶部预留的松散桩体挖除后测量
	7	密实电流	设计值		查看电流表
	8	留振时间	设计值		用表计时
	9	褥垫层夯填度	≤0.9		水准测量

注：1. 夯填度指夯实后的褥垫层厚度与虚铺厚度的比值；

2. D 为设计桩径（mm）。

细节：水泥粉煤灰碎石桩

水泥粉煤灰碎石桩(Cement Flyash Gravel Pile)简称 CFG 桩，是近年发展起来的处理软弱地基的一种新方法。就是在碎石桩的基础上掺入适量石屑、粉煤灰和少量水泥，加水拌和后制成具有一定强度的桩体。其集料仍为碎石，用掺入石屑来改善颗粒级配；掺入粉煤灰来改善混合料的和易性，并利用其活性减少水泥用量；掺入少量水泥使其具有一定的粘结强度。它是一种低强度混凝土桩，可充分利用桩间土的承载力，共同作用，并可传递荷载到深层地基中去，具有较好的技术性能和经济效果。

CFG 桩的特点是：改变桩长、桩径、桩距等设计参数，可使承载力在较大范围内调整；有较高的承载力，承载力提高幅度为 250%~300%，对软土地基承载力提高更大；沉降量小，变形稳定快；工艺性好，灌注方便，易于控制施工质量；可节约大量水泥、钢材，利用工业废料，消耗大量粉煤灰，降低工程造价，与预制钢筋混凝土桩加固相比，可节省投资 30%~40%。适用于多层和高层建筑如砂土、粉土，松散填土、粉质黏土、黏土、淤泥质土等软弱地基的处理。

1. 施工要点

1）CFG 桩施工工艺如图 2-6 所示。施工程序为：桩机就位→沉管至设计深度→停振下料→振动捣实后拔管→留振 10s→振动拔管、复打。打桩顺序宜采用隔排隔桩跳打，间隔时间不应少于 7d。

2）桩机就位须平整、稳固，沉管与地面保持垂直，垂直偏差不大于 1%；如带预

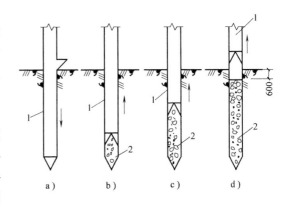

图 2-6 水泥粉煤灰碎石桩工艺流程

a) 打入桩管 b)、c) 灌水泥粉煤灰碎石振动拔管 d) 成桩

1—桩管 2—水泥粉煤灰碎石桩

制混凝土桩靴，需埋入地面以下 300mm。

3）在沉管过程中用料斗在空中向桩管内投料，待沉管至设计标高后须尽快投料，直至与钢管上部投料口平齐。混合料应按设计配合比配制，投入搅拌机加水拌和，搅拌时间不少于 2min，加水量根据混合料坍落度控制，一般坍落度为 30~50mm，成桩后桩顶浮浆厚度一般不超过 200mm。

4）当混合料加至与钢管投料口平齐后，沉管在原地留振 10s 左右，即可边振动边拔管，拔管速度控制在 1.2~1.5m/min 左右，每提升 1.5~2.0m，留振 20s。桩管拔出地面并确认成桩符合设计要求后，用粒状材料或黏土封顶。

5）桩体经 7d 达到一定强度后，方可进行基槽开挖。如桩顶离地面在 1.5m 以内，宜用人工开挖，如大于 1.5m，上部土方采用机械开挖时，下部 700mm 也宜用人工开挖，以避免损坏桩头部分。为使桩与桩间土更好地共同工作，在基础下宜铺一层 150~300mm 厚的碎石或灰土垫层。

2. 质量控制

1）施工前应对入场的水泥、粉煤灰、砂及碎石等原材料进行检验。

2）施工中应检查桩身混合料的配合比、坍落度和成孔深度、混合料充盈系数等。

3）施工结束后，应对桩体质量、单桩及复合地基承载力进行检验。

4）水泥粉煤灰碎石桩复合地基的质量检验标准应符合表 2-19 的规定。

表 2-19　水泥粉煤灰碎石桩复合地基质量检验标准

项目	序	检查项目	允许值或允许偏差		检查方法
			单位	数值	
主控项目	1	复合地基承载力	不小于设计值		静载试验
	2	单桩承载力	不小于设计值		静载试验
	3	桩长	不小于设计值		测桩管长度或用测绳测孔深
	4	桩径	mm	+50 0	用钢尺量
	5	桩身完整性	—		低应变检测
	6	桩身强度	不小于设计要求		28d 试块强度
一般项目	1	桩位	条基边桩沿轴线	≤1/4D	全站仪或用钢尺量
			垂直轴线	≤1/6D	
			其他情况	≤2/5D	
	2	桩顶标高	mm	±200	水准测量，最上部 500mm 劣质桩体不计入
	3	桩垂直度	≤1/100		经纬仪测桩管
	4	混合料坍落度	mm	160~220	坍落度仪
	5	混合料充盈系数	≥1.0		实际灌注量与理论灌注量的比
	6	褥垫层夯填度	≤0.9		水准测量

注：D 为设计桩径（mm）。

细节：深层搅拌法

深层搅拌法是利用水泥浆作为固化剂，通过特制的深层搅拌机械，在地基深处就地将软土和固化剂（浆液）强制搅拌，利用固化剂和软土之间所产生的一系列物理、化学反应，使之凝结成具有整体性、水稳性好和较高强度的水泥加固体，与天然地基形成复合地基。

深层搅拌法加固工艺合理，技术可靠，施工中无振动、无噪声，对环境无污染，对土壤无侧向挤压，对邻近建筑影响很小，同时施工期较短，造价较低，效益显著。

深层搅拌法适用于加固较深较厚的淤泥、淤泥质土、粉土和含水量较高且地基承载力不大于120kPa的黏性土地基，对超软土效果更为显著。多用于墙下条形基础、大面积堆料厂房或地块的地基；在深基坑开挖时用于坑壁及边坡支护、坑底抗隆起加固或做止水帷幕墙等。

（1）施工要点　深层搅拌法的施工工艺流程如图2-7所示。施工程序为：深层搅拌机定位→预拌下沉→制配水泥浆→喷浆搅拌提升→重复上、下搅拌→关机清洗→移至下一根桩位，重复以上工序。

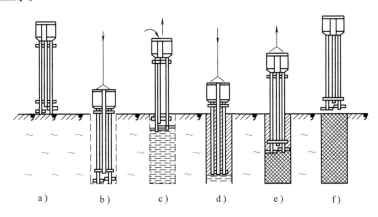

图2-7　深层搅拌法施工工艺流程
a）定位　b）预拌下沉　c）喷浆搅拌机上提　d）重复搅拌下沉　e）重复搅拌上升　f）施工完毕

1）施工时，先将深层搅拌机用钢丝绳吊挂在起重机上，用输浆胶管将储料罐砂浆泵与深层搅拌机接通，开通电动机，搅拌机叶片相向而转，借设备自重，以0.38～0.75m/min的速度沉至要求的加固深度；再以0.3～0.5m/min的均匀速度提起搅拌机，与此同时开动砂浆泵，将砂浆从深层搅拌机中心管不断压入土中，由搅拌叶片将水泥浆与深层处的软土搅拌，边搅拌边喷浆直到提至地面，即完成一次搅拌过程。用同法再一次重复搅拌下沉和重复搅拌喷浆上升，即完成一根柱状加固体，外形呈8字形（轮廓尺寸：纵向最大为1.3m，横向最大为0.8m），一根接一根搭接，相搭接宽度宜大于100mm，以增强其整体性，即成壁状加固，几个壁状加固体连成一片，即成块状。

2）搅拌桩的桩身垂直偏差不得超过1.5%，桩位的偏差不得大于50mm，成桩直径和桩长不得小于设计值。当桩身强度及尺寸达不到设计要求时，可采用复喷的方法。

搅拌次数以一次喷浆、一次搅拌或二次喷浆、三次搅拌为宜,且最后一次提升搅拌宜采用慢速提升。

3) 水泥土搅拌桩施工工艺由于湿法(喷浆)和干法(喷粉,又称粉喷桩)的施工设备不同而略有差异。

① 湿法作业。

a. 所使用的水泥都应过筛,制备好的浆液不得离析,泵送必须连续。拌制水泥浆液的罐数、水泥和外加剂用量以及泵送浆液的时间等应有专人记录;喷浆量及搅拌深度必须采用经国家计量部门认证的监测仪器进行自动记录。

b. 施工时,设计停浆面一般应高出基础底面标高0.5m。在基坑开挖时,应将高出的部分挖去。

c. 施工时,因故停止喷浆,宜将搅拌机下沉至停浆点以下0.5m,待恢复供浆时,再喷浆提升。若停机时间超过3h,应清洗管路。

d. 壁状加固时,桩与桩的搭接时间不应大于24h,如间歇时间过长,应采取钻孔留出榫头或局部补桩、加桩等措施。

e. 搅拌机喷浆提升的速度和次数必须符合施工工艺的要求,并应有专人记录。

f. 当水泥浆液到达出浆口后应喷浆搅拌30s,在水泥浆与桩端土充分搅拌后,再开始提升搅拌头。

g. 搅拌机预搅下沉时不宜冲水,当遇到硬土层下沉太慢时,方可适量冲水,但应考虑冲水对桩身强度的影响。

h. 每天加固完毕,应用水清洗储料罐、砂浆泵、深层搅拌机及相应管道,以备再用。

② 干法作业。

a. 喷粉施工前应仔细检查搅拌机械、供粉泵、送气(粉)管路、接头和阀门的密封性、可靠性。送气(粉)管路的长度不宜大于60m。

b. 水泥土搅拌法(干法)喷粉施工机械必须配置经国家计量部门确认的具有能瞬时检测并记录出粉量的粉体计量装置及搅拌深度自动记录仪。

c. 搅拌头每旋转一周,其提升高度不得超过16mm。

d. 搅拌头的直径应定期复核检查,其磨耗量不得大于10mm。

e. 当搅拌头到达设计桩底以上1.5m时,应立即开启喷粉机提前进行喷粉作业。当搅拌头提升至地面下500mm时,喷粉机应停止喷粉。

f. 成桩过程中因故停止喷粉,应将搅拌头下沉至停灰面以下1m处,待恢复喷粉时再喷粉搅拌提升。

g. 在地基土天然含水量小于30%土层中喷粉成桩时,应采用地面注水搅拌工艺。

(2) 质量控制

1) 施工前应检查水泥及外掺剂的质量、桩位、搅拌机工作性能,并应对各种计量设备进行检定或校准。

施工前除了检查水泥及外掺剂的质量、桩位等,还应对搅拌机工作性能及各种计量设备进行检查,计量设备主要是水泥浆流量计及其他计量装置。

2) 施工中应检查机头提升速度、水泥浆或水泥注入量、搅拌桩的长度及标高。

对地质条件复杂或重要工程,应通过试成桩确定实际成桩步骤、水泥浆液的水胶比、注浆泵工作流量、搅拌机头下沉或提升速度及复搅速度、测定水泥浆从输送管到达搅拌机喷浆口的时间等工艺参数及成桩工艺。

3）施工结束后，应检验桩体的强度和直径，以及单桩与复合地基的承载力。

4）水泥土搅拌桩地基质量检验标准应符合表 2-20 的规定。

表 2-20 水泥土搅拌桩地基质量检验标准

项	序	检查项目	允许值或允许偏差		检查方法
			单位	数值	
主控项目	1	复合地基承载力	不小于设计值		静载试验
	2	单桩承载力	不小于设计值		静载试验
	3	水泥用量	不小于设计值		查看流量表
	4	搅拌叶回转直径	mm	±20	用钢尺量
	5	桩长	不小于设计值		测钻杆长度
	6	桩身强度	不小于设计值		28d 试块强度或钻芯法
一般项目	1	水胶比	设计值		实际用水量与水泥等胶凝材料的重量比
	2	提升速度	设计值		测机头上升距离及时间
	3	下沉速度	设计值		测机头下沉距离及时间
	4	桩位	条基边桩沿轴线	≤1/4D	全站仪或用钢尺量
			垂直轴线	≤1/6D	
			其他情况	≤2/5D	
	5	桩顶标高	mm	±200	水准测量，最上部 500mm 浮浆层及劣质桩体不计入
	6	导向架垂直度	≤1/150		经纬仪测量
	7	褥垫层夯填度	≤0.9		水准测量

注：D 为设计桩径（mm）。

细节：预压法

砂井堆载预压是在含饱和水的软土或杂填土地基中用钢管打孔，灌砂设置一群排水砂桩（井）作为竖向排水通道，并在桩顶铺设砂垫层作为水平排水通道，先在砂垫层上分期加荷预压，使土中孔隙水不断通过砂井上升至砂垫层，排出地表，从而在建筑物施工之前，地基土大部分先期排水固结，减少了建筑物沉降，提高了地基的稳定性。这种方法具有固结速度快，施工工艺简单，效果好等特点。适用于透水性低的饱和软弱黏性土的地基加固；用于机场跑道、油罐、冷藏库、水池、水工结构、道路、路堤、堤坝、码头、岸坡等工程地基处理。对于泥炭等有机沉积地基则不适用。

1. 施工要点

1）砂井施工机具、方法与打砂桩相同。打砂井的顺序应从外围或两侧向中间进行，如果井距较大可逐排进行。砂井施工完毕后，基坑表层会产生松动隆起，应进行压实。

2）当使用普通砂井成形困难，软土层上难以使用大型机械施工，无需大截面砂井时可采用袋装砂井。砂袋应选用透水性好、韧性强的玻璃丝纤维布、聚丙烯编织布、再生布等制作。当桩管沉到预定深度后插入袋，把袋子的上口固定到装砂用的漏斗上，通过振动将砂子填入袋中并密实；待砂装满后，卸下砂袋扎紧袋口，拧紧套管上盖，提出套管，此时袋口应高出孔口 500mm。如果砂袋没有露出这么长，说明袋中还没有装满砂子，则要拨出重新施工。反之，如果砂袋露出过多，说明砂袋已被套管带起来，也应重新施工。

3）砂井预压加载物一般采用土、砂、石或水。加荷方式有两种：一是在建筑物正式施工前，在建筑物范围内堆载，待沉降基本完成后把堆载卸走，再进行上部结构施工；二是利用建筑物自身的重量，更加直接、简便、经济，不用卸载，每平方米所加荷量宜接近设计荷载。也可用设计标准荷载的 120% 为预压荷载，以加速排水固结。

4）地基预压前，应设置垂直沉降观测点、水平位移观测桩、测斜仪及孔隙水压计。

5）预压加荷应分期、分级进行。加荷时，应严格控制加荷速度。控制方法是每天测定边桩的水平位移与垂直升降和孔隙水压力等。地面沉降速率不宜超过 10mm/d。边桩水平位移宜控制在 3~5mm/d，边桩垂直上升不宜超过 2mm/d。若超过上述规定数值，应停止加荷或减荷，待稳定后再加荷。

6）加荷预压时间由设计规定，一般为 6 个月，但不宜少于 3 个月。同时，待地基平均沉降速率减小到不大于 2mm/d，方可开始分期、分级卸荷，但应继续观测地基沉降和回弹情况。

2. 质量检查

1）施工前应检查施工监测措施和监测初始数据、排水设施和竖向排水体等。

软土的固结系数较小，当土层较厚时，达到工作要求的固结度需时较长，为此，对软土预压应设置排水通道，其长度及间距宜根据设计计算确定。

2）施工中应检查堆载高度、变形速率，真空预压施工时应检查密封膜的密封性能、真空表读数等。

堆载预压必须分级堆载，以确保预压效果并避免坍滑事故。一般以每天的沉降速率、边桩位移速率和孔隙水压力增量等指标控制堆载速率。堆载预压工程的卸载时间应从安全性考虑，其固结度应满足设计要求，现场检测的变形速率应有明显变缓趋势或达到设计要求才能卸载。

真空预压的真空度可一次抽气至最大，当实测沉降速率和固结度符合设计要求时，可停止抽气。降水预压可参考本条。

3）施工结束后，应进行地基承载力与地基土强度和变形指标检验。

一般工程在预压结束后，应进行十字板剪切强度或标贯、静力触探试验，但重要建筑物地基应进行承载力检验。如设计有明确规定应按设计要求进行检验。检验深度不应低于设计处理深度。验收检验应在卸载 3~5d 后进行。

4）预压地基质量检验标准应符合表 2-21 的规定。

表 2-21 预压地基质量检验标准

项	序	检查项目	允许值或允许偏差		检查方法
			单位	数值	
主控项目	1	地基承载力	不小于设计值		静载试验
	2	处理后地基土的强度	不小于设计值		原位测试
	3	变形指标	设计值		原位测试
一般项目	1	预压荷载（真空度）	%	≥-2	高度测量（压力表）
	2	固结度	%	≥-2	原位测试（与设计要求比）
	3	沉降速率	%	±10	水准测量（与控制值比）
	4	水平位移	%	±10	用测斜仪、全站仪测量
	5	竖向排水体位置	mm	≤100	用钢尺量
	6	竖向排水体插入深度	mm	+200 0	经纬仪测量
	7	插入塑料排水带时的回带长度	mm	≤500	用钢尺量
	8	竖向排水体高出砂垫层距离	mm	≥100	用钢尺量
	9	插入塑料排水带的回带根数	%	<5	统计
	10	砂垫层材料的含泥量	%	≤5	水洗法

细节：桩的分类

1）桩基础是一种常用的基础形式，当天然地基上的浅基础沉降量过大或地基的承载力不能满足设计要求时，往往采用桩基础。桩基础是广义深基础的一种，采用钢筋混凝土、钢管、H 型钢等材料作为受力的支承杆件打入土中，称为单桩。许多单桩打入地基中，并达到需要的设计深度，称为群桩。

2）桩基的作用是将建筑物的荷载通过桩身传给软土层以下的坚土层，或靠桩的表面和土的摩擦力传给基土，前者称为端承桩，如图 2-8a 所示，后者称为摩擦桩，如图 2-8b 所示。

端承桩的上部荷载主要由桩尖阻力来平衡，适用于表层软弱土层不太厚而下部土层坚硬的情况。摩擦桩的上部荷载由桩表面与土的摩擦力和桩尖阻力来共同

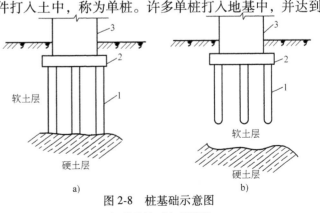

图 2-8 桩基础示意图
a）端承桩 b）摩擦桩
1—桩 2—承台 3—上部结构

承担，适用于软弱土层较厚、其下部有中等压缩性土层，而坚硬土层距地表很深的情况。

3）桩的分类见表2-22。

表 2-22 桩的分类

分 类 方 法		名 称
按承载性状分类	摩擦型桩	摩擦桩
		端承摩擦桩
	端承型桩	端承桩
		摩擦端承桩
按成桩方法分类	非挤土桩	干作业法包括：长螺旋钻孔灌注桩、钻孔扩底灌注桩、机动洛阳铲成孔灌注桩、人工挖孔扩底灌注桩
		泥浆护壁法包括：潜水钻成孔灌注桩，反循环钻成孔灌注桩、回旋钻成孔灌注桩、机挖异型灌注桩、钻孔扩底灌注桩
		套管护壁法包括：贝诺托灌注桩、短螺旋钻孔灌注桩
	部分挤土桩	
	挤土桩	挤土灌注桩包括：振动沉管灌注桩、锤击沉管灌注桩、锤击振动沉管灌注桩、平底大头灌注桩、沉管灌注同步桩、夯压成形灌注桩、干振灌注桩、爆扩灌注桩、弗兰克桩
		挤土预制桩包括：打入实心混凝土预制桩、闭口钢管桩、混凝土管桩、静压桩
按桩身材料分类	混凝土桩	预制混凝土桩
		灌注混凝土桩
	钢桩	
	组合材料桩	
组合材料桩	竖向抗压桩	
	竖向抗拔桩	
	水平受荷桩	
	复合受荷桩	
按桩的截面形状分类	实腹型桩	
	空腹型桩	
按桩径大小分类	小直径桩，$d \leqslant 250mm$	
	中等直径桩，$250mm < d < 800mm$	
	大直径桩，$d \geqslant 800mm$	

4）成桩工艺选择见表2-21。

表2-23　成桩工艺选择参考表

桩类	桩身/mm	扩大头/mm	最大桩长/m	一般粘性土及其填土	淤泥和淤泥质土	粉土	砂土	碎石土	季节性冻土膨胀土	非自重湿陷性黄土	自重湿陷性黄土	中间有硬夹层	中间有砂夹层	中间有砾石夹层	硬粘性土	密实砂土	碎石土	软质岩石和风化岩石	地下水位以上	地下水位以下	振动和噪音	排浆	孔底有无挤密
干作业法 长螺旋钻孔灌注桩	300~800	/	28	○	×	○	△	×	○	○	△	×	△	×	○	○	○	△	○	×	无	无	无
干作业法 短螺旋钻孔灌注桩	300~800	/	20	○	×	○	△	×	○	○	×	×	△	×	○	○	○	×	○	×	无	无	无
干作业法 钻孔扩底灌注桩	300~600	800~1200	30	○	×	○	△	×	○	○	○	×	△	×	○	○	○	△	○	×	无	无	无
干作业法 机动洛阳铲成孔灌注桩	300~500	/	20	○	×	△	△	×	○	○	○	△	×	△	○	○	○	×	○	×	无	无	无
干作业法 人工挖孔扩底灌注桩	800~2000	1600~3000	30	○	○	△	△	△	△	○	×	○	△	△	○	△	△	○	○	△	无	无	无
泥浆护壁法 潜水钻成孔灌注桩	500~800	/	50	○	○	△	△	×	△	△	×	×	○	×	○	○	○	○	○	○	无	有	无
泥浆护壁法 反循环钻钻成孔灌注桩	600~1200	/	80	○	△	○	○	△	○	○	△	△	○	△	○	○	○	△	○	○	无	有	无
泥浆护壁法 正循环钻钻成孔灌注桩	600~1200	/	80	○	△	○	○	△	○	○	△	△	○	△	○	○	○	○	○	○	无	有	无
泥浆护壁法 旋挖成孔灌注桩	600~1200	/	60	○	△	○	△	△	○	○	△	△	△	△	○	○	○	○	○	○	无	有	无
泥浆护壁法 钻孔扩底灌注桩	600~1200	1000~1600	30	○	△	○	△	△	○	○	△	△	○	△	○	△	○	○	○	○	无	有	无
套管护壁 贝诺托灌注桩	800~1600	/	50	○	△	○	△	○	○	○	△	○	○	○	○	○	○	△	○	○	无	无	无
套管护壁 短螺旋钻孔灌注桩	300~800	/	20	○	△	○	△	×	△	○	△	△	△	△	○	○	○	△	○	○	无	无	无

注：以上各桩型归类于非挤土成桩。

（续）

成桩分类	桩型分类	桩类	桩身/mm	扩大头/mm	最大桩长/m	一般粘性土及其填土	淤泥和淤泥质土	粉土	砂土	碎石土	季节性冻土膨胀土	非自重湿陷性黄土	自重湿陷性黄土	中间有硬夹层	中间有砂夹层	中间有砾石夹层	硬粘性土	密实砂土	碎石土	软质岩石和风化岩石	地下水位以上	地下水位以下	振动和噪音	排浆	孔底有无挤密
部分挤土成桩	灌注桩	冲击成孔灌注桩	600~1200	/	50	○	△	△	△	○	△	×	×	○	○	○	○	○	○	○	○	○	有	有	无
		长螺旋钻孔压灌桩	300~800	/	25	○	△	○	○	○	○	○	○	○	○	△	○	○	○	△	○	△	无	无	无
		钻孔挤扩多支盘桩	700~900	/	40	○	○	△	△	△	△	○	○	○	○	△	○	○	△	×	○	△	无	有	有
	预制桩	预钻孔打入式预制桩	500	/	50	○	△	○	△	×	△	○	○	○	○	△	○	○	○	△	○	○	有	无	有
		静压混凝土（预应力砼）敞口管桩	800	/	60	○	△	○	△	×	△	○	○	△	△	△	○	○	○	△	○	○	无	无	有
		H型钢桩	规格	/	80	○	△	○	○	○	△	△	△	○	○	○	○	○	○	○	○	○	有	无	无
		敞口钢管桩	600~900	/	80	○	△	○	△	△	△	○	△	○	○	○	○	○	○	○	○	○	有	无	无
挤土成桩	灌注桩	内夯沉管灌注桩	325、377	460~700	25	○	○	○	○	△	○	○	○	×	△	×	○	△	△	×	○	○	有	无	有
	预制桩	打入式混凝土预制桩、混凝土管桩、桩闭口钢管桩、混凝土管桩	500×500、1000	/	60	○	△	○	△	△	△	○	△	△	△	△	○	△	△	△	○	○	有	无	有
		静压桩	1000	/	60	○	○	△	△	△	△	○	△	△	△	×	○	○	△	×	○	○	无	无	有

注：表中符号○表示比较合适；△表示有可能采用；×表示不宜采用

细节：桩基施工机械设备的选用

桩锤的适用范围见表 2-24。

表 2-24　桩锤适用范围参选表

桩锤种类	优　缺　点	适　用　范　围
落锤 （用人力或卷扬机拉起桩锤，然后自由下落，利用锤重夯击桩顶使桩入土）	构造简单，使用方便，冲击力大，能随意调整落距，但锤击速度慢（每分钟约 6~20 次），效率较低	1) 适于打细长尺寸的混凝土桩 2) 在一般土层及黏土、含有砾石的土层中均可使用
单动汽锤 （利用蒸汽或压缩空气的压力将锤头上举，然后自由下落冲击桩顶）	结构简单，落距小，对设备和桩头不易损坏，打桩速度及冲击力较落锤大，效率较高	1) 适于打各种桩 2) 最适于套管法打就地灌注混凝土桩
双动汽锤 （利用蒸汽或压缩空气的压力将锤头上举及下冲，增加夯击能量）	冲击次数多，冲击力大，工作效率高，但设备笨重，移动较困难	1) 适于打各种桩，并可用于打斜桩 2) 使用压缩空气时，可用于水下打桩 3) 可用于拔桩，吊锤打桩
柴油桩锤 （利用燃油爆炸，推动活塞，引起锤头跳动夯击桩顶）	附有桩架、动力等设备，不需要外部能源，机架轻，移动便利，打桩快，燃料消耗少；但桩架高度低，遇硬土或软土不宜使用	1) 最适于打钢板桩、木桩 2) 在软弱地基打 12m 以下的混凝土桩
振动桩锤 （利用偏心轮引起激振，通过刚性连接的桩帽传到桩上）	沉桩速度快，适用性强，施工操作简易安全，能打各种桩，并能帮助卷扬机拔桩；但不适于打斜桩	1) 适于打钢板桩、钢管桩、长度在 15m 以内的打入式灌注桩 2) 适于粉质黏土、松散砂土、黄土和软土，不宜用于岩石、砾石和密实的黏性土地基
射水沉桩 （利用水压力冲刷桩尖处土层，再配以锤击沉桩）	能用于坚硬土层，打桩效率高，桩不易损坏；但设备较多，当附近有建筑物时，水流易使建筑物沉陷；不能用于打斜桩	1) 常与锤击法联合使用，适于打大截面混凝土空心管桩 2) 可用于多层土层，而以砂土、砂砾土或其他坚硬的土层最适宜 3) 不能用于粗卵石、极坚硬的黏土层或厚度超过 0.5m 的泥炭层
静力压桩 （系利用静力压桩机或利用桩架自重及附属设备的重量，通过卷扬机的牵引传至桩顶，将桩逐节压入土中）	压桩无振动，对周围无干扰；不需打桩设备；桩配筋简单，短桩可接，便于运输，节约钢材；但不能适应多种土的情况，如利用桩架压桩，需要搭架设备，自重大，运输安装不便	1) 适于软土地基及打桩振动影响邻近建筑物或设备的情况 2) 可压截面为 40cm×40cm 以下的钢筋混凝土空心管桩、实心桩

细节：混凝土预制桩

混凝土预制桩为工程上应用最多的一种桩型。它系先在工厂或现场进行预制，然后用打（沉）桩机械，在现场就地打（沉）入到设计位置和深度。这种桩的特点是：桩单方承载力高，桩预先制作，不占工期，打设方便，施工准备周期短，施工质量易于控制，成桩不受地下水影响，生产效率高，施工速度快，工期短，无泥浆排放问题等。但打（沉）桩振动大，噪声高，挤土效应显著，造价高。适用于一般黏性土、粉土、砂土、湿陷性黄土，淤泥、淤泥质土及填土，中间夹砂层或砾石层不厚或较弱的土层；地下水位高的地区和对噪声、挤土影响无严格限制的地区，持力层变化不大且埋深不深的地区。

1. 吊定桩位

桩的吊立定位，一般利用桩架附设的起重钩吊桩就位，或配一台起重机送桩就位。

2. 打(沉)桩顺序

根据土质情况，桩基平面尺寸、密集成度、深度、桩机移动方便等决定打桩顺序，图2-9为几种打桩顺序和土体挤密情况。当基坑不大时，打桩应从中间开始分头向两边

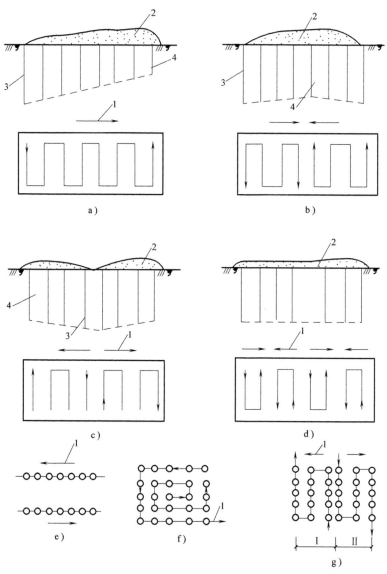

图2-9 打桩顺序和土体挤密情况

a) 逐排单向打设　b) 两侧向中心打设　c) 中部向两侧打设　d) 分段相对打设
e) 逐排打设　f) 自中部向两边打设　g) 分段打设
1—打设方向　2—土层挤密情况　3—沉降量小　4—沉降量大

或周边进行。当基坑较大时，应将基坑分为数段，而后在各段范围内分别进行。打桩避免自外向内或从周边向中间进行，以避免中间土体被挤密，桩难打入，或虽勉强打入，但使邻桩侧移或上冒。对基础标高不一的桩，宜先深后浅，对不同规格的桩，宜先大后小，先长后短，以使土层挤密均匀，避免位移偏斜。在粉质黏土及黏土地区，应避免按照一个方向进行，使土向一边挤压，造成入土深度不一，土体挤实程度不均，导致不均匀沉降。若桩距大于或等于4倍桩直径，则与打桩顺序无关。

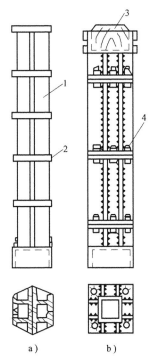

图 2-10　钢制送桩构造
a) 钢轨送桩　b) 钢板送桩
1—钢轨　2—15mm 厚钢板箍
3—硬木垫　4—连接螺栓

3. 打（沉）桩方法

有锤击法、振动法及静力压桩法等，以锤击法应用最普遍。

打桩时，应用导板夹具或桩箍将桩嵌固在桩架两导柱中，桩位置及垂直度经校正后，方可将锤连同桩帽压在桩顶，开始沉桩。桩锤、桩帽与桩身中心线要一致，桩顶不平，应用厚纸板垫平或用环氧树脂砂浆补抹平整。

开始沉桩应起锤轻压并轻击数锤，观察桩身、桩架、桩锤等垂直一致，方可转入正常。桩插入时的垂直度偏差不得超过0.5%。打桩应用适合桩头尺寸的桩帽和弹性垫层，以缓和打桩的冲击。桩帽用钢板制成，并用硬木或绳垫承托。桩帽与桩周围的间隙应为 5~10mm。桩帽与桩接触表面须平整，桩锤、桩帽与桩身应在同一直线上，以免沉桩产生偏移。当桩顶标高较低，需送桩入土时，应用钢制送桩，如图 2-10 所示，放于桩头上，锤击送桩将桩送入土中。同一承台桩的接头位置应相互错开。打桩时若遇条石、块石等地下障碍物，宜采用引孔解决。

振动沉桩与锤击沉桩法基本相同，是用振动箱代替桩锤，使桩头套入振动箱连固桩帽或液压夹桩器夹紧，便可照锤击法，起动振动箱进行沉桩至设计要求深度。

4. 质量控制

桩至接近设计深度，应进行观测，一般以设计要求最后 3 次 10 锤的平均贯入度或入土标高进行控制，如桩尖土为硬塑和坚硬的黏性土、碎石土、中密状态以上的砂类土或风化岩层时，以贯入度控制为主。桩尖设计标高或桩尖进入持力层作为参考；当桩尖土为其他较软土层时，以标高控制为主，贯入度作为参考。

振动法沉桩是以振动箱代替桩锤，其质量控制是以最后 3 次振动（加压），每次 10min或 5min，测出每分钟的平均贯入度，以不大于设计规定的数值为合格，而摩擦桩则以沉到设计要求的深度为合格。

5. 拔桩方法

需拔桩时，长桩可用拔桩机，一般桩可用人字架、卷扬机或用钢丝绳捆紧，借横梁用 2台千斤顶抬起。采用汽锤打桩，可直接用蒸汽锤拔桩，将汽锤倒连在桩上，当锤的动程向上，桩受到一个向上的力，即可将桩拔出。

6. 质量要求

1）施工前应检验成品桩构造尺寸及外观质量。

2）施工中应检验接桩质量、锤击及静压的技术指标、垂直度以及桩顶标高等。

3）施工结束后应对承载力及桩身完整性等进行检验。

4）钢筋混凝土预制桩质量检验标准应符合表2-25、表2-28的规定。

表 2-25 锤击预制桩质量检验标准

项目	序号	检查项目	允许偏差或允许值		检查方法
			单位	数量	
主控项目	1	承载力	不小于设计值		静载试验、高应变法等
	2	桩身完整性	—		低应变法
一般项目	1	成品桩质量	表面平整，颜色均匀，掉角深度小于10mm，蜂窝面积小于总面积的0.5%		查产品合格证
	2	桩位	表2-26		全站仪或用钢尺量
	3	电焊条质量	设计要求		查产品合格证
	4	接桩：焊缝质量	表2-27		表2-27
		电焊结束后停歇时间	min	≥8（3）	用表计时
		上下节平面偏差	mm	≤10	用钢尺量
		节点弯曲矢高	同桩体弯曲要求		用钢尺量
	5	收锤标准	设计要求		用钢尺量或查沉桩记录
	6	桩顶标高	mm	±50	水准测量
	7	垂直度	≤1/100		经纬仪测量

注：括号中为采用二氧化碳气体保护焊时的数值。

表 2-26 预制桩（钢桩）的桩位允许偏差

序号	检查项目		允许偏差/mm
1	带有基础梁的桩	垂直基础梁的中心线	≤100+0.01H
		沿基础梁的中心线	≤150+0.01H
2	承台桩	桩数为1~3根桩基中的桩	≤100+0.01H
		桩数大于或等于4根桩基中的桩	≤1/2桩径+0.01H 或1/2边长+0.01H

注：H为桩基施工面至设计桩顶的距离（mm）。

表 2-27 钢桩施工质量检验标准

项目	序号	检查项目		允许偏差或允许值		检查方法
				单位	数量	
主控项目	1	承载力		不小于设计值		静载试验、高应变法等
	2	钢桩外径或断面尺寸	桩端	mm	≤0.5%D	用钢尺量
			桩身	mm	≤0.1%D	
	3	桩长		不小于设计值		用钢尺量
	4	矢高		mm	≤1‰ol	用钢尺量

（续）

项目	序号	检查项目		允许偏差或允许值		检查方法
				单位	数量	
一般项目	1	桩位			表 2-26	全站仪或用钢尺量
	2	垂直度			≤1/100	经纬仪测量
	3	端部平整度		mm	≤2（H 型桩≤1）	用水平尺量
	4	H 型钢的方正度		mm	$h \geqslant 300$：$T+T' \leqslant 8$ $h < 300$：$T+T' \leqslant 6$	用钢尺量
	5	端部平面与桩身中心线的倾斜值		mm	≤2	用水平尺量
	6	上下节桩错口	钢管桩外径≥700mm	mm	≤3	用钢尺量
			钢管桩外径<700mm	mm	≤2	用钢尺量
			H 型钢桩	mm	≤1	用钢尺量
	7	焊缝	咬边深度	mm	≤0.5	焊缝检查仪
			加强层高度	mm	≤2	焊缝检查仪
			加强层宽度	mm	≤3	焊缝检查仪
	8	焊缝电焊质量外观		无气孔，无焊瘤，无裂缝		目测法
	9	焊缝探伤检验		设计要求		超声波或射线探伤
	10	焊接结束后停歇时间		min	≥1	用表计时
	11	节点弯曲矢高		mm	$<1\%ol$	用钢尺量
	12	桩顶标高		mm	±50	水准测量
	13	收锤标准		设计要求		用钢尺量或查沉桩记录

注：l 为两节桩长（mm），D 为外径或边长（mm）。

表 2-28 静压预制桩质量检验标准

项目	序号	检查项目	允许偏差或允许值		检查方法
			单位	数量	
主控项目	1	承载力	不小于设计值		静载试验、高应变法等
	2	桩身完整性	—		低应变法
一般项目	1	成品桩质量	表 2-25		查产品合格证
	2	桩位	表 2-26		全站仪或用钢尺量
	3	电焊条质量	设计要求		查产品合格证

（续）

项目	序号	检查项目	允许偏差或允许值		检查方法
			单位	数量	
一般项目	4	接桩：焊缝质量	表2-27		表2-27
		电焊结束后停歇时间	min	≥6（3）	用表计时
		上下节平面偏差	mm	≤10	用钢尺量
		节点弯曲矢高	同桩体弯曲要求		用钢尺量
	5	终压标准	设计要求		现场实测或查沉桩记录
	6	桩顶标高	mm	±50	水准测量
	7	垂直度	≤1/100		经纬仪测量
	8	混凝土灌芯	设计要求		查灌注量

注：电焊结束后停歇时间项括号中为采用二氧化碳气体保护焊时的数值。

细节：钻孔灌注桩

钻孔灌注桩是利用钻孔机械钻出桩孔，并在孔中浇筑混凝土（或先在孔中吊放钢筋笼）而成的桩。根据钻孔机械的钻头是否在土壤的含水层中施工，又分为泥浆护壁成孔和干作业成孔两种施工方法。

1. 泥浆护壁成孔灌注桩

泥浆护壁成孔是利用泥浆保护孔壁，通过循环泥浆裹携悬浮孔内钻挖出的土渣并排出孔外，从而形成桩孔的一种成孔方法。泥浆在成孔过程中所起的作用是护壁、携渣、冷却和润滑，其中最重要的作用还是护壁。

（1）施工要点

泥浆护壁成孔灌注桩的施工工艺流程如下：测定桩位→埋设护筒→桩机就位→制备泥浆→成孔→清孔→安放钢筋骨架→浇筑水下混凝土。

1）定桩位、埋设护筒 根据建筑的轴线控制桩定出桩基础的每个桩位，可用小木桩标记。桩位放线允许偏差为20mm。灌注混凝土之前，应对桩基轴线和桩位复查一次，以免木桩标记变动而影响施工。护筒是用4～8mm厚的钢板制成的圆筒，其内径应大于钻头直径100～200mm，其上部宜开设1～2个溢浆孔。护筒的埋设深度：在黏性土中不宜小于1.0m；砂土中不宜小于1.5m。护筒顶面应高于地面400～600mm，并应保持孔内泥浆面高出地下水位1m以上。

2）制备泥浆 制备泥浆的方法根据土质确定：在黏性土中成孔时可在孔中注入清水，钻机旋转时，切削土屑与水旋拌，用原土造浆；在其他土中成孔时，泥浆制备应选用高塑性黏土或膨润土。

3）成孔 桩架就位后，钻机进行钻孔。钻孔时应在孔中注入泥浆，并始终保持泥浆液面高于地下水位1.0m以上，以起护壁、携渣、润滑钻头、降低钻头发热、减少钻进阻力等作用。

钻孔进尺速度应根据土层类别、孔径大小、钻孔深度和供水量确定。对于淤泥和淤泥质土不宜大于 1m/min，其他土层以钻机不超负荷为准，风化岩或其他硬土层以钻机不产生跳动为准。

4）清孔　当钻孔达到设计深度后，应进行验孔和清孔，清除孔底沉渣和淤泥。清孔的目的是减少桩基的沉降量，提高其承载能力。对于不易塌孔的桩孔，可用空气吸泥机清孔，对于稳定性差的孔壁应用泥浆（正、反）循环法或抽渣筒排渣。清孔时，保持孔内泥浆面高出地下水位 1.0m 以上，在受水位涨落影响时，泥浆面要高出最高水位 1.5m 以上。

5）浇筑水下混凝土　泥浆护壁成孔灌注桩混凝土的浇筑是在泥浆中进行的，所以属于水下浇筑混凝土。水下混凝土浇筑的方法很多，最常用的是导管法。导管法是将密封连接的钢管作为混凝土水下灌注的通道，混凝土沿竖向导管下落至孔底，置换泥浆而成桩。导管的作用是隔离环境水，使其不与混凝土接触。

（2）质量控制

1）施工前应检验灌注桩的原材料及桩位处的地下障碍物处理资料。

2）施工中应对成孔、钢筋笼制作与安装、水下混凝土灌注等各项质量指标进行检查验收；嵌岩桩应对桩端的岩性和入岩深度进行检验。

3）施工后应对桩身完整性、混凝土强度及承载力进行检验。

4）泥浆护壁成孔灌注桩质量检验标准应符合表 2-29 的规定。

表 2-29　泥浆护壁成孔灌注桩质量检验标准

项目	序号	检查项目		允许偏差或允许值		检查方法
				单位	数量	
主控项目	1	承载力		不小于设计值		静载试验
	2	孔深		不小于设计值		用测绳或井径仪测量
	3	桩身完整性		—		钻芯法，低应变法，声波透射法
	4	混凝土强度		不小于设计值		28d 试块强度或钻芯法
	5	嵌岩深度		不小于设计值		取岩样或超前钻孔取样
一般项目	1	垂直度		表 2-30		用超声波或井径仪测量
	2	孔径		表 2-30		用超声波或井径仪测量
	3	桩位		表 2-30		全站仪或用钢尺量开挖前量护筒，开挖后量桩中心
	4	泥浆指标	比重（黏土或砂性土中）	1.10~1.25		用比重计测，清孔后在距孔底 500mm 处取样
			含砂率	%	≤8	洗砂瓶
			黏度	s	18~28	黏度计
	5	泥浆面标高（高于地下水位）		m	0.5~1.0	目测法
	6	钢筋笼质量	主筋间距	mm	±10	用钢尺量
			长度	mm	±100	用钢尺量
			钢筋材质检验	设计要求		抽样送检
			箍筋间距	mm	±20	用钢尺量
			笼直径	mm	±10	用钢尺量

（续）

项目	序号	检查项目		允许偏差或允许值		检查方法
				单位	数量	
一般项目	7	沉渣厚度	端承桩	mm	≤50	用沉渣仪或重锤测
			摩擦桩	mm	≤150	
	8	混凝土坍落度		mm	180~220	坍落度仪
	9	钢筋笼安装深度		mm	+100 0	用钢尺量
	10	混凝土充盈系数			≥1.0	实际灌注量与计算灌注量的比
	11	桩顶标高		mm	+30 -50	水准测量，需扣除桩顶浮浆层及劣质桩体
	12	后注浆	注浆终止条件	注浆量不小于设计要求		查看流量表
				注浆量不小于设计要求80%，且注浆压力达到设计值		查看流量表，检查压力表读数
			水胶比	设计值		实际用水量与水泥等胶凝材料的重量比
	13	扩底桩	扩底直径	不小于设计值		井径仪测量
			扩底高度	不小于设计值		

表 2-30　灌注桩的桩径、垂直度及桩位允许偏差

序号	成孔方法		桩径允许偏差/mm	垂直度允许偏差	桩位允许偏差/mm
1	泥浆护壁钻孔桩	$D<1000mm$	≥0	≤1/100	≤70+0.01H
		$D≥1000mm$			≤100+0.01H
2	套管成孔灌注桩	$D<500mm$	≥0	≤1/100	≤70+0.01H
		$D≥500mm$			≤100+0.01H
3	干成孔灌注桩		≥0	≤1/100	≤70+0.01H
4	人工挖孔桩		≥0	≤1/200	≤50+0.005H

注：1. H 为桩基施工面至设计桩顶的距离（mm）。

　　2. D 为设计桩径（mm）。

2. 干作业成孔灌注桩

干作业成孔灌注桩是用钻机在桩位上成孔，在孔中吊放钢筋笼，再浇筑混凝土的成桩工艺。干作业成孔适用于地下水位较低、在成孔深度内无地下水的干土层中桩基的成孔施工。目前常用的钻孔机械是螺旋钻机。

（1）施工要点

螺旋钻成孔灌注桩施工流程如下：钻机就位→钻孔→检查成孔质量→孔底清理→盖好孔口盖板→移桩机至下一桩位→移走盖口板→复测桩孔深度及垂直度→安放钢筋笼→放混凝土串筒→浇灌混凝土→插桩顶钢筋。

钻机按桩位就位时，钻杆要垂直对准桩位中心，放下钻机使钻头触及土面。钻孔时，开动转轴旋动钻杆钻进，先慢后快，避免钻杆摇晃，并随时检查钻孔偏移。一节钻杆钻入后，应停机接上第二节，继续钻到要求深度。施工中，应注意钻头在穿过软硬土层交界处时，应保持钻杆垂直，缓慢进尺。在含砖头、瓦块的杂填土或含水量较大的软塑黏性土层中钻进时，应尽量减小钻杆晃动，以免扩大孔径及增加孔底虚土。钻进速度应根据电流变化及时调整。钻进过程中应随时清理孔口积土。如出现钻杆跳动、机架摇晃、钻不进或钻头发出响声等异常现象时，应立即停钻检查、处理。遇到地下水、缩孔、塌孔等异常现象，应会同有关单位研究处理。

钻孔至要求深度后，可用钻机在原处空转清土，然后停转，提升钻杆卸土。如孔底虚土超过容许厚度，可用辅助掏土工具或二次投钻清底。清孔完毕后，应用盖板盖好孔口。清孔后应及时吊放钢筋笼，浇筑混凝土。浇混凝土前，必须复查孔深、孔径、孔壁垂直度、孔底虚土厚度，不合格时应及时处理。从成孔至混凝土浇筑的时间间隔，不得超过24h。灌注桩的混凝土强度等级不得低于C15，坍落度一般采用80~100mm，混凝土应分层浇筑，振捣密实，连续进行，随浇随振，每层的高度不得大于1.50m。当混凝土浇筑到桩顶时，应适当超过桩顶标高，以保证在凿除浮浆层后，使桩顶标高和质量能符合设计要求。

（2）质量控制

1）施工前应对原材料、施工组织设计中制定的施工顺序、主要成孔设备性能指标、监测仪器、监测方法、保证人员安全的措施或安全专项施工方案等进行检查验收。

对于人工挖孔桩而言，施工人员下井进行施工，需配备保证人员安全的措施，主要包括防坠物伤人措施、防塌孔措施、防毒措施及安全逃生措施等。

2）施工中应检验钢筋笼质量、混凝土坍落度、桩位、孔深、桩顶标高等。

3）施工结束后应检验桩的承载力、桩身完整性及混凝土的强度。

4）人工挖孔桩应复验孔底持力层土岩性，嵌岩桩应有桩端持力层的岩性报告。干作业成孔灌注桩的质量检验标准应符合表2-31的规定。

表2-31 干作业成孔灌注桩质量检验标准

项目	序号	检查项目	允许偏差或允许值		检查方法
			单位	数量	
主控项目	1	承载力	不小于设计值		静载试验
	2	孔深及孔底土岩性	不小于设计值		测钻杆套管长度或用测绳、检查孔底土岩性报告
	3	桩身完整性	—		钻芯法（大直径嵌岩桩应钻至桩尖下500mm）、低应变法或声波透射法
	4	混凝土强度	不小于设计值		28d试块强度或钻芯法
	5	桩径	表2-30		井径仪或超声波检测，干作业时用钢尺量，人工挖孔桩不包括护壁厚
一般项目	1	桩位	表2-30		全站仪或用钢尺量，基坑开挖前量护筒，开挖后量桩中心
	2	垂直度	表2-30		经纬仪测量或线锤测量
	3	桩顶标高	mm	+30 -50	水准测量

（续）

项目	序号	检查项目	允许偏差或允许值		检查方法
			单位	数量	
一般项目	4	混凝土坍落度	mm	90~150	坍落度仪
	5	钢筋笼质量	主筋间距	±10 mm	用钢尺量
			长度	±100 mm	用钢尺量
			钢筋材质检验	设计要求	抽样送检
			箍筋间距	±20 mm	用钢尺量
			笼直径	±10 mm	用钢尺量

细节：沉管灌注桩

沉管灌注桩，又称套管成孔灌注桩、打拔管灌注桩，施工时是使用振动式桩锤或锤击式桩锤将一定直径的钢管沉入土中形成桩孔，然后在钢管内吊放钢筋笼，边灌注混凝土边拔管而形成灌注桩桩体的一种成桩工艺。它包括锤击沉管灌注桩、振动沉管灌注桩、夯压成形沉管灌注桩等。

1. 振动沉管灌注桩

根据工作原理其施工可分为振动沉管施工法和振动冲击施工法两种。振动沉管施工法，是在振动锤竖直方向往复振动作用下，桩管也以一定的频率和振幅产生竖向往复振动，减少桩管与周围土体间的摩阻力，当强迫振动频率与土体的自振频率相同时，土体结构因共振而破坏。与此同时，桩管受着加压作用而沉入土中。在达到设计要求深度后，边拔管、边振动、边灌注混凝土、边成桩。振动冲击施工法是利用振动冲击锤在冲击和振动的共同作用，桩尖对四周的土层进行挤压，改变土体结构排列，使周围土层挤密，桩管迅速沉入土中。在达到设计标高后，边拔管、边振动、边灌注混凝土、边成桩。

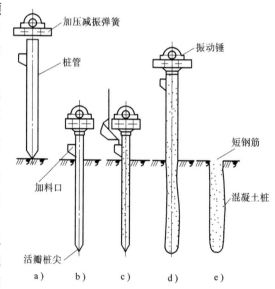

图 2-11　振动沉管灌注桩施工工艺流程
a）桩机就位　b）振动沉管　c）浇筑混凝土
d）边拔管、边振动、边浇筑混凝土　e）成桩

（1）施工顺序　振动沉管灌注桩施工工艺流程为：桩机就位→振动沉管→混凝土浇筑→边拔管边振动→安放钢筋笼或插筋。如图 2-11 所示。

（2）施工方法　振动沉管施工法一般有单打法、反插法、复打法等。应根据土质情况和荷载要求分别选用。单打法适用于含水量较小的土层，且宜采用预制桩尖；反插法及复打法适用于软弱饱和土层。

1）单打法，即一次拔管法。拔管时每提升 0.5~1m，振动 5~10s，再拔管 0.5~1m，如此反复进行，直至全部拔出为止，一般情况下振动沉管灌注桩均采用此法。

2）复打法。在同一桩孔内进行两次单打，即按单打法制成桩后再在混凝土桩内成孔并灌注混凝土。采用此法可扩大桩径，大大提高桩的承载力。

3）反插法。将套管每提升 0.5m，再下沉 0.3m，反插深度不宜大于活瓣桩尖长度的 2/3，如此反复进行，直至拔离地面。此法也可扩大桩径，提高桩的承载力。

2. 锤击沉管灌注桩

锤击沉管灌注桩是采用落锤、蒸汽锤或柴油锤将钢套管沉入土中成孔，然后灌注混凝土或钢筋混凝土，抽出钢管而成。锤击沉管灌注桩宜用于一般黏性土、淤泥质土、砂土和人工填土地基。与振动沉管灌注桩一样，锤击沉管灌注桩也可根据土质情况和荷载要求，分别选用单打法、复打法、反插法。

锤击沉管灌注桩施工工艺流程为：桩机就位→锤击沉管→首次浇注混凝土→边拔管边锤击→放钢筋笼浇注成桩。

3. 夯压成形灌注桩

夯压成形灌注桩是利用静压或锤击法将内外钢管沉入土层中，由内夯管夯扩端部混凝土，使桩端形成扩大头，再灌注桩身混凝土，用内夯管和桩锤顶压在管内混凝土面形成桩身混凝土。夯压桩桩身直径一般为 400~500mm，扩大头直径一般可达 450~700mm，桩长可达 20m。适用于中低压缩性黏土、粉土、砂土、碎石土、强风化岩等土层。

4. 质量要求

1）施工前应对放线后的桩位进行检查。

2）施工中应对桩位、桩长、垂直度、钢筋笼笼顶标高、拔管速度等进行检查。

3）施工结束后应对混凝土强度、桩身完整性及承载力进行检验。

4）沉管灌注桩的质量检验标准应符合表 2-32 的规定。

表 2-32　沉管灌注桩质量检验标准

项目	序号	检查项目	允许偏差或允许值		检查方法
			单位	数量	
主控项目	1	承载力	不小于设计值		静载试验
	2	混凝土强度	不小于设计要求		
	3	桩身完整性	—		低应变法
	4	桩长	不小于设计值		施工中量钻杆或套管长度，施工后钻芯法或低应变法
一般项目	1	桩径	表 2-30		用钢尺量
	2	混凝土坍落度	mm	80~100	坍落度仪
	3	垂直度	≤1/100		经纬仪测量
	4	桩位	表 2-30		全站仪或用钢尺量
	5	拔管速度	m/min	1.2~1.5	用钢尺量及秒表
	6	桩顶标高	mm	+30 −50	水准测量
	7	钢筋笼笼顶标高	mm	±100	水准测量

3 脚手架工程

细节：脚手架的分类和要求

1. 脚手架的分类
（1）按常用材料分　木脚手架、竹脚手架和金属脚手架。
（2）按搭设位置分　外脚手架和里脚手架。
1）外脚手架在建筑物的外侧，沿建筑物周边搭设的一种脚手架，既可用于外墙砌筑，又可用于外装修施工。
2）里脚手架用于楼层上砌砖、内粉刷、砌筑围墙等的一种搭设在建筑物内部的脚手架。
（3）按结构形式分　多立杆式脚手架、门式脚手架、悬吊式脚手架和挑式脚手架。

2. 脚手架搭设的基本要求
1）宽度应满足工人操作、材料堆放及运输的要求。脚手架的宽度一般为 1.2~1.8m。
2）有足够的强度、刚度及稳定性。在施工期间，在各种荷载作用下，脚手架不变形、不摇晃、不倾斜。脚手架的标准荷载值，取脚手板上实际作用荷载，其控制值为均布荷载 $3kN/m^2$。在脚手架上堆砖，只许单行摆三层。脚手架所用材料的规格、质量应经过严格检查，符合有关规定；脚手架的构造应符合规定，搭设要牢固，有可靠的安全防护措施并在使用过程中经常检查。
3）搭拆简单，搬运方便，能多次周转使用。

细节：脚手架构架设置

1. 构架尺寸规定
1）双排结构脚手架和装修脚手架的立杆纵距和平杆步距应小于等于 2.0m。
2）作业层距地（楼）面高度大于等于 2.0m 的脚手架，作业层铺板的宽度应不小于：外脚手架为 750mm，里脚手架为 500mm。铺板边缘与墙面的间隙应小于等于 300mm，与挡脚板的间隙应小于等于 100mm。当边侧脚手板不贴靠立杆时，应予可靠固定。

2. 连墙点设置规定
当架高不小于 6m 时，必须设置均匀分布的连墙点，其设置应符合以下规定：
1）门式钢管脚手架：当架高小于等于 20m 时，不小于 $50m^2$ 一个连墙点，且连墙点的竖向间距应不大于 6m；当架高大于 20m 时，不小于 $30m^2$ 一个点连墙，且连墙点的竖向间距应不大于 4m。
2）其他落地（或底支托）式脚手架：当架高小于等于 20m 时，不小于 $40m^2$ 一个连墙点，且连墙点的竖向间距应不大于 6m；当架高大于 20m 时，不小于 $30m^2$ 一个连墙点，且连墙点的竖向间距应不大于 4m。

3）脚手架上部未设置连墙点的自由高度不得大于6m。

4）当设计位置及其附近不能装设连墙件时，应采取其他可行的刚性拉结措施予以弥补。

3. 整体性拉结杆件设置规定

脚手架应根据确保整体稳定和抵抗侧力作用的要求，按以下规定设置剪刀撑或其他有相应作用的整体性拉结杆件：

1）周边交圈设置的单、双排木、竹脚手架和扣件式钢管脚手架，当架高为6~25m时，应于外侧面的两端和其间按不大于15m的中心距并自下而上连续设置剪刀撑；当架高大于25m时，应于外侧面满设剪刀撑。

2）周边交圈设置的碗扣式钢管脚手架，当架高为9~25m时，应按不小于其外侧面框格总数的1/5设置斜杆；当架高大于25m时，按不小于外侧面框格总数的1/3设置斜杆。

3）门式钢管脚手架的两个侧面均应满设交叉支撑。当架高不大于45m时，水平框架允许间隔一层设置；当架高大于45m时，每层均满设水平框架。此外，架高不小于20m时，还应每隔6层加设一道双面水平加强杆，并与相应的连墙件层同高。

4）"一"字形单双排脚手架按上述相应要求增加50%的设置量。

5）满堂脚手架应按构架稳定要求设置适量的竖向和水平整体拉结杆件。

6）剪刀撑的斜杆与水平面的交角宜在45°~60°之间，水平投影宽度应不小于2跨或4m和不大于4跨或8m。斜杆应与脚手架基本构架杆件加以可靠连接，且斜杆相邻连接点之间杆段的长细比不得大于60。

7）在脚手架立杆底端之上100~300mm处一律遍设纵向和横向扫地杆，并与立杆连接牢固。

4. 杆件连接构造规定

脚手架的杆件连接构造应符合以下规定：

1）多立杆式脚手架左右相邻立杆和上下相邻平杆的接头应相互错开，并置于不同的构框格内。

2）搭接杆件接头长度：扣件式钢管脚手架应不小于0.8m；木、竹脚手架应不小于搭接杆段平均直径的8倍和1.2m。搭接部分的绑扎应不少于两道，且绑扎点间距应不大于0.6m。

3）杆件在绑扎处的端头伸出长度应不小于0.1m。

5. 搭设高度限制和卸载规定

脚手架的搭设高度一般不应超过表3-1的限值。当需要搭设超过表3-1规定高度脚手架时，可采取下述方式及其相应的规定解决：

1）在架高20m以下采用双立杆，在架高30m以上采用部分卸载措施。

2）架高50m以上采用分段全部卸载措施。

3）采用挑、挂、吊形式或附墙升降脚手架。

表3-1 脚手架搭设高度的限值

序号	类别	型式	高度限值/m	备注
1	木脚手架	单排	30	架高≥30m时，立杆纵距≤1.5m
		双排	60	

（续）

序号	类　　别	型式	高度限值/m	备　　注
2	竹脚手架	单排	25	
		双排	50	
3	扣件式钢管脚手架	单排	20	
		双排	50	
4	门式钢管脚手架	轻载	60	施工总荷载≤3kN/m²
		普通	45	施工总荷载≤5kN/m²

6. 单排脚手架的设置规定

单排脚手架的设置规定见表3-2。

表3-2　单排脚手架的设置规定

项　　目	规　　定
不可用单排脚手架的砌体工程	1）墙厚小于180mm的砌体 2）土坯墙、空斗砖墙，轻质墙体，有轻质保温层的复合墙和靠脚手架一侧的实体厚度小于180mm的空心墙 3）砌筑砂浆强度等级小于M1.0的墙体
不得在墙体上留脚手眼的部位	1）梁和梁垫下及其左右各240mm范围内 2）宽度小于480mm的砖柱和窗间墙 3）墙体转角处每边各360mm范围内 4）施工图上规定不允许留洞眼的部位
在墙体的以下部位不得留尺寸大于60mm×60mm的脚手眼	1）砖过梁以上与梁端呈60°的三角形范围内 2）宽度小于620mm的窗间墙 3）墙体转角处每边各620mm范围内

细节：木、竹脚手架

1. 木脚手架

木脚手架主要是用去皮杉木为构搭材料，采用8号钢丝绑扎而成的。其构造如图3-1所示。它由立杆、大横杆、小横杆、斜撑、剪刀撑、抛撑、脚手板组成。具体内容见表3-3~表3-5。

表3-3　木脚手架的组成和要求

材料名称及规格	一　般　要　求
立杆：梢径不小于70mm	纵向间距：1.5~1.8m；横向间距：单排，离墙面1.2~1.5m；双排，外立杆离墙不大于2m，内立杆离墙0.4~0.5m。埋深：大于0.5m；当地面难以挖坑栽杆时，应沿立杆底部绑扫地杆
大横杆：梢径不小于80mm	绑于立杆里面，第一步离地面1.8m。以上各部间距为1.2m左右

（续）

材料名称及规格	一 般 要 求
小横杆：梢径不小于80mm	绑于大横杆上，间距0.8~1.0mm；双排架端头离墙50~100mm，单排架搁入墙内不小于240mm，伸出大横杆外100mm
抛撑：梢径不小于70mm	每隔7根立杆设一道，与地面夹角60°左右，防止架子外倾
斜撑：梢径不小于70mm	设在脚手架的拐角处，杆与地夹角为45°方向向上，绑在架子的外面，以防架子纵向倾斜
剪刀撑：梢径不小于70mm	三步以上的架子，每隔7根立杆设一道，从底到顶。杆与地面夹角为45°~60°
绑扎钢丝用8号镀锌钢丝；或三股麻绳、带状包装带	木脚手架一般用镀锌钢丝绑扎，如架子使用期在三个月以内，可用麻绳或草绳绑扎。立杆和大横杆的搭接长度应不小于1.5m，绑扎时小头应压在大头上，绑扎不少于三道(压顶立杆，可大头朝上，以增大立杆截面尺寸)。如三根相交时，应先绑两根，再绑第三根，切勿一绑三根

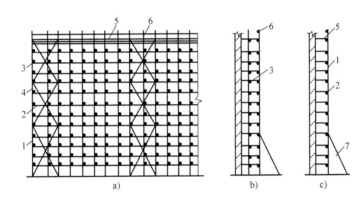

图 3-1 木脚手架

a）立面图 b）双排脚手架 c）单排脚手架

1—立杆 2—大横杆 3—小横杆 4—剪刀撑 5—脚手扳 6—栏杆 7—抛撑

表 3-4 单排木脚手架构造参数

用 途	立杆间距/m		操作层小横杆间距/m	大横杆竖向步距/m
	横向	纵向		
砌筑架	≤1.2	≤1.5	≤0.75	1.2~1.5
装饰架	≤1.2	≤1.8	≤1.0	≤1.8

表 3-5 双排木脚手架构造参数

用 途	内立杆轴线至墙面距离/m	立杆间距/m		操作层小横杆间距/m	大横杆竖向步距/m	小横杆朝墙方向的悬臂长/m
		横向	纵向			
砌筑架	0.5	≤1.2	≤1.5	≤0.75	1.2~1.5	≤0.75
装饰架	0.5	≤1.2	≤1.8	≤1.0	≤1.8	≤1.0

2. 竹脚手架

竹脚手架是选用生长期三年以上的毛竹或楠竹的竹杆为主要杆件。它采用竹篾、钢丝或塑料绳进行绑扎而成。竹脚手架一般不宜搭设单排，只有五步以下，荷载较轻方可搭设单排竹脚手架。

用作脚手架的竹杆，一定要选用挺直、质地坚韧的杆材。对弯曲不直、青嫩或枯脆、腐烂及虫蛀的坚决不用。对裂缝通节两节以上的竹杆只能用作挡脚杆等不受力的地方，裂缝通节过长的亦不应使用。

竹外脚手架的搭设要求见表 3-6。

表 3-6　竹外脚手架的搭设要求

材料名称及规格	一 般 要 求
立杆：梢径不小于 75mm	纵向间距不大于 1.3m，双排架：外立杆离墙不大于 1.8m，搭接长度不小于 1.5m。不宜用单排架
大横杆：梢径不小于 75mm	间距一般为 1.2~1.4m，搭接长度不小于 2m
小横杆：梢径不小于 90mm	间距不大于 750mm，如梢径介于 60~90mm 之间，可双根合并或单根加密使用
抛撑：梢径不小于 75mm	每隔 7 根立杆设一道，与地面夹角为 60° 左右
十字撑：梢径不小于 75mm	三步以上的脚手架，每隔 7 根立杆设一道，从底面顶杆与地面夹角为 45°~60°
顶撑：梢径不小于 75mm	沿立杆旁并紧，至少绑扎三道，顶住小横杆
竹篾：宽度不小于 8mm，厚 1mm 左右	竹脚手架绑扎用的竹篾应坚韧带青，使用前要提前 1d 水中浸泡，每一搭接处至少绑扎四道竹篾或用 8 号钢丝

注：竹材用生长三年以上的毛竹。

双排脚手架的构造参数见表 3-7。

表 3-7　双排脚手架的构造参数

用途	内立杆轴线至墙面距离/m	立杆间距/m		操作层小横杆间距/m	大横杆步距/m	小横杆朝墙方向的悬臂长/m	格栅间距/m
		横向	纵向				
砌筑架	0.45~0.5	≤1.2	≤1.5	≤0.75	1.2	≤0.4	≤0.25
装饰架	0.45~0.5	≤1.2	≤1.8	≤1.0	1.5~1.8	0.35~0.4	≤0.25

细节：钢管扣件式脚手架

钢管扣件式脚手架应用广泛、搭接高度大，能适应建筑物的平、立面变化。脚手架采用的钢管为焊接钢管，外径为 48mm，壁厚 3.5mm，长为 6500mm，管的长度可截成 2000~2200mm。扣件应采用力学性能不低于 KTH330—08 可锻铸铁制作。钢管扣件式外脚手架由立杆、大横杆、小横杆、十字撑、抛撑或连墙杆组成，如图 3-2 所示。

（1）钢管扣件式脚手架材料

1）钢管：一般用 ϕ48mm，壁厚为

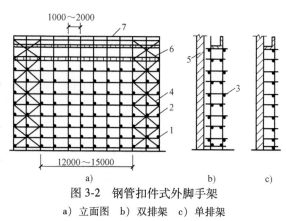

图 3-2　钢管扣件式外脚手架
a）立面图　b）双排架　c）单排架
1—立杆　2—大横杆　3—小横杆　4—十字撑
5—附墙拉接　6—作业层　7—栏杆

3.5mm 焊接钢管，长度为 2.2~7m 不等。

2）扣件：有三种基本形式，即用于两根钢管垂直交叉连接的直角扣件；用于两根管任意交叉连接的旋转扣件；用于两根管对接延续的对接扣件。

3）底座：立柱底座用钢板或铸铁制作。

4）脚手板：有钢脚手板、钢木脚手板、竹脚手板等，尺寸不等，一般宽为 220~250mm，长为 1800~3600mm。每块板重不宜大于 30kg。

① 钢管扣件式脚手架参考用量见表 3-8。

表 3-8　钢管扣件式脚手架参考用量（1000m² 墙面）

名称	单位	墙高 20m		墙高 10m		名称	单位	墙高 20m		墙高 10m	
		单排	双排	单排	双排			单排	双排	单排	双排
立柱	m	546	1092	583	1166	直角扣件	个	908	1688	943	1685
纵向水平杆	m	805	1560	834	1565	旋转扣件	个	75	75	40	40
横向水平杆	m	924	882	998	897	对接扣件	个	206	404	189	361
剪刀撑	m	183	183	100	100	底座	个	26	52	53	106
合计	m	2458	3717	2515	3728	合计	个	1215	2219	1225	2193

② 扣件式组合脚手架参考用量见表 3-9。

表 3-9　扣件式组合脚手架参考用量（1000m² 墙面）

名称	单位	墙高 20m	墙高 10m	备注	名称	单位	墙高 20m	墙高 10m	备注
立柱	m	574	736		旋转扣件	个	140	168	每个重 1.5kg
纵向水平杆	m	624	413		对接扣件	个	96	64	每个重 1.6kg
横向水平杆	m	1026	1146		底座	个	32	64	每个重 2.14kg
剪刀撑、斜撑	m	375	386		合计	个	1404	1368	
合计	m	2599	2681		桁架	1	0.92	1.84	6m 型钢桁架
直角扣件	个	1136	1072	每个重 1.25kg					

③ 扣件式钢管井架材料参考用量见表 3-10。

表 3-10　扣件式钢管井架材料参考用量（座）

名称	单位	八柱井架 高度 20m 井孔 4.2m×2.4m 横杆间距 1.3m	六柱井架 高度 20m 井孔 4m×2m 横杆间距 1.3m	四柱井架 高度 20m 井孔 1.9m×1.9m 横杆间距 1.3m
钢管	m	620	560	340
直角扣件	个	224	192	160
旋转扣件	个	140	100	44
对接扣件	个	24	18	12
底座	个	8	6	4
合计	个	396	316	220
扣件质量	kg	585	431	294

（2）施工技术要点

1）外墙砌筑与装饰的钢管扣件式脚手架有单排和双排两种，一般构造见图3-3。

2）脚手架搭设的地基表面应平整，当土质松软时，应加150mm厚碎石或碎砖夯实。对高层建筑脚手架的基础搭设前应进行验算。

3）垫板与底座准确放在定位线上，竖立柱、底座向上200mm处用直角扣件将横向扫地杆与立柱连接。支设时，每6跨暂设一根抛撑，待固定件支设好后拆去。

4）立柱除顶层可用搭接外，其余接头应用对接扣件连接，对接要求为：

① 搭接长度不应小于1m，不少于两个旋转扣件固定。

② 对接扣件应交错布置，相邻立柱的对接扣件错开垂直距离不应小于500mm。

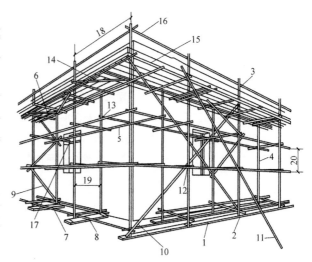

图3-3　钢管扣件式脚手架构造

1—垫板　2—底座　3—外立柱　4—内立柱　5—纵向水平杆
6—横向水平杆　7—纵向扫地杆　8—横向扫地杆　9—横向斜
撑　10—剪刀撑　11—抛撑　12—旋转扣件　13—直角扣件
14—水平斜撑　15—挡脚板　16—防护栏杆　17—连墙
固定件　18—柱距　19—排距　20—步距

③ 对接扣件应尽量靠近中心节点（立柱、纵向水平杆、横向水平杆的交点）、靠近固定件节点，其偏离中心节点的距离宜小于步距的1/3。

5）立柱必须用刚性连接件与建筑物可靠连接，固定件布置间距宜按表3-11选用。

表3-11　固定件布置间距　　　　　　　　　　　　　（单位：m）

脚手架类型	脚手架高度 H	垂直间距	水平间距	脚手架类型	脚手架高度 H	垂直间距	水平间距
双排	≤50	≤6（3步）	≤6（$\frac{3}{4}$跨）	单排	≤24	≤6（3步）	≤6（3跨）
	>50	≤4（2步）	≤6（3跨）				

6）立柱的间距、纵向水平杆和横向水平杆的距离宜按表3-12选用。立柱的间距和最大架设高度可参照表3-13选用。

表3-12　立柱及水平杆间距

项　　目		立　　柱		纵向水平杆步距/m	横向水平杆间距/m	备　　注
		纵向间距/m	横向间距/m			
双排架	砌筑用	1.5	1.5	1.2~1.4	<1.5	里排立柱距墙
	装饰用	1.7~2	1.5	1.7~1.8	<2	0.4~0.5m
单排架		1.5~2	1.5	1.2~1.4	<1.5	立柱距墙1.2~1.4m

表 3-13 立柱间距与最大架设高度

（连墙固定件按三步三跨布置） （单位:m）

连墙固定图示	横向水平杆外伸长 a	排距 L_n	步距 h	下列施工荷载/(kN/m^2)时的立柱柱距			脚手架最大架设高度 H_{max}
				1	2	3	
				l			
	0.5	1.05	1.35	1.8	1.5	1.2	80
			1.8	2.0	1.5	1.2	55
			2.0	2.0	1.5	1.2	45
		1.55	1.35	1.8	1.5	1.2	75
			1.8	1.8	1.5	1.2	50
			2.0	1.8	1.5	1.2	40

注: 1. 最大架设高度 H_{max} 是按脚手架自重+施工荷载+一层冲压钢脚手板的自重计算而得。

2. 当脚手架上有多层脚手板时，不同步距的最大架设高度值应乘以下列调整系数 m_h 后取用。

步距 　 1.35m 　 0.96^n

　　　 1.80m 　 0.92^n

　　　 2.00m 　 0.90^n

n——增加的脚手板层数。

计算举例: 除操作层一层脚手板外，另增加两层满铺板，当排距为 1.05m，步距为 1.35m 时，则最大架设高度为: $H_{max} = 80m_h = 80 \times 0.96^n = 80 \times 0.96^2 = 73.728 \approx 74(m)$

7）支设纵向水平杆时，其长度不应小于两跨，对接接头必须用对接扣件，连接处距立柱的距离不宜大于跨度的 1/3。

8）同一层中，内外纵向水平杆的接头应尽量错开 1 跨，上下层的纵向水平杆对接错开的水平距离不应小于 500mm。

9）支设双排架时，横向水平杆两端应用直角扣件固定在纵向水平杆上，且距立柱距离不应大于 150mm；支设单排架时，其一端用直角扣件固定在纵向水平杆上，另一端插入墙内的长度不小于 180mm。

10）24m 以下的单、双排架，每隔 6 跨设一道剪刀撑，且由下至上连续布置；24m 以上的双排架，应在外立面整个长度和高度上连续设剪刀撑，剪刀撑与地面角度为 45°~60°。

11）剪刀撑的斜杆接长应用对接扣件连接，采用旋转扣件固定在立柱上或横向水平杆的伸出端上，其固定位置与中心节点的距离不大于 150mm。

12）横向斜撑每一斜杆占一步，由下至上作之字型布置，24m 以下的封闭型双排架可不设横向斜撑。

13）一字型、开口型以及 24m 以上双排架的两端头必须设横向斜撑，中间每隔 6 跨设一道。

14）24m以下的单、双排架，一般用刚性固定件与建筑物可靠连接。固定件距操作层的距离不应大于两步。

15）脚手板应采用三支点支承，当脚手板长度小于2m时，可用两点支承，但应将两端固定，对接平铺时，其外伸长度应大于100mm，小于150mm，搭接铺设时，其搭接长度应大于200mm。

16）搭设遇门洞时，脚手架可挑空1~2根立柱，悬空的立柱用斜杆逐根连接，单排架可增设立柱或吊设一短杆将荷载传至两侧横向水平杆上。

17）设置安全网。在脚手架外满挂竖向安全网，在作业层的脚手板下应平挂安全网。

（3）质量控制

1）脚手架应具有足够的强度、刚度和稳定性，施工均布荷载标准为：维修脚手架为$1kN/m^2$；装饰脚手架为$2kN/m^2$；结构脚手架为$3kN/m^2$。

2）安装扣件时，螺栓拧紧力矩应为40~70N·m。

3）钢管脚手架不得搭设在距离35kV以上的高压线路4.5m以内的地区和距离1~10kV高压线路2m以内的地区。

4）较高的脚手架应有防雷接地装置，一般每隔50m设一处，最远点至接地装置的过渡电阻不应超过10Ω。

5）除操作层的脚手板外，宜每隔12m高满铺一层脚手板。

细节：承插式脚手架

我国已经采用的承插式脚手架有：碗扣式脚手架（图3-4）、楔紧式脚手架（图3-5）、插卡式脚手架（图3-6）、套装扣件式脚手架（图3-7）、卡板式脚手架（图3-8）等，其中应用最多的为碗扣式脚手架。

碗扣式脚手架是承插式单管脚手架的一种形式，其构造与扣件式钢管脚手架基本相同，主要由立杆、横杆、斜杆、可调底座等组成，只是立杆与横杆、斜杆之间的连接不是采用扣件，而是在立杆上焊上插座，横杆和斜杆上焊上插头，利用插头插入插座，拼成多种尺寸的脚手架。

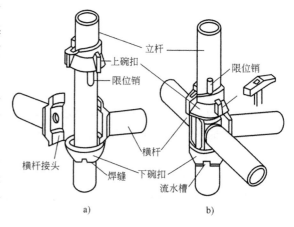

图3-4 碗扣式脚手架 WDJ 接头
a）连接前 b）连接后

碗扣式钢管脚手架或称多功能碗扣型脚手架，是参照国外同类型脚手架中先进接头和配件的构造，结合我国实际情况研制而成的一种多功能钢管脚手架。

这种脚手架的核心部件是碗扣接头，由上下碗扣、横杆接头和上碗扣的限位销等组成。它具有结构简单，杆件全部轴向连接，力学性能好，接头构造合理，工作安全可靠，拆装方便，操作容易，构件自重轻，作业强度低，零部件少，损耗率低，多种功能等优点。

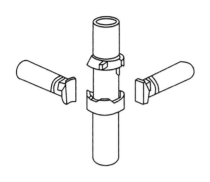

图 3-5 楔紧式脚手架接头示意图

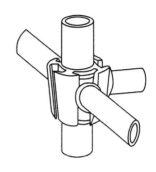

图 3-6 插卡式脚手架接头示意图

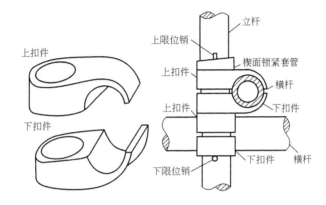

图 3-7 套装扣件式脚手架接头示意图

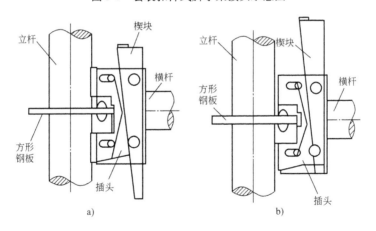

图 3-8 卡板式脚手架接头示意图

a) 松开楔板　b) 打入楔板

　　由于碗扣式脚手架的承载能力和整体稳定性均优于扣件式脚手架,故其允许搭设高度亦比扣件式脚手架高,见表 3-14。

表 3-14 扣件式和碗扣式钢管脚手架允许搭设高度 （单位:m）

脚手架种类	单排脚手架	双排脚手架	脚手架种类	单排脚手架	双排脚手架
扣件式钢管脚手架	25	50	碗扣式钢管脚手架	30	60

碗扣式脚手架与扣件式脚手架的对比见表 3-15。

表 3-15　碗扣式与扣件式脚手架对比

相　同　处	不　同　处
1）均采用 φ48×3.5 的钢管为基本杆 2）在构架形式上相似，均是采用立杆、横向水平杆、纵向水平杆组成一个空间结构来承受垂直荷载 3）均是采用连墙件作为防止倾覆、避免失稳、传递水平荷载的手段，并且连墙件的布置原则、构造做法也是相同的 4）施工操作时，两种脚手架的搭设顺序和拆除顺序相同 5）使用范围相同 　所以扣件式钢管脚手架的构架原理基本上对碗扣式钢管脚手架都能适用	1）杆件定型。如碗扣按 0.6m 的间距固定于立杆上；横杆仅有几种固定的规格。故在构架尺寸上不能像扣件式钢管脚手架那样随意。但经适当组合仍有足够的灵活性，可满足施工的需要 2）杆件是轴心相交，节点处为紧固式承插接。由于接头构造合理，结构受力性能好，比扣件式钢管脚手架具有更强的承载能力 3）除设置剪刀撑外，还按一定要求设置斜杆。这些斜杆与基本构架的连接十分牢固，因而使其整体稳定性比扣件式脚手架有明显的改善和提高

细节：门式钢管脚手架

门式钢管脚手架（简称门形脚手架）（图 3-9），它的基本受力单元是由钢管焊接而成的门

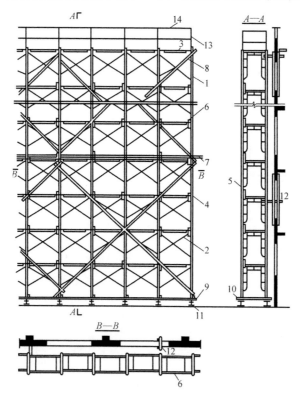

图 3-9　门式钢脚手架的组成

1—门架　2—交叉支撑　3—挂扣式脚手板　4—连接杆　5—锁臂　6—水平架　7—水平加固杆
8—剪刀撑　9—扫地杆　10—封口杆　11—可调底座　12—连墙杆　13—栏杆柱　14—栏杆扶手

形钢架（简称门架），通过剪刀撑、脚手架（或水平梁）、连墙杆以及其加连接杆、配件组装的逐层叠起脚手架，与建筑结构拉结牢固，形成整体稳定的脚手架结构，其特点是可减少连接件，并可与模板支架通用。

这种脚手架搭设高度一般限制在35m以内，采取一定加固措施后可达60m左右。架高在40~60m范围内，结构架可一层同时作业，装修架可两层同时作业；架高在19~38m范围内，结构架可二层同时作业，装修架可三层同时作业；架高17m以下，结构架可三层同时作业，装修架可四层同时作业。

施工荷载限定为：均布荷载结构架为$3.0kN/m^2$，装修架为$2.0kN/m^2$，架上不应走手推车。

细节：外脚手架

1. 桥式外脚手架

桥式外脚手架由桥架（由桁架组成的工作平台）和支撑架组合而成，具体内容见表3-16。

表3-16　桥式外脚手架的组成、搭设及适用

项　　目	主　要　内　容
桥架	桥架又称桁架式工作平台。一般由两个单片桁架用水平横撑和剪刀撑（或小桁架）连接组装，并在其上铺设脚手板而成。常用的桁架的长度有3.6m、4.5m、6m或8m等几种。宽度一般为1.0~1.4m，最宽者大于2m，以便行驶双轮手推车，运输材料。长桥架长16m，通常做成3.9m长一节，截面尺寸为800mm×650mm，上下弦用∟50×5角钢，斜腹杆用∟30×3角钢，竖腹杆用φ钢筋制成，桥架构造见图3-10
支撑架	支撑架一般用钢管扣件式脚手架的杆件和门式脚手架的横杆架来搭设。由扣件和钢管搭设而成的井式支撑架呈方形井架，在两个支撑架之间搁置桥架，支撑架的间距视桥架长度而定
搭设及构造	1）应严格按图纸尺寸规格加工，保证精度要求。第一批应试制、拼装和进行荷载试验，要求挠度小于500mm，节点不变形、不松动，焊缝无裂纹 2）桥架式脚手架安装应按布置图尺寸放线、定位，偏移不大于10mm，地基要求坚实平整，基座应用混凝土块或木板垫平，首层安装相邻高低差不大于20mm，两个方向的垂直偏差不大于4mm，总高垂直偏差不大于柱高的1/650 3）安装可采用塔式起重机或履带式起重机，或用卷扬机整体安装，立柱应及时拉接。角柱偏心受压，容易失稳，除每层与结构拉接外，两角柱之间也应拉接牢固，桥身和操作安全辅助设施应安装好，桥台与外墙间隙应小于150mm，桥架搁置在立柱上时，要搁在立柱的水平杆上，伸出长度不小于150mm，并应用钢丝绑临时固定 4）桥架的升降，多用手动工具（链式起重机、手拉葫芦或手摇提升架）或卷扬机提升。采用塔式起重机或轮胎式起重机上料的工程，桥架的升降可用起重机进行
特性及适用范围	具有结构简单，加工方便，桥架工具定型化，能多次周转使用，装拆方便，劳动强度低，工效高，施工操作安全等优点。适于6层和6层以下工业和民用建筑的砌砖及外装修工程使用

2. 门式外脚手架

门式外脚手架又称多功能门式脚手架，是现代建筑施工的一种安全设施，具体内容见下表3-17。

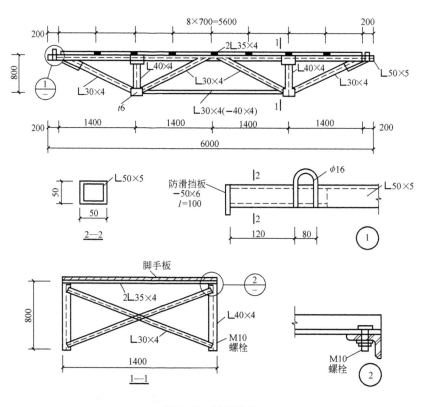

图 3-10 桥架构造

表 3-17 门式外脚手架的组成、搭设及构造

项 目	主 要 内 容
组成	门式外脚手架是用普通钢管材料制成工具式标准件,在施工现场组合而成。其基本单元是由一对门式架、二副剪刀撑、一副平架(踏脚板)和四个连接器组合而成,如图 3-11 所示。若干基本单元通过连接器在竖向叠加,扣上臂扣,组成一个多层框架。在水平方向,用加固杆和平架(或踏脚板)使相邻单元连成整体,加上斜梯、栏杆柱和横杆组成上下步相通的外脚手架
搭设及构造	1) 搭设高度一般不超过45m,每五层至少应架设水平架一道,垂直和水平方向每隔 4~6m 应设一扣墙管(水平连接器)与外墙连接,整幅脚手架的转角应用钢管通过扣件扣紧在相邻两个门式架上,如图 3-11a、b 所示。 2) 整幅脚手架架设后,应用水平加固杆加强,加固杆采用 $\phi42.7$mm 钢管,通过扣件扣紧在每个门式架上,形成一个水平闭合圈,一般在 10 层门式架以下,每 3 层设一道;在 10 层门式架以上,每 5 层设一道,最高层顶部和最低层底部应各加一道,同时还应在两道水平加固杆之间加设一道 $\phi42.7$mm 交叉加固杆,其与水平加固杆之夹角应不大于45° 3) 门式架架设超过 10 层,应架设辅助支承,一般在高 8~11 层,宽在 5 个门式架之间加设一组,使部分荷载由砌体承受 4) 脚手架外面应挂全密封垂直安全网,每 5 层踏脚板应加设一道水平安全网

3. 吊挂式外脚手架

吊挂式外脚手架主要适用于外墙装饰工程。包括型钢单(或双)梁悬吊脚手架、斜撑式悬吊脚手架、桁架式悬吊脚手架、墙柱身悬挂脚手架等,具体内容见表 3-18。

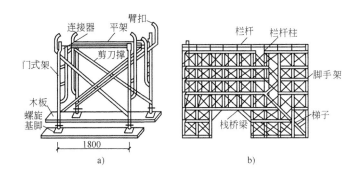

图 3-11　门式架构造
a) 门式脚手架的基本组合单元　b) 门式外脚手架

表 3-18　吊挂式外脚手架的类型及适用

项　目	具　体　内　容
木单梁悬吊脚手架	采用长大于 3.5m、梢径为 φ60mm 杉杆固定在屋面上作挑梁，挑出檐口 700mm，间距为 2~3m，挑梁端部和中部分别设通长杉杆压木和垫木，压木通过屋面板吊环或板缝中预埋螺栓固定，挑梁端用钢丝绳吊框式木杆或钢管吊架。适用于外墙装饰工程
型钢单（双）梁悬吊脚手架	用长 2~3m、Ⅰ12 工字钢或 2⊏12 槽钢作挑梁，间距为 3~4m，或用长为 5~6mm、φ35~φ50 钢管作挑梁，挑出 2m，间距为 3~4m，在支点压方木，与屋面板上预埋件固定。梁端用钢丝绳悬吊框式钢管吊架、吊篮或桁架式工作台。适用于外装修工程，厂房或结构的围护墙砌筑工程
斜撑式悬吊脚手架	当屋面上有伸出的钢筋混凝土柱或女儿墙时，可在其上设钢挑梁，一侧或两侧设斜撑杆，利用柱、女儿墙承受水平力作用，以减少挑梁截面积。挑梁一般用 2⊏8~2⊏14 槽钢，伸出檐口 1.0m，斜撑用 2⊏8 槽钢或 φ48~φ76 钢管，挑梁一端与柱头用螺栓套箍或屋面板上的拉杆固定，另一端设钢丝绳吊框或钢管吊架、吊篮式桁架式工作台
桁架式悬吊脚手架	适于外装修工程，当吊篮的荷载较大或挑梁的支臂较大时使用桁架挑架用型钢制作，间距为 3~6m，用钢丝绳捆绑在屋架上，或在混凝土屋架上、预制屋面板缝隙中埋设设件或螺栓固定；或在现浇屋面板上预埋钢筋环。梁端设悬吊钢丝绳、钢筋吊钩等悬吊桁架或工作台、框架式吊架或吊篮。适用于平屋顶或缓坡屋顶的装配式厂房或框架结构建筑围护墙砌筑或外装修工程
墙、柱身悬挂脚手架	在砖墙水平缝内安设 8mm 厚钢板，在内墙一端插扎 OT 型钢筋销，外墙一端挂金属挂架，其上铺脚手板。适用于外装修工程

细节：里脚手架

里脚手架包括折叠式里脚手架、支柱式里脚手架、门架式里脚手架。使用里脚手架砌筑时，必须在建筑物四周搭设安全网，以防工人坠下或材料坠下伤人。

脚手架搭好之后，要进行验收后方可正式使用。由安全监督员、施工员、架子工班长验收。

里脚手架的类型与搭设要求见表 3-19。

表 3-19　里脚手架的类型与搭设要求

项　目	主　要　内　容
折叠式里脚手架	图 3-12 所示为角钢折叠式里脚手架，其搭设间距不超过 2.0m，可搭设两步架，第一步为 1.0m，第二步为 1.65m。另外还有钢管折叠式里脚手架，钢筋折叠式里脚手架
支柱式里脚手架	支柱式里脚手架由若干个支柱和横杆组成，上铺脚手板。支柱间距不超过 2.0m。图 3-12a 为一种套管式支柱，由立管、插管组成，插管插入立管中，以销孔间距调节脚手架的高度，是一种可收缩式的里脚手架。其搭设高度为 1.57~2.17m。承插式支柱(图 3-12b)在支柱立管上焊承插管，横杆的销头插入承插管内，横杆上面铺脚手板
门架式里脚手架	1) 门架式里脚手架由 A 形支架与门架组成，如图 3-13a 所示 2) 使用里脚手架砌筑时，必须在建筑物外围搭设安全网，且安全网应随楼层施工进度上移。以防工人坠下或材料与机具坠落伤人

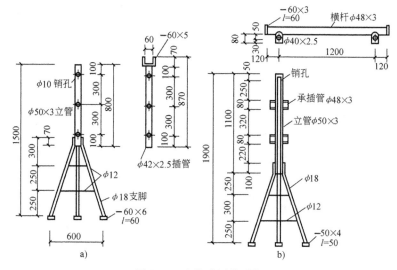

图 3-12　支柱式里脚手架

a) 套管式支柱　b) 承插式支柱

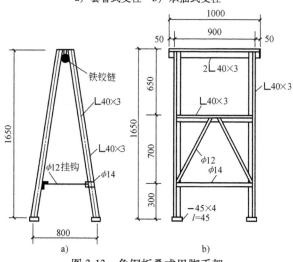

图 3-13　角钢折叠式里脚手架

a) 侧视图　b) 正视图

细节：脚手板

1. 木脚手板和竹脚手板
木脚手板和竹脚手板的种类和要求见表3-20。

表 3-20 木脚手板和竹脚手板的种类和要求

种 类	要 求
木脚手板	木脚手板一般常用杉木或松木，凡腐朽、扭纹、破裂及大横透节的木板均不能用，板厚应不小于50mm，板宽200~250mm，板长3~6m。为了防止脚手板在使用过程中端头破裂损坏，可在距板的两端80mm处，用10号钢丝紧箍两道(或用薄钢板包箍)并予钉牢
竹笆板	用平放的竹片纵横编织而成。横筋一正一反，边缘处纵横相交点用钢丝扎紧。用作斜道板时，应将横筋作纵筋，纵筋作横筋，以防滑脱
竹串片脚手板	用螺栓将并列的竹片连接而成。螺栓直径为8~10mm，间距为500~600mm，距板端为200~250mm。这种脚手板缺点是受荷后易扭动
竹胶合板脚手板	近年来，竹胶合板得到大量的应用，一些竹胶合板生产厂家利用裁下来的竹胶合板边料加以胶合而成的脚手板。其形式类似竹串片脚手板，但采用长短相间进行胶合而无需加设螺栓串连，其使用性能优于竹串片脚手板，承载能力大且上人时不发生任何扭动

2. 钢筋脚手板
钢筋脚手板的种类和要求见表3-21。

表 3-21 钢筋脚手板的种类和要求

序 号	种 类	要 求
1	桁架式钢筋脚手板	用两榀钢筋小桁架连接构成。横向搁置在脚手架的大横杆上，脚手板长度根据里、外立杆间距离而定
2	角钢框钢筋脚手板	由角钢框焊以钢筋而成

3. 钢木脚手板的种类和要求
钢木脚手板的种类和要求见表3-22。

表 3-22 钢木脚手板的种类和要求

序 号	种 类	要 求
1	角钢框钢木脚手板	角钢框与木条用螺栓固定，面板钉在木条上
2	槽钢框钢木脚手板	用槽钢或角钢对焊作框，塞进短木板作面板，并加封头

4. 薄钢脚手板
薄钢脚手板是用2mm厚的钢板压制而成。常用规格为：厚为5cm，宽为25cm，长度有2m、3m、4m等几种。

5. 新型脚手板
1）现行的各种脚手板，都存在着一定的问题和不足之处。归纳起来有以下几个方面的问题：

① 较长（4~6m）、较重（20~40kg）、搬运（包括垂直运输）和安装均显不便。

② 木脚手板厚 50~60mm，需用一等松木加工，耗材量大。

③ 钢脚手板在雨雪天气下使用时，防滑情况仍然不好。

④ 竹片脚手板易发生水平方向翘曲，人员在其上行走或作业时有晃动感。

⑤ 沿脚手架的纵向铺放，采用搭接，造成作业面不平。

⑥ 由于脚手板较长、较重，翻架子时工人劳动强度大，亦不安全。

⑦ 不好管理，使用损耗较大。

2）除针对上述存在问题采取必要的技术措施和管理措施，以继续发挥现行脚手板的效用之外，还应在脚手板方面作必要的改善和更新发展工作。新型脚手板如下：

① 采用质量轻的高强度异形钢框（经过特型辊轧制作）和 7~9 层抗磨胶合板材制作的新型钢木定型脚手板（目前发展迅速的钢木定型模板都有可能用来改制成脚手板，或者既可作模板亦可作脚手板的通用作业板）。

② 采用横向铺放，取消搭接并避免出现"探头板"。使脚手架的表面平整以方便作业，根据脚手架的搭设宽度（只适用于双排脚手架或其他允许横向铺板的脚手架），可选用不同规格的脚手板（见表 3-23）。

表 3-23　横向铺放脚手板的规格

脚手架宽度/mm			脚手板规格		
内外横杆距离	里横杆与墙面的距离	作业面宽	长度/mm	宽度/mm	板重不大于/kg
800	350	1000	1200	350	10.50
				250	7.50
800	500	1200	1400	350	12.25
1000	350			250	8.75
1000	500	1400	1600	350	14.00
1200	350			250	10.00
1200	500	1600	1800	350	15.75
1400	350			250	11.25
填缝板			725	50	3.00
			925		3.80
			1125		4.65
			1325		5.50

③ 脚手板连成整体并与脚手架横杆相连，以加强作业面的整体稳定性。

细节：受料台

在高层建筑的施工中，常需设置受料台，以便将无法用电梯、井字架提运的大件材料、器具和设备用塔式起重机先吊运至受料台上后，再转运至使用或安装地点。

受料台的尺寸应根据施工的需要加以确定，一般宽为 2~4m、悬出长度为 3~6m，按其悬挑方式可分为悬挂式和斜撑式两种。其设置要求与挑脚手架大致相同。其他注意事项如下：

1）受料台应设在窗口部位，台面与楼板取平或搁置在楼板上。

2）受料台在建筑物的垂直方向应错开设置，不得设在同一平面位置上，以避免上面的受料台阻碍向下层受料台吊运物品、材料。

3）受料台的三面均应设置防护栏杆，当需要吊运长度超过受料台长度的材料时，其端部护栏可做成格栅门，需要时打开。因受料要求不能设置护栏时，其入料洞口应设置格栅门，人员上受料台时，必须采取可靠的安全防护措施。

4）在使用期间应加强检查，确保使用安全。

细节：支撑架

1. 支撑架的类别

支撑架的类别见表3-24。

表 3-24 支撑架的类别

支撑架的划分依据	支撑架的类别
按支撑架的用途划分	1）梁、板模板支撑架。以承受竖向荷载为主 2）墙、柱模板支撑架。以承受横向（水平）荷载为主 3）箱形模板支撑架。如箱形基础和隧道等的模板支撑架，同时承受竖向和横向荷载 4）物料存放架和转运栈桥（平台）架。以承受材料、设备等的竖向荷载为主 5）结构构件和设备安装施工用的临时支撑架。以承受竖向荷载为主 6）加固支撑架。以扩大支撑面、加强刚度和抗变形能力等为目的的支撑架
按支撑架的构架结构形式划分	1）单柱式格构架。即单独设置的格构支撑柱 2）群柱式格构架。即在各格构支撑柱之间加设单向或双向、单层或多层的整体性拉结杆，以加强支撑柱的稳定性 3）柱梁式支撑架。由格构支柱和桁架梁（或型钢梁、定型加工梁）构成，当梁的跨度较大或桁架梁本身刚度不足时，常需加设斜撑杆 4）满堂格构架。形式相当于满堂脚手架 5）斜撑式格构架。偏于一边的斜撑式构架，主要用于承受单面侧力（水平力）的作用 6）拉撑式格构架。具有撑杆和拉杆，可承受侧向拉、压力的作用

2. 模板支撑架

可用于搭设支模架的脚手架材料有塔式脚手架、门式及其他框组式钢管脚手架和扣件式钢管脚手架，一些工具式里脚手也能适应某些情况下的支模要求。

细节：安全网

1. 安全网架设

安全网是用直径为9mm的麻绳、棕绳或尼龙绳编织的，一般规格宽为3m、长为6m、网眼为5cm左右，每块支好的安全网应能承受不小于1600N的冲击荷载。

架设安全网时，其伸出宽度应不小于2m。外口要高于里口，两网搭接应扎接牢固，每隔一定距离应用拉绳将斜杆与地面的锚桩拉牢。安全网要随楼层施工进度逐步上升，高层建筑除这一道逐步上升的安全网外，尚应在下面间隔3~4层的部位再设置一道安全网。

（1）木、竹、钢管等杆件架设的安全网　张挂安全网的斜杆或横杆用圆木时，梢径不宜小于7cm；用竹杆时，梢径不宜小于8cm；用钢管时，常为φ48×3.5。凡腐朽和严重开裂的木材，虫蛀、枯脆、劈裂的竹杆均不得使用。

在无窗口的山墙上，可在墙角设立杆来挂设安全网，也可在墙体内预埋钢筋环以支插斜杆，还可以用短钢管穿墙用回转扣件来支设斜杆。

（2）钢吊杆架设的安全网　用一套工具式的吊杆来架设安全网，比较轻巧方便。其构造见表3-25。

表3-25　工具式钢吊杆构造

组成构件	构造安装要求
吊杆	为φ12mm钢筋，长为1.56m，上端弯一直挂钩，以便挂在埋入墙体的销片上，在直挂钩的另侧焊一平挂钩，用以挂安全网；下端焊有装设斜杆的活动铰座和靠墙支脚。另外，在平挂钩下面还焊有靠墙板和挂尼龙绳的环，靠墙板的作用主要是当网内落入重物时，保持吊杆不产生旋转 吊杆沿建筑物外墙面设置，其间距应与房屋开间相适应，一般为3~4m
斜杆	长为2.8m，用两根L 25×4角钢焊成方形，顶端焊φ12mm钢筋钩，用以张挂安全网；底端将角钢的一边割掉使其成为相对的两块钢板并将其打扁，便于用螺栓与吊杆的铰座连接 斜杆中部焊有挂尼龙绳的环，尼龙绳用卡钩挂在斜杆和吊杆的环上，由绳的长度可以调节斜杆的倾斜度

（3）高层建筑的安全网　高层建筑施工中的安全网设置见表3-26。

表3-26　高层建筑施工中的安全网设置

外脚手架	安全网设置
外墙面满搭外脚手架	应在脚手架的外表面满挂安全网（或塑料编斜篷布）；在作业层的脚手板下平挂安全网（或篷布）；第一步架应满铺脚手板或篷布，每隔4~6层加设一层水平安全网
不设外脚手架	作外装修所使用的吊篮或挂脚手架，除顶面和靠墙一面外，其他各面应满挂安全网或塑料编斜篷布，以避免从作业面向下坠物。同时每隔4~6层挑出一层安全网，并在首层架设宽度不小于4m的安全网

2. 安全防（围）护规定

脚手架必须按以下规定设置安全防护措施，以确保脚手架上作业和作业影响区域内的安全。

1）作业层距地（楼）面高度不小于2.5m时，在其外侧边缘必须设置挡护高度不小于1.1m的栏杆和挡脚板，且栏杆间的净空高度应不大于0.5m。

2）临街脚手架、架高不小于25m的外脚手架以及在脚手架高空落物影响范围内同时进行其他施工作业或有行人通过的脚手架，应视需要采用外立面全封闭、半封闭以及搭设通道、防护棚等适合的防护措施。

3）架高为 9~25m 的外脚手架，除满足 1）规定外，需要加设安全立网防护。

4）挑脚手架、吊篮和悬挂脚手架的外侧面应按防护需要采用立网围护或执行 2）的规定。

5）遇有下列情况时，应按以下要求加设安全网：

① 架高大于等于 9m、未作外侧面封闭、半封闭或立网封护的脚手架，应按以下规定设定首层安全(平)网和层间(平)网：

a. 首层网应距地面 4m 设置，悬出宽度应不小于 3.0m。

b. 层间网自首层网每隔 3 层设一道，悬出高度应不小于 3.0m。

② 外墙施工作业采用栏杆或立网围护的吊篮、架设高度不大于 6.0m 的外挑脚手架、挂脚手架和附墙升降脚手架时，应于其下 4~6m 起设置两道相隔 3.0m 的随层安全网，其距墙面的支架宽度应不小于 3.0m。

6）上下脚手架的梯道、坡道、栈桥、斜梯、爬梯等均应设置扶手、栏杆或其他安全防(围)护措施并清除通道中的障碍，确保人员上下的安全。

细节：脚手架的使用要求和安全可靠性措施

1. 脚手架的使用要求

1）杆部件和连接点构造应合理，杆件连接点的扣件连接可靠，传力明确，符合操作规范。立杆尽可能受轴心压力，避免和减少偏心力的作用。减小立杆受压的计算长度，如用增设辅助杆件的办法来加强立杆的抗失稳能力。用水平杆及斜杆来承受水平力。加强整体连接和附墙拉接，达到确保脚手架的整体稳定性。能较好地发挥材料的承载能力，并有适当的安全储备。

2）结构稳定性、整体性好，有足够的与建筑物连接的拉撑点，抗失稳的能力强。

3）能有效地控制搭设、使用和拆除过程中可能发生的变形，避免出现导致偏心荷载等不利的受力状态。

4）加强管理。在搭设中不得随意改变构架要求和减少杆部件数量，必要时应进行脚手架的计算，以调整常规搭设的柱距、间距、杆距等。严格控制脚手架上施工荷载和同时作业的施工层数。

2. 脚手架施工安全可靠性措施

1）不允许用不稳定的工具或物体在脚手架面垫高操作，不准在一层脚手架上再叠加一层(桥上桥)，更不应在无设计和加固措施的情况下施工。活动钢(木)脚手架的安装，当安装在地面时，泥土必须平整坚实，否则要夯打至平整并不下沉，或在架脚垫木板，扩大支承面。当安装在楼板时，如高低不平则应用木板楔平稳，不得用砖块作垫底。地面上的脚手架大雨后应检查有无变动。

2）活动钢管脚手架提升后，应用铁销贯穿内外管孔；严禁随便用铁钉代替。当活动脚手架提升到 2m 时，架与架应装交叉拉杆，以加强连接稳定。

3）脚手架间距按脚手板(桥枋)长度和刚度而定，脚手板不得少于两块，其端头需铺过梁的支承横杆且不小于 20cm，但不得伸过太长做成悬臂(探头板)。两脚手板(桥枋)相搭接时，每块板应各伸过架的支承横杆，严禁将上一块板搭在下一块板的悬空（探头）部分。如用钢筋桥枋（花梁）代替脚手板时，应用钢丝与架绑牢。

4）每块脚手板上的操作人员不应超过两人，堆放砖块时不应超过单行 4 层。

5）脚手架必须支座在可靠的基面上，避免发生不均匀沉降。经过大风大雨之后，应进行全面检查以保证再作业时的使用安全可靠性。

4 砌 体 工 程

细节：砌体工程的基本规定

1. 概述

砖砌体在建筑工程结构中应用很广。它可以作承重结构，也可以作围护、分隔与填充墙。作承重墙使用时，它承担上部结构传递下来的荷载，因此要求具备足够的强度、刚度和稳定性，而砌体的强度和刚度则取决于砌体的原材料的质量和砌筑的质量。作为维护、分隔与填充的墙体，则要求具有良好的密闭性和保温、隔热、隔声性能，在采用合格材料的前提下，砌筑质量的好坏是能否符合上述使用要求的关键。为此，砌砖工程必须遵循相关的施工与验收规范进行施工，并按砌砖工程工艺标准去操作。

砌砖工程是一个综合施工过程，它包括材料供应、搭设脚手架、砖的砌筑与勾缝等工序。材料供应和搭设脚手架是围绕砌筑这个中心进行的。材料的垂直运输，条件好的可以用塔式起重机来完成，无塔式起重机时，可以采用井字架和龙门架，或建筑施工电梯来完成。脚手架随着科技的进步，也逐步趋向工具化和定型化，但砌筑目前仍保留手工操作方式，劳动强度大，施工效率低。在安排施工流水作业时，由于工人的手工操作高度一般限制在 1.2~1.3m，一个楼层的砖墙体需按照人的可砌高度，划分为几个施工层。砌完一个施工层后，要接搭一步高（高为 1.2~1.3m）的脚手架，以便继续砌筑。在平面上还需根据工程量的大小、施工顺序、工种之间的交叉配合、进场工人数量等因素划分若干工作区域，以便使砌砖工作能有序地连续进行。

此外，砌砖工程受季节的影响较大，特别是冬季施工，砌筑砂浆遭受冻结，使砂浆的内部结构破坏，导致凝结力的降低，严重影响砌体的整体强度。所以冬季砌砖要严格控制砂浆中的用水量，并采取避免或延缓砂浆中水冻结的措施，以保证砂浆正常硬化，使砌体的强度达到设计要求。

2. 砌体工程施工的基本规定

1）砌体结构工程所用的材料应有产品合格证书、产品性能型式检验报告，质量应符合国家现行有关标准的要求。块体、水泥、钢筋、外加剂尚应有材料主要性能的进场复验报告，并应符合设计要求。严禁使用国家明令淘汰的材料。

2）砌体结构工程施工前，应编制砌体结构工程施工方案。

3）砌体结构的标高、轴线，应引自基准控制点。

4）砌筑基础前，应校核放线尺寸，允许偏差应符合表 4-1 的规定。

表 4-1 放线尺寸的允许偏差

长度 L、宽度 B/m	允许偏差/mm
L(或 B)≤30	±5
30<L(或 B)≤60	±10

（续）

长度 L、宽度 B/m	允许偏差/mm
60<L（或 B）≤90	±15
L（或 B）>90	±20

5）伸缩缝、沉降缝、防震缝中的模板应拆除干净，不得夹有砂浆、块体及碎渣等杂物。

6）砌筑顺序应符合下列规定：

① 基底标高不同时，应从低处砌起，并应由高处向低处搭砌。当设计无要求时，搭接长度不应小于基础底的高差 H，搭接长度范围内下层基础应扩大砌筑（图 4-1）。

② 砌体的转角处和交接处应同时砌筑，当不能同时砌筑时，应按规定留槎、接槎。

7）砌筑墙体应设置皮数杆。

8）在墙上留置临时施工洞口，其侧边离交接处墙面不应小于 500mm，洞口净宽度不应超过 1m。抗震设防烈度为 9 度地区建筑物的临时施工洞口位置，应会同设计单位确定。临时施工洞口应做好补砌。

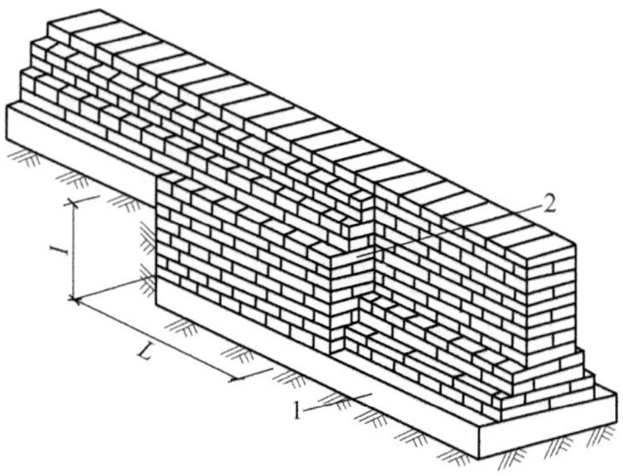

9）不得在下列墙体或部位设置脚手眼：

① 120mm 厚墙、清水墙、料石墙、独立柱和附墙柱。

图 4-1 基底标高不同时的搭砌
示意图（条形基础）
1—混凝土垫层 2—基础扩大部分

② 过梁上与过梁成 60°角的三角形范围及过梁净跨度 1/2 的高度范围内。

③ 宽度小于 1m 的窗间墙。

④ 门窗洞口两侧石砌体 300mm，其他砌体 200mm 范围内；转角处石砌体 600mm，其他砌体 450mm 范围内。

⑤ 梁或梁垫下及其左右 500mm 范围内。

⑥ 设计不允许设置脚手眼的部位。

⑦ 轻质墙体。

⑧ 夹心复合墙外叶墙。

10）脚手眼补砌时，应清除脚手眼内掉落的砂浆、灰尘；脚手眼处砖及填塞用砖应湿润，并应填实砂浆。

11）设计要求的洞口、沟槽、管道应于砌筑时正确留出或预埋，未经设计同意，不得打凿墙体并在墙体上开凿水平沟槽。宽度超过 300mm 的洞口上部，应设置钢筋混凝土过梁。不应在截面长边小于 500mm 的承重墙体、独立柱内埋设管线。

12）尚未施工楼面或屋面的墙和柱，其抗风允许自由高度不得超过表 4-2 的规定。如超过表中限值时，必须采用临时支撑等有效措施。

表 4-2 墙和柱的允许自由高度 （单位：m）

墙（柱）厚/mm	砌体密度>1600（kg/m³）			砌体密度 1300~1600（kg/m³）		
	风载/（kN/m²）			风载/（kN/m²）		
	0.3（约7级风）	0.4（约8级风）	0.6（约9级风）	0.3（约7级风）	0.4（约8级风）	0.6（约9级风）
190	—	—	—	1.4	1.1	0.7
240	2.8	2.1	1.4	2.2	1.7	1.1
370	5.2	3.9	2.6	4.2	3.2	2.1
490	8.6	6.5	4.3	7.0	5.2	3.5
620	14.0	10.5	7.0	11.4	8.6	5.7

注：1. 本表适用于施工处相对标高 H 在10m范围内的情况。如 10m<H≤15m，15m<H≤20m 时，表中的允许自由高度应分别乘以 0.9、0.8 的系数；如 H>20m 时，应通过抗倾覆验算确定其允许自由高度。

2. 当所砌筑的墙有横墙或其他结构与其连接，而且间距小于表中相应墙、柱的允许自由高度的 2 倍时，砌筑高度可不受本表的限制。

3. 当砌体密度小于 1300kg/m³ 时，墙和柱的允许自由高度应另行验算确定。

13）砌筑完基础或每一楼层后，应校核砌体的轴线和标高。在允许偏差范围内，轴线偏差可在基础顶面和楼面上校正，标高偏差宜通过调整上部砌体灰缝厚度校正。

14）搁置预制梁、板的砌体顶面应平整，标高一致。

15）砌体施工质量控制等级分为三级，并应按表 4-3 划分。

表 4-3 施工质量控制等级

项 目	施工质量控制等级		
	A	B	C
现场质量管理	监督检查制度健全，并严格执行；施工方有在岗专业技术管理人员，人员齐全，并持证上岗	监督检查制度基本健全，并能执行；施工方有在岗专业技术管理人员，并持证上岗	有监督检查制度；施工方有在岗专业技术管理人员
砂浆、混凝土强度	试块按规定制作，强度满足验收规定，离散性小	试块按规定制作，强度满足验收规定，离散性较小	试块按规定制作，强度满足验收规定，离散性大
砂浆拌和	机械拌和；配合比计量控制严格	机械拌和；配合比计量控制一般	机械或人工拌和；配合比计量控制较差
砌筑工人	中级工以上，其中，高级工不少于30%	高、中级工不少于70%	初级工以上

注：1. 砂浆、混凝土强度离散性大小根据强度标准差确定。

2. 配筋砌体不得为 C 级施工。

16）砌体结构中钢筋（包括夹心复合墙内外叶墙间的拉结件或钢筋）的防腐，应符合设计规定。

17）雨天不宜在露天砌筑墙体，对下雨当日砌筑的墙体应进行遮盖。继续施工时，应复核墙体的垂直度，如果垂直度超过允许偏差，应拆除重新砌筑。

18）砌体施工时，楼面和屋面堆载不得超过楼板的允许荷载值。当施工层进料口处施工荷载较大时，楼板下宜采取临时支撑措施。

19）正常施工条件下，砖砌体、小砌块砌体每日砌筑高度宜控制在 1.5m 或一步脚手架高度内；石砌体不宜超过 1.2m。

20）砌体结构工程检验批的划分应同时符合下列规定：

① 所用材料类型及同类型材料的强度等级相同。

② 不超过 250m³ 砌体。

③ 主体结构砌体一个楼层（基础砌体可按一个楼层计）；填充墙砌体量少时可多个楼层合并。

21）砌体结构工程检验批验收时，其主控项目应全部符合《砌体结构工程施工质量验收规范》（GB 50203—2011）的规定；一般项目应有 80% 及以上的抽检处符合《砌体结构工程施工质量验收规范》（GB 50203—2011）的规定；有允许偏差的项目，最大超差值为允许偏差值的 1.5 倍。

22）砌体结构分项工程中检验批抽检时，各抽检项目的样本最小容量除有特殊要求外，按不应小于 5 确定。

23）在墙体砌筑过程中，当砌筑砂浆初凝后，块体被撞动或需移动时，应将砂浆清除后再铺浆砌筑。

细节：砌筑砂浆的技术条件

砂浆是砖混结构墙体材料中块体的胶结材料。墙体是砖块、石块、砌块通过砂浆的粘结形成为一个整体的，它起到填充块体之间的缝隙，防风、防雨渗透到室内；同时又起到块体之间的铺垫，把上部传下来的荷载均匀地传到下面去的作用；还可以阻止块体的滑动。砂浆应具备一定的强度、粘结力和流动性、稠度。

1. 砂浆的种类

砂浆用在墙体砌筑中，按所用配合材料不同而分为：水泥砂浆、混合砂浆、石灰砂浆、防水砂浆、勾缝砂浆等。砂浆的种类见表 4-4。

表 4-4 砂浆的种类

种 类	内 容
水泥砂浆	它是由水泥和砂子按一定重量的比例配制搅拌而成的。主要用在受湿度大的墙体、基础等部位
混合砂浆	它是由水泥、石灰膏、砂子（有的加少量微沫剂，以节省石灰膏）等按一定的重量比例配制搅拌而成的。它主要用于地面以上墙体的砌筑
石灰砂浆	它是由石灰膏和砂子按一定比例搅拌而成的。它强度较低，一般只有 0.5MPa 左右。但作为临性建筑、半永久建筑，仍可作砌筑墙体使用
防水砂浆	它是在 1:3（体积比）水泥砂浆中，掺入水泥重量 3%～5% 的防水粉或防水剂搅拌而成的。它在房屋上主要用于防潮层、化粪池内外抹灰等
勾缝砂浆	它是水泥和细砂以 1:1（体积比）拌制而成的。主要用在清水墙面的勾缝

2. 砂浆的组成材料及要求

砂浆的材料组成和材料要求见表4-5。

表 4-5 砂浆的材料组成与材料要求

使用材料	材 料 要 求
水泥	水泥应按品种、强度等级、出厂日期分别堆放。如遇水泥强度等级不明或出厂日期超过 3 个月等情况时，应经过实验鉴定，并根据鉴定结果使用，不同品种的水泥不得混合使用
石灰膏	它是用生石灰块料经水化和网滤在沉淀池中沉淀熟化，储存后为石灰膏，它要求在池中熟化的时间不少于 7d。沉淀池中的石灰膏应防止干燥、冻结、污染。砌筑砂浆严禁使用脱水硬化的石灰膏
砂	砌筑砂浆应采用中砂，使用前要过筛，不得含有草根等杂物。此外对含泥量亦有控制。如水泥砂浆和强度等级等于或大于 M5 的水泥混合砂浆所用的砂，其含泥量不应超过 5%；而强度等级小于 M5 的水泥混合砂浆所用的砂，其含泥量不应超过 10%
水	砂浆必须用水拌和，由此所用的水必须洁净未污染的。若使用河水必须先经化验才可使用。一般以自来水等饮用水来拌制砂浆
外加剂	外加剂应根据砂浆的性能要求，施工及气候条件，结合砂浆中的材料及配合比等因素，经过实验确定外加剂的品种和数量。如微沫剂是一种憎水性的有机表面活性物质，是用松香与工业纯碱熬制而成的。它的掺量应通过试验确定，一般为水泥用量的 0.5/10000～1.0/10000(微沫剂按 100% 纯度计)。防水剂是与水泥结合形成不溶性材料和填充堵塞砂浆中的孔隙和毛细通路，它分为硅酸钠防水剂、金属皂类防水剂、氯化物金属盐类防水剂、硅粉等。应用时根据品种、性能和防水对象而定。食盐是作为砌筑砂浆的抗冻剂而用的

3. 砂浆强度等级

砂浆按其强度等级分为：M15、M10、M7.5、M5、M2.5、M1 和 M0.4。砂浆强度是以 7cm 立方体试块，试压后得出。所以我们在砌筑时，为了验证砂浆的强度，经常要做一组(6块)试块，经养护后去试压。从而证明我们配制的砂浆是否达到设计的要求。

4. 砂浆的技术要求

1) 作为砌体的胶结材料除了强度要求外，为了达到黏结度好，砌体密实还有一些技术上应做到的要求，见表4-6。

表 4-6 砂浆的技术要求

控制项目	技 术 要 求
流动性(也称为稠度)	足够的流动性是指砂浆的稀稠程度。试验室中用稠度计来测定，目的为便于操作。流动性与砂浆的加水量、水泥用量、石灰膏掺量、砂子的粒径、形状、孔隙率和砂浆的搅拌时间有关。对砂浆流动度的要求，可以因砌体种类、施工时大气的温度、湿度等的不同而变化。具体参照表4-7选用
保水性	具有保水性，砂浆的保水性是指砂浆从搅拌机出料后到使用时这段时间内，砂浆中的水和胶结、集料之间分离的快慢程度。分离快的使水浮到上面则保水性差，分离慢的砂浆仍很黏糊，则保水性较好。保水性与砂浆的组分配合、砂子的颗粒粗细程度、密实度等有关。一般说来，石灰砂浆保水性较好，混合砂浆次之，水泥砂浆较差些。此外，远距离运输也容易引起砂浆的离析
搅拌时间	搅拌时间要充分，砂浆应采用机械拌和，拌和时间应自投料完算起，不得少于 2min。搅拌前必须进行计量。在搅拌机棚中应悬挂配合比牌

（续）

控制项目	技术要求
搅拌完至砌筑时间	砂浆应随拌随用。水泥砂浆和水泥混合砂浆必须分别在拌成后 3h 和 4h 内使用完毕，如施工期间最高气温超过 30℃时，必须分别在 2h 和 3h 内使用完毕。一定要做到随拌随用，在规定时间内用完，使砂浆的实际强度不受影响
试块的制作	砂浆试块的制作，在砌筑施工中，根据规范要求，每一楼层或 250m³ 砌体中的各种强度的砂浆，每台搅拌机应至少检查一次，每次至少应制作一组（6 块）试块。如砂浆强度或配合比变更时，还应制作试块。并送标准养护室进行龄期为 28d 的标准养护。后经试压的结果是作为检验砌体砂浆强度的依据
其他	施工中，不得任意用同强度的水泥砂浆去代替水泥混合砂浆砌筑墙体。如由于某些原因需要替代时，应经设计部门的结构工程师同意签字

表 4-7　砌筑砂浆的稠度

砌体种类	砂浆稠度/mm
烧结普通砖砌体 蒸压粉煤灰砖砌体	70~90
混凝土实心砖、混凝土多孔砖砌体 普通混凝土小型空心砌块砌体 蒸压灰砂砖砌体	50~70
烧结多孔砖、空心砖砌体 轻骨料小型空心砌块砌体 蒸压加气混凝土砌块砌体	60~80
石砌体	30~50

注：1. 采用薄灰砌筑法砌筑蒸压加气混凝土砌块砌体时，加气混凝土黏结砂浆的加水量按照其产品说明书控制。

　　2. 当砌筑其他块体时，其砌筑砂浆的稠度可根据块体吸水特性及气候条件确定。

2）水泥砂浆拌合物的表观密度不宜小于 1900kg/m³；水泥混合砂浆拌合物的表观密度不宜小于 1800kg/m³；预拌砌筑砂浆拌合物的表观密度不宜小于 1800kg/m³。

细节：砂浆的配制与使用

1. 砂浆配料要求

1）水泥、有机塑化剂和冬期施工中掺用的氯盐等的配料准确度应控制在 ±2% 以内；砂、水及石灰膏、电石膏、黏土膏、粉煤灰、磨细生石灰粉等的配料准确度应控制在 ±5% 以内。

2）砂浆所用细骨料主要为天然砂，它应符合混凝土用砂的技术要求。由于砂浆层较薄，对砂子最大料径应有限制。用于毛石砌体砂浆，砂子最大料径应小于砂浆层厚度的 1/5~1/4；用于砖砌体的砂浆，宜用中砂，其最大粒径不大于 2.5mm；光滑表面的抹灰及勾缝砂浆，宜选用细砂，其最大料径不宜大于 1.2mm。当砂浆强度等级大于或等于 M5 时，砂的含泥量不应超过 5%；强度等级为 M5 以下的砂浆，砂的含泥量不应超过 10%。若用煤渣做骨料，应选用燃烧完全且有害杂质含量少的煤渣，以免影响砂浆质量。

3）石灰膏、黏土膏和电石膏的用量，宜按稠度为（120±5）mm 计量。现场施工当石灰膏稠度与试配时不一致时，可按表4-8换算。

表 4-8 石灰膏不同稠度时的换算系数

石灰膏稠度/mm	120	110	100	90	80	70	60	50	40	30
换算系数	1.00	0.99	0.97	0.95	0.93	0.92	0.90	0.88	0.87	0.86

4）为使砂浆具有良好的保水性，应掺入无机或有机塑化剂，不应采取增加水泥用量的方法。

5）水泥混合砂浆中掺入有机塑化剂时，无机掺加料的用量最多可减少一半。

6）水泥砂浆中掺入有机塑化剂时，应考虑砌体抗压强度较水泥混合砂浆砌体降低10%的不利影响。

7）水泥黏土砂浆中，不得掺入有机塑化剂。

8）在冬季砌筑工程中使用氯化钠、氯化钙时，应先将氯化钠、氯化钙溶解于水中后投入搅拌。

2. 砂浆拌制及使用

1）砌筑砂浆应采用机械搅拌，搅拌时间自投料完起算应符合下列规定：

① 水泥砂浆和水泥混合砂浆不得少于120s。

② 水泥粉煤灰砂浆和掺用外加剂的砂浆不得少于180s。

③ 掺增塑剂的砂浆，其搅拌方式、搅拌时间应符合现行行业标准《砌筑砂浆增塑剂》（JG/T 164—2004）的有关规定。

④ 干混砂浆及加气混凝土砌块专用砂浆宜按掺用外加剂的砂浆确定搅拌时间或按产品说明书采用。

2）配制砌筑砂浆时，各组分材料应采用质量计量，水泥及各种外加剂配料的允许偏差为±2%；砂、粉煤灰、石灰膏等配料的允许偏差为±5%。

3）拌制水泥砂浆，应先将砂与水泥干拌均匀，再加水拌和均匀。

4）拌制水泥混合砂浆，应先将砂与水泥干拌均匀，再加掺加料(石灰膏、黏土膏)和水拌和均匀。

5）拌制水泥粉煤灰砂浆，应先将水泥、粉煤灰、砂干拌均匀，再加水拌和均匀。

6）掺用外加剂时，应先将外加剂按规定浓度溶于水中，在拌和水投入时投入外加剂溶液，外加剂不得直接投入拌制的砂浆中。

7）砂浆拌成后和使用时，均应盛入贮灰器中。如砂浆出现泌水现象，应在砌筑前再次拌和。

8）现场拌制的砂浆应随拌随用，拌制的砂浆应在3h内使用完毕；当施工期间最高气温超过30℃时，应在2h内使用完毕。预拌砂浆及蒸压加气混凝土砌块专用砂浆的使用时间应按照厂方提供的说明书确定。

细节：砖砌体的组砌

1. 墙体的厚度

砖墙的厚度根据受力、保温、耐久等各种因素确定的。砖墙的厚度见表4-9。

表 4-9 砖墙的厚度

序 号	墙 体 种 类	砖墙的厚度
1	实心砖砌体	半砖墙厚度 120mm，十八墙厚度 180mm，一砖墙厚度 240mm，一砖半墙厚度 370mm，二砖墙厚度 490mm
2	多孔砖砌体	按国家标准的 KP1 型砖，它与实心的墙体厚度相同的
3	大孔空心砖	内隔墙时，可把砖立砌则墙厚 90mm；作框架填充墙则厚度为 190mm 和 290mm 两种

实心砖和多孔砖的 120mm 墙，只能做非承重的隔断墙；厚度在 240mm 及以上时可以作为承重墙。大孔空心砖只能做承自重墙。

2. 砌体中砖和灰缝的名称

一块砖有三个面两两相等，最大的面叫大面，长条的面叫条面，短的一面叫丁面。砖砌入墙体内后，由于放置位置不同还有立砖、陡砖之分。砌筑时条面朝操作者的称为顺砖，丁面朝操作者的称为丁砖。灰缝则有水平方向的称为水平缝，在竖向缝称为竖缝或立缝。

3. 砖砌体的组砌原则

为了搭砌成牢固的墙体，砌筑时应遵循以下三个原则：

1）砌体中的砖块必须错缝砌筑。为使砖、砂浆能共同作用，砌筑时必须错缝搭接。要求最小错缝长度是砖长的 1/4。

2）控制水平灰缝的厚度。按规范规定，灰缝一般为 10mm，最大不超过 12mm，水平灰缝太厚在受力时，砌体压缩变形增大，还可能使砌体产生滑移，这对结构很不利。如灰缝过薄，则不能保证砂浆的饱满度，对墙体的粘结力削弱，影响整体性。竖缝也应控制厚度以保证粘结。

3）墙体之间的连接应牢固。一幢房屋的墙体，都是纵横交错、互相支撑、拉结形成所需空间的整体。两道相互接合的墙，应同时砌筑。不应同时砌筑应留槎。接槎应严格符合规范规定的，在砌筑中只允许采用两种接槎式：一种是斜槎又称踏步槎（图 4-2）；一种是直槎又叫马牙槎（图 4-3）。凡留直槎的，必须在竖向每隔 500mm 配置 φ6 钢筋（每 120mm 厚放一根），两头弯 90°钩作为拉结钢筋。埋在先砌的墙内 50cm，伸出接槎一面 50cm。斜槎甩出长度为墙砌筑高度的 2/3，如砌一步架 1.5m 高，则斜槎底应甩出 1.0m 长。

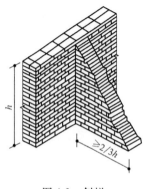

图 4-2 斜槎

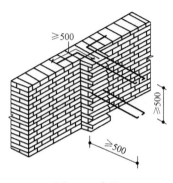

图 4-3 直槎

细节：基础、梁、柱组砌方法

1. 砖基础

砖基础由基础墙和大放脚组成，其组砌方法见图4-4、图4-5、图4-6。

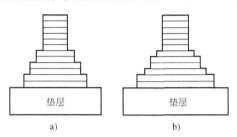

图4-4 砖基础
a) 等高式 b) 不等高式

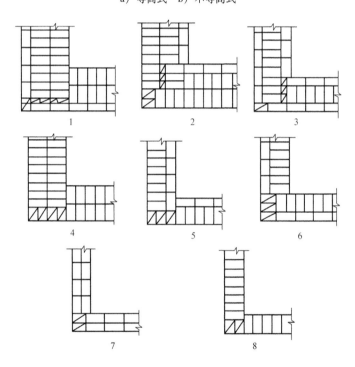

图4-5 砖基础大放脚转角砌法

2. 砖过梁

砖过梁有平拱式过梁、弧拱式过梁和平砌式过梁，组砌方法见图4-7、图4-8、图4-9。

3. 砖柱与砖垛

砖柱组砌方法见图4-10，砖垛组砌方法见图4-11。

4. 砌筑留槎

砌筑中的直槎、斜槎形式见图4-12、图4-13。

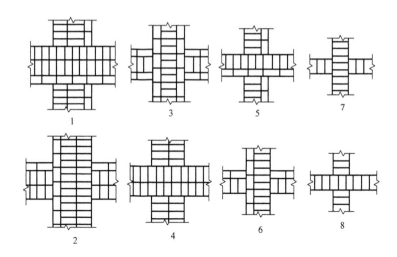

图 4-6　砖基础大放脚十字交接处砌法

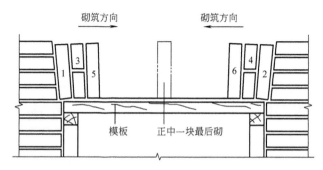

图 4-7　平拱式过梁砌筑

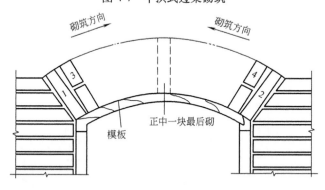

图 4-8　弧拱式过梁砌筑

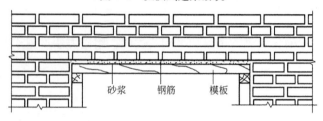

图 4-9　平砌式过梁砌筑

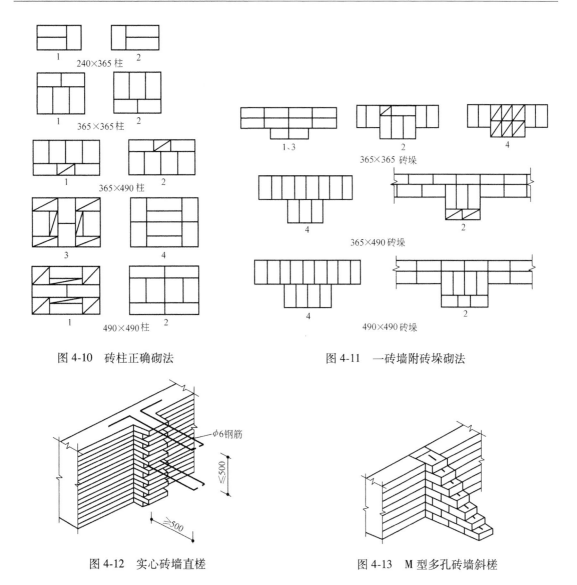

图 4-10 砖柱正确砌法

图 4-11 一砖墙附砖垛砌法

图 4-12 实心砖墙直槎

图 4-13 M 型多孔砖墙斜槎

细节：砖与砌块组砌形式与方法

1. 砖砌体的组砌形式

除大孔空心砖的组砌以孔不外露为原则，以条砌法为主的形式外，其他实心砖、多孔砖的组砌各种形式见图 4-14~图 4-19，组砌特点见表 4-10。

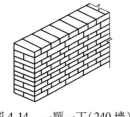

图 4-14 一顺一丁（240 墙）

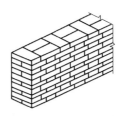

图 4-15 梅花丁（240 墙）

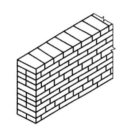

图 4-16 三顺一丁(240 墙)

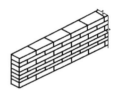

图 4-17 全顺(60 墙)

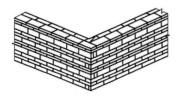

图 4-18 两平一顺(180)

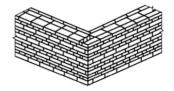

图 4-19 两平一顺(300)

表 4-10 砖砌体的组砌形式及特点

组砌形式	组砌特点
满丁满条组砌	最常见的组砌方法。它以上下皮竖缝错开 1/4 砖进行咬合。这种砌法在墙面上又分为十字缝及骑马缝两种形式
梅花丁组砌	这种砌法是在同一皮砖上采用一块顺砖一块丁砖相互交接砌筑,上下皮砖的竖缝也错开 1/4 砖。梅花丁砌法可使内外竖向灰缝每皮能错开,竖向灰缝容易对齐,墙面平整容易控制。适合于清水墙面的砌筑,但工效相对较低
三顺一丁	即砌三皮顺砖后砌一皮丁砖,上下皮顺砖的竖缝错开 1/2 砖,顺砖与丁砖上下竖缝则错开 1/4 砖。它的优点是墙面容易平整,适用于清水墙
条砌法	每皮砖都是顺砖,砖的竖缝错开 1/2 砖长。适用于半砖厚的隔断墙砌筑
丁砌法	它是墙面均是丁砖头,主要用于圆形、弧形墙面和砖砌圆烟囱的砌筑
空斗墙的组砌	空斗墙是由普通实心砖侧砌和丁砌组成的。分为一斗一眠和多斗一眠的两种形式。它适用于填充墙,比实心墙自重轻。作承重墙体时,在墙的转角交接处、基础、地坪及楼面以上三皮砖、楼板、圈梁下三皮砖、门窗洞口的两侧 24cm 范围内、作填充墙时其与柱的拉结筋处都要砌筑实心砖墙
砖柱的组砌方法	砖柱一般分为方形、矩形、圆形、正多角形等形式。砖柱一般都是承重的,目前已较少采用,而改为钢筋混凝土柱。要求柱面上下各皮砖的竖缝至少错开 1/4 砖长,柱心不得有通缝,不得采用包心砌法

2. 砌体的砌筑方法

砌体的砌筑方法见表 4-11。

表 4-11 砌体的砌筑方法及特点

序 号	砌筑方法	砌筑特点
1	三一砌法	一铲灰、一块砖、一揉挤,随手将砂浆刮去
2	满刀灰法	用瓦刀或大铲将砂浆刮满在砖面上,随即砌上

（续）

序 号	砌 筑 方 法	砌 筑 特 点
3	竖向灰缝挤揉法和加浆法	用挤揉和加浆打头缝，使竖缝填满灰浆
4	挤浆法	用灰勺、大铲或铺灰器在墙面上铺一段砂浆，然后将砖挤在砂浆中，平推前进，把砖放平。下齐边，上齐线挤砌一段后，用稀浆灌缝
5	灌浆法	在每皮砖顶面铺完一层砂浆，随即砌砖，然后稀浆灌满缝

细节：砖砌体的施工

1. 施工准备

1）地基、基础工程隐蔽工程验收手续已签认。按设计要求做好防潮层。室内外回填土经验收符合设计和施工规范要求。

2）根据施工图要求测量放线。弹好墙身线、轴线，按砖的模数，放出门窗洞口位置线，梁柱中心线，经检验符合设计尺寸要求，办完预检手续。

3）设皮数杆。制作皮数杆时，应根据设计要求和砖的规格确定灰缝厚度，在杆上标明每皮砖厚度、灰缝大小、砖的皮数以及竖向构造的变化部位。按控制标高在转角处立好皮数杆，皮数杆的间距以 15~20m 为宜，立好后，办理预检手续。

4）砌筑砖的品种、强度等级必须符合设计要求，且规格一致。用于清水墙、柱表面的砖应边角整齐、色泽均匀。砌筑砖使用前一天应浇水湿润。普通砖、空心砖的含水率为 10%~15%，现场判断，可将砖砍断，若断面四周吸水深度达到 10~20mm 时，可认为合格。灰砂砖、粉煤灰砖的含水率宜为 5%~8%。

5）石灰砂浆宜用于砌筑干燥环境中的砌体、干土中的基础以及强度要求不高的砌体，不宜用于潮湿环境的砌体和湿土中的基础。

6）砖、石基础一般用水泥砂浆；多层房屋墙体一般用 M2.5 或 M5 混合砂浆；砖柱、砖拱、钢筋砖过梁一般用 M5 或 M10 水泥砂浆。

7）砂浆应按配合比随拌随用，水泥砂浆应在拌成后 3h 内用完，水泥混合砂浆拌成后应在 4h 内用完。若施工期最高温度超过 30℃，其用完时间应各自缩短 1h。

2. 施工技术要点

1）按测量放出的轴线和门窗洞口的尺寸线，以及选定的组砌方法，用干砖排砖摞底，两山墙排丁砖，前后纵墙排条砖，排砖由一个大角排到另一个大角，在保证砖砌体灰缝（8~10mm）的前提下通盘考虑排砖，校对墙、洞、柱、垛等尺寸是否符合砖的模数。

排砖时，应注意管道、门窗开启等不受影响，其洞口处砌体的边缘必须用砖的合理模数。

2）皮数杆设立，应由两个方向斜撑或锚钉加以固定，一般每次砌砖前应检查一遍皮数杆的垂直度和牢固度。

3）砌筑砖砌体应先盘角，每次盘角高度以 3~5 层砖为宜。盘角应严格对照底盘线、皮数杆竖向标高、水平灰缝，并随时用靠尺检查墙角是否垂直平整，发现偏差及时修整。

4）砌筑一砖半及其以上厚墙时，应双面挂线，砌筑一砖厚清水墙与混水墙时，应挂外手线，若工作面长，其工作面的中间应设挑线点，挑线点应以两端盘角点贯通穿线看齐。

5) 砌砖的操作方法有"三一"砌砖法、摊尺铺灰法、铺灰挤砌法、满刀灰刮浆法等，较常用的是"三一"砌砖法。砌筑时用上口线，一铲灰、一块砖、一挤揉进行作业。砖砌体的砌筑应上下错缝，内外搭砌，左、右相邻对平，浆满缝直墙面平。砌砖时一定要跟线，灰缝应控制在8~10mm。

砌筑清水墙时，应严格控制其竖向灰缝的垂直度，每砌完一步脚手架高度，于墙面每隔2m可在丁砖立棱处弹两道垂直线，以控制游丁走缝。清水墙应随砌随划缝，深度为8~10mm。

砌筑混水墙时，严禁半分头集中砌筑，出现三皮砖及三皮砖以上的通缝。砖墙中砖缝搭接不得少于1/4砖长。18砖和1/2砖厚墙砌体严禁使用分头砖。

6) 砌筑砖拱时，拱模板按设计要求实样配制，其安装尺寸允许偏差值为：在任何点的竖向偏差不应超过该点拱高的1/200；拱顶沿跨度方向的水平偏差，不应超过矢高的1/200。拱脚上面4皮砖和拱脚下面6~7皮砖的墙体部分，其砂浆强度等级不应低于M5。砂浆强度达到设计强度的50%以上时，方可砌筑拱体。

砖筒拱砌筑宜用"满刀灰刮浆法"。从拱脚开始，两侧同时向拱冠砌筑，拱冠的中间一块砖必须挤紧。拱体灰缝应全部用砂浆灌满，拱底灰缝宽度宜为5~8mm，拱顶灰缝宽度不宜超过15mm。筒拱的纵向两端不应砌入山墙内，其两端与墙面接触处的缝隙，应用砂浆填塞。

7) 砌筑平拱式过梁时，要依据拱的两边倾斜度，将拱两边的墙端砌成斜面，斜面的斜度约1/6~1/4，并退出20~30mm。砌筑平拱，应根据跨度支好模板，模板中间略起拱（约1%净跨），在模板侧面画出砖厚和灰缝宽，砖的块数应为单数。从两边同时往中间砌，正中一砖应挤紧。平拱灰缝应呈楔形，拱顶灰缝宽度不应大于15mm，拱底灰缝宽度不应小于5mm。弧拱式过梁砌筑要点与平拱式过梁相同，若采用加工好的楔形砖砌筑，则灰缝宽度应控制在8~10mm。

平砌式过梁也应设模板，并起1%拱。砌筑时，在模板上铺30mm厚1:3水泥砂浆，将直径不小于5mm的钢筋放入砂浆层，钢筋弯钩向上，两端伸入墙内长度一致，且不小于240mm。钢筋上面的第一皮砖宜丁砌。

8) 砌筑砖柱时，应使柱面上下皮砖的竖向灰缝相互错开1/4砖长，在柱心无通天缝（不可避免除外），少打砖。严禁采用包心砌法，即先砌四周后填心的砌法。单独砖柱砌筑时，可立固定皮数杆。当几个砖柱在一条直线上时，可先砌两头的砖柱，再拉准线，依准线砌中间部分砖柱。砖柱水平灰缝的砂浆饱满度不得小于90%。

9) 砌筑砖基础时，对等高式大放脚是每砌两皮砖收进一次，每边各收进1/4砖长（62.5mm），直到与基础墙等厚。对不等高式大放脚是每砌两皮砖收进一次与每砌一皮砖收进一次相同，每边各收进1/4砖长直到与基础墙等厚。最底一层必须是两皮砖。

10) 砌体的转角处和交接处应同时砌筑，若不能同时砌筑时，应留成斜槎，斜槎长度不应小于斜槎高度2/3。若临时间断处留斜槎确有困难时，除转角处外可留直槎，但直槎必须砌成凸槎，并加设拉结钢筋。拉结钢筋的数量为每120mm墙厚设置1根φ6mm钢筋，间距沿墙高不得超过500mm，埋入长度从墙的留槎处算起，每边均不应小于500mm，末端应有90°弯钩。抗震设防地区且竖向间距偏差不应超过100mm，不得留直槎。

隔墙与墙或柱如不同时砌筑而又不留成斜槎时，可在墙或柱中引出凸槎，或于墙的水平灰缝中预埋拉结钢筋，拉结钢筋规格为 $\phi6mm$，每道不少于两根，间距沿墙高不大于500mm，伸入隔墙长度为 500mm。

砌体与现浇钢筋混凝土构造柱相接处，应在砖墙端面留成马牙槎。每个马牙槎高度不应大于 300mm（5 皮砖），马牙槎凹进宽度不应小于 60mm，且应沿墙高每隔 500mm，设置水平拉结钢筋，钢筋每边伸入墙内不宜小于 1.0m，马牙槎砌筑时应先退后进。

11）砖墙每天砌筑高度以不超过 1.8m 为宜。雨天施工时，每天砌筑高度不宜超过 1.2m。

砖砌体相邻工作段的高度差，不得超过一个楼层的高度，也不宜大于 4m。工作段的分段位置宜设在伸缩缝、沉降缝、防震缝或门窗洞口处。砌体的临时间断处的高度差不得超过一步脚手架高度。

12）尚未安装楼板或屋面的墙、柱，当可能遇大风时，其允许自由高度不得超过表 4-2 的规定。

13）多孔砖的孔洞应呈垂直方向，M 型多孔砖的手抓孔宜平行于墙面。多孔砖墙的水平灰缝厚度和竖向灰缝宽度应控制在 10mm 左右，最大不超过 12mm，最小不小于 8mm。

多孔砖墙的转角处和交接处应同时砌筑，不能同时砌筑又必须留槎时，应留成斜槎。M型多孔砖墙的斜槎长度等于斜槎高度的 1/2，P 型多孔砖墙的斜槎长度等于斜槎高度的 2/3。多孔砖不得砍凿，个别补缺应用普通砖填砌，多孔砖不得用于基础砌筑。

14）空心砖墙最底先三皮，应用普通砖砌筑，砌筑空心砖墙宜用刮浆法或铺浆法，竖向灰缝必须刮浆。

空心砖的孔洞一般呈水平方向，特殊情况也可呈垂直方向。铺砌时，应用孔塞将孔洞塞住，铺好浆后再将孔塞提出。门窗洞口两侧应用普通砖砌筑，砌筑宽度不小于 120mm。空心砖墙的竖向灰缝应上下错开，错开长度至少为 1/4 砖长。灰缝控制与多孔砖相同。

15）不得在下列墙体或部位留设脚手眼：

① 空斗墙、半砖墙和砖柱。

② 砖过梁上与过梁呈 60°的三角形范围内。

③ 宽度小于 1m 的窗间墙。

④ 梁或梁垫下及其左右各 500mm 的范围内。

⑤ 砖砌体的门窗洞口两侧 180mm 和转角处 430mm 的范围内。

若砖砌体的脚手眼不大于 80mm×140mm，可不受③、④、⑤规定的限制。

3. 质量控制

1）砌砖质量应达到下列要求：

① 砖、砂浆的品种和强度等级必须符合设计要求。

② 砌体砂浆必须密实饱满。

③ 外墙转角处严禁留直槎，其他临时间断处留槎符合规定。

④ 砖砌体上下错缝，砖柱无包心砌法，窗间及清水墙面无通缝。

⑤ 砖砌体接槎处砂浆密实，缝、砖均平直。

⑥ 预埋拉结钢筋数量、长度符合设计要求。

⑦ 留置构造柱位置正确，马牙槎先退后进，残留砂浆清理干净。

⑧ 清水墙面组砌正确，刮缝深度适宜，墙面整洁。

2）砖砌体尺寸和位置的允许偏差见表4-12。

表4-12 砖砌体尺寸、位置的允许偏差及检验

项次	项目			允许偏差 /mm	检验方法	抽检数量
1	轴线位移			10	用经纬仪和尺或用其他测量仪器检查	承重墙、柱全数检查
2	基础、墙、柱顶面标高			±15	用水准仪和尺检查	不应少于5处
3	墙面垂直度	每层		5	用2m托线板检查	不应少于5处
		全高	≤10m	10	用经纬仪、吊线和尺或用其他测量仪器检查	外墙全部阳角
			>10m	20		
4	表面平整度	清水墙、柱		5	用2m靠尺和楔形塞尺检查	不应少于5处
		混水墙、柱		8		
5	水平灰缝平直度	清水墙		7	拉5m线和尺检查	不应少于5处
		混水墙		10		
6	门窗洞口高、宽（后塞口）			±10	用尺检查	不应少于5处
7	外墙上下窗口偏移			20	以底层窗口为准，用经纬仪或吊线检查	不应少于5处
8	清水墙游丁走缝			20	以每层第一皮砖为准，用吊线和尺检查	不应少于5处

3）砖砌体质量通病与预防见表4-13。

表4-13 砖砌体的质量通病与预防

质量通病	原因	预防
砖砌体组砌混乱，产生直缝，砖柱用包心砌法等	1）因混水墙要抹面，忽视组砌形式	1）加强现场检查，对确定的组砌方法应严格遵守
	2）砖柱采用包心砌法，37砖习惯于包心砌法	2）砖柱不允许采用包心砌法，对确定的组砌方法应严格遵守，操作中每砌完一层砖，应进行一次竖缝刮浆塞缝工作
砖缝砂浆不饱满	1）水泥砂浆和易性较差，砌筑时挤浆费劲，使底灰产生空穴	1）不宜选用强度等级过高的水泥和过细的砂子拌制砂浆，严格执行配合比，保证搅拌时间
	2）用推尺铺灰法砌筑，铺灰过长时，砂浆水分被砖吸收、而砌筑速度跟不上	2）应推广"三一砌砖法"
	3）用干砖砌筑，砂浆早期脱水	3）严禁干砖砌墙
清水墙面游丁走缝	1）砖质量差，尺寸误差大，砌一顺一丁时，竖缝不易掌握	1）砖的质量必须符合技术标准，施工前检查砖的尺寸

（续）

质 量 通 病	原 因	预 防
清水墙面游丁走缝	2）排砖时，未考虑窗口位置对砖竖缝的影响	2）排底时，应将窗口位置引出，使砖的竖缝尽量与窗口边线对齐，当窗口宽度不符合砖的模数，应将七分砖留在窗口下部的中央
	3）操作者疏忽	3）沿墙面每隔一定间距，在竖缝处弹墨线，砌至一定高度，将墨线往上引，作为控制基准。施工中还应强调丁砖的中线与下层条砖的中线重合
墙体接槎不良	1）施工组织不当，留槎过多	1）在安排施工组织计划时，对施工留槎应作统一考虑，外墙大角尽量做到同步砌筑不留槎，纵横墙交接处，有条件时尽量安排同步砌筑
	2）退槎留置方法不统一，留置退槎工作量大，退槎灰缝平直度难以控制	2）退槎宜采取18层退槎砌法（即踏步槎法），为阻止接槎处水平缝不直，可以加立小皮数杆
	3）后砌12cm厚隔墙留置的马牙槎不正不直，接槎时由于咬着落深，使接槎砖上部灰缝不易塞严	3）后砌非承重12cm隔墙，宜采取在墙面上留榫式槎的作法。接槎时，应在榫式槎洞内填塞砂浆，顶皮砖的上部灰缝用瓦刀将砂浆塞严，以稳固隔墙

细节：砌体结构的构造要求

1. 墙、柱允许高厚比的规定

1）细而高、窄而高的砖墙、砖柱不稳定，所以作为承重的砖墙、砖柱其高度应与截面大小应有一定比例限制。墙、柱允许高厚比与所用砂浆的强度有关，墙、柱允许高厚与所用砂浆的强度关系见表4-14。

表4-14 墙、柱的允许高厚比值

砌 体 类 型	砂浆强度等级	墙	柱
无筋砌体	M2.5	22	15
	M5.0 或 Mb5.0、Ms5.0	24	16
	≥M7.5 或 Mb7.5、Ms7.5	26	17
配筋砌块砌体	—	30	21

注：1. 毛石墙、柱的允许高厚比应按表中数值降低20%；
    2. 带有混凝土或砂浆面层的组合砖砌体构件的允许高厚比，可按表中数值提高20%，但不得大于28；
    3. 验算施工阶段砂浆尚未硬化的新砌体构件高厚时，允许高厚比对墙取14，对柱取11。

2）如果所用的材料为中型砌块的墙、柱其数值还应乘以0.9；毛石墙、柱要乘以0.8；砌筑形式为空斗砖墙的要乘以0.9。

3）所谓高厚比是砌体计算高度与截面的短边尺寸之比。它的计算公式为：

$$\beta = \frac{H}{b}$$

式中 H——计算高度；

    b——构件的截面的短边尺寸；

    β——高厚比。

根据砌体计算的高厚比，根据砖墙、柱允许高厚比值表合理确定砂浆的等级。

2. 用材要求的确定

地面以下或防潮层以下的砌体、潮湿房间的墙或环境类别 2 的砌体，所用材料的最低强度等级应符合表 4-15 的规定。

表 4-15　地面以下或防潮层以下的砌体、潮湿房间的墙所用材料的最低强度等级

潮湿程度	烧结普通砖	混凝土普通砖、蒸压普通砖	混凝土砌块	石材	水泥砂浆
稍潮湿的	MU15	MU20	MU7.5	MU30	M5
很潮湿的	MU20	MU20	MU10	MU30	M7.5
含水饱和的	MU20	MU25	MU15	MU40	M10

注：1. 在冻胀地区，地面以下或防潮层以下的砌体，不宜采用多孔砖，如采用时，其孔洞应用不低于 M10 的水泥砂浆预先灌实。当采用混凝土空心砌块时，其孔洞应采用强度等级不低于 Cb20 的混凝土预先灌实。

    2. 对安全等级为一级或设计使用年限大于 50a 的房屋，表中材料强度等级应至少提高一级。

细节：砌块砌体的施工

1. 施工准备

1）按设计要求放出墙身的轴线和边线。

2）按砌块的出厂合格证，检查砌块外观质量和出厂日期，砌块的龄期不足 28d 不得进行砌筑。

3）在房屋墙体转角处、纵横墙交接处竖皮数杆，其间距不宜超过 15m。

4）砌块一般不需浇水湿润，气候特别干燥炎热时，可在砌块上喷水稍加湿润。雨期施工，不得使用过湿砌块。

5）清除砌块表面污物和芯柱用砌块孔洞底部的毛边。

6）一般采用混合砂浆，其稠度控制在 50~70mm，具有良好的和易性和保水性。

7）混合砂浆应搅拌均匀，随拌随用，应在 4h 内用完。

8）在每一检验批且不超过 250m³ 砌体的各种类型及强度等级的砌筑砂浆，每台搅拌机应至少抽检一次。

2. 施工技术要点

1）砌块排列时，应根据设计尺寸、砌块模数、竖缝宽度等计算砌块的皮数和排数。砌块排列应从基础面开始，或从室内±0.00 开始。尽量采用主规格砌块。

2）砌块应从外墙转角处或定位砌块处开始砌筑，砌块应底面朝上砌筑，即砌块孔洞上小下大的"反砌"，若用一端有凹槽的砌块时，应将凹槽的一端接着平头的一端砌筑。

3）砌块墙宜用铺浆法砌筑。砌块应对孔错缝搭砌，上下皮竖向灰缝相互错开 200mm。砌筑时，砌块间竖向灰缝应加浆，严禁用水冲灌缝。砌筑时，当无法对孔砌筑，则普通混凝土砌块的搭接长度不应小于 90mm，轻集料混凝土砌块的搭接长度不应小于 120mm。当不能

保证此规定时，应在水平灰缝中设置拉结钢筋或钢筋网片。拉结钢筋为 $\phi6mm$，网片的纵横钢筋为 $\phi4mm$，拉结钢筋或网片的长度不小于 700mm。

4）墙体的灰缝应横平竖直，全部灰缝均应填砂浆。墙体的水平灰缝厚度和竖向灰缝宽度应控制在 8~12mm。水平灰缝的砂浆饱满度应按净面积计算不得低于 90%，竖向灰缝的砂浆饱满度不得低于 80%，竖缝凹槽部位应用砌筑砂浆填实，当缺少辅助规格砌块时，墙体竖向通缝不应超过两皮砌块。

5）砌块墙的转角及交接处应同时砌筑，如不能同时砌筑应留斜槎，斜槎长度不应小于斜槎高度的 2/3。若留斜槎有困难，除外墙转角处及抗震设防地区外，可从墙面伸出 200mm 砌成直槎，并沿墙高每三皮砌块在水平灰缝中设置拉结钢筋或钢筋网片。

6）承重的混凝土砌块墙不得采用砌块与普通砖混砌，不得使用断裂砌块或壁肋中有竖向凹形裂缝的砌块。对设计规定的洞口、管道、沟槽和预埋件等，应在砌筑时预留或预埋，严禁在墙体上打凿，在砌块墙中不得留水平沟槽。

7）墙体内不宜留脚手眼。若必须留设时，可用单孔砌块侧砌，用其孔洞作脚手眼，墙体完工后，用 C15 混凝土填实。在墙体下列部位不得设置脚手眼：

① 过梁上部，与过梁成 60° 角的三角形及过梁跨度 1/2 的高度范围内。

② 宽度不大于 800mm 的窗间墙。

③ 梁和梁垫下及其左右各 500mm 范围内。

④ 门窗洞口两侧 200mm 内和墙体交接处 400mm 范围内。

⑤ 设计规定不允许设脚手眼的部位。

8）砌块墙设置芯柱：

① 在外墙转角、楼梯间四角的纵横墙交接处的 3 个孔洞中浇 C15 细石混凝土以构成芯柱。

② 五层及五层以上房屋，在外墙转角、楼梯间四角的纵横墙交接处的 3 个孔洞中浇 C15 细石混凝土，并插一根直径 10mm 钢筋形成钢筋混凝土芯柱，沿墙高每隔 600mm 在水平灰缝中设有 $\phi4mm$ 的钢筋网片，网片每边伸入墙体内不小于 600mm。

③ 在 6~8 度抗震设防区，应按表 4-16 的要求设置钢筋混凝土芯柱。对医院、教学楼等横墙较少的房屋，应根据房屋增加一层后的层数，按表 4-16 的要求设置钢筋混凝土芯柱。每孔内插筋不应少于 1 根 $\phi10mm$ 的钢筋。

表 4-16 混凝土砌块房屋芯柱设置要求

房 屋 层 数				设置部位	设置数量
6 度	7 度	8 度	9 度		
≤五	≤四	≤三		外墙四角和对应转角 楼、电梯间四角；楼梯斜梯段上下端对应的墙体处 大房间内外墙交接处 错层部位横墙与外纵墙交接处 隔 12m 或单元横墙与外纵墙交接处	外墙转角，灌实 3 个孔 内外墙交接处，灌实 4 个孔 楼梯斜梯段上下端对应的墙体处，灌实 2 个孔
六	五	四	一	同上 隔开间横墙（轴线）与外纵墙交接处	

（续）

房 屋 层 数				设置部位	设置数量
6 度	7 度	8 度	9 度		
七	六	五	二	同上 各内墙（轴线）与外纵墙交接处 内纵墙与横墙（轴线）交接处和洞口两侧	外墙转角，灌实 5 个孔 内外墙交接处，灌实 4 个孔 内墙交接处，灌实 4~5 个孔 洞口两侧各灌实 1 个孔
	七	六	三	同上 横墙内芯柱间距不大于 2m	外墙转角，灌实 7 个孔 内外墙交接处，灌实 5 个孔 内墙交接处，灌实 4~5 个孔 洞口两侧各灌实 1 个孔

注：1. 外墙转角、内外墙交接处、楼电梯间四角等部位，应允许采用钢筋混凝土构造柱替代部分芯柱。

2. 当按《砌体结构设计规范》（GB 50003—2011）第 10.2.4 条中 2~4 款规定确定的层数超出本表范围，芯柱设计要求不应低于表中相应烈度的最高要求且宜适当提高。

芯柱应沿房屋全高贯通，并与各层圈梁整体现浇，芯柱底部应伸入室外地下 500mm 或与基础圈梁锚固。

9）芯柱的配筋应与基础或基础梁中预埋钢筋连接，各楼层的钢筋应在圈梁下部搭接，其搭接长度不应小于 35 倍钢筋直径。

10）砌完一个楼层高度后，应连续浇灌芯柱混凝土，每浇灌 400~500mm 高度必须捣固密实，或边浇边捣实，严禁灌满一个楼层高度后再捣实。

11）砌筑一定面积的砌体后，应随即用厚灰浆勾平缝，砌块墙每天砌筑高度应控制在 1.8m 以内。

3. 质量控制

1）砌块灰缝砂浆必须饱满，水平灰缝和竖向灰缝砂浆饱满度均不低于 90%。

2）外墙转角处严禁留直槎，其他临时间断处留槎做法必须符合规定。

3）预埋拉结钢筋或钢筋网片的数量、长度应符合设计要求。

4）砌块接槎处砂浆密实，灰缝、砌块平直。芯柱位置、数量正确，混凝土浇捣密实。

5）偏差应符合表 4-12 的规定。

6）砌块砌筑质量通病与预防见表 4-17。

表 4-17 砌块砌筑质量通病与预防

质 量 通 病	原 因	预 防
墙体裂缝	1）砌体抗剪强度较低，砌块体大，灰缝少，应力集中于灰缝	1）注意砌筑质量，砌筑砂浆必须符合要求，砂浆采用混合砂浆，稠度为 50~70mm，砂浆随拌随用，混合砂浆 4h 内应用完
	2）砌块根据不同用途有不同的干缩率，使用中产生混淆	2）对用作清水外墙、承重墙、非承重墙的砌块，储存使用过程中应分开，为减少收缩引起的周边裂缝，砌块应适当存放一段时间（一般为 30~50d）待收缩稳定后再砌筑
	3）砌块排列不合理	3）砌筑前，应根据砌块尺寸、灰缝厚度排砖，计算砌筑皮数，一般应孔对孔、肋对肋、错缝搭砌

（续）

质 量 通 病	原 因	预 防
砌体抗压强度低	1）砌块标号偏低，质量不合格	1）加强砌块进场检验，对受力部位的砌块要注意挑选
	2）砌筑工艺不合理，砂浆不饱满	2）砌块宜采用"铺灰刮浆法"工艺砌筑，铺浆长度不得超过800mm，并在砌块端面及已砌砌块端面刮砂浆
	3）砂浆及原材料质量差	3）配制砂浆的原材料应严格检验，水泥安定性不合格，砂子偏细、含泥量超标等不合格材料，应禁止使用

细节：砌筑常用工具和设备

砌筑前，必须按施工组织设计要求组织垂直和水平运输机械、砂浆搅拌机械进场调试等工作。同时，还要准备脚手架，砌筑工具（如皮数杆、托线板）等。砖混结构施工中必然要用到各种机械、工具和设备。作为施工人员应对其有所了解，到施工时，根据工程实际情况进行采用。

1. 材料拌制机械

砌体结构中所使用的砂浆和混凝土都需要拌制的机械。

（1）砂浆拌和机　砂浆搅拌机是砖混结构中，砌筑工程的必用机械。规格有0.2m³和0.325m³两种，其每台班拌制砂浆为18~26m³。按其安装方式可分为固定式和移动式两种。以其出料方式又分为倾斜翻式和活动式两种。砂浆搅拌机是由动力装置（电动机）带动搅拌筒内的叶片翻动砂浆而进行工作的。一般由操作人员在进料口通过计量加料，经搅拌2min左右后成为使用的砂浆。目前常用的砂浆搅拌机的各项技术数据可见表4-18。

表4-18　常用砂浆搅拌机的各项技术数据

技 术 指 标	型　号				
	HJ-200	HJ-200A	HJ-200B	HJ-325	连续式
容量/L	200	200	200	325	—
搅拌叶转速/（r/min）	30~32	28~30	34	30	383
搅拌时间/min	2	—	2	—	—
生产率/（m³/h）	—	—	3	6	—
外形尺寸/mm×mm×mm 长×宽×高	2200×1120×1430	2000×1100×1100	1620×850×1050	2700×1700×1350	610×415×760

使用砂浆机时注意事项：

1）机械安置的地方应夯实平整，机械本身安装要平稳、牢固。

2）安装移动式砂浆机时，行走轮要离开地面，机座要高出地面一定距离，以便于出料。

3）开机前要检查电器设备的绝缘和接地是否良好，带轮和齿轮必须有防护罩，入料口要有钢筋网片盖罩。

4）开机前，应先对机械需润滑的部位加润滑油，并检查机械各部件运转是否正常。

5）工作时，先空载运转 1min，检查传动装置的工作是否正常，搅拌时要边加水边加料。砂子必须过筛，避免大块颗粒卡住叶片，损坏机器。

6）加料时，操作工具不能碰撞叶片，不能转动时把工具伸入机内扒料。

7）工作完毕，必须把搅拌机清洗干净，外表加油擦亮。

8）机器上部应搭工作棚，防日晒雨淋，冬期施工还应有挡风、保暖围护。

（2）混凝土搅拌机 混凝土搅拌机按其工作原理可分为自落式（自由落下搅拌）和强制式（强制搅拌）两类。搅拌机的拌筒一般分为鼓形、锥形、盘形三种。混凝土搅拌机的特点见表4-19。混凝土搅拌机的技术性能见表4-20。

表 4-19 混凝土搅拌机的种类及其特点

搅拌机种类	搅拌机的特点
鼓筒形搅拌机	最早使用的传统形式的自落式搅拌机，由于使用方便、耐用可靠，相当长一段时间内广泛使用于施工现场，但由于该机存在着出料困难、卸料时间长、搅拌筒利用率低、水泥耗量大等缺点，已被责令淘汰
锥形反转式出料搅拌机	这种搅拌机的搅拌筒呈两端平头橄榄形。筒内装有搅拌叶片和出料叶片，正转搅拌，反转出料。它具有搅拌质量好、生产效率高、运转平稳、操作简单、出料干净迅速和不易发生粘筒等优点，已取代鼓形搅拌机。它的型号有 JZ150、JZ250、JZ350
强制式盘形搅拌机	它是靠搅拌盘内旋转的叶片对混合料产生剪切、挤压、翻转和抛出等多种动作进行搅拌。其特点是搅拌强烈、均匀，生产效率高、搅拌时间短，质量好、出料干净。在中小型预制构件厂使用较多。它又分为立轴式和卧轴式两大类。常用机型有 JD250、JW250、JW500、JD500 等

表 4-20 国产锥形搅拌机技术性能

搅拌机型号	JZ150	JZ250	JZ350	额定功率/kW	3.0	4.0	5.5
出料容量/L	150	250	350	每小时最少循环次数	≥30 次	≥30 次	≥30 次
进料容量/L	240	400	560	集料最大粒径	60	60	60

2. 运输机具

常用运输机具的种类及特点见表4-21。

表 4-21 常用运输机具的种类及特点

种类	特点
独立提升架	独立提升架有双摇臂木拔杆、双摇臂钢拔杆、格构式立杆提升架、墙头吊等；提升方式有吊笼、摇臂等形式。提升架制作简单、装拆方便、起重量大，但灵活性差
手推车	是用人力进行水平运输的工具。是最古老水平运输的工具
机动翻斗车	是用柴油机装配而成的小翻斗车，功率约 7kW，最大行驶速度约 35km/h。车前装有容量为 400L、载重 1000kg 的翻斗。它具有轻便灵活，结构简单、转弯半径小、速度快、能自行卸料、操作维护简便等特点。适用于短距离水平运输砂浆、混凝土、砂、石等散装材料

3. 砌筑常用工具和质量检测工具

（1）砌筑常用工具　砌筑常用工具有皮数杆、托线板、水准仪、经纬仪、水平尺、垂线坠、小线绳、大铲、浆桶、瓦刀等。其用途见表4-22。

表4-22　砌筑常用工具的用途

砌筑工具	用　途
皮数杆	指在其上画有每皮砖和砖缝厚度，以及门窗洞口、过梁、楼板、梁底、预埋件等标高位置的一种木制标杆，它是砌筑时控制砌体竖向尺寸的标志，同时还可以保证砌体的垂直度。皮数杆的设立，应由两个方向斜撑或锚钉加以固定，以保证其牢固和垂直。砖层灰缝应符合皮数杆标志
托线板	是木制挂线标杆，是施工保证墙面垂直平整的工具。在砌柱过程中应随时用托线板检查墙角是否垂直平整。砌筑过程中应三皮一吊，五皮一靠，把砌筑误差消灭在操作过程中。砌一砖半厚以上砖墙必须双面挂线
水准仪、经纬仪	是用于施工测量放线的。水准仪用于随时监测位于同一标高的几个点位置是否正确，以便于减少施工误差，保证施工质量。经纬仪在垂直方向上将轴线引上，并弹出各墙的宽度线，画出门洞口位置线
水平尺	水平尺是施工过程中工人师傅随时检查施工部位的平整情况
垂线坠	垂线坠可用于检查墙面的垂直度或用于轴线引测。并帮助弹出各墙的宽度线，画出门洞口位置线
小线绳	是砌筑施工保证灰缝平直，砌筑高度一致的用具。砌砖时先挂上通线，按所排的干砖位置把第一皮砖砌好，然后在四大角处根据皮数杆先进行盘角，即可挂线砌第二皮以上的砖，可单面挂线或双面挂线，砌一砖半厚以上砖墙必须双面挂线
大铲、浆桶、瓦刀	是工人砌筑用具

（2）质量检测工具　质量检测工具见表4-23。

表4-23　质量检测工具

工具类别	用　途	工具类别	用　途
尺	尺用来检查砌体各个位置尺寸偏差的大小	托线板	用2m托线板检查每层垂直度
		靠尺和楔形塞尺	用2m靠尺和楔形塞尺检查表面平整度
经纬仪	经纬仪通常与尺配合检查轴线位置偏移情况，与吊线和尺配合检查墙面全高垂直度	吊垂线	吊垂线和尺检查清水墙面游丁走缝情况
水准仪	用水平仪和尺检查基础顶面和楼面标高的偏差情况	百格网	百格网用于检查砌体水平灰缝的砂浆饱满程度

4. 砌筑常用工具和设备使用安全要求

1）砌筑常用工具和设备使用安全要求见表4-24。

表 4-24　砌筑常用工具和设备使用安全要求

工具和设备种类	使用安全要求
砂浆搅拌机	① 停放机械的地方土质要坚实平整，出料口的一侧应夯实，防止出料时单侧的较大压力使该部分泥土下沉造成机械倾倒。砂浆搅拌机的进料口应装设铁栅栏。机边应筑有适宜高度的工作平台。严禁蹲在或脚踏在拌和筒和铁栅栏上面操作。机械的传动带和齿轮，必须装设安全防护罩 ② 砂浆搅拌机操作前应检查拌和叶有无松动或磨刮筒身现象，检查出料机构是否灵活，检查机械运转是否正常，安全防护装置是否牢靠。起动后，先经空载运转，检查拌和叶旋转方向是否正确，运转正常后，方可加料进行搅拌。拌和叶转动时，不准用手或木棒伸进搅拌筒内或筒口清理灰浆。出料时必须使用摇手柄，不准用手扳转拌和筒 ③ 工作中如发生故障或停电时，应立即切断电源，同时将筒内存料出清，进行检修，排除故障。作业后，应做好搅拌机内外的清洗、保养及场地的清洁工作
运输机具	① 使用钢井架物料提升机运送物料时，应遵守钢井架物料提升机有关规定。吊运时不得超载，使用过程中经常检查，若发现有不符合规定者，应停止作业及时修理 ② 用起重机吊运砖时，应采用砖笼，并不得直接放在桥板上。吊运砂浆的料斗不能装得过满。吊钩要扣稳；而且要待吊物下降至离楼地面 1m 以内时人员才可靠近；扶住就位，人员不得站在建筑物的边缘。吊运物料时；吊臂回转范围内的下面不得有人员行走或停留。严禁用抛掷方法传递砖、石等材料，如用人工传递时，应稳递稳接，上下操作人员站立位置应错开 ③ 车子运输砖、石、砂浆等材料时应注意稳定，不得猛跑，前后车距离应不少于 2m；禁止并行或超车，所载材料不许超出车厢之上。操作地点临时堆放用料时，要放在平整坚实的地面上，不得放在湿滑积水或泥土松软崩裂的地方。放在楼面板或桥道时，不得超过其设计荷载能力，并应分散堆置，不得过分集中。基坑边 1m 以内不准堆料 ④ 塔式起重机应有避雷接地装置，四周应有良好的排水环境和措施。使用时要经常检查其限位、安置、吊索、吊具(吊钩)等的情况，进行维护保养，确保设备完好使用，吊运时应有专人指挥，吊臂下不得有人作业。凡附近有高楼或高压线等，应做醒目标志，引起警惕，规定作业范围。操作人员要遵守劳动纪律，操作室不能有闲人进入

2）搅拌机使用安全应注意以下几点：

① 支撑脚座应牢固支撑在地面上，地面应夯实平整，最好浇筑一层混凝土。机架应调至水平，底盘与地面之间应用枕木垫牢。进料斗落位处应铺垫草袋，避免料斗下落撞击地面而损坏。

② 使用前，应检查各部分润滑情况及油嘴是否畅通，并加注润滑油脂。

③ 水泵内应加足引水，供电系统应线头牢固安全，并应有接地装置。

④ 开机前，应检查传动系统运转是否正常，制动器、离合器性能应良好，钢丝绳如有松散或严重断丝应及时收紧或更换。

⑤ 停机前，应倒入一定的石子和清水，利用搅拌桶的旋转，将桶内冲洗干净。停机后，机具各部分应清扫干净，进料斗平放地面，操作手柄应置于脱开位置。

⑥ 冬期施工时，应将配水系统的水放净，防止冻坏。

⑦ 下班或较长时间离开搅拌机时，应切断电源，并将开关箱锁上。

细节：砌筑工程验收资料

砌筑工程验收资料有：

1）原材料的出厂合格证及产品性能检测报告。

2）混凝土及砂浆配合比通知单。

3）混凝土及砂浆试件试验报告。

4）隐蔽工程检验记录。

5）检验批质量验收记录。

6）施工记录。

7）施工质量控制资料。

8）重大技术问题的处理或修改设计的技术文件。

5　混凝土结构工程

细节：模板的作用和组成

模板是保证钢筋混凝土结构或构件按设计形状成形的模具。它由模板和支撑体系两部分组成。

模板直接与混凝土接触，它的主要作用：一是保证混凝土筑成设计要求的形状和尺寸；二是承受自重和作用在它上面的结构重量和施工荷载。所以，模板除了形状、尺寸的要求外，还应具有一定的强度和刚度，保证在浇筑混凝土时，不发生变形、位移和破坏。

支撑体系是保证模板形状、尺寸及其空间位置准确性的构造措施。支撑体系应根据模板特征及其所处的位置而定。支撑体系必须具备足够的强度、刚度和整体稳定性，保证施工过程中模板不发生变形、位移和破坏现象。

细节：模板体系的基本要求

1）能保证工程结构和构件各部分形状、尺寸和相互位置的正确性。

2）具有足够的承载能力、刚度和稳定性，能可靠地承受新浇筑混凝土的自重和侧压力，以及各种施工荷载。

3）构造简单，装拆方便，并便于钢筋的绑扎和安装。混凝土的浇筑和养护等要求。

4）模板的接缝应严密不漏浆，并方便多次周转使用。

目前，现场所使用的模板按所用的材料不同分为木模板、钢模板、钢木混合模板、胶合板模板及塑料模板等。木模板用于结构形状复杂、尺寸不规则的地方。钢模板可以灵活地组装成不同结构的模板系统，而且刚度和强度很大，装拆方便，周转率高，是最具发展前途的模板系统。

细节：模板安装

模板结构一般由模板和支架两部分构成。模板的作用，是使混凝土结构或构件成形的模具，它与混凝土直接接触，使混凝土构件具有所要求的形状。支架部分的作用是保证模板形状和位置并承受模板和新浇筑混凝土的重量以及施工荷载。模板安装工艺随模板种类不同而有较大差异。由于模板种类较多，下面主要介绍较为常用的钢模板的安装。

1. 施工前的准备工作

1）安装前，要做好模板的定位基准工作：

① 进行中心线和位置的放线。首先引测建筑的边柱或墙轴线，并以该轴线为起点，引出每条轴线。模板放线时，根据施工图用墨线弹出模板的内边线和中心线，墙模板要弹出模板的边线和外侧控制线，以便于模板安装和校正。

② 做好标高测量工作。用水准仪把建筑物水平标高根据实际标高的要求，直接引测到模板安装位置。

③ 进行找平工作。模板承垫底部应预先找平，以确保模板位置正确，防止模板底部漏浆。常用的找平方法是沿模板边线用1∶3水泥砂浆抹找平层，如图5-1a所示。另外，在外墙、外柱部位，继续安装模板前，要设置模板承垫条带，如图5-1b所示，并校正其平直。

④ 设置模板定位基准。按照构件的截面尺寸先用同强度等级的细石混凝土定位块作为模板定位基准。或采用钢筋定位，即根据构件截面尺寸切断一定长度的钢筋或角钢头，定位焊在主筋上，并按二排主筋的中心位置分档，以保证钢筋与模板位置的准确。

2）采用预组装模板施工时，模板的预组装工作应在组装平台或经平整处理过的场地上进行。组装完毕后应予编号，并应按表5-1的组装质量标准逐块检验后进行试吊，试吊完毕后应进行复查，并应在检查配件数量、位置和紧固情况。

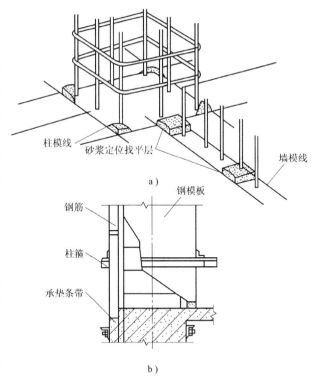

图 5-1　墙、柱模板找平

a）砂浆找平层　b）外柱外模板设承垫条带

表 5-1　钢模板施工组装质量标准　　　　　　　　（单位:mm）

项　目	允　许　偏　差	项　目	允　许　偏　差
两块模板之间拼接缝隙	≤2.0	组装模板板面的长宽尺寸	≤长度和宽度的1/1000，最大±4.0
相邻模板面的高低差	≤2.0		
组装模板板面平整度	≤3.0(用2m长平尺检查)	组装模板两对角线长度差值	≤对角线长度的1/1000，最大≤7.0

3）模板安装时的准备工作，应符合下列要求：

① 梁和楼板模板的支柱支设在土壤地面，遇松软土、回填土等时，应根据土质情况进行平整、夯实，并应采取防水、排水措施，同时应按规定在模板支撑立柱底部采用具有足够强度和刚度的垫板。

② 竖向模板的安装底面应平整坚实、清理干净，并应采取定位措施。

③ 竖向模板应按施工设计要求预埋支承锚固件。

2. 模板支设安装

1）现场安装组合钢模板时，应符合下列规定：

① 应按配板图与施工说明书循序拼装。

② 配件应装插牢固。支柱和斜撑下的支承面应平整垫实，并应有足够的受压面积，支

撑件应着力于外钢楞。

③ 预埋件与预留孔洞应位置准确，并应安设牢固。

④ 基础模板应支拉牢固，侧模斜撑的底部应加设垫木。

⑤ 墙和柱子模板的底面应找平，下端应与事先做好的定位基准靠紧垫平，在墙、柱上继续安装模板时，模板应有可靠的支承点，其平直度应进行校正。

⑥ 楼板模板支模时，应先完成一个格构的水平支撑及斜撑安装，再逐渐向外扩展。

⑦ 墙柱与梁板同时施工时，应先支设墙柱模板调整固定后再在其上架设梁、板模板。

⑧ 当墙柱混凝土已经浇筑完毕时，可利用已灌筑的混凝土结构来支承梁、板模板。

⑨ 预组装墙模板吊装就位后，下端应垫平，并应紧靠定位基准；两侧模板均应利用斜撑调整和固定其垂直度。

⑩ 支柱在高度方向所设的水平撑与剪力撑，应按构造与整体稳定性布置。

⑪ 多层及高层建筑中，上下层对应的模板支柱应设置在同一竖向中心线上。

⑫ 模板、钢筋及其他材料等施工荷载应均匀堆置，并应放平放稳。施工总荷载不得超过模板支承系统设计荷载要求。

⑬ 模板支承系统应为独立的系统，不得与物料提升机、施工升降机、塔吊等起重设备钢结构架体机身及附着设施相连接；不得与施工脚手架、物料周转材料平台等架体相连接。

2) 模板工程的安装应符合下列要求：

① 同一条拼缝上的 U 形卡，不宜向同一方向卡紧。

② 墙两侧模板的对拉螺栓孔应平直相对，穿插螺栓时不得斜拉硬顶。钻孔应采用机具，不得用电、气焊灼孔。

③ 钢楞宜取用整根杆件，接头应错开设置，搭接长度不应少于 200mm。

3. 模板支设安装要点

模板的支设方法基本上有两种，即单块就位组拼和预组拼，其中预组拼又可分为整体组拼和分片组拼两种。采用预组拼方法，可以加快施工速度，提高模板的安装质量，但必须具备相适应的吊装设备并有较大的拼装场地。

1) 柱模板支设安装应符合下列要求：

① 保证柱模的长度符合模数，不符合部分放到节点部位处理；或以梁底标高为准，由上往下配模，不符模数部分放到柱根部位处理；高度在 4m 和 4m 以上时，一般应四面支撑。当柱高超过 6m 时，不宜单根柱支撑，宜几根柱同时支撑连成构架。

② 柱模根部要用水泥砂浆堵严，防止跑浆；在配模时，应一并考虑留出柱模的浇筑口和清扫口。

③ 梁、柱模板分两次支设时，在柱子混凝土达到拆模强度时，最上一段柱模先保留不拆，以便于与梁模板连接。

④ 柱模安装就位后，立即用四根支撑或有花篮螺栓的缆风绳与柱顶四角拉结，并

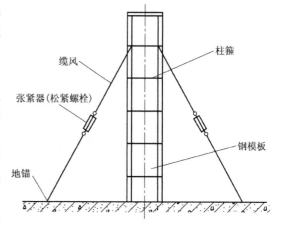

图 5-2　校正柱模板

校正中心线和偏斜(如图5-2所示)。全面检查合格后,再群体固定。

2)梁模板支设安装应符合下列要求:

① 梁口与柱头模板的节点连接,一般可按图5-3和图5-4处理。

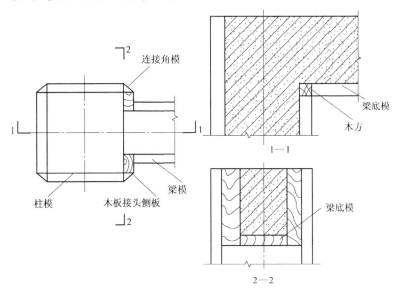

图5-3　柱顶梁口采用嵌补模板

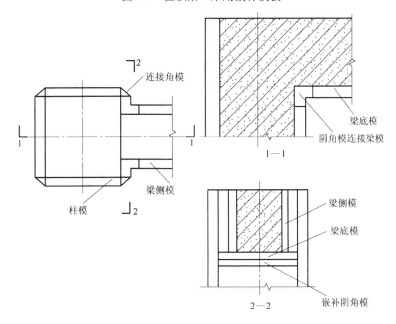

图5-4　柱顶梁口用木方镶拼

② 梁模支柱的设置,应经模板设计计算决定,一般情况下采用双支柱时,间距以60~100cm为宜。

③ 模板支柱纵、横方向的水平拉杆、剪刀撑等,均应按设计要求布置;当设计无规定时,支柱间距一般不宜大于2m,纵横方向的水平拉杆的上下间距不宜大于1.5m,纵横方向的垂直剪刀撑的间距不宜大于6m。

④ 采用扣件钢管脚手架作支撑时，扣件要拧紧，梁底支撑间隔用双卡扣，横杆的步距要按设计要求设置。采用桁架支模时，要按设计要求设置，拼接桁架的螺栓要拧紧，数量要满足要求。

⑤ 由于空调等各种设备管道安装的要求，需要在模板上预留孔洞时，应尽量使穿梁管道孔分散，穿梁管道孔的位置应设置在梁中(图 5-5)，以防削弱梁的截面，影响梁的承载能力。

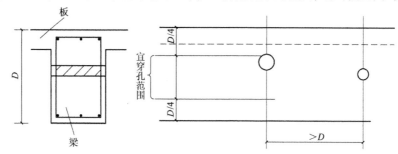

图 5-5 穿梁管道孔设置的高度范围

3）墙模板支设安装应符合下列要求：

① 组装模板时，要使两侧穿孔的模板对称放置，以使穿墙螺栓与墙模板保持垂直。

② 相邻模板边肋用 U 形卡连接的间距，不得大于 300mm，预组拼模板接缝处宜对严。

③ 预留门窗洞口的模板应有锥度，安装要牢固，既不变形，又便于拆除。

④ 墙模板上预留的小型设备孔洞，当遇到钢筋时，应设法确保钢筋位置正确，不得将钢筋移向一侧如图 5-6 所示。

⑤ 墙高超过 2m 以上时，一般应留设门子板。设置方法同柱模板，门子板水平距一般为 2.5m。

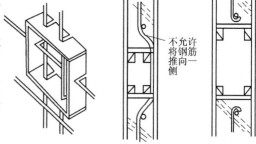

图 5-6 墙模板上设备孔洞模板做法

4）楼板模板支设安装应符合下列要求：

① 采用立柱作支架时，立柱和钢楞（龙骨）的间距，根据模板设计计算决定，一般情况下立柱与外钢楞间距为 600~1200mm，内钢楞（小龙骨）间距为 400~600mm，调平后即可铺设模板。在模板铺设完，标高校正后，立柱之间应加设水平拉杆，其道数根据立柱高度决定。一般情况下离地面 200~300mm 处设一道，往上纵横方向每隔 1.6m 左右设一道。

② 采用桁架作支承结构时，一般应预先支好梁、墙模板，然后将桁架按模板设计要求支设在梁侧模通长的型钢或方木上，调平固定后再铺设模板。

③ 楼板模板当采用单块就位组拼时，宜以每个节间从四周先用阴角模板与墙、梁模板连接，然后向中央铺设。相邻模板边肋应按设计要求用 U 形卡连接，也可用钩头螺栓与钢楞连接。亦可采用 U 形卡预拼大块再吊装铺设。

④ 采用钢管脚手架作支撑时，在支柱高度方向每隔 1.2~1.3m 设一道双向水平拉杆。

5）楼梯模板一般比较复杂，常见的有板式和梁式楼梯，其支模工艺基本相同。其中休息平台模板的支设方法与楼板模板相同。

施工前，应根据设计图纸放大样或通过计算，配制出楼梯外帮板（或梁式楼梯的斜梁侧模板)、反三角模板、踏步侧模板等。

楼梯段模板支架可采用方木、钢管或定型支柱等作立柱。立柱应与地面垂直,斜向撑杆与梯段基本垂直并与立柱固定。梯段底模可采用木板、竹(木)胶合板或组合钢模板。先安装休息平台梁模板,再安装楼梯模板斜楞,然后铺设楼梯底模和安装外侧帮模板,绑扎钢筋后再安装反三角模板和踏步立板。楼梯踏步亦可采用定型钢模板整体支拆。

安装模板时要特别注意斜向支柱(斜撑)的固定,防止浇筑混凝土时模板移动。

楼梯段模板组装情况,如图5-7所示。

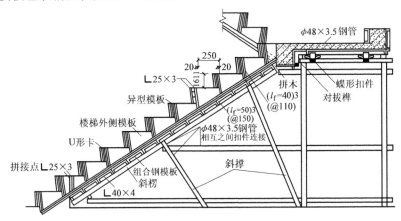

图 5-7 楼梯模板支设示意图

6)预埋件和预留孔洞的设置。梁顶面和板顶面埋件的留设方法如图5-8所示。

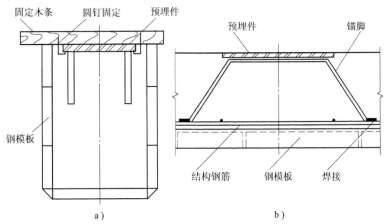

图 5-8 水平构件预埋件固定示意
a)梁顶面 b)板顶面

4. 质量要求

(1)主控项目

1)模板及支架用材料的技术指标应符合国家现行有关标准的规定。进场时应抽样检验模板和支架材料的外观、规格和尺寸。

检查数量:按国家现行相关标准的规定确定。

检验方法:检查质量证明文件,观察,尺量。

2)现浇混凝土结构模板及支架的安装质量,应符合国家现行有关标准的规定和施工方案的要求。

检查数量：按国家现行相关标准的规定确定。

检验方法：按国家现行相关标准的规定确定。

3）后浇带处的模板及支架应独立设置。

检查数量：全数检查。

检验方法：观察。

4）支架竖杆和竖向模板安装在土层上时，应符合下列规定：

① 土层应坚实、平整，其承载力或密实度应符合施工方案的要求。

② 应有防水、排水措施；对冻胀性土，应有预防冻融措施。

③ 支架竖杆下应有底座或垫板。

检查数量：全数检查。

检验方法：观察并检查土层密实度检测报告、土层承载力验算或现场检测报告。

（2）一般项目

1）模板安装质量应符合下列规定：

① 模板的接缝应严密。

② 模板内不应有杂物、积水或冰雪等。

③ 模板与混凝土的接触面应平整、清洁。

④ 用作模板的地坪、胎膜等应平整、清洁，不应有影响构件质量的下沉、裂缝、起砂或起鼓。

⑤ 对清水混凝土及装饰混凝土构件，应使用能达到设计效果的模板。

检查数量：全数检查。

检验方法：观察。

2）隔离剂的品种和涂刷方法应符合施工方案的要求。隔离剂不得影响结构性能及装饰施工；不得沾污钢筋、预应力筋、预埋件和混凝土接槎处；不得对环境造成污染。

检查数量：全数检查。

检验方法：检查质量证明文件，观察。

3）模板的起拱应符合现行国家标准《混凝土结构工程施工规范》（GB 50666—2011）的规定，并应符合设计及施工方案的要求。

检查数量：在同一检验批内，对梁，跨度大于18m时应全数检查，跨度不大于18m时应抽查构件数量的10%，且不应少于3件；对板，应按有代表性的自然间抽查10%，且不应少于3间；对大空间结构，板可按纵、横轴线划分检查面，抽查10%，且不应少于3面。

检验方法：水准仪或尺量。

4）现浇混凝土结构多层连续支模应符合施工方案的规定。上下层模板支架的竖杆宜对准。竖杆下垫板的设置应符合施工方案的要求。

检查数量：全数检查。

检验方法：观察。

5）固定在模板上的预埋件和预留孔洞不得遗漏，且应安装牢固。有抗渗要求的混凝土结构中的预埋件，应按设计及施工方案的要求采取防渗措施。

预埋件和预留孔洞的位置应满足设计和施工方案的要求。当设计无具体要求时，其位置偏差应符合表 5-2 的规定。

表 5-2 预埋件和预留孔洞的安装允许偏差

项　目		允许偏差/mm
预埋板中心线位置		3
预埋管、预留孔中心线位置		3
插筋	中心线位置	5
	外露长度	+10, 0
预埋螺栓	中心线位置	2
	外露长度	+10, 0
预留洞	中心线位置	10
	尺寸	+10, 0

注：检查中心线位置时，沿纵、横两个方向量测，并取其中偏差的较大值。

检查数量：在同一检验批内，对梁、柱和独立基础，应抽查构件数量的 10%，且不应少于 3 件；对墙和板，应按有代表性的自然间抽查 10%，且不应少于 3 间；对大空间结构墙可按相邻轴线间高度 5m 左右划分检查面，板可按纵、横轴线划分检查面，抽查 10%，且不应少于 3 面。

检验方法：观察，尺量。

6）现浇结构模板安装的尺寸偏差及检验方法应符合表 5-3 的规定。

表 5-3 现浇结构模板安装的允许偏差及检验方法

项　目		允许偏差/mm	检验方法
轴线位置		5	尺量
底模上表面标高		±5	水准仪或拉线、尺量
模板内部尺寸	基础	±10	尺量
	柱、墙、梁	±5	尺量
	楼梯相邻踏步高差	±5	尺量
垂度度	柱、墙层高≤6m	8	经纬仪或吊线、尺量
	柱、墙层高>6m	10	经伟仪或吊线、尺量
相邻两块模板表面高差		2	尺量
表面平整度		5	2m 靠尺和塞尺量测

注：检查轴线位置当有纵横两个方向时，沿纵、横两个方向量测，并取其中偏差的较大值

检查数量：在同一检验批内，对梁、柱和独立基础，应抽查构件数量的 10%，且不应少于 3 件；对墙和板，应按有代表性的自然间抽查 10%，且不应少于 3 间；对大空间结构，墙可按相邻轴线间高度 5m 左右划分检查面，板可按纵、横轴线划分检查面，抽查 10%，且不应少于 3 面。

7）预制构件模板安装的偏差及检验方法应符合表 5-4 的规定。

检查数量：首次使用及大修后的模板应全数检查；使用中的模板应抽查 10%，且不应少于 5 件，不足 5 件时应全数检查。

表 5-4　预制构件模板安装的允许偏差及检验方法

项　目		允许偏差/mm	检验方法
长度	梁、板	±4	尺量两侧边，取其中较大值
	薄腹梁、桁架	±8	
	柱	0，−10	
	墙板	0，−5	
宽度	板、墙板	0，−5	尺量两端及中部，取其中较大值
	梁、薄腹梁、桁架	+2，−5	
高(厚)度	板	+2，−3	尺量两端及中部，取其中较大值
	墙板	0，−5	
	梁、薄腹梁、桁架、柱	+2，−5	
侧向弯曲	梁、板、柱	$L/1000$ 且 ≤ 15	拉线、尺量最大弯曲处
	墙板、薄腹梁、桁架	$L/1500$ 且 ≤ 15	
板的表面平整度		3	2m 靠尺和塞尺量测
相邻两板表面高低差		1	尺量
对角线差	板	7	尺量两对角线
	墙板	5	
翘曲	板、墙板	$L/1500$	水平尺在两端量测
设计起拱	薄腹梁、桁架、梁	±3	拉线、尺量跨中

注：L 为构件长度(mm)。

细节：模板拆除

　　混凝土结构在浇筑完成一些构件或一层结构之后，经过自然养护(或冬期蓄热法等养护)之后，在混凝土具有相当强度时，为使模板能周转使用，就要对支撑的模板进行拆除。一般来说，拆模可分为两种情况：一种是在混凝土硬化后对模板无作用力的，如侧模板；一种是混凝土已硬化，但要拆除模板则其构件本身还不具备承担荷载的能力。那么，这种构件的模板不是随便就可以拆除的，如梁、板、楼梯等构件。

1. 模板拆除条件

（1）现浇混凝土结构拆模条件　对于整体式结构的拆模期限，应遵守以下规定：

1）非承重的侧面模板，在混凝土强度能保证其表面及棱角不因拆除模板而损坏时，方可拆除。

2）底模板在混凝土强度达到表 5-5 规定后，始能拆除。

表 5-5　底模板拆除时的混凝土强度要求

构件类型	构件跨度/m	达到设计混凝土强度等级值的百分率(%)	构件类型	构件跨度/m	达到设计混凝土强度等级值的百分率(%)
板	≤2	≥50	梁、拱、壳	≤8	≥75
	>2，≤8	≥75		>8	≥100
	>8	≥100	悬臂构件		≥100

3）已拆除模板及其支架的结构，应在混凝土达到设计的混凝土强度标准值后才能承受全部使用荷载。施工中不得超载使用已拆除模板的结构，严禁堆放过量建筑材料。当承受施工荷载产生的效应比使用荷载更为不利时，必须经过核算，加临时支撑。

4）钢筋混凝土结构如在混凝土未达到表 5-5 所规定的强度时进行拆模及承受部分荷载，应经过计算复核结构在实际荷载作用下的强度。必要时应加设临时支撑，但需说明的是表 5-5 中的强度系指抗压强度标准值。

5）多层框架结构当需拆除下层结构的模板和支架，而其混凝土强度尚不能承受上层模板和支架所传来的荷载时，则上层结构的模板应选用减轻荷载的结构，但必须考虑其支承部分的强度和刚度。或对下层结构另设支柱(或称再支撑)后，才可安装上层结构的模板。

（2）预制构件拆模条件　拆除时的混凝土强度应符合设计要求；当设计无具体要求时，应符合下列规定：

1）侧模，在混凝土强度能保证构件不变形、棱角完整时，方可拆除。

2）芯模或预留孔洞的内模，在混凝土强度能保证构件和孔洞表面不发生塌陷和裂缝后方可拆除。

3）拆除承重底模时应符合表 5-6 的规定。

表 5-6　预制构件拆模时所需的混凝土强度

预制构件的类别	按设计的混凝土强度标准值的百分率计(%)	
	拆侧模板	拆底模板
普通梁、跨度在 4m 及 4m 以内分节脱模	25	50
普通薄腹梁、吊车梁、T 形梁、Γ 形梁、柱、跨度在 4m 以上	40	75
先张法预应力屋架、屋面板、吊车梁等	50	建立预应力后
先张法各类预应力薄板重叠浇筑	25	建立预应力后
后张法预应力块体竖立浇筑	40	75
后张法预应力块体平卧重叠浇筑	25	75

（3）滑升模板拆除条件　滑动模板装置的拆除，尽可能避免在高空作业。提升系统的拆除可在操作平台上进行，只要先切断电源，外防护齐全(千斤顶拟留待与模板系统同时拆除)，不会产生安全问题。

1）模板系统及千斤顶和外挑架、外吊架的拆除，宜采用按轴线分段整体拆除的方法。总的原则是先拆外墙(柱)模板(提升架、外挑架、外吊架一同整体拆下)；后拆内墙(柱)模板。模板拆除程序为：将外墙(柱)提升架向建筑物内侧拉牢→外吊架挂好溜绳→松开围圈连接件→挂好起重吊绳，并稍稍绷紧→松开模板拉牢绳索→割断支承杆→模板吊起缓慢落下→牵引溜绳使模板系统整体躺倒地面→模板系统解体。

此种方法模板吊点必须找好，钢丝绳垂直线应接近模板段重心，钢丝绳绷紧时，其拉力接近并稍小于模板段总重。

2）若条件不允许时，模板必须高空解体散拆。高空作业危险性较大，除在操作层下方设置卧式安全网防护，作业人员系好安全带外，必须编制好详细、可行的施工方案。一般情况下，模板系统解体前，拆除提升系统及操作平台系统的方法与分段整体拆除相同，模板系统解体散拆的施工程序为：拆除外吊架脚手板、护身栏(自外墙无门窗洞口处开始，向后倒退拆除)→拆除外吊架吊杆及外挑架→拆除内固定平台→拆除外墙(柱)模板→拆除外墙(柱)

围圈→拆除外墙(柱)提升架→将外墙(柱)千斤顶从支承杆上端抽出→拆除内墙模板→拆除一个轴线段围圈,相应拆除一个轴线段提升架→千斤顶从支承杆上端抽出。

高空解体散拆模板必须掌握的原则是:在模板解体散拆的过程中,必须保证模板系统的总体稳定和局部稳定,防止模板系统整体或局部倾倒塌落。因此,制定方案、技术交底和实施过程中,务必有专职人员统一组织、指挥。

3)滑升模板拆除中的技术安全措施。高层建筑滑模设备的拆除一般应做好下述几项工作:

① 根据操作平台的结构特点,制定拆除方案和拆除顺序。

② 认真核实所吊运件的重量和起重机在不同起吊半径内的起重能力。

③ 在施工区域,画出安全警戒区,其范围应视建筑物高度及周围具体情况而定。禁区边缘应设置明显的安全标志,并配备警戒人员。

④ 建立可靠的通信指挥系统。

⑤ 拆除外围设备时必须系好安全带,并有专人监护。

⑥ 使用氧气和乙炔设备应有安全防火措施。

⑦ 施工期间应密切注意气候变化情况,及时采取预防措施。

⑧ 拆除工作一般不宜在夜间进行。

2. 模板拆除程序

1)模板拆除一般是先支的后拆,后支的先拆,先拆除非承重部位,后拆除承重部位,并做到不损伤构件或模板。重大复杂模板的拆除,事先应制定拆模方案。

2)肋形楼盖应先拆柱模板,再拆楼板底模,梁侧模板,最后拆梁底模板。拆除跨度较大的梁下支柱时,应先从跨中开始分别拆向两端。侧立模的拆除应按自上而下的原则进行。

3)工具式支模的梁、板模板的拆除,应先拆卡具,顺口方木、侧板,再松动木楔,使支柱、桁架等平稳下降,逐段抽出底模板和横档木,最后取下桁架、支柱、托具。

4)多层楼板支柱的拆除,应按下列要求进行:上层楼板正在浇筑混凝土时,下一层楼板的模板支柱不得拆除,再下一层楼板模板的支柱,仅可拆除一部分。跨度4m及4m以上的梁下均应保留支柱,其间距不大于3m;其余再下一层楼的模板支柱,当楼板混凝土达到设计强度时,始可全部拆除。

3. 拆模过程中应注意的问题

1)拆除时不要用力过猛,拆下来的模板要及时运走、整理、堆放,以便再用。

2)在拆模过程中,如发现实际结构混凝土强度并未达到要求,有影响结构安全的质量问题时,应暂停拆除。待实际强度达到要求后,方可继续拆除。

3)拆除跨度较大的梁下支柱时,应先从跨中开始,分别拆向两端。

4)多层楼板模板支柱的拆除,其上层楼板正在浇灌混凝土时,下一层楼板模板的支柱不得拆除,再下一层楼板的支柱,仅可拆除一部分。

5)拆模间歇时,应将已活动的模板、牵杆、支撑等运走或妥善堆放,防止因扶空、踏空而坠落。

6)模板上有预留孔洞者,应在安装后将洞口盖好。混凝土板上的预留孔洞,应在模板拆除后随即将洞口盖好。

7)模板上架设的电线和使用的电动工具,应用36V的低压电源或采用其他有效的安全措施。

8)拆除模板一般用长撬棍。人不许站在正在拆除的模板下。在拆除模板时,要防止整块模板掉下，拆模人员要站在门窗洞口外拉支撑，防止模板突然全部掉落伤人。

9）高空拆模时，应有专人指挥，并在下面标明工作区，暂停人员过往。

10）定型模板要加强保护，拆除后即清理干净，堆放整齐，以利再用。

11）已拆除模板及其支架的结构，应在混凝土强度达到设计的混凝土强度标准值后才允许承受全部使用荷载。当承受施工荷载产生的效应比使用荷载更为不利时，必须经过核算，加设临时支撑。

细节：钢筋的力学性能

钢筋按生产工艺分类可分为：热轧钢筋、冷加工钢筋、预应力混凝土用钢丝及钢绞线。

热轧钢筋的力学性能指标见表5-7~表5-9。

表 5-7　热轧光圆钢筋的力学性能指标

牌　　号	公称直径/mm	屈服点 R_{el}/MPa	抗拉强度 R_m/MPa	断后伸长率 $A(\%)$	最大力总伸长率 $A_{gt}(\%)$	冷弯试验180° d—弯心直径 a—钢筋公称直径
		不小于				
HPB300	6~22	300	420	25.0	10.0	$d=a$

表 5-8　热轧带肋钢筋的力学性能指标

牌　　号	公称直径/mm	屈服点 R_{eL}/MPa	抗拉强度 R_m/MPa	断后伸长率 $A(\%)$	最大力总伸长率 $A_{gt}(\%)$
		不小于			
HRB400 HRBF400		400	540	16	7.5
HRB400E HRBF400E				—	9.0
HRB500 HRBF500	6~50	500	630	15	7.5
HRB500E HRBF500E				—	9.0
HRB600		600	730	14	7.5

表 5-9　低碳钢热轧圆盘条的力学性能指标

牌号	力学性能 抗拉强度 R_m /(N/mm²) 不大于	力学性能 断后伸长率 $A_{11.3}(\%)$ 不小于	冷弯试验180° d—弯心直径 a—试样直径	牌号	力学性能 抗拉强度 R_m /(N/mm²) 不大于	力学性能 断后伸长率 $A_{11.3}(\%)$ 不小于	冷弯试验180° d—弯心直径 a—试样直径
Q195	410	30	$d=0$	Q235	500	23	$d=0.5a$
Q215	435	28	$d=0$	Q275	540	21	$d=1.5a$

冷加工钢筋有冷轧、冷拔等形式。

冷轧带肋钢筋的力学性能见表5-10。

表 5-10 冷轧带肋钢筋力学性能指标

分类	牌号	$R_{p0.2}$/MPa 不小于	R_m/MPa 不小于	$R_m/R_{p0.2}$ 不小于	断后伸长率（%）不小于		最大力总延伸率（%）不小于	弯曲试验180°①	反复弯曲次数	应力松弛初始应力应相当于公称抗拉强度的70%
					A	A_{100}	A_{gt}			1000h 松弛率（%）不大于
普通钢筋混凝土用	CRB550	500	550	1.05	11.0	—	2.5	$D=3d$	—	—
	CRB600H	540	600	1.05	14.0	—	5.0	$D=3d$	—	—
	CRB680H②	600	680	1.05	14.0	—	5.0	$D=3d$	4	5
预应力混凝土用	CRB650	585	650	1.05	—	4.0	22.5		3	8
	CRB800	720	800	1.05	—	4.0	2.5		3	8
	CRB800H	720	800	1.05	—	7.0	4.0		4	5

注：①表中 D 为弯心直径，d 为钢筋公称直径。
②当该牌号钢筋作为普通钢筋混凝土用钢筋使用时，对反复弯曲和应力松弛不做要求；当该牌号钢筋作为预应力混凝土用钢筋使用时应进行反复弯曲试验代替180°弯曲试验，并检测松弛率。

冷拔低碳钢丝的力学性能见表 5-11。

表 5-11 冷拔低碳钢丝的力学性能指标

级别	公称直径 d/mm	抗拉强度 R_m/MPa 不小于	断后伸长率 A_{100}(%) 不小于	反复弯曲次数/(次/180°) 不小于
甲级	5.0	650	3.0	4
		600		
	4.0	700	2.5	
		650		
乙级	3.0, 4.0, 5.0, 6.0	550	2.0	

注：甲级冷拔低碳钢丝作预应力筋时，如经机械调直则抗拉强度标准值应降低50MPa。

预应力混凝土用钢丝可分为冷拉钢丝、消除应力光圆及螺旋肋钢丝、刻痕钢丝，其各自的力学性能见表 5-12、表 5-13。

刻痕钢丝的力学性能除弯曲次数外，其他应符合表 5-13 的规定。对所有规格消除应力的刻痕钢丝，其弯曲次数均应不小于 3 次。

表 5-12 压力管道用冷拉钢丝的力学性能

公称直径 d_n/mm	公称抗拉强度 R_m/MPa	最大力的特征值 F_m/kN	最大力的最大值 $F_{m.max}$/kN	0.2%屈服力 $F_{P0.2}$/kN ≥	每210mm扭矩的扭转次数 N ≥	断面收缩率 Z(%) ≥	氢脆敏感性能负载为70%最大力时，断裂时间 t/h≥	应力松弛性能初始力为最大力70%时，1000h应力松弛率 r(%) ≤
4.00	1470	18.48	20.99	13.86	10	35	75	7.5
5.00		28.86	32.79	21.65	10	35		
6.00		41.56	47.21	31.17	8	30		
7.00		56.57	64.27	42.42	8	30		
8.00		73.88	83.93	55.41	7	30		
4.00	1570	19.73	22.24	14.80	10	35		
5.00		30.82	34.75	23.11	10	35		
6.00		44.38	50.03	33.29	8	30		
7.00		60.41	68.11	45.31	8	30		
8.00		78.91	88.96	59.18	7	30		
4.00	1670	20.99	23.50	15.74	10	35		
5.00		32.78	36.71	24.59	10	35		
6.00		47.21	52.86	35.41	8	30		

（续）

公称直径 d_n/mm	公称抗拉强度 R_m/MPa	最大力的特征值 F_m/kN	最大力的最大值 $F_{m.max}$/kN	0.2%屈服力 $F_{P0.2}$/kN ≥	每210mm扭矩的扭转次数 N ≥	断面收缩率 Z(%) ≥	氢脆敏感性能负载为70%最大力时，断裂时间 t/h≥	应力松弛性能初始力为最大力70%时，1000h应力松弛率 r(%) ≤
7.00	1670	64.26	71.96	48.20	8	30		
8.00		83.93	93.99	62.95	6	30		
4.00	1770	22.25	24.76	16.69	10	35	75	7.5
5.00		34.75	38.68	26.06	10	35		
6.00		50.04	55.67	37.53	8	30		
7.00		68.11	75.81	51.08	6	30		

表 5-13　消除应力光圆及螺旋肋钢丝的力学性能

公称直径 d_n/mm	公称抗拉强度 R_m/MPa	最大力的特征值 F_m/kN	最大力的最大值 $F_{m.max}$/kN	0.2%屈服力 $F_{P0.2}$/kN ≥	最大力总伸长率 (L_0=200mm) A_{gt}(%) ≥	反复弯曲性能 弯曲次数/(次/180°) ≥	弯曲半径 R/mm	应力松弛性能 初始力相当于实际最大力的百分数(%)	1000h应力松弛率 r(%) ≤
4.00	1470	18.48	20.99	16.22		3	10		
4.80		26.61	30.23	23.35		4	15		
5.00		28.86	32.78	25.32		4	15		
6.00		41.56	47.21	36.47		4	15		
6.25		45.10	51.24	39.58		4	20		
7.00		56.57	64.26	49.64		4	20		
7.50		64.94	73.78	56.99		4	20		
8.00		73.88	83.93	64.84		4	20		
9.00		93.52	106.25	82.07		4	25		
9.50		104.19	118.37	91.44		4	25		
10.00		115.45	131.16	101.32		4	25		
11.00		139.69	158.70	122.59		—	—		
12.00		166.26	188.88	145.90		—	—		
4.00	1670	20.99	23.50	18.47	3.5	3	10	70	2.5
5.00		32.78	36.71	28.85		4	15	80	4.5
6.00		47.21	52.86	41.54		4	15		
6.25		51.24	57.38	45.09		4	20		
7.00		64.26	71.96	56.55		4	20		
7.50		73.78	82.62	64.93		4	20		
8.00		83.93	93.98	73.86		4	20		
9.00		106.25	118.97	93.50		4	25		
4.00	1770	22.25	24.76	19.58		3	10		
5.00		34.78	38.68	30.58		4	15		
6.00		50.04	55.69	44.03		4	15		
7.00		68.11	75.81	59.94		4	20		
7.50		78.20	87.04	68.81		4	20		
4.00	1860	23.38	25.89	20.57		3	10		
5.00		36.51	40.44	32.13		4	15		
6.00		52.58	58.23	46.27		4	15		
7.00		71.57	79.27	62.98		4	20		

钢绞线具有强度高、与混凝土粘结性好、结构中易排布和锚固等优点，多用于大跨度、重荷载的预应力混凝土结构中。

钢绞线的力学性能指标见表 5-14。

表 5-14 钢绞线的力学性能指标

钢绞线结构	钢绞线公称直径 D_n/mm	公称抗拉强度 R_m/MPa	整根钢绞线最大力 F_m/kN ≥	整根钢绞线最大力的最大值 $F_{m,max}$/kN	0.2%屈服力 $F_{p0.2}$/kN ≥	最大力总伸长率 (L_0≥400mm) A_{gt}(%) ≥	应力松弛性能 初始负荷相当于实际最大力的百分数(%)	1000h后应力松弛率 r(%) ≤
1×2	8.00	1470	36.9	41.9	32.5	对所有规格	对所有规格	对所有规格
	10.00	1470	57.8	65.6	50.9			
	12.00	1470	83.1	94.4	73.1			
	5.00	1570	15.4	17.4	13.6			
	5.80	1570	20.7	23.4	18.2			
	8.00	1570	39.4	44.4	34.7			
	10.00	1570	61.7	69.6	54.3			
	12.00	1570	88.7	100	78.1			
	5.00	1720	16.9	18.9	14.9			
	5.80	1720	22.7	25.3	20.0			
	8.00	1720	43.2	48.2	38.0			
	10.00	1720	67.6	75.5	59.5			
	12.00	1720	97.2	108	85.5			
	5.00	1860	18.3	20.2	16.1			
	5.80	1860	24.6	27.2	21.6			
	8.00	1860	46.7	51.7	41.1	3.5	70	2.5
	10.00	1860	73.1	81.0	64.3			
	12.00	1860	105	116	92.5			
	5.00	1960	19.2	21.2	16.9		80	4.5
	5.80	1960	25.9	28.5	22.8			
	8.00	1960	49.2	54.2	43.3			
	10.00	1960	77.0	84.9	67.8			
1×3	8.60	1470	55.4	63.0	48.8			
	10.80	1470	86.6	98.4	76.2			
	12.90	1470	125	142	110			
	6.20	1570	31.1	35.0	27.4			
	6.50	1570	33.3	37.5	29.3			
	8.60	1570	59.2	66.7	52.1			
	8.74	1570	60.6	68.3	53.3			
	10.80	1570	92.5	104	81.4			
	12.90	1570	133	150	117			
	8.74	1670	64.5	72.2	56.8			
	6.20	1720	34.1	38.0	30.0			
	6.50	1720	36.5	40.7	32.1			
	8.60	1720	64.8	72.4	57.0			
	10.80	1720	101	113	88.9			
	12.90	1720	146	163	128			
	6.20	1860	36.8	40.8	32.4			
	6.50	1860	39.4	43.7	34.7			

（续）

钢绞线结构	钢绞线公称直径 D_n/mm	公称抗拉强度 R_m/MPa	整根钢绞线最大力 F_m/kN ≥	整根钢绞线最大力的最大值 $F_{m,max}$/kN	0.2%屈服力 $F_{p0.2}$/kN ≥	最大力总伸长率（$L_0 \geq 400mm$）A_{gt}(%) ≥	应力松弛性能	
							初始负荷相当于实际最大力的百分数（%）	1000h后应力松弛率 r(%) ≤
1×3	8.60	1860	70.1	77.7	61.7	对所有规格	对所有规格	对所有规格
	8.74		71.8	79.5	63.2			
	10.80		110	121	96.8			
	12.90		158	175	139			
	6.20	1960	38.8	42.8	34.1			
	6.50		41.6	45.8	36.6			
	8.60		73.9	81.4	65.0			
	10.80		115	127	101			
	12.90		166	183	146			
1×3 I	8.70	1570	60.4	68.1	53.2			
		1720	66.2	73.9	58.3			
		1860	71.6	79.3	63.0			
1×7	15.20（15.24）	1470	206	234	181	3.5	70	2.5
		1570	220	248	194			
		1670	234	262	206			
	9.50（9.53）	1720	94.3	105	83.0		80	4.5
	11.10（11.11）		128	142	113			
	12.70		170	190	150			
	15.20（15.24）		241	269	212			
	17.80（17.78）		327	365	288			
	18.90	1820	400	444	352			
	15.70	1770	266	296	234			
	21.60		504	561	444			
	9.50（9.53）	1860	102	113	89.8			
	11.10（11.11）		138	153	121			
	12.70		184	203	162			
	15.20（15.24）		260	288	229			
	15.70		279	309	246			
	17.80（17.78）		355	391	311			
	18.90		409	453	360			
	21.60		530	587	466			
	9.50（9.53）	1960	107	118	94.2			
	11.10（11.11）		145	160	128			

（续）

钢绞线结构	钢绞线公称直径 D_n/mm	公称抗拉强度 R_m/MPa	整根钢绞线最大力 F_m/kN ≥	整根钢绞线最大力的最大值 $F_{m,max}$/kN	0.2%屈服力 $F_{p0.2}$/kN ≥	最大力总伸长率（$L_0 \geqslant 400mm$）A_{gt}(%) ≥	应力松弛性能	
							初始负荷相当于实际最大力的百分数(%)	1000h后应力松弛率 r(%) ≤
1×7	12.70	1960	193	213	170	对所有规格	对所有规格	对所有规格
	15.20 (15.24)		274	302	241			
1×7 I	12.70	1860	184	203	162			
	15.20 (15.24)		260	288	229			
(1×7)C	12.70	1860	208	231	183			
	15.20 (15.24)	1820	300	333	264			
	18.00	1720	384	428	338			
1×19S (1+9+9)	28.6	1720	915	1021	805	3.5	70	2.5
	17.8	1770	368	410	334			
	19.3		431	481	379			
	20.3		480	534	422			
	21.8		554	617	488			
	28.6		942	1048	829		80	4.5
	20.3	1810	491	545	432			
	21.8		567	629	499			
	17.8	1860	387	428	341			
	19.3		454	503	400			
	20.3		504	558	444			
	21.8		583	645	513			
1×19W (1+6+6/6)	28.6	1720	915	1021	805			
		1770	942	1048	829			
		1860	990	1096	854			

细节：钢筋的配料

1. 钢筋的混凝土保护层

钢筋的混凝土保护层厚度（钢筋外皮至混凝土面的距离）应符合设计要求。如设计无要求时，应符合表 5-15 的规定。

表 5-15 混凝土保护层的最小厚度 （单位:mm）

环境类别	板、墙、壳	梁、柱、杆
一	15	20
二 a	20	25
二 b	25	35
三 a	30	40
三 b	40	50

注：1. 混凝土强度等级不大于 C25 时，表中保护层厚度数值应增加 5mm。

2. 钢筋混凝土基础宜设置混凝土垫层，基础中钢筋的混凝土保护层厚度应从垫层顶面算起，且不应小于 40mm。

2. 构件配筋

（1）板配筋

1）板中受力钢筋的间距，当板厚不大于 150mm 时不宜大于 200mm；当板厚大于 150mm 时不宜大于板厚的 1.5 倍，且不宜大于 250mm。

2）采用分离式配筋的多跨板，板底钢筋宜全部伸入支座；支座负弯矩钢筋向跨内延伸的长度应根据负弯矩图确定，并满足钢筋锚固的要求。

简支板或连续板下部纵向受力钢筋伸入支座的锚固长度不应小于钢筋直径的 5 倍，且宜伸至支座中心线。当连续板内温度、收缩应力较大时，伸入支座的长度宜适当增加。

3）现浇混凝土空心楼板的体积空心率不宜大于 50%。

采用箱型内孔时，顶板厚度不应小于肋间净距的 1/15 且不应小于 50mm。当底板配置受力钢筋时，其厚度不应小于 50mm。内孔间肋宽与内孔高度比不宜小于 1/4，且肋宽不应小于 60mm，对预应力板不应小于 80mm。

采用管型内孔时，孔顶、孔底板厚均不应小于 40mm，肋宽与内孔径之比不宜小于 1/5，且肋宽不应小于 50mm，对预应力板不应小于 60mm。

4）按简支边或非受力边设计的现浇混凝土板，当与混凝土梁、墙整体浇筑或嵌固在砌体墙内时，应设置板面构造钢筋，并符合下列要求：

① 钢筋直径不宜小于 8mm，间距不宜大于 200mm，且单位宽度内的配筋面积不宜小于跨中相应方向板底钢筋截面面积的 1/3。与混凝土梁、混凝土墙整体浇筑单向板的非受力方向，钢筋截面面积尚不宜小于受力方向跨中板底钢筋截面面积的 1/3。

② 钢筋从混凝土梁边、柱边、墙边伸入板内的长度不宜小于 $l_0/4$，砌体墙支座处钢筋伸入板边的长度不宜小于 $l_0/7$，其中计算跨度 l_0 对单向板按受力方向考虑，对双向板按短边方向考虑。

③ 在楼板角部，宜沿两个方向正交、斜向平行，或按放射状布置附加钢筋。

④ 钢筋应在梁内、墙内或柱内可靠锚固。

5）当按单向板设计时，应在垂直于受力的方向布置分布钢筋，单位宽度上的配筋率不宜小于单位宽度上的受力钢筋的 15%，且配筋率不宜小于 0.15%；分布钢筋直径不宜小于 6mm，间距不宜大于 250mm；当集中荷载较大时，分布钢筋的配筋面积尚应增加，且间距不宜大于 200mm。

当有实践经验或可靠措施时，预制单向板的分布钢筋可不受本条的限制。

6）在温度、收缩应力较大的现浇板区域，应在板的表面双向配置防裂构造钢筋。配筋率均不宜小于 0.10%，间距不宜大于 200mm。防裂构造钢筋可利用原有钢筋贯通布置，也可另行设置钢筋并与原有钢筋按受拉钢筋的要求搭接或在周边构件中锚固。

楼板平面的瓶颈部位宜适当增加板厚和配筋。沿板的洞边、凹角部位宜加配防裂构造钢筋，并采取可靠的锚固措施。

7）混凝土厚板及卧置于地基上的基础筏板，当板的厚度大于 2m 时，除应沿板的上、下表面布置的纵、横方向钢筋外，尚宜在板厚不超过 1m 范围内设置与板面平行的构造钢筋网片，网片钢筋直径不宜小于 12mm，纵横方向的间距不宜大于 300mm。

8）当混凝土板的厚度不小于 150mm 时，对板的无支承边的端部，宜设置 U 形构造钢筋并与板顶、板底的钢筋搭接，搭接长度不宜小于 U 形构造钢筋直径的 15 倍且不宜小于 200mm；也可采用板面、板底钢筋分别向下、上弯折搭接的形式。

（2）梁配筋

1）梁的纵向受力钢筋应符合下列规定：

① 伸入梁支座范围内的钢筋不应少于两根。

② 梁高不小于 300mm 时，钢筋直径不应小于 10mm；梁高小于 300mm 时，钢筋直径不应小于 8mm。

③ 梁上部钢筋水平方向的净间距不应小于 30mm 和 $1.5d$；梁下部钢筋水平方向的净间距不应小于 25mm 和 $1d$。当下部钢筋多于 2 层时，2 层以上钢筋水平方向的中距应比下面 2 层的中距增大一倍；各层钢筋之间的净间距不应小于 25mm 和 $1d$，d 为钢筋的最大直径。

④ 在梁的配筋密集区域可采用并筋的配筋形式。

2）梁的上部纵向构造钢筋应符合下列要求：

① 当梁端按简支计算但实际受到部分约束时，应在支座区上部设置纵向构造钢筋。其截面面积不应小于梁跨中下部纵向受力钢筋计算所需截面面积的 1/4，且不应少于 2 根。该纵向构造钢筋自支座边缘向跨内伸出的长度不应小于 $l_0/5$，l_0 为梁的计算跨度。

② 对架立钢筋，当梁的跨度小于 4m 时，直径不宜小于 8mm；当梁的跨度为 4~6m 时，直径不宜小于 10mm；当梁的跨度大于 6m 时，直径不宜小于 12mm。

3）混凝土梁宜采用箍筋作为承受剪力的钢筋。

当采用弯起钢筋时，弯起角宜取 45°或 60°；在弯终点外应留有平行于梁轴线方向的锚固长度，且在受拉区不应小于 $20d$，在受压区不应小于 $10d$，d 为弯起钢筋的直径；梁底层钢筋中的角部钢筋不应弯起，顶层钢筋中的角部钢筋不应弯下。

4）梁中箍筋的配置应符合下列规定：

① 按承载力计算不需要箍筋的梁，当截面高度大于 300mm 时，应沿梁全长设置构造箍筋；当截面高度 $h=150~300$mm 时，可仅在构件端部 $l_0/4$ 范围内设置构造箍筋，l_0 为跨度。但当在构件中部 $l_0/2$ 范围内有集中荷载作用时，则应沿梁全长设置箍筋。当截面高度小于 150mm 时，可以不设置箍筋。

② 截面高度大于 800mm 的梁，箍筋直径不宜小于 8mm；对截面高度不大于 800mm 的梁，不宜小于 6mm。梁中配有计算需要的纵向受压钢筋时，箍筋直径尚不应小于 $d/4$，d 为受压钢筋最大直径。

③ 梁中箍筋的最大间距宜符合表 5-16 的规定；当 V 大于 $0.7f_tbh_0+0.05N_{p0}$ 时，箍筋的配筋率 ρ_{sv}（$\rho_{sv}=A_{sv}/(bs)$）尚不应小于 $0.24f_t/f_{yv}$。

表 5-16　梁中箍筋的最大间距　（单位：mm）

梁高 h	$V>0.7f_tbh_0+0.05N_{p0}$	$V\leqslant0.7f_tbh_0+0.05N_{p0}$
$150<h\leqslant300$	150	200
$300<h\leqslant500$	200	300
$500<h\leqslant800$	250	350
$h>800$	300	400

④ 当梁中配有按计算需要的纵向受压钢筋时，箍筋应符合以下规定：

a. 箍筋应做成封闭式，且弯钩直线段长度不应小于 $5d$，d 为箍筋直径；

b. 箍筋的间距不应大于 $15d$，并不应大于 400mm。当一层内的纵向受压钢筋多于 5 根且直径大于 18mm 时，箍筋间距不应大于 $10d$，d 为纵向受压钢筋的最小直径；

c. 当梁的宽度大于 400mm 且一层内的纵向受压钢筋多于 3 根时，或当梁的宽度不大于 400mm 但一层内的纵向受压钢筋多于 4 根时，应设置复合箍筋。

5）梁的腹板高度 h_w 不小于 450mm 时，在梁的两个侧面应沿高度配置纵向构造钢筋。每侧纵向构造钢筋（不包括梁上、下部受力钢筋及架立钢筋）的间距不宜大于 200mm，截面面积不应小于腹板截面面积（bh_w）的 0.1%，但当梁宽较大时可以适当放松。

6）薄腹梁或需作疲劳验算的钢筋混凝土梁，应在下部 1/2 梁高的腹板内沿两侧配置直径 8~14mm 的纵向构造钢筋，其间距为 100~150mm 并按下密上疏的方式布置。

（3）柱配筋

1）柱中纵向钢筋的配置应符合下列规定：

① 纵向受力钢筋直径不宜小于 12mm；全部纵向钢筋的配筋率不宜大于 5%。

② 柱中纵向钢筋的净间距不应小于 50mm，且不宜大于 300mm。

③ 偏心受压柱的截面高度不小于 600mm 时，在柱的侧面上应设置直径不小于 10mm 的纵向构造钢筋，并相应设置复合箍筋或拉筋。

④ 圆柱中纵向钢筋不宜少于 8 根，不应少于 6 根；且宜沿周边均匀布置。

⑤ 在偏心受压柱中，垂直于弯矩作用平面的侧面上的纵向受力钢筋以及轴心受压柱中各边的纵向受力钢筋，其中距不宜大于 300mm。

2）柱中的箍筋应符合下列规定：

① 箍筋直径不应小于 $d/4$，且不应小于 6mm，d 为纵向钢筋的最大直径。

② 箍筋间距不应大于 400mm 及构件截面的短边尺寸，且不应大于 $15d$，d 为纵向钢筋的最小直径。

③ 柱及其他受压构件中的周边箍筋应做成封闭式。

④ 当柱截面短边尺寸大于 400mm 且各边纵向钢筋多于 3 根时，或当柱截面短边尺寸不大于 400mm 但各边纵向钢筋多于 4 根时，应设置复合箍筋。

⑤ 柱中全部纵向受力钢筋的配筋率大于 3% 时，箍筋直径不应小于 8mm，间距不应大于 $10d$，且不应大于 200mm。箍筋末端应做成 135° 弯钩，且弯钩末端平直段长度不应小于 $10d$，d 为纵向受力钢筋的最小直径。

⑥ 在配有螺旋式或焊接环式箍筋的柱中，如在正截面受压承载力计算中考虑间接钢筋的作用时，箍筋间距不应大于 80mm 及 $d_{cor}/5$，且不宜小于 40mm，d_{cor} 为按箍筋内表面确定的核心截面直径。

3. 钢筋最小配筋率

配筋率是纵向受力钢筋的截面积与构件有效面积的比值。构件中应配置多少钢筋，要通过计算确定。钢筋混凝土构件中纵向受力钢筋的最小配筋率应符合表 5-17 的规定。

表 5-17　纵向受力钢筋的最小配筋百分率 $\rho_{\min}$　　　　（单位:%）

受 力 类 型			最小配筋百分率
受压构件	全部纵向钢筋	强度等级 500MPa	0.50
		强度等级 400MPa	0.55
		强度等级 300MPa、335MPa	0.60
	一侧纵向钢筋		0.20
受弯构件、偏心受拉、轴心受拉构件一侧的受拉钢筋			0.20 和 $45f_t/f_y$ 中的较大值

注：1. 受压构件全部纵向钢筋最小配筋百分率，当采用 C60 以上强度等级的混凝土时，应按表中规定增加 0.10。
　　2. 板类受弯构件(不包括悬臂板)的受拉钢筋，当采用强度级别 400MPa、500MPa 的钢筋时，其最小配筋百分率应允许采用 0.15 和 $45f_t/f_y$ 中的较大值。
　　3. 偏心受拉构件中的受压钢筋，应按受压构件一侧纵向钢筋考虑。
　　4. 受压构件的全部纵向钢筋和一侧纵向钢筋的配筋率以及轴心受拉构件和小偏心受拉构件一侧受拉钢筋的配筋率均应按构件的全截面面积计算。
　　5. 受弯构件、大偏心受拉构件一侧受拉钢筋的配筋率应按全截面面积扣除受压翼缘面积 $(b'_f-b)h'_f$ 后的截面面积计算。
　　6. 当钢筋沿构件截面周边布置时，"一侧纵向钢筋"系指沿受力方向两个对边中一边布置的纵向钢筋。

4. 钢筋锚固

纵向受拉钢筋的最小锚固长度见表 5-18。

表 5-18　纵向受拉钢筋的最小锚固长度

钢筋种类	混凝土强度等级								
	C20	C25	C30	C35	C40	C45	C50	C55	≥C60
HPB300	39d	34d	30d	28d	25d	24d	23d	22d	21d
HRB335 HRBF335	38d	33d	29d	27d	25d	23d	22d	21d	21d
HRB400 HRBF400 RRB400	—	40d	35d	32d	29d	28d	27d	26d	25d
HRB500 HRBF500	—	48d	43d	39d	36d	34d	32d	31d	30d

5. 钢筋下料长度计算

（1）钢筋下料长度计算公式

$$\text{直钢筋下料长度}=\text{构件长}-\text{保护层厚度}+\text{弯钩增加长度} \qquad (5\text{-}1)$$
$$\text{弯起钢筋下料长度}=\text{直段长度}+\text{斜段长度}+\text{弯钩增加长度} \qquad (5\text{-}2)$$
$$\text{箍筋下料长度}=\text{箍筋周长}+\text{箍筋调整值} \qquad (5\text{-}3)$$

钢筋弯钩增加长度计算值：

180°弯钩为 6.25d

90°弯钩为 3.5d

35°弯钩为 4.9d(d 为钢筋直径)

钢筋如有接长,应另加搭接长度。

(2)钢筋弯曲调整值　由于钢筋弯曲后外侧伸长,内侧缩短以及钢筋计算长度与下料长度存在差异(下料长度比计算长度要短些),因此弯曲加工钢筋必须考虑下料长度调整值。钢筋弯曲调整值可参照表 5-19。

表 5-19　钢筋弯曲调整值

钢筋弯曲角度	30°	45°	60°	90°	135°
钢筋弯曲调整值	0.35d	0.5d	0.85d	2d	2.5d

注:d 为钢筋直径。

细节:钢筋的加工

钢筋加工的形式有冷拉、冷拔、调直、切断、除锈、弯曲成形、绑扎成形等。

1. 冷拉、冷拔

钢筋的冷拉是在常温下通过冷拉设备对钢筋进行强力拉伸,使钢筋产生塑性变形,以达到调直钢筋、提高强度的目的。对 HPB300、HRB335、HRB400、RRB400 级钢筋都可以进行冷拉。冷拉 HPB300 级钢筋可用作普通混凝土结构中的受拉钢筋,冷拉 HRB335、HRB400、RRB400 级钢筋可用做预应力混凝土结构中的预应力钢筋。

钢筋的冷拉应力和冷拉率是影响钢筋冷拉质量的两个主要参数。采用控制冷拉应力方法时,其冷拉控制应力及最大冷拉率应符合表 5-20 的规定。当采用控制冷拉率方法时,冷拉率必须由试验确定。冷拉钢筋的检查验收方法和质量要求应符合《混凝土结构工程施工质量验收规范》(GB 50204—2015)中的有关规定。

表 5-20　冷拉控制应力及最大冷拉率

钢　筋　级　别	钢筋直径/mm	冷拉控制应力/MPa	最大冷拉率(%)
HPB300	≤12	280	10.0
HRB335	≤25	450	5.5
	28~40	430	5.5
HRB400	8~40	500	5.0

钢筋的冷拔是使直径 6~8mm 的 HPB300 级钢筋在常温下强力通过特制的直径逐渐减小的钨合金拔丝模孔,多次拉拔成比原钢筋直径小的钢丝。拉拔中钢筋产生塑性变形,同时其强度也得到较大提高。经冷拔的钢筋称为冷拔低碳钢丝。冷拔低碳钢丝有甲级、乙级两种,甲级钢丝适用于作预应力筋,乙级钢丝适用于作焊接网,焊接骨架、箍筋和构造钢筋。

冷拔低碳钢丝的质量要求为:表面不得有裂纹和机械损伤,并应按施工规范要求进行拉力试验和反复弯曲试验。

2. 调直、切断、除锈

（1）钢筋调直 钢筋调直是指将钢筋调整成为使用时的直线状态。钢筋调直有手工调直和机械调直。细钢筋可采用调直机调直，粗钢筋可以采用锤直或扳直的方法。钢筋的调直还可采用冷拉方法，其冷拉率为 HPB300 级钢筋不大于 4%，HRB335 级、HRB400 级、HRB500 级、HRBF335 级、HRBF400 级、HRBF500 级和 RRB400 级钢筋的冷拉率不宜大于 1%。一般拉至钢筋表面氧化皮开始脱落为止。

（2）钢筋的切断 钢筋的切断可采用钢筋切断机或手动切断器。

（3）钢筋除锈 施工现场的钢筋容易生锈，应除去钢筋表面可能产生的颗粒状或片状老锈。钢筋除锈可用人工除锈、钢筋除锈机除锈和酸洗除锈。

3. 弯曲成形

弯曲成形是将已切断、配好的钢筋按照施工图纸的要求加工成规定的形状尺寸。常用弯曲成形设备是钢筋弯曲成形机，也有的采用简易钢筋弯曲成形装置。

钢筋加工中其弯曲和弯折应符合下列规定：

1）HPB300 级钢筋末端应做 180°弯钩，其弯弧内直径不应小于钢筋直径的 2.5 倍，弯钩的弯后平直部分长度不应小于钢筋直径的 3 倍。

2）当设计要求钢筋末端需做 135°弯钩时，HRB335、HRB400 级钢筋的弯弧内直径不应小于钢筋直径的 4 倍，弯钩的弯后平直部分长度应符合设计要求。

3）钢筋作不大于 90°的弯折时，弯折处的弯弧内直径不应小于钢筋直径的 5 倍。

4. 绑扎成形

绑扎是指在钢筋的交叉点用细铁丝将其扎牢使其成为钢筋骨架或钢筋网片，也可以使两段钢筋连接起来（绑扎连接）。

细节：钢筋的焊接

钢筋的焊接质量与钢材的可焊性、焊接工艺有关。可焊性与含碳量、合金元素的数量有关，含碳、锰数量增加，则可焊性差；而含适量的钛可改善可焊性。焊接工艺（焊接参数与操作水平）亦影响焊接质量，即使可焊性差的钢材，若焊接工艺合宜，亦可获得良好的焊接质量。当环境温度低于$-5℃$，即为钢筋低温焊接，此时应调整焊接工艺参数，使焊缝和热影响区缓慢冷却。风力超过 4 级时，应有挡风措施。环境温度低于$-20℃$时不得进行焊接。

1. 钢筋对焊

钢筋对焊是将两钢筋成对接形式水平安置在对焊机夹钳中，使两钢筋接触，通以低电压的强电流，把电能转化为热能（电阻热）。当钢筋加热到一定程度后，即施加轴向压力挤压（称为顶锻），便形成对焊接头。其原理见图 5-9。

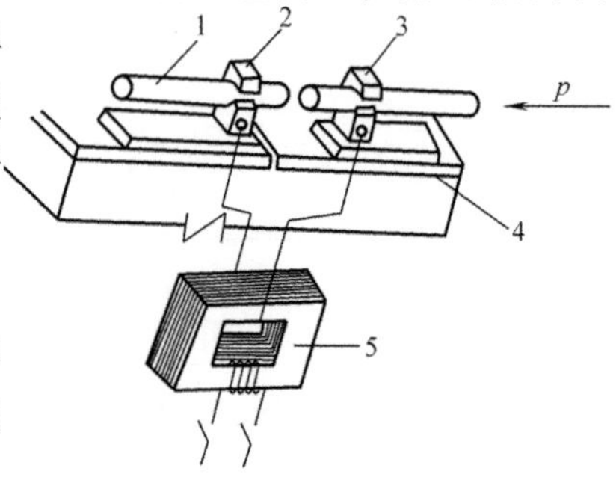

钢筋对焊具有生产效率高、操作方便、节约钢材、焊

图 5-9 钢筋对焊原理图
1—钢筋 2—固定电极 3—可动电极
4—机座 5—焊接变压器

接质量高、接头受力性能好等许多优点。适用于直径 10~40mm 的 HPB300 级、HRB335 级和 HRB400 级热轧钢筋、直径 10~25mm 的 RRB400 级热轧钢筋以及直径 10~25mm 的余热处理 HRB400 级钢筋的焊接。

(1) 钢筋对焊工艺 钢筋对焊过程如下：先将钢筋夹入对焊机的两电极中(钢筋与电极接触处应清除锈污,电极内应通入循环冷却水),闭合电源,然后使钢筋两端面轻微接触,这时即有电流通过。由于接触轻微,钢筋端面不平,接触面很小,故电流密度和接触电阻很大,因此接触点很快熔化,形成"金属过梁"。过梁被进一步加热,产生金属蒸汽飞溅(火花般的熔化金属微粒自钢筋两端面的间隙中喷出,此过程称为烧化),形成闪光现象,故也称闪光对焊。通过烧化使钢筋端部温度升高到要求温度后,便快速将钢筋挤压(称顶锻),然后断电,即形成对焊接头。

根据所用对焊机功率大小及钢筋品种、直径不同,闪光对焊又分连续闪光焊、预热闪光焊、闪光-预热-闪光焊等不同工艺。钢筋直径较小时,可采用连续闪光焊;钢筋直径较大,端面较平整时,宜采用预热闪光焊;直径较大,且端面不够平整时,宜采用闪光-预热-闪光焊,RRB400 级钢筋必须采用预热闪光焊或闪光-预热-闪光焊,对 RRB400 钢筋中焊接性较差的钢筋,还应采取焊后通电热处理的方法,以改善接头焊接质量。

(2) 焊后通电热处理 RRB400 钢筋中焊接性差的钢筋对氧化、淬火及过热较敏感,易产生氧化缺陷和脆性组织。为改善焊接质量,可采用焊后通过电热处理的方法对焊接接头进行一次退火或高温回火处理,以达到消除热影响区产生的脆性组织,改善塑性的目的。通电热处理应待接头稍冷却后进行,过早会使加热不均匀,近焊缝区容易遭受过热。热处理温度与焊接温度有关,焊接温度较低者宜采用较低的热处理温度,反之宜采用较高的热处理温度。

热处理时采用脉冲通电,其频率主要与钢筋直径和电流大小有关,钢筋较细时采用高值,钢筋较粗时采用低值。通电热处理可在对焊机上进行。其过程为:当焊接完毕后,待接头冷却至 300℃(钢筋呈暗黑色)以下时,松开夹具,将电极钳口调到最大距离,把焊好的接头放在两钳口间中心位置,重新夹紧钢筋,采用较低的变压器级数,对接头进行脉冲式通电加热(频率以 0.51s 为宜)。当加热到 750~850℃(钢筋呈橘红色)时,通电结束,然后让接头在空气中自然冷却。

(3) 钢筋的低温对焊 钢筋在环境温度低于 -5℃ 的条件下进行对焊则属低温对焊。在低温条件下焊接时,焊件冷却快,容易产生淬硬现象,内应力也将增大,使接头力学性能降低,给焊接带来不利因素。因此在低温条件下焊接时,应掌握好冷却速度。为使加热均匀,增大焊件受热区域,宜采用预热闪光焊或闪光-预热-闪光焊。

其焊接参数与常温相比:调伸长度应增加 10%~20%;变压器级数降低一级或二级;烧化过程中期的速度适当减慢;预热时的接触压力适当提高,预热间歇时间适当延长。

(4) 焊接质量检查 应将对焊接头进行外观检查,并按《钢筋焊接及验收规程》(JGJ 18—2012)的规定作拉伸试验和冷弯试验(预应力筋与螺栓端杆对焊接头只作拉伸试验,不作冷弯试验)。外观检查时,接头表面不得有横向裂纹;与电极接触处的钢筋表面不得有明显的烧伤(对于 RRB400 级钢筋不得有烧伤);接头处的弯折不得大于 4°;钢筋轴线偏移不得大于 0.1 倍钢筋直径,同时不得大于 2mm。拉伸试验时,抗拉强度不得低于该级钢筋的规定抗拉强度；试样应呈塑性断裂并断裂于焊缝之外。冷弯试验时，应将受压面的金属毛刺和镦粗变形部分去除，与母材的外表齐平。弯心直径应按《钢筋焊接及验收规程》（JGJ 18—2012）规定选取，弯曲至90°时，接头外侧不得出现宽度大于0.15mm的横向裂纹。

2. 钢筋电弧焊接

钢筋电弧焊是以焊条为一极，钢筋为另一级，利用焊接电流通过产生的电弧进行焊接的一种熔焊方法。电弧焊应用范围广，如钢筋的接长、钢筋骨架的焊接、钢筋与钢板的焊接、装配式结构接头的焊接及其他各种钢结构的焊接等。钢筋电弧焊包括帮条焊、搭接焊、熔槽帮条焊、坡口焊、窄间隙焊、钢筋与钢筋搭接焊、预埋件T形角焊等。

（1）焊条选用 焊条选用应符合设计要求，若设计未作规定，可参考表5-21选用。重要结构中钢筋的焊接，应采用低氢型碱性焊条，并应按说明书的要求进行烘焙后使用。

表5-21 钢筋电弧焊所采用焊条、焊丝推荐表

钢筋牌号	电弧焊接头形式			
	帮条焊 搭接焊	坡口焊 熔槽帮条焊 预埋件穿孔塞焊	窄间隙焊	钢筋与钢板搭接焊 预埋件T形角焊
HPB300	E4303 ER50-X	E4303 ER50-X	E4316 E4315 ER50-X	E4303 ER50-X
HRB335 HRBF335	E5003 E4303 E5016 E5015 ER50-X	E5003 E5016 E5015 ER50-X	E5016 E5015 ER50-X	E5003 E4303 E5016 E5015 ER50-X
HRB400 HRBF400	E5003 E5516 E5515 ER50-X	E5503 E5516 E5515 ER55-X	E5516 E5515 ER55-X	E5003 E5516 E5515 ER50-X
HRB500 HRBF500	E5503 E6003 E6016 E6015 ER55-X	E6003 E6016 E6015	E6016 E6015	E5503 E6003 E6016 E6015 ER55-X
RRB400W	E5003 E5516 E5515 ER50-X	E5503 E5516 E5515 ER55-X	E5016 E5015 ER50-X	E5003 E5516 E5515 ER50-X

施工时，可参考表5-22选择焊条直径和焊接电流。

表 5-22 焊条直径和焊接电流选择

搭接焊、帮条焊			坡口焊			
焊接位置	钢筋直径/mm	焊条直径/mm	焊接直流/A	焊接位置	钢筋直径/mm	焊条直径/mm	焊接直流/A
平焊	10~12	3.2	90~130	平焊	16~20	3.2	140~170
	14~22	4	130~180		22~25	4	170~190
	25~32	5	180~230		28~32	5	190~220
	36~40	5	190~240		38~40	5	200~230
立焊	10~12	3.2	80~110	立焊	16~20	3.2	120~150
	14~22	4	110~150		22~25	4	150~180
	25~32	4	120~170		28~32	4	180~200
	36~40	5	170~220		38~40	5	190~210

（2）搭接焊　钢筋搭接焊可用于 $\phi10 \sim \phi40$ 的热轧光圆及带肋钢筋、$\phi10 \sim \phi25$ 余热处理钢筋。焊接时宜采用双面焊，不能进行双面焊时，也可采用单面焊搭接。长度 l 应与帮条长度相同，见表 5-23。

表 5-23 钢筋帮条（搭接）长度

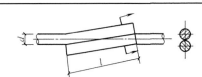

钢筋级别	焊缝形式	帮条长度 l
HPB300	单面焊	$\geqslant 8d$
	双面焊	$\geqslant 4d$
HRB335、HRBF335 HRB400、HRBF400 HRB500、HRBF500、RRB400W	单面焊	$\geqslant 10d$
	双面焊	$\geqslant 5d$

钢筋搭接接头的焊缝有效厚度 s 不应小于主筋直径的 30%；焊缝宽度 b 不应小于主筋直径的 80%，见图 5-10，焊接前，钢筋宜预弯，以保证两钢筋的轴线在一条直线上，使接头受力性能良好。

钢筋与钢板搭接焊时，接头形式见图 5-11。HPB300 级钢筋的接头长度 l 不小于 4 倍钢筋直径，其他牌号钢筋的搭接长度 l 不小于 5 倍钢筋直径，焊缝宽度 b 不小于钢筋直径的60%，焊缝有效厚度 s 不小于钢筋直径的 35%。

（3）帮条焊　帮条焊适用于直径为 10~40mm 的 HPB300 级、HRB335 级、HRB400 级钢筋。

帮条焊宜采用双面焊，见图 5-12a。如条件所限，不能进行双面焊时，也可采用单面焊，见图 5-12b。

帮条宜采用与主筋同牌号、同直径的钢筋制作，其帮条长度 l，见表 5-24。如帮条直径与主筋相同时，帮条牌号可与主筋相同或低一个牌号等级；当帮条牌号与主筋相同时，帮条直径可与主筋相同或小一个规格。

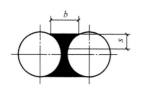

图 5-10 焊缝尺寸示意图

b—焊缝宽度 s—焊缝有效厚度

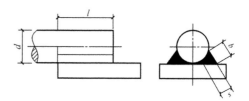

图 5-11 钢筋与钢板搭接接头

d—钢筋直径 l—搭接长度 b—焊缝宽度

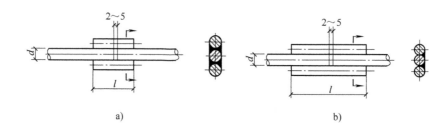

图 5-12 钢筋帮条焊接头

a）双面焊 b）单面焊

d—钢筋直径 l—帮条长度

钢筋帮条接头的焊缝厚度及宽度要求同搭接焊。帮条焊时，两主筋端面的间隙应为 2~5mm；帮条与主筋之间应用四点定位焊固定，定位焊缝与帮条端部的距离应大于或等于 20mm。

（4）熔槽帮条焊 钢筋熔槽帮条焊接头适用于直径 $d \geq 20mm$ 钢筋的现场安装焊接。焊接时，应加边长为 40~60mm 的角钢作垫板模。此角钢除作垫板模用外，还起帮条作用。

钢筋熔槽帮条焊接头形式，见图 5-13。

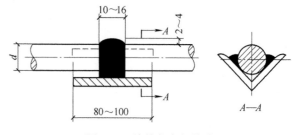

图 5-13 熔槽帮条焊接头

角钢边长宜为 40~70mm，长度宜为 80~100mm。钢筋端头加工平整，两钢筋端面的间隙应为 10~16mm。从接缝处垫板引弧后应连续施焊，并应使钢筋端部熔合。在焊接过程中应及时停焊清渣。焊平后，再进行焊缝余高焊接，其高度应为 2~4mm。钢筋与角钢垫板之间，应加焊侧面焊缝 1~3 层，焊缝应饱满，表面应平整。

（5）坡口焊 坡口焊适用于装配式

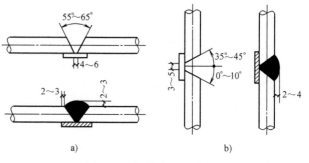

图 5-14 钢筋坡口焊接头

a）平焊 b）立焊

框架结构安装时的柱间节点或梁与柱的节点焊接。

钢筋坡口焊时坡口面应平顺，切口边缘不得有裂纹和较大的钝边、缺棱。钢筋坡口平焊时，V形坡口角度为55°~65°，见图5-14a；坡口立焊时，下钢筋为0°~10°，上钢筋为35°~45°，见图5-14b。

钢垫板长度为40~60mm，厚度为4~6mm。平焊时，钢垫板宽度为钢筋直径加10mm；立焊时，其宽度应等于钢筋直径。钢筋根部间隙，平焊时，为4~6mm；立焊时，为3~5mm。坡口焊时，焊缝根部、坡口端面以及钢筋与钢板之间均应熔合；焊接过程中应经常清渣；钢筋与钢垫板之间应加焊2~3层侧面焊缝；焊缝的宽度应大于V形坡口的边缘2~3mm，焊缝余高应为2~4mm，并宜平缓过渡至钢筋表面。

（6）窄间隙焊　窄间隙焊具有焊前准备简单、焊接操作难度较小、焊接质量好、生产率高，焊接成本低、受力性能好的特点。适用于直径为16mm及16mm以上HPB300级、HRB335级、HRB400级钢筋的现场水平连接，但不适用于经余热处理过的HRB400级钢筋。

钢筋窄间隙焊接头见图5-15，其成形过程见图5-16。

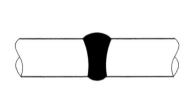

图5-15　钢筋窄间隙焊接头

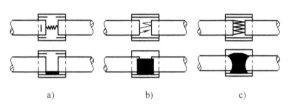

a) b) c)

图5-16　钢筋窄间隙接头成形过程
a）焊接初期　b）焊接中期　c）焊接末期

窄间隙焊接时，钢筋应置于钢模中，并留出一定间隙，用焊条连续焊接，熔化金属端面和使熔敷金属填充间隙，形成接头。从焊缝根部引弧后应连续进行焊接，左、右来回运弧，在钢筋端面处电弧应少许停留，并使熔合；当焊至端面间隙的4/5高度后，焊缝应逐渐加宽；焊缝余高应为2~4mm，且应平缓过渡至钢筋表面。

（7）钢筋与钢板搭接焊　钢筋与钢板搭接焊适用于焊接直径为8~40mm的HPB300级、HRB335级钢筋。

钢筋与钢板搭接焊接头见图5-17。

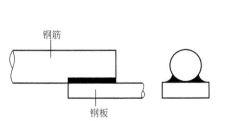

图5-17　钢筋与钢板搭接焊接头

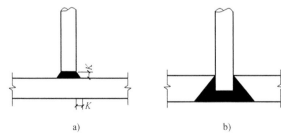

a) b)

图5-18　预埋件钢筋电弧焊T形接头
a）角焊　b）穿孔焊

钢筋的搭接长度不得小于钢筋直径的4倍。

焊缝宽度不得小于钢筋直径的60%，焊缝有效厚度不得小于钢筋直径的35%。

（8）预埋件钢筋电弧焊 预埋件钢筋电弧焊 T 形接头分为角焊和穿孔塞焊。角焊适用于焊接直径 6～25mm 的 HPB300、HRB335 级钢筋；穿孔塞焊适用于焊接直径为 20～25mm 的 HPB300 级、HRB335 级钢筋。

预埋件钢筋电弧焊 T 形接头见图 5-18。

角焊缝焊脚尺寸（K）不得小于钢筋直径的 50%；采用其他牌号钢筋时，焊脚尺寸（K）不得小于钢筋直径的 60%，施焊中不得使钢筋咬边和烧伤。

（9）钢筋电弧焊接质量控制 钢筋电弧焊接头的质量应符合外观检查和拉伸试验的要求。外观检查时，接头焊缝应表面平整，不得有较大凹陷或焊瘤；接头区域不得有裂纹；坡口焊、熔槽帮条焊和窄间隙焊接头的焊缝余高应为 2～4mm；咬边深度、气孔、夹渣的数量和大小以及接头尺寸偏差应符合有关规定。

3. 电渣压力焊

钢筋电渣压力焊是将两钢筋安放成竖向对接形式，利用焊接电流通过两钢筋端面间隙，在焊剂层下形成电弧过程和电渣过程，产生电弧热和电阻热，熔化钢筋，加压完成连接的一种焊接方法。具有操作方便、效率高、成本低、工作条件好等特点，适用于高层建筑现浇混凝土结构施工中直径为 12～32mm 的热轧 HPB300 级、HRB335 级钢筋的竖向或斜向（倾斜度在 4:1 范围内）连接。但不得在竖向焊接之后，再横置于梁、板等构件中作水平钢筋之用。

钢筋电渣压力焊具有电弧焊、电渣焊和压力焊的特点。其焊接过程可分四个阶段，即：引弧过程→电弧过程→电渣过程→顶压过程。其中电弧和电渣两过程对焊接质量有重要的影响，故应根据待焊钢筋直径的大小，合理选择焊接参数。

钢筋电渣压力焊机按操作方式可分成手动式和自动式两种。一般由焊接电源、焊接机头和控制箱三部分组成见图 5-19。

（1）焊接中注意要点

1）钢筋焊接的端头要直、端面宜平。

2）上下钢筋要对准，焊接过程中不能晃动钢筋。

3）焊接设备外壳要接地，焊接人员要穿绝缘鞋和戴绝缘手套。

4）正式焊前应进行试焊，并将试件进行试拉合格后才可正式施工。

5）焊完后应回收焊药、清除焊渣。

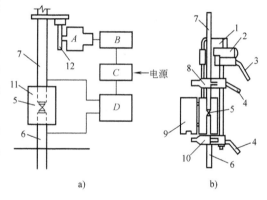

图 5-19 电动凸轮式钢筋自动电渣压力焊机示意图
1—把子 2—电动机传动部分 3—电源线 4—焊把线
5—钢丝圈 6—下钢筋 7—上钢筋 8—上夹头
9—焊药盒 10—下夹头 11—焊剂 12—凸轮
A—电动机与减速箱 B—操作箱
C—控制箱 D—焊接变压器

6）低温焊接时，通电时间应适应增加 1～3s，增大电流量（要有挡风设施，雨雪天不能焊），稍停歇时间要长些，拆除卡具后焊壳应稍迟一些敲掉，让接头有一段保温时间。

7）应组织专业小组，焊接人员要培训，施工中要配专业电工。

（2）焊接接头外观质量检查 电渣压力焊焊接接头四周焊包凸出钢筋表面的高度，当钢筋直径为 25mm 及以下时，不得小于 4mm；当钢筋直径为 28mm 及以上时，不得小于

6mm。钢筋与电极接触处，应无烧伤缺陷。接头处的轴线偏移不得大于1mm。接头处的弯折角不得大于2°。

4. 气压焊

钢筋气压焊，是采用一定比例的氧气和乙炔焰为热源，对需要连接的两钢筋端部接缝处进行加热，使其达到热塑状态，同时对钢筋施加30~40MPa的轴向压力，使钢筋顶锻在一起。该焊接方法使钢筋在还原气体的保护下，发生塑性流变后相互紧密接触，促使端面金属晶体相互扩散渗透，再结晶，再排列，形成牢固的焊接接头。这种方法设备投资少、施工安全、节约钢材和电能，不仅适用于竖向钢筋的连接，也适用于各种方向布置的钢筋连接。适用范围为直径14~40mm的HPB300级、HRB335级和HRB400级钢筋（25MnSi HRB400级钢筋除外）。

（1）施工前应做好的准备

1）施工前应对现场有关人员和操作工人进行钢筋气压焊的技术培训。培训的重点是焊接原理、工艺参数的选用、操作方法、接头检验方法、不合格接头产生的原因和防治措施等。对磨削、装卸等辅助作业工人，亦需了解有关规定和要求。焊工必须经考核并发给合格证后方准进行操作。

2）在正式焊接前，对所有需作焊接的钢筋，应按《混凝土结构工程施工质量验收规范》（GB 50204—2015）有关规定截取试件，进行试验。试件应切取6根，3根作弯曲试验，3根作拉伸试验，并按试验合格所确定的工艺参数进行施焊。

3）竖向压接钢筋时，应先搭好脚手架。

4）对钢筋气压焊设备和安全技术措施进行仔细检查，以确保正常使用。

（2）焊接钢筋端部加工的要求

1）钢筋端面应切平，切割时要考虑钢筋接头的压缩量，一般为$0.6d~1.0d$。截面应与钢筋的轴线相垂直，端面周边毛刺应去掉。钢筋端部若有弯折或扭曲应矫正或切除。切割钢筋应用砂轮锯，不宜用切断机。

2）清除压接面上的锈、油污、水泥等附着物，并打磨见新面，使其露出金属光泽，不得有氧化现象。压接端头清除的长度一般为50~100mm。

3）钢筋的压接接头应布置在数根钢筋的直线区段内，不得在弯曲段内布置接头。有多根钢筋压接时，接头位置应按《混凝土结构工程施工质量验收规范》（GB 50204—2015）的规定错开。

4）两钢筋安装于夹具上，应夹紧并加压顶紧。两钢筋轴线要对正，并对钢筋轴向施加5~10MPa初压力。钢筋之间的缝隙不得大于3mm，压接面要求见图5-20。

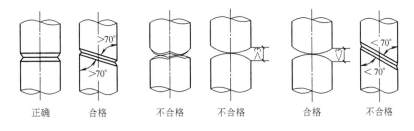

图5-20 钢筋气压焊接面要求

（3）气压焊焊接的要求

1）压接部位要求，压接部位应符合有关规范及设计要求，一般可按表5-24进行检查。

表 5-24 压接部位

项 目		允许压接范围	同截面压接点数	压接点错开距离/mm
柱		柱净高的中间1/3部位	不超过全部接头的1/2	500
梁	上钢筋	梁净跨的中间1/2部位	不超过全部接头的1/2	500
	下钢筋	梁净跨的两端1/4部位		
墙	墙端柱	同柱	不超过全部接头的1/2	500
	墙体	底部、两端		
有水平荷载构件		同梁	不超过全部接头的1/2	500

2）压接区两钢筋轴线的相对偏心量(e)，不得大于钢筋直径的0.15倍，同时不得大于4mm，见图5-21。钢筋直径不同相焊时，按小钢筋直径计算，且小直径钢筋不得错出大直径钢筋。当超过以上限量时，应切除重焊。

3）接头部位两钢筋轴线不在同一直线上时，其弯折角不得大于4°。当超过限量时，应重新加热矫正。

4）镦粗区最大直径(d_c)应为钢筋公称直径的1.4~1.6倍，长度(L_c)应为钢筋公称直径的0.9~1.2倍，且凸起部分平缓圆滑（图5-22）。否则，应重新加热加压镦粗。

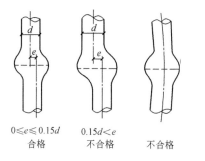

图 5-21 压接区偏心要求

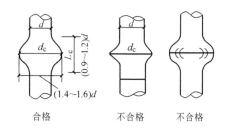

图 5-22 镦粗区最大直径和长度

5）镦粗区最大直径处应为压焊面。若有偏移，其最大偏移量(d_h)不得大于钢筋公称直径0.2d。

6）钢筋压焊区表面不得有横向裂纹，若发现有横向裂纹时，应切除重焊。

7）钢筋压焊区表面不得有严重烧伤，否则应切除重焊。

外观检查如有5%接头不合格时，应暂停作业，待找出原因并采取有效措施后，方可继续作业。

细节：钢筋绑扎与安装

钢筋绑扎连接是利用混凝土的粘结锚固作用，实现两根锚固钢筋的应力传递。为保证钢筋的应力能充分传递，必须满足施工规范规定的最小搭接长度的要求。且应将接头位置设在受力较小处。

1. 绑扎方法

（1）一面扣法　其操作方法是将镀锌钢丝对折成180°，理顺叠齐，放在左手掌内，绑扎时左手拇指将一根钢丝推出，食指配合将弯折一端伸入绑扎点钢筋底部；右手持绑扎钩子用钩尖钩起镀锌钢丝弯折处向上拉至钢筋上部，以左手所执的镀锌钢丝开口端紧靠，两者拧紧在一起，拧转2~3圈，如图5-23所示。将镀锌钢丝向上拉时，镀锌钢丝要紧靠钢筋底部，将底面筋绷紧在一起，绑扎才能牢靠。一面扣法，多用于平面上扣很多的地方，如楼板等不易滑动的部位。

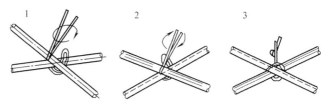

图5-23　钢筋绑扎一面扣法

（2）其他钢筋绑扎方法　其他钢筋绑扎方法有十字花扣、反十字花扣、兜扣加缠、套扣等，这些方法主要根据绑扎部位进行选择，其形式见图5-24。

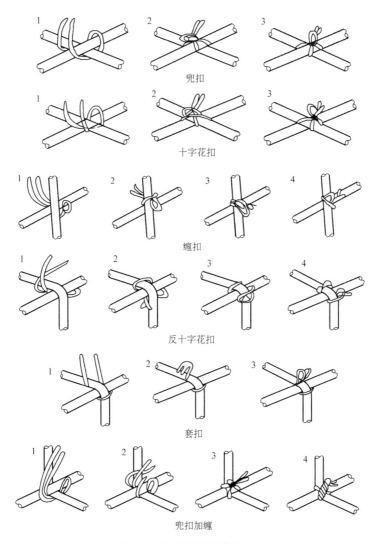

兜扣

十字花扣

缠扣

反十字花扣

套扣

兜扣加缠

图5-24　钢筋的其他绑扎方法

1）十字花扣、兜扣，适用于平板钢筋网和箍筋处绑扎。

2）缠扣，多用于墙钢筋网和柱箍。

3）反十字花扣、兜扣加缠，适用于梁骨架的箍筋和主筋的绑扎。

4）套扣用于梁的架立钢筋和箍筋的绑扎。

2. 绑扎要求

1）钢筋的连接方式应符合设计要求。

2）钢筋绑扎搭接接头连接区段及接头面积百分率的要求见表5-25所示。

表5-25   钢筋连接质量标准一般项目内容及监理验收要求

项 次	项 目 内 容	规 范 编 号	监 理 验 收 要 求	验 收 方 法
1	接头位置和数量	第5.4.4条	钢筋接头的位置应符合设计和施工方案要求。有抗震设防要求的结构中，梁端、柱端箍筋加密区范围内不应进行钢筋搭接。接头末端至钢筋弯起点的距离不应小于钢筋直径的10倍	检查数量：全数检查 检验方法：观察，尺量
2	钢筋机械连接焊接的外观质量	第5.4.5条	钢筋机械连接接头、焊接接头的外观质量应符合现行行业标准《钢筋机械连接技术规程》（JGJ 107—2016）和《钢筋焊接及验收规程》（JGJ 18—2012）的规定	检查数量：按现行行业标准《钢筋机械连接技术规程》（JGJ 107—2016）和《钢筋焊接及验收规程》（JGJ 18—2012）的规定确定 检验方法：观察，尺量
3	纵向受力钢筋机械连接、焊接的接头面积百分率	第5.4.6条	当纵向受力钢筋采用机械连接接头或焊接接头时，同一连接区段内纵向受力钢筋的接头面积百分率应符合设计要求；当设计无具体要求时，应符合下列规定： （1）受拉接头，不宜大于50%；受压接头，可不受限制 （2）直接承受动力荷载的结构构件中，不宜采用焊接；当采用机械连接时，不应超过50%	检查数量：在同一检验批内，对梁、柱和独立基础，应抽查构件数量的10%，且不应少于3件；对墙和板，应按有代表性的自然间抽查10%，且不应少于3间；对大空间结构，墙可按相邻轴线间高度5m左右划分检查面，板可按纵横轴线划分检查面，抽查10%，且不应少于3面 检验方法：观察，尺量 注：1. 接头连接区段是指长度为35d且不小于500mm的区段，d为相互连接两根钢筋的直径较小值 2. 同一连接区段内纵向受力钢筋接头面积百分率为接头中点位于该连接区段内的纵向受力钢筋截面面积与全部纵向受力钢筋截面面积的比值

（续）

项次	项目内容	规范编号	监理验收要求	验收方法
4	纵向受拉钢筋搭接接头面积百分率	第5.4.7条	当纵向受力钢筋采用绑扎搭接接头时，接头的设置应符合下列规定： （1）接头的横向净间距不应小于钢筋直径，且不应小于25mm （2）同一连接区段内，纵向受拉钢筋的接头面积百分率应符合设计要求；当设计无具体要求时，应符合下列规定： 1）梁类、板类及墙类构件，不宜超过25%；基础筏板，不宜超过50% 2）柱类构件，不宜超过50% 3）当工程中确有必要增大接头面积百分率时，对梁类构件，不应大于50%	检验数量：在同一检验批内，对梁、柱和独立基础，应抽查构件数量的10%，且不应少于3件；对墙和板，应按有代表性的自然间抽查10%，且不应少于3间；对大空间结构，墙可按相邻轴线间高度5m左右划分检查面，板可按纵横轴线划分检查面，抽查10%，且不应少于3面 检验方法：观察，尺量 注：1. 接头连接区段是指长度为1.3倍搭接长度的区段。搭接长度取相互连接两根钢筋中较小直径计算 2. 同一连接区段内纵向受力钢筋接头面积百分率为接头中点位于该连接区段内的纵向受力钢筋截面面积与全部纵向受力钢筋截面面积的比值
5	搭接长度范围内的箍筋	第5.4.8条	梁、柱类构件的纵向受力钢筋搭接长度范围内箍筋的设置应符合设计要求；当设计无具体要求时，应符合下列规定： （1）箍筋直径不应小于搭接钢筋较大直径的1/4 （2）受拉搭接区段的箍筋间距不应大于搭接钢筋较小直径的5倍，且不应大于100mm （3）受压搭接区段的箍筋间距不应大于搭接钢筋较小直径的10倍，且不应大于200mm （4）当柱中纵向受力钢筋直径大于25mm时，应在搭接接头两个端面外100mm范围内各设置二个箍筋，其间距宜为50mm	检查数量：在同一检验批内，应抽查构件数量的10%，且不应少于3件 检验方法：观察，尺量

3）纵向受力钢筋绑扎搭接接头的最小搭接长度应符合下列规定：

① 当纵向受拉钢筋的绑扎搭接接头面积百分率不大于25%时，其最小搭接长度应符合表5-26的规定。

表 5-26 纵向受拉钢筋的最小搭接长度

钢筋类型		混凝土强度等级								
		C20	C25	C30	C35	C40	C45	C50	C55	≥C60
光面钢筋	300 级	48d	41d	37d	34d	31d	29d	28d	—	—
带肋钢筋	335 级	46d	40d	36d	33d	30d	29d	27d	26d	25d
	400 级	—	48d	43d	39d	36d	34d	33d	31d	30d
	500 级	—	58d	52d	47d	43d	41d	39d	38d	36d

注：d 为搭接钢筋直径。两根直径不同钢筋的搭接长度，以较细钢筋的直径计算。

② 当纵向受拉钢筋搭接接头面积百分率为 50% 时，其最小搭接长度应按表 5-26 中的数值乘以系数 1.15 取用；当接头面积百分率为 100% 时，应按表 5-26 中的数值乘以系数 1.35 取用；当接头面积百分率为 25%~100% 的其他中间值时，修正系数可按内插取值。

③ 纵向受拉钢筋的最小搭接长度应根据上述①、②条确定后，按下列规定进行修正。但在任何情况下，受拉钢筋的搭接长度不应小于 300mm：

a. 当带肋钢筋的直径大于 25mm 时，其最小搭接长度应按相应数值乘以系数 1.1 取用。

b. 环氧树脂涂层的带肋钢筋，其最小搭接长度应按相应数值乘以系数 1.25 取用。

c. 当施工过程中受力钢筋易受拔动时，其最小搭接长度应按相应数值乘以系数 1.1 取用。

d. 末端采用弯钩机械锚固措施的带肋钢筋，其最小搭接长度可按相应数值乘以系数 0.6 取用。

e. 当带肋钢筋的混凝土保护层厚度为搭接钢筋直径的 3 倍且配有箍筋时，其最小搭接长度可按相应数值乘以系数 0.8 取用；当带肋钢筋的混凝土保护层厚度为搭接钢筋直径的 5 倍，且配有箍筋时，其最小搭接长度可按相应数值乘以系数 0.7 取用；当带肋钢筋的混凝土保护层厚度大于搭接钢筋直径 3 倍且小于 5 倍，且配有箍筋时，修正系数可按内插取值。

f. 有抗震要求的受力钢筋的最小搭接长度，一、二级抗震等级应按相应数值乘以系数 1.15 采用；三级抗震等级应按相应数值乘以系数 1.05 采用。

④ 纵向受压钢筋绑扎搭接时，其最小搭接长度应根据以上①~③的规定确定相应数值后，乘以系数 0.7 取用。在任何情况下，受压钢筋的搭接长度不应小于 200mm。

细节：钢筋的安装

1. 钢筋绑扎

1）钢筋绑扎应熟悉施工图纸，核对成品钢筋的级别、直径、形状、尺寸和数量，核对配料表和料牌，如有出入，应予纠正或增补，同时准备好绑扎用镀锌钢丝、绑扎工具、绑扎架等。

2）对形状复杂的结构部位，应研究好钢筋穿插就位的顺序及与模板等其他专业的配合先后次序。

3）基础底板、楼板和墙的钢筋网绑扎，除靠近外围两行钢筋的相交点全部绑扎外，中间部分交叉点可间隔交错扎牢；双向受力的钢筋则需全部扎牢。相邻绑扎点的镀锌钢丝扣要成八字形，以免网片歪斜变形。钢筋绑扎接头的钢筋搭接处，应在中心和两端用镀锌钢丝扎牢。

4）结构采用双排钢筋网时，上下两排钢筋网之间应设置钢筋撑脚或混凝土支柱（墩），每隔1m放置一个，墙壁钢筋网之间应绑扎 $\phi6\sim\phi10$ 钢筋制成的撑钩，间距约为 1.0m，相互错开排列；大型基础底板或设备基础，应用 $\phi16\sim\phi25$ 钢筋或型钢焊成的支架来支承上层钢筋，支架间距为 0.8~1.5m；梁、板纵向受力钢筋采取双层排列时，两排钢筋之间应垫以直径 $\phi25mm$ 以上短钢筋，以保证间距正确。

5）梁、柱箍筋应与受力筋垂直设置，箍筋弯钩叠合处应沿受力钢筋方向张开设置，箍筋转角与受力钢筋的交叉点均应扎牢；箍筋平直部分与纵向交叉点可间隔扎牢，以防止骨架歪斜。

6）板、次梁与主筋交叉处，板的钢筋在上，次梁的钢筋居中，主梁的钢筋在下；当有圈梁或垫梁时，主梁的钢筋应放在圈梁上。受力筋两端的搁置长度应保持均匀一致。框架梁牛腿及柱帽等钢筋，应放在柱的纵向受力钢筋内侧，同时要注意梁顶面受力筋间的净距要保持30mm，以利于浇筑混凝土。

7）预制柱、梁、屋架等构件常采取底模上就地绑扎，应先排好箍筋，再穿入受力筋，然后绑扎牛腿和节点部位钢筋，以减少绑扎困难和复杂性。

2. 绑扎钢筋网与钢筋骨架安装

1）钢筋网与钢筋骨架的分段（块），应根据结构配筋特点及起重运输能力而定。一般钢筋网的分块面积以 6~20m² 为宜，钢筋骨架的分段长度以 6~12m 为宜。

2）钢筋网与钢筋骨架，为防止在运输和安装过程中发生歪斜变形，应采取临时加固措施，图5-25是绑扎钢筋网的临时加固情况。

3）钢筋网与钢筋骨架的吊点，应根据其尺寸、重量及刚度而定。宽度大于1m的水平钢筋网宜采用四点起吊，跨度小于6m的钢筋骨架宜采用两点起吊（图5-26a），跨度大、刚度差的钢筋骨架宜采用横吊梁（铁扁担）四点起吊（图5-26b）。为了防止吊点处钢筋受力变形，可采取兜底吊或加短钢筋。

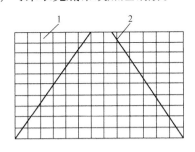

图 5-25 绑扎钢筋网的临时加固
1—钢筋网　2—加固钢筋

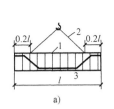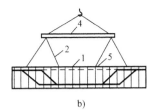

a)　　　　　　　　　b)

图 5-26 钢筋绑扎骨架起吊
a）两点绑扎　b）采用铁扁担四点绑扎
1—钢筋骨架　2—吊索　3—兜底索
4—铁扁担　5—短钢筋

4）焊接网和焊接骨架沿受力钢筋方向的搭接接头，宜位于构件受力较小的部位，如承受均布荷载的简支受弯构件，焊接网受力钢筋接头宜放置在跨度两端各四分之一跨长范围内。

5）受力钢筋直径不小于 16mm 时，焊接网沿分布钢筋方向的接头宜辅以附加钢筋网（图 5-27），其每边的搭接长度 $l_d = 15d$（d 为分布钢筋直径），但不小于 100mm。

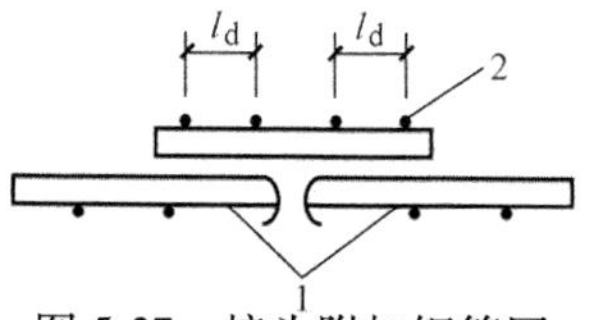

图 5-27 接头附加钢筋网
1—基本钢筋网 2—附加钢筋网

3. 焊接钢筋骨架和焊接网安装

1）焊接骨架和焊接网的搭接接头，不宜位于构件的最大弯矩处，焊接网在非受力方向的搭接长度宜为 100mm；受拉焊接骨架和焊接网在受力钢筋方向的搭接长度应符合设计规定；受压焊接骨架和焊接网在受力钢筋方向的搭接长度，可取受拉焊接骨架和焊接网在受力钢筋方向的搭接长度的 70%。

2）在梁中，焊接骨架的搭接长度内应配置箍筋或短的槽形焊接网。箍筋或网中的横向钢筋间距不得大于 $5d$。对轴心受压或偏心受压构件中的搭接长度内，箍筋或横向钢筋的间距不得大于 $10d$。

3）在构件宽度内有若干焊接网或焊接骨架时，其接头位置应错开。在同一截面内搭接的受力钢筋的总截面面积不得超过受力钢筋总截面面积的 50%；在轴心受拉及小偏心受拉构件（板和墙除外）中，不得采用搭接接头。

4）焊接网在非受力方向的搭接长度宜为 100mm。当受力钢筋直径不小于 16mm 时，焊接网沿分布钢筋方向的接头宜辅以附加钢筋网，其每边的搭接长度为 $15d$。

4. 钢筋安装质量控制

1）钢筋安装位置的允许偏差和检验方法应符合表 5-27 的规定。

表 5-27 钢筋安装允许偏差和检验方法

项目		允许偏差/mm	检验方法
绑扎钢筋网	长、宽	±10	尺量
	网眼尺寸	±20	尺量连续三档，取最大偏差值
绑扎钢筋骨架	长	±10	尺量
	宽、高	±5	尺量
纵向受力钢筋	锚固长度	−20	尺量
	间距	±10	尺量两端、中间各一点，取最大偏差值
	排距	±5	
纵向受力钢筋、箍筋的混凝土保护层厚度	基础	±10	尺量
	柱、梁	±5	尺量
	板、墙、壳	±3	尺量
绑扎箍筋、横向钢筋间距		±20	尺量连续三档，取最大偏差值
钢筋弯起点位置		20	尺量，沿纵、横两个方向量测，并取其中偏差折较大值
预埋件	中心线位置	5	尺量
	水平高差	+3，0	塞尺量测

2）钢筋安装质量通病与预防见表 5-28。

表 5-28 钢筋安装质量通病与预防

质量通病	原因	预防
绑扎网片斜扭	搬运时用力过猛	搬运时应仔细，刚性差的，可增加绑点和加斜拉筋
	绑扎交点太少，绑一面顺时，方向交换太少	网片中间部分至少隔一交点绑一扣，一面顺扣法要交错交换方向绑，网片面积较大时，可绑扎斜拉筋
柱子外伸钢筋错位	固定钢筋措施不可靠，发生变位	在外伸部位加一道临时箍筋，按图样位置安好，用样板、铁卡卡好固定
	浇捣混凝土时碰撞，且未及时校正	注意浇捣操作规程。浇捣过程应由专人随时检查，及时校正
同截面接头过多	忽略某些杆件不允许采用绑扎接头的规定，以及同一截面内其中距不得小于搭接长度的规定	记住轴心受拉和小偏心受拉杆件中的接头均应焊接，不得绑扎。配料时，按下料单钢筋编号再划分几个分号，对同一组搭配而安装方法不同的，要加文字说明
	分不清钢筋位在受拉区还是受压区	如分不清受拉或受压时，接头设置均应按受拉区的规定办
骨架吊装变形	骨架本身刚度不足，吊装碰撞	起吊骨架的挂勾点应根据骨架形状确定，刚度差的骨架可绑木杆加固
	骨架交点绑扎欠牢	骨架各交点都要绑扎牢固，必要时，用电焊适当焊几点以纠正骨架歪斜
骨架歪斜	绑扣形式选择不当，绑扎点太稀	网片中间部分至少隔一交点绑一扣，绑扎形式应根据绑扣对象选定
	梁中纵向构造钢筋或拉筋太少，柱中纵向构造钢筋或附加箍筋太少	柱截面边长大于或等于600mm时，应设置直径10~16mm的纵向构造钢筋，并设附加箍筋；当柱各边纵向钢筋多于3根时，也应设附加箍筋；梁的纵向构造钢筋，拉筋严格按设计规定执行

细节：混凝土工程的施工准备

混凝土工程施工包括配料、搅拌、运输、浇筑、养护等施工过程，如图5-28所示。混凝土一般是结构的承重部分，因此工程质量非常重要。要求混凝土构件不但外形要正确，而且要有良好的强度、密实性和整体性。

1. 模板检查

主要检查模板的位置、标高、截面尺寸、垂直度是否正确、支撑是否牢固，预埋件位置和数量是否符合图纸的要求。混凝土浇筑前，要清除模板内的木屑、垃圾等杂物，木模要浇水湿润。混凝土浇筑过程中要配专人对模板进行观察和及时修整。

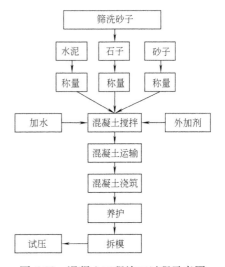

图 5-28 混凝土工程施工过程示意图

2. 钢筋检查

主要检查钢筋的规格、数量、位置、接头是否正确，并填写隐蔽工程验收单。在混凝土浇筑时，要派人配合修整。

3. 其他准备

对混凝土浇筑必备的材料、机具和道路要进行检查，各项准备工作必须满足混凝土浇筑的要求。水、电要保证连续供应，准备好防雨或防冻的设施。夜间施工准备好照明设备，对现场机械要做好维修和更换的准备。

要做好安全设施检查，并对进入现场人员做好安全技术交底。

细节：混凝土的配合比

工业与民用建筑及一般构筑物常用的混凝土有：

普通混凝土——干表观密度为 $2000 \sim 2800 kg/m^3$ 的混凝土。

干硬性混凝土——拌合物坍落度小于 10mm，且须用维勃稠度表示其稠度的混凝土。

塑性混凝土——拌合物坍落度为 $10 \sim 90mm$ 的混凝土。

流动性混凝土——拌合物坍落度为 $100 \sim 150mm$ 的混凝土。

高强混凝土——强度等级不低于 C60 的混凝土。

泵送混凝土——可在施工现场通过压力泵及输送管道进行浇筑的混凝土。

抗渗混凝土——抗渗等级不低于 P6 的混凝土。

抗冻混凝土——抗冻等级不低于 F50 的混凝土。

普通混凝土的配合比，应按《普通混凝土配合比设计规程》(JGJ 55—2011)进行计算，并通过试配确定。

1. 混凝土配制强度的确定

1）混凝土配制强度应按下列规定确定：

① 当混凝土的设计强度等级小于 C60 时，配制强度应按下式确定：

$$f_{cu,0} \geqslant f_{cu,k} + 1.645\sigma \tag{5-4}$$

式中　$f_{cu,0}$——混凝土配制强度(MPa)；

　　　$f_{cu,k}$——混凝土立方体抗压强度标准值，这里取混凝土的设计强度等级值(MPa)；

　　　σ——混凝土强度标准差(MPa)。

② 当设计强度等级不小于 C60 时，配制强度应按下式确定：

$$f_{cu,0} \geqslant 1.15 f_{cu,k} \tag{5-5}$$

2）混凝土强度标准差应按下列规定确定：

① 当具有近 1 个月~3 个月的同一品种、同一强度等级混凝土的强度资料，且试件组数不小于 30 时。其混凝土强度标准差 σ 应按下式计算：

$$\sigma = \sqrt{\frac{\sum\limits_{i=1}^{n} f_{cu,i}^2 - nm_{fcu}^2}{n-1}} \tag{5-6}$$

式中　σ——混凝土强度标准差；

　　　$f_{cu,i}$——第 i 组的试件强度(MPa)；

m_{fcu}——n 组试件的强度平均值（MPa）；

n——试件组数。

对于强度等级不大于 C30 的混凝土，当混凝土强度标准差计算值不小于 3.0MPa 时，应按式(5-6)计算结果取值；当混凝土强度标准差计算值小于 3.0MPa 时，应取 3.0MPa。

对于强度等级大于 C30 且小于 C60 的混凝土，当混凝土强度标准差计算值不小于 4.0MPa 时，应按式(5-6)计算结果取值；当混凝土强度标准差计算值小于 4.0MPa 时，应取 4.0MPa。

② 当没有近期的同一品种、同一强度等级混凝土强度资料时，其强度标准差 σ 可按表 5-29 取值。

表 5-29 标准差 σ 值 （单位：MPa）

混凝土强度标准值	≤C20	C25~C45	C50~C55
σ	4.0	5.0	6.0

2. 水胶比

1）当混凝土强度等级小于 C60 时，混凝土水胶比宜按下式计算：

$$W/B = \frac{\alpha_a f_b}{f_{\text{cu},0} + \alpha_a \alpha_b f_b} \tag{5-7}$$

式中 W/B——混凝土水胶比；

α_a、α_b——回归系数，按 2）规定的内容取值；

f_b——胶凝材料 28d 胶砂抗压强度（MPa），可实测，且试验方法应按现行国家标准《水泥胶砂强度检验方法（ISO 法）》（GB/T 17671—1999）执行；也可按 3）规定的内容确定。

2）回归系数（α_a、α_b）宜按下列规定确定：

① 根据工程所使用的原材料，通过试验建立的水胶比与混凝土强度关系式来确定；

② 当不具备上述试验统计资料时，可按表 5-30 选用。

表 5-30 回归系数（α_a、α_b）取值表

系数 \ 粗骨料品种	碎石	卵石
α_a	0.53	0.49
α_b	0.20	0.13

3）当胶凝材料 28d 胶砂抗压强度值（f_b）无实测值时，可按下式计算：

$$f_b = \gamma_f \gamma_s f_{ce} \tag{5-8}$$

式中 γ_f、γ_s——粉煤灰影响系数和粒化高炉矿渣粉影响系数，可按表 5-31 选用；

f_{ce}——水泥 28d 胶砂抗压强度（MPa），可实测，也可按 4）规定的内容确定。

表 5-31 粉煤灰影响系数（γ_f）和粒化高炉矿渣粉影响系数（γ_s）

种类 掺量(%)	粉煤灰影响系数 γ_f	粒化高炉矿渣粉影响系数 γ_s
0	1.00	1.00
10	0.85~0.95	1.00
20	0.75~0.85	0.95~1.00
30	0.65~0.75	0.90~1.00
40	0.55~0.65	0.80~0.90
50	—	0.70~0.85

注：1. 采用Ⅰ级、Ⅱ级粉煤灰宜取上限值。

2. 采用 S75 级粒化高炉矿渣粉宜取下限值，采用 S95 级粒化高炉矿渣粉宜取上限值，采用 S105 级粒化高炉矿渣粉可取上限值加 0.05。

3. 当超出表中的掺量时，粉煤灰和粒化高炉砂渣粉影响系数应经试验确定。

4）当水泥 28d 胶砂抗压强度（f_{ce}）无实测值时，可按下式计算：

$$f_{ce} = \gamma_c f_{ce,g} \tag{5-9}$$

式中　γ_c——水泥强度等级值的富余系数，可按实际统计资料确定；当缺乏实际统计资料时，也可按表 5-32 选用；

$f_{ce,g}$——水泥强度等级值（MPa）。

表 5-32 水泥强度等级值的富余系数（γ_c）

水泥强度等级值	32.5	42.5	52.5
富余系数	1.12	1.16	1.10

3. 用水量和外加剂用量

1）每立方米干硬性或塑性混凝土的用水量（m_{w0}）应符合下列规定：

① 混凝土水胶比在 0.40~0.80 范围时，可按表 5-33 和表 5-34 选取。

② 混凝土水胶比小于 0.40 时，可通过试验确定。

表 5-33 干硬性混凝土的用水量　　　　（单位：kg/m³）

拌合物稠度		卵石最大公称粒径/mm			碎石最大公称粒径/mm		
项目	指标	10.0	20.0	40.0	16.0	20.0	40.0
维勃稠度/s	16~20	175	160	145	180	170	155
	11~15	180	165	150	185	175	160
	5~10	185	170	155	190	180	165

表 5-34 塑性混凝土的用水量 （单位:kg/m³）

拌合物稠度		卵石最大公称粒径/mm				碎石最大公称粒径/mm			
项目	指标	10.0	20.0	31.5	40.0	16.0	20.0	31.5	40.0
坍落度/mm	10~30	190	170	160	150	200	185	175	165
	35~50	200	180	170	160	210	195	185	175
	55~70	210	190	180	170	220	205	195	185
	75~90	215	195	185	175	230	215	205	195

2）掺外加剂时，每立方米流动性或大流动性混凝土的用水量（m_{w0}）可按下式计算：

$$m_{w0} = m'_{w0}(1-\beta) \tag{5-10}$$

式中　m_{w0}——计算配合比每立方米混凝土的用水量（kg/m³）；

　　　m'_{w0}——未掺外加剂时推定的满足实际坍落度要求的每立方米混凝土用水量（kg/m³），以表 5-34 中 90mm 坍落度的用水量为基础，按每增大 20mm 坍落度相应增加 5kg/m³ 用水量来计算，当坍落度增大到 180mm 以上时，随坍落度相应增加的用水量可减少；

　　　β——外加剂的减水率（%），应经混凝土试验确定。

3）每立方米混凝土中外加剂用量（m_{a0}）应按下式计算：

$$m_{a0} = m_{b0}\beta_a \tag{5-11}$$

式中　m_{a0}——计算配合比每立方米混凝土中外加剂用量（kg/m³）；

　　　m_{b0}——计算配合比每立方米混凝土中胶凝材料用量（kg/m³），计算应符合 4. 1）内容的规定；

　　　β_a——外加剂掺量（%），应经混凝土试验确定。

4. 胶凝材料、矿物掺合料和水泥用量

1）每立方米混凝土的胶凝材料用量（m_{b0}）应按式（5-12）计算，并应进行试拌调整，在拌合物性能满足的情况下，取经济合理的胶凝材料用量。

$$m_{b0} = \frac{m_{w0}}{W/B} \tag{5-12}$$

式中　m_{b0}——计算配合比每立方米混凝土中胶凝材料用量（kg/m³）；

　　　m_{w0}——计算配合比每立方米混凝土的用水量（kg/m³）；

　　　W/B——混凝土水胶比。

2）每立方米混凝土的矿物掺合料用量（m_{f0}）应按下式计算：

$$m_{f0} = m_{b0}\beta_f \tag{5-13}$$

式中　m_{f0}——计算配合比每立方米混凝土中矿物掺合料用量（kg/m³）；

　　　β_f——矿物掺合料掺量（%），可结合 4）和 2. 1）规定的内容确定。

3）每立方米混凝土的水泥用量（m_{c0}）应按下式计算：

$$m_{c0} = m_{b0} - m_{f0} \tag{5-14}$$

式中　m_{c0}——计算配合比每立方米混凝土中水泥用量（kg/m³）。

4）矿物掺合料在混凝土中的掺量应通过试验确定。采用硅酸盐水泥或普通硅酸盐水泥时，钢筋混凝土中矿物掺合料最大掺量宜符合表 5-35 的规定，预应力混凝土中矿物掺合料最大掺量宜符合表 5-36 的规定。对基础大体积混凝土，粉煤灰、粒化高炉矿渣粉和复合掺合料的最大掺量可增加 5%。采用掺量大于 30% 的 C 类粉煤灰的混凝土应以实际使用的水泥和粉煤灰掺量进行安定性检验。

表 5-35　钢筋混凝土中矿物掺合料最大掺量

矿物掺合料种类	水胶比	最大掺量（%）	
		采用硅酸盐水泥时	采用普通硅酸盐水泥时
粉煤灰	≤0.40	45	35
	>0.40	40	30
粒化高炉矿渣粉	≤0.40	65	55
	>0.40	55	45
钢渣粉	—	30	20
磷渣粉	—	30	20
硅灰	—	10	10
复合掺合料	≤0.40	65	55
	>0.40	55	45

注：1. 采用其他通用硅酸盐水泥时，宜将水泥混合材掺量 20% 以上的混合材量计入矿物掺合料。

2. 复合掺合料各组分的掺量不宜超过单掺时的最大掺量。

3. 在混合使用两种或两种以上矿物掺合料时，矿物掺合料总掺量应符合表中复合掺合料的规定。

表 5-36　预应力混凝土中矿物掺合料最大掺量

矿物掺合料种类	水胶比	最大掺量（%）	
		采用硅酸盐水泥时	采用普通硅酸盐水泥时
粉煤灰	≤0.40	35	30
	>0.40	25	20
粒化高炉矿渣粉	≤0.40	55	45
	>0.40	45	35
钢渣粉	—	20	10
磷渣粉	—	20	10
硅灰	—	10	10
复合掺合料	≤0.40	55	45
	>0.40	45	35

注：1. 采用其他通用硅酸盐水泥时，宜将水泥混合材掺量 20% 以上的混合材量计入矿物掺合料。

2. 复合掺合料各组分的掺量不宜超过单掺时的最大掺量。

3. 在混合使用两种或两种以上矿物掺合料时，矿物掺合料总掺量应符合表中复合掺合料的规定。

5. 砂率

1）砂率（β_s）应根据骨料的技术指标、混凝土拌合物性能和施工要求，参考既有历史资料确定。

2) 当缺乏砂率的历史资料时，混凝土砂率的确定应符合下列规定：

① 坍落度小于 10mm 的混凝土，其砂率应经试验确定。

② 坍落度为 10~60mm 的混凝土，其砂率可根据粗骨料品种、最大公称粒径及水胶比按表 5-37 选取。

③ 坍落度大于 60mm 的混凝土，其砂率可经试验确定，也可在表 5-37 的基础上，按坍落度每增大 20mm、砂率增大 1% 的幅度予以调整。

表 5-37　混凝土的砂率　　　　　　　　　　（单位:%）

水胶比	卵石最大公称粒径/mm			碎石最大公称粒径/mm		
	10.0	20.0	40.0	16.0	20.0	40.0
0.40	26~32	25~31	24~30	30~35	29~34	27~32
0.50	30~35	29~34	28~33	33~38	32~37	30~35
0.60	33~8	32~37	31~36	36~41	35~40	33~38
0.70	36~41	35~40	34~39	39~44	38~43	36~41

注：1. 本表数值系中砂的选用砂率，对细砂或粗砂，可相应地减小或增大砂率。

2. 采用人工砂配制混凝土时，砂率可适当增大。

3. 只用一个单粒级粗骨料配制混凝土时，砂率应适当增大。

6. 粗、细骨料用量

1) 当采用质量法计算混凝土配合比时，粗、细骨料用量应按式(5-15)计算；砂率应按式(5-16)计算。

$$m_{f0}+m_{c0}+m_{g0}+m_{s0}+m_{w0}=m_{cp} \qquad (5-15)$$

$$\beta_s=\frac{m_{s0}}{m_{g0}+m_{s0}}\times100\% \qquad (5-16)$$

式中　m_{g0}——计算配合比每立方米混凝土的粗骨料用量(kg/m^3)；

　　　m_{s0}——计算配合比每立方米混凝土的细骨料用量(kg/m^3)；

　　　β_s——砂率(%)；

　　　m_{cp}——每立方米混凝土拌合物的假定质量(kg)，可取 2350~2450kg/m^3。

2) 当采用体积法计算混凝土配合比时，砂率应按公式(5-16)计算，粗、细骨料用量应按公式(5-17)计算。

$$\frac{m_{c0}}{\rho_c}+\frac{m_{f0}}{\rho_f}+\frac{m_{g0}}{\rho_g}+\frac{m_{s0}}{\rho_s}+\frac{m_{w0}}{\rho_w}+0.01\alpha=1 \qquad (5-17)$$

式中　ρ_c——水泥密度(kg/m^3)，可按现行国家标准《水泥密度测定方法》(GB/T 208—2014)测定，也可取 2900~3100kg/m^3；

　　　ρ_f——矿物掺合料密度(kg/m^3)，可按现行国家标准《水泥密度测定方法》(GB/T 208—2014)测定；

　　　ρ_g——粗骨料的表观密度(kg/m^3)，应按现行行业标准《普通混凝土用砂、石质量及检验方法标准》(JGJ 52—2006)测定；

　　　ρ_s——细骨料的表观密度(kg/m^3)，应按现行行业标准《普通混凝土用砂、石质量及检验方法标准》(JGJ 52—2006)测定；

ρ_{w}——水的密度(kg/m^3)，可取 $1000kg/m^3$；

α——混凝土的含气量百分数，在不使用引气剂或引气型外加剂时，α 可取 1。

7. 特殊要求的混凝土配合比

（1）抗渗混凝土

1）抗渗混凝土的原材料应符合下列规定：

① 水泥宜采用普通硅酸盐水泥。

② 粗骨料宜采用连续级配，其最大公称粒径不宜大于 40.0mm，含泥量不得大于 1.0%，泥块含量不得大于 0.5%。

③ 细骨料宜采用中砂，含泥量不得大于 3.0%，泥块含量不得大于 1.0%。

④ 抗渗混凝土宜掺用外加剂和矿物掺合料，粉煤灰等级应为Ⅰ级或Ⅱ级。

2）抗渗混凝土配合比应符合下列规定：

① 最大水胶比应符合表 5-38 的规定。

② 每立方米混凝土中的胶凝材料用量不宜小于 320kg。

③ 砂率宜为 35%～45%。

表 5-38　抗渗混凝土最大水胶比

设计抗渗等级	最大水胶比	
	C20～C30	C30 以上
P6	0.60	0.55
P8～P12	0.55	0.50
>P12	0.50	0.45

3）配合比设计中混凝土抗渗技术要求应符合下列规定：

① 配制抗渗混凝土要求的抗渗水压值应比设计值提高 0.2MPa。

② 抗渗试验结果应满足下式要求：

$$P_t \geq \frac{P}{10}+0.2 \qquad (5-18)$$

式中　P_t——6 个试件中不少于 4 个未出现渗水时的最大水压值（MPa）；

P——设计要求的抗渗等级值。

4）掺用引气剂或引气型外加剂的抗渗混凝土，应进行含气量试验，含气量宜控制在 3.0%～5.0%。

（2）抗冻混凝土

1）抗冻混凝土所用原材料应符合以下规定：

① 水泥应采用硅酸盐水泥或普通硅酸盐水泥。

② 粗骨料宜选用连续级配，其含泥量不得大于 1.0%，泥块含量不得大于 0.5%。

③ 细骨料含泥量不得大于 3.0%，泥块含量不得大于 1.0%。

④ 粗、细骨料均应进行坚固性试验，并应符合现行行业标准《普通混凝土用砂、石质量及检验方法标准》(JGJ 52—2006)的规定。

⑤ 抗冻等级不小于 F100 的抗冻混凝土宜掺用引气剂。

⑥ 在钢筋混凝土和预应力混凝土中不得掺用含有氯盐的防冻剂；在预应力混凝土中不

得掺用含有亚硝酸盐或碳酸盐的防冻剂。

2）抗冻混凝土配合比应符合下列规定：

① 最大水胶比和最小胶凝材料用量应符合表 5-39 的规定。

② 复合矿物掺合料掺量宜符合表 5-40 的规定；其他矿物掺合料掺量宜符合表 5-41 的规定。

③ 掺用引气剂的混凝土最小含气量表 5-42 的规定。

表 5-39 最大水胶比和最小胶凝材料用量

设计抗冻等级	最大水胶比		最小胶凝材料用量/(kg/m³)
	无引气剂时	掺引气剂时	
F50	0.55	0.60	300
F100	0.50	0.55	320
不低于 F150	—	0.50	350

表 5-40 复合矿物掺合料最大掺量

水胶比	最大掺量(%)	
	采用硅酸盐水泥时	采用普通硅酸盐水泥时
≤0.40	60	50
>0.40	50	40

注：1. 采用其他通用硅酸盐水泥时，可将水泥混合材掺量20%以上的混合材量计入矿物掺合料。

　　2. 复合矿物掺合料中各矿物掺合料组分的掺量不宜超过表 5-41 中单掺时的限量。

表 5-41 钢筋混凝土中矿物掺合料最大掺量

矿物掺合料种类	水胶比	最大掺量(%)	
		采用硅酸盐水泥时	采用普通硅酸盐水泥时
粉煤灰	≤0.40	45	35
	>0.40	40	30
粒化高炉矿渣粉	≤0.40	65	55
	>0.40	55	45
钢渣粉	—	30	20
磷渣粉	—	30	20
硅灰	—	10	10
复合掺合料	≤0.40	65	55
	>0.40	55	45

注：1. 采用其他通用硅酸盐水泥时，宜将水泥混合材掺量20%以上的混合材量计入矿物掺合料。

　　2. 复合掺合料各组分的掺量不宜超过单掺时的最大掺量。

　　3. 在混合使用两种或两种以上矿物掺合料时，矿物掺合料总掺量应符合表中复合掺合料的规定。

表 5-42 混凝土最小含气量

粗骨料最大公称粒径/mm	混凝土最小含气量(%)	
	潮湿或水位变动的寒冷和严寒环境	盐冻环境
40.0	4.5	5.0
25.0	5.0	5.5
20.0	5.5	6.0

注：含气量为气体占混凝土体积的百分比。

细节：混凝土配料与拌制

现代混凝土一般由水泥、骨料、水和外加剂，还有各种矿物掺和料组成。将各种组分材料按已经确定的配合比进行拌制生产。首先要进行配料，一般情况下配料与拌制是混凝土生产的连续过程，但也有在某地将各种干料配好后运送到另一地点加水拌制、浇筑的做法，主要由工程实际确定。

通常混凝土供应有商品混凝土和现场搅拌两种方式。商品混凝土由混凝土生产厂专门生产。推行商品混凝土，实施混凝土集中搅拌集中供应有以下优点：

1）可使用散装水泥。

2）可推广应用先进技术，实行科学管理，控制混凝土质量。

3）可减少原材料消耗，能节约水泥 10%~15%左右。

4）可专业化生产，提高劳动生产率。

5）可文明施工，减少环境污染，具有显著的经济效益和社会效益。

商品混凝土在生产过程中实现了机械化配料、上料；计量系统实现称量自动化，使计量准确，容易达到规范要求的材料计量精度；可以掺加外加剂和矿物掺和料。这些条件比起现场搅拌站来，要优越得多。

对于现场零星浇灌的混凝土也可使用简易搅拌站进行搅拌。现场的简易搅拌站一般设一台强制式（或自落式）搅拌机，配一杆台秤。简易搅拌站一般采用手推车上料，每班称量材料不少于两次，将砂、石称量后装入搅拌机，称出水泥、水，将外加剂溶入水中，一齐入机搅拌。

混凝土拌制是混凝土施工技术中的重要环节，对混凝土的质量将产生重要影响，切不可等闲视之。拌制混凝土的每个环节都不可大意，首先应根据配合比设计要求选好原材料，并进行严格的计量。所用计量器具必须定期送检，搅拌站（或搅拌楼）安装好后必须经政府有关部门进行计量认证。搅拌过程中，对各种材料的数量要控制在允许偏差范围内。搅拌时要注意投料次序，控制最小搅拌时间。卸料后要控制混凝土的出机温度与坍落度并检查和易性与均匀性，这样才能保证拌制出优质混凝土。

1. 混凝土搅拌的时间

混凝土搅拌的最短时间见表 5-43。

表 5-43　混凝土搅拌的最短时间　　　　　　　（单位：s）

混凝土坍落度/mm	搅拌机机型	搅拌机出料量/L		
		<250	250~500	>500
≤40	强制式	60	90	120
>40，且<100	强制式	60	60	90
≥100	强制式	60		

注：1. 混凝土搅拌时间指全部材料装入搅拌筒中起，到开始卸料止的时间段。

2. 当掺有外加剂与矿物掺合料时，搅拌时间应适当延长。

3. 采用自落式搅拌机时，搅拌时间宜延长30s。

4. 当采用其他形式的搅拌设备时，搅拌的最短时间也可按设备说明书的规定或经试验确定。

2. 原材料重量的允许偏差

混凝土原材料每盘称量的偏差不得超过表 5-44 中的允许偏差的规定。为了保证称量准确，工地的各种衡器应定期校验；每次使用前应进行零点校核，保持计量准确。水泥、砂、石子、掺和料等干料的配合比，应采用重量法计量，严禁采用容积法；水的计量是在搅拌机上配置的水箱或定量水表上按体积计量；外加剂中的粉剂可按比例稀释为溶液，按用水量加入，也可将粉剂按比例与水泥拌匀，按水泥计量。施工现场要经常测定施工用的砂、石料的含水率，将实验室中的混凝土配合比换算成施工配合比，然后进行配料。

表 5-44　混凝土原材料计量允许偏差　　　　　　（单位：%）

原材料品种	水泥	细骨料	粗骨料	水	矿物掺合料	外加剂
每盘计量允许偏差	±2	±3	±3	±1	±2	±1
累计计量允许偏差	±1	±2	±2	±1	±1	±1

注：1. 现场搅拌时原材料计量允许偏差应满足每盘计量允许偏差要求。

2. 累计计量允许偏差指每一运输车中各盘混凝土的每种材料累计称量的偏差，该项指标仅适用于采用计算机控制计量的搅拌站。

3. 骨料含水率应经常测定，雨、雪天施工应增加测定次数。

3. 混凝土拌和物性能

混凝土拌和物的质量指标包括稠度、含气量、水胶比、水泥含量及均匀性等。各种混凝土拌和物应检验其稠度。检测结果应符合表 5-45 规定。

表 5-45　混凝土坍落度、维勃稠度的允许偏差

坍落度/mm			
设计值/mm	≤40	50~90	≥100
允许偏差/mm	±10	±20	±30
维勃稠度/s			
设计值/s	≥11	10~6	≤5
允许偏差/s	±3	±2	±1

掺引气型外加剂的混凝土拌和物应检验其含气量。一般情况下，根据混凝土所用粗骨料的最大粒径，其含气量的检测指标不宜超过表 5-46 的规定。

表 5-46　混凝土的含气量限值

粗骨料最大公称粒径/mm	混凝土含气量(%)
20	≤5.5
25	≤5
40	≤4.5

有时根据需要检验混凝土拌和物的水胶比和水泥含量。实测的水胶比和水泥含量应符合配合比设计要求。

4. 冬期混凝土搅拌

冬期施工时，投入混凝土搅拌机中各种原材料的温度往往不同。通过搅拌，必须使混凝土内温度均匀一致。因此，搅拌时间应比表 5-43 中的规定时间延长 50%。

投入混凝土搅拌机中的骨料不得带有冰屑、雪团及冻块。否则，会影响混凝土中用水量的准确性和破坏水泥石与骨料之间的粘结。当水需加热时，还会消耗大量热能，降低混凝土的温度。

当需加热原材料以提高混凝土的温度时，应优先采用将水加热的方法。因为水的加热简便，且水的热容量大，其比热约为砂、石的 4.5 倍，故将水加热是最经济、最有效的方法。只有当加热水达不到所需的温度要求时，才可依次对砂、石进行加热。水泥不得直接加热，使用前，宜事先运入暖棚内存放。

水可在锅中或锅炉中加热，或直接通入蒸汽加热。骨料可用热炕、铁板、通汽蛇形管或直接通入蒸汽等方法加热。水及骨料的加热温度应根据混凝土搅拌后的最终温度要求，通过热工计算确定，其加热最高温度不得超过表 5-47 的规定。

表 5-47　拌和水及骨料最高加热温度

项　目	拌和水/℃	骨料/℃
42.5 以下	80	60
42.5、42.5R 及以上	60	40

当骨料不加热时，水可加热到 100℃。但搅拌时，为防止水泥"假凝"，水泥不得与 80℃以上的水直接接触。因此，投料时，应先投入骨料和已加热的水，稍加搅拌后，再投入水泥。

采用蒸汽加热时，蒸汽与冷的混凝土材料接触后放出热量，本身凝结为水。混凝土要求升高的温度越高，凝结水也越多。该部分水应该作为混凝土搅拌用水量的一部分来考虑。搅拌 $1m^3$ 混凝土所产生的凝结水可按下式近似地计算：

$$g_H = \frac{\gamma_H c_H (t_H - t_Q)}{650 - (t_H - t_Q)} \approx \frac{600(t_H - t_Q)}{650 - (t_H - t_Q)} \quad (5-19)$$

式中　g_H——每立方米混凝土所产生的冷凝水(kg)；

γ_H——混凝土的密度(一般取 2400kg/m³);

c_H——混凝土的比热容(一般取 1046.7J/kg·℃);

t_H——混凝土搅拌完毕出料时的温度(℃);

t_Q——搅拌混凝土时的室外气温(℃);

(t_H-t_Q)——每千克热蒸汽凝结为水时所放出的热量(kcal/kg)。

细节:混凝土的运输

运输过程中,应保持混凝土的均匀性,避免产生分层离析现象,混凝土运至浇筑地点,应符合浇筑时所规定的坍落度;运输工作应保证混凝土的浇筑工作连续进行;运送混凝土的容器应严密,其内壁应平整光洁,不吸水,不漏浆,粘附的混凝土残渣应经常清除。

1. 运输时间

混凝土运输、输送入模的过程应保证混凝土连续浇筑,从运输到输送入模的延续时间不宜超过表 5-48 的规定,且不应超过表 5-49 的规定。掺早强型减水剂、早强剂的混凝土,以及有特殊要求的混凝土,应根据设计及施工要求,通过试验确定允许时间。

表 5-48　运输到输送入模的延续时间　　　　　　　　（单位:min）

条件	气温	
	≤25℃	>25℃
不掺外加剂	90	60
掺外加剂	150	120

表 5-49　运输、输送入模及其间歇总的时间限值　　　　　　　　（单位:min）

条件	气温	
	≤25℃	>25℃
不掺外加剂	180	150
掺外加剂	240	210

2. 运输工具的选择

混凝土的运输可分为地面水平运输、垂直运输和楼面水平运输三种方式:

(1) 地面水平运输　当采用商品混凝土或运距较远时,最好采用混凝土搅拌运输车。该车在运输过程中搅拌筒可缓慢转动进行拌和,防止了混凝土的离析。当距离过远时,可装入干料在到达浇筑现场前 15~20min 放入搅拌水,可边行走边进行搅拌。

如现场搅拌混凝土,可采用载重 1t 左右容量为 400L 的小型机动翻斗车或手推车运输。运距较远,运量又较大时可采用带式运输机或窄轨翻斗车。

(2) 垂直运输　可采用塔式起重机、混凝土泵、快速提升斗和井架。

（3）混凝土楼面水平运输　多采用双轮手推车，塔式起重机亦可兼顾楼面水平运输，如用混凝土泵则可采用布料杆布料。

3. 搅拌运输车运送混凝土

混凝土搅拌输送车是一种用于长距离输送混凝土的高效能机械。它是将运送混凝土的搅拌筒安装在汽车底盘上，将混凝土搅拌站生产的混凝土拌和物装入搅拌筒内，直接运至施工现场的大型混凝土运输工具。

采用混凝土搅拌输送车应符合下列规定：

1）混凝土必须能在最短的时间内均匀无离析地排出。出料干净、方便，能满足施工的要求。如与混凝土泵联合输送时，其排料速度应相匹配。

2）从搅拌输送车运卸的混凝土中分别取 1/4 和 3/4 处试样进行坍落度试验，两个试样的坍落度值之差不得超过 30mm。

3）混凝土搅拌输送车在运送混凝土时通常的搅动转速为 $2\sim4r/min$；整个输送过程中拌筒的总转数应控制在 300 转以内。

4）若采用干料由搅拌输送车途中加水自行搅拌时，搅拌速度一般应为 $6\sim18r/min$；搅拌转数应以混合料加水入搅拌筒起直至搅拌结束控制在 $70\sim100r/min$。

5）混凝土搅拌输送车因途中失水，到工地需加水调整混凝土的坍落度时，搅拌筒应以 $6\sim8r/min$ 搅拌速度搅拌，并另外再转动至少 $30r/min$。

4. 泵送混凝土

1）混凝土泵是通过输送管将混凝土送到浇筑地点适用于以下工程：

① 大体积混凝土：大型基础、满堂基础、设备基础、机场跑道、水工建筑等。

② 连续性强和浇筑效率要求高的混凝土：高层建筑、储罐、塔形构筑物、整体性强的结构等。

混凝土输送管道一般是用钢管制成。管径通常有 100mm、125mm、150mm 几种，标准管管长 3m，配套管有 1m 和 2m 两种，另配有 90°、45°、30°、15°等不同角度的弯管，以供管道转折处使用。

输送管的管径选择主要根据混凝土骨料的最大粒径以及管道的输送距离、输送高度和其他工程条件决定。

2）采用泵送混凝土应符合下列规定：

① 混凝土泵与输送管连通后，应对其进行全面检查。混凝土泵送前应进行空载试运转。

② 混凝土泵起动后，应先泵送适量清水以湿润混凝土泵的料斗、活塞及输送管的内壁等直接与混凝土接触部位。泵送完毕后，应清除泵内积水。

③ 确认混凝土泵和输送管中无异物后，应选用下列浆液中的一种润滑混凝土泵和输送管内壁。

a. 水泥净浆。

b. 1：2 水泥砂浆。

c. 与混凝土内除粗骨料外的其他成分相同配合比的水泥砂浆。

④ 开始泵送时，混凝土泵应处于匀速缓慢运行并随时可反泵的状态。泵送速度应先慢后快，逐步加速。同时，应观察混凝土泵的压力和各系统的工作情况。待各系统运转正常

后，方可以正常速度进行泵送。

　　⑤ 泵送混凝土时，应保证水箱和活塞清洗室中水量充足。

　　⑥ 泵送完毕时，应及时将混凝土泵和输送管清洗干净。

细节：混凝土的浇筑

　　浇筑混凝土前，对模板及其支架、钢筋和预埋件必须进行检查，并做好记录，符合设计要求后，清理模板内的杂物及钢筋上的油污，堵严缝隙和孔洞，方能浇筑混凝土。

1. 混凝土浇筑要点

　　1）混凝土自高处倾落的自由高度，不应超过 2m。

　　2）在浇筑竖向结构混凝土前，应先在底部填以 50~100mm 厚与混凝土内砂浆成分相同的水泥砂浆；浇筑中不得发生离析现象；当浇筑高度超过 3m 时，应采用串筒、溜管或振动溜管使混凝土下落。

　　3）混凝土浇筑层的厚度，应符合表 5-50 的规定。

表 5-50　混凝土浇筑层的厚度

捣实混凝土的方法		浇筑层的厚度/mm
插入式振捣		振捣器作用部分长度的 1.25 倍
表面振动		200
人工捣固	在基础、无筋混凝土或配筋稀疏的结构中	250
	在梁、墙板、柱结构中	200
	在配筋密列的结构中	150
轻骨料混凝土	插入式振捣	300
	表面振动（振动时需加荷）	200

　　4）钢筋混凝土框架结构中，梁、板、柱等构件是沿垂直方向重复出现的，所以一般按结构层次来分层施工。平面上，如果面积较大，还应考虑分段进行，以便混凝土、钢筋、模板等工序能相互配合、流水进行。

　　5）在每一施工层中，应先浇灌柱或墙。在每一施工段中的柱或墙应该连续浇灌到顶，每一排的柱子由外向内对称顺序进行，防止由一端向另一端推进，致使柱子模板逐渐受推倾斜。柱子浇筑完毕后，应停歇 1~2h，使混凝土获得初步沉实，待有了一定强度以后，再浇筑梁、板混凝土。梁和板应同时浇筑混凝土，只有当梁高 1m 以上时，为了施工方便，才可以单独先行浇筑。

　　6）浇筑混凝土应连续进行。当必须间歇时，其间歇时间宜缩短，并应在前层混凝土凝结之前，将次层混凝土浇筑完毕。一般情况下混凝土运输、浇筑及间歇的全部时间不得超过表 5-51 的规定，当超过时应留置施工缝。在浇筑与柱和墙连成整体的梁和板时，应在柱和墙浇筑完毕后停歇 1~1.5h，再继续浇筑；梁和板宜同时浇筑混凝土；拱和高度大于1m的梁等结构，可单独浇筑混凝土。在混凝土浇筑过程中，应经常观察模板、支架、钢筋、预埋件和预留孔洞的情况，当发现有变形、移位时，应及时采取措施进行处理。

2. 施工缝

由于施工技术和施工组织上的原因，不能连续将结构整体浇筑完成，并且间歇的时间预计将超出表5-51规定的时间时，应预先选定适当的部位设置施工缝。

表 5-51　混凝土运输、浇筑和间歇的允许时间　　　　　　　　　　　（单位：min）

混凝土强度等级	气温		混凝土强度等级	气温	
	不高于 25℃	高于 25℃		不高于 25℃	高于 25℃
不高于 C30	210	180	高于 C30	180	150

注：当混凝土中掺有促凝或缓凝型外加剂时，其允许时间应根据试验结果确定。

施工缝的位置应设置在结构受剪力较小且便于施工的部位。

（1）混凝土浇筑中常见的施工缝留设位置及方法

1）柱的施工缝留在基础的顶面、梁或吊车梁牛腿的下面；或吊车梁的上面、无梁楼板柱帽的下面（图5-29）；在框架结构中如梁的负筋弯入柱内，则施工缝可留在这些钢筋的下端。

2）梁板、肋形楼板施工缝留置应符合下列要求：

① 与板连成整体的大截面梁，留在板底面以下 20～30mm 处；当板下有梁托时，留在梁托下部。单向板可留置在平行于板

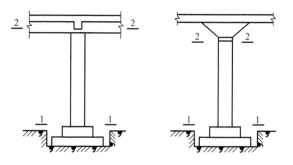

图 5-29　柱子施工缝的位置
1-1、2-2—施工缝的位置

的短边的任何位置（但为方便施工缝的处理，一般留在跨中 1/3 跨度范围内）。

② 在主、次梁的肋形楼板，宜顺着次梁方向浇筑，施工缝底留置在次梁跨度中间 1/3 范围内（图5-30）无负弯矩钢筋与之相交叉的部位。

3）墙施工缝宜留置在门洞口过梁跨中 1/3 范围内，也可留在纵横墙的交接处。

4）楼梯、圈梁施工缝留置应符合下列要求：

① 楼梯施工缝留设在楼梯段跨中 1/3 跨度范围内无负弯矩筋的部位。

② 圈梁施工缝留在非砖墙交接处、墙角、墙垛及门窗洞范围内。

5）箱形基础：箱形基础的底板、顶板与外墙的水平施工缝应设在底板顶面以上及顶板底面以下 300～500mm 为宜，接缝宜设钢板、橡胶止水带或凸形企口缝；底板与内墙的施工缝可设在底板与内墙交接处；而顶板与内墙的施工缝，位置应视剪力墙插筋的长短而定，一般 1000mm 以内即可；箱形基础外墙垂直施工可设在离转角 1000mm 处，采取相对称的两块墙体一次浇筑施工，间隔 5～7d，待收缩基本稳定后，再浇另一相对称墙体。内隔墙可在内墙与外墙交接处留施工缝，一次浇筑完成，内墙本身一般不再留垂直施工缝（图5-31）。

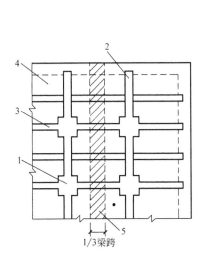

图 5-30 有主次梁楼板施工缝留置
1—柱 2—主梁 3—次梁 4—楼板
5—按此方向浇筑混凝土，可留施工缝范围

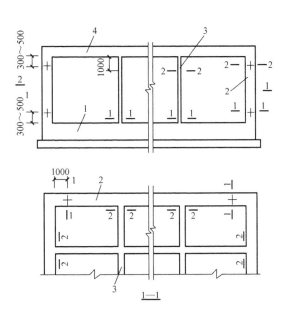

图 5-31 箱型基础施工缝的留置
1—底板 2—外墙 3—内隔墙 4—顶板
1-1、2-2—施工缝的位置

6）地坑、水池：底板与立壁施工缝，可留在立壁上距坑（池）底板混凝土面上部 200～500mm 的范围内，转角宜做成圆角或折线形；顶板与立壁施工缝留在板下部 20～30mm 处（图 5-32a）；大型水池可从底板、池壁到顶板在中部留设后浇带，使之形成环状（图 5-32b）。

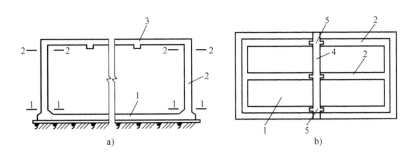

图 5-32 地坑、水池施工缝的留置
a）水平施工缝留置 b）后浇带留置（平面）
1—底板 2—墙壁 3—顶板 4—底板后浇带 5—墙壁后浇带 1-1、2-2—施工缝位置

7）地下室、地沟施工缝留置应符合下列要求：

① 地下室梁板与基础连接处；外墙底板以上和上部梁、板下部 20～30mm 处可留水平施工缝（图 5-33a），大型地下室可在中部留环状后浇缝。

② 较深基础悬出的地沟，可在基础与地沟、楼梯间交接处留垂直施工缝（图 5-33b）；很深的薄壁槽坑，可每 4～5m 留设一道水平施工缝。

8）大型设备基础施工缝应符合下列要求：

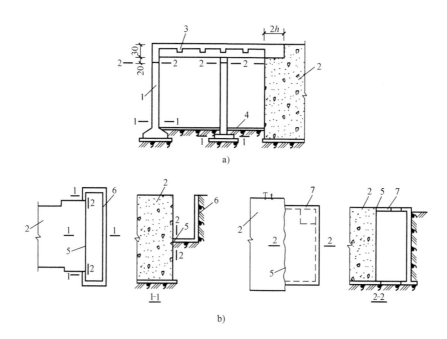

图 5-33　地下室、地沟、楼梯间施工缝的留置

a）地下室　b）地沟、楼梯间

1—地下室墙　2—设备基础　3—地下室梁板　4—底板或地坪

5—施工缝　6—地沟　7—楼梯间　1-1、2-2—施工缝位置

① 受动力作用的设备基础互不相依的设备与机组之间、输送辊道与主基础之间可留垂直施工缝，但与地脚螺栓中心线间的距离不得小于 250mm，且不得小于螺栓直径的 5 倍（图 5-34a）。

② 水平施工缝可留在低于地脚螺栓底端，其与地脚螺栓底端的距离应大于 1.50mm；当地脚螺栓直径小于 30mm 时，水平施工缝可留置在不小于地脚螺栓埋入混凝土部分总长度的 3/4 处（图 5-34b）；水平施工缝亦可留置在基础底板与上部块体或沟槽交界处（图 5-34c）。

③ 对受动力作用的重型设备基础不允许留施工缝时，可在主基础与辅助设备基础、沟道、辊道之间，受力较小部位留设后浇缝（图 5-35）。

（2）施工缝的处理

1）所有水平施工缝应保持水平，并做成毛面，垂直缝处应支模浇筑；施工缝处的钢筋均应留出，不得切断。为防止在混凝土或钢筋混凝土内产生沿构件纵轴线方向错动的剪力，柱、梁施工缝的表面应垂直于构件的轴线；板的施工缝应与其表面垂直；梁、板亦可留企口缝，但企口缝不得留斜槎。

2）在施工缝处继续浇筑混凝土时，已浇筑的混凝土抗压强度应不小于 1.2N/mm²；首先应清除硬化的混凝土表面上的水泥薄膜和松动石子以及软混凝土层，并加以充分湿润和冲洗干净，不积水；然后在施工缝处铺一层水泥浆或与混凝土内成分相同的水泥砂浆；浇筑混凝土时，应细致捣实，使新旧混凝土紧密结合。

3）承受动力作用的设备基础的施工缝，在水平施工缝上继续浇筑混凝土前，应对

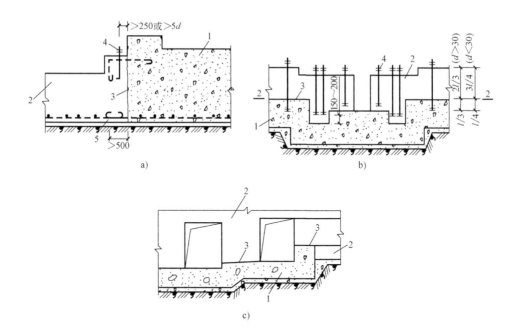

图 5-34 设备基础施工缝的留置

a）两台机组之间适当地方留置施工缝 b）基础分两次浇筑施工缝位置

c）基础底板与上部块体、沟槽施工留置缝

1—第一次浇筑混凝土 2—第二次浇筑混凝土 3—施工缝 4—地脚螺栓

5—钢筋 d—地脚螺栓直径 l—地脚螺栓埋入混凝土长度

地脚螺栓进行一次观测校准；标高不同的两个水平施工缝，其高低结合处应留成台阶形，台阶的高宽比不得大于 1.0；垂直施工缝应加插钢筋，其直径为 12~16mm，长度为 500~600mm，间距为 500mm，在台阶式施工缝的垂直面上也应补插钢筋；施工缝的混凝土表面应凿毛，在继续浇筑混凝土前，应用水冲洗干净，湿润后在表面上抹 10~15mm 厚与混凝土内成分相同的一层水泥砂浆；继续浇筑混凝土时该处应仔细捣实。

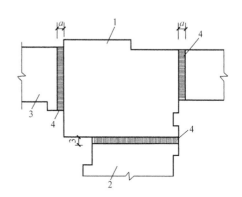

图 5-35 后浇缝留置

1—主体基础 2—辅助基础

3—辊道或沟道 4—后浇缝

4）后浇缝宜做成平直缝或阶梯缝，钢筋不切断。后浇缝应在其两侧混凝土龄期达 30~40d 后，将接缝处混凝土凿毛、洗净、湿润、刷水泥浆一层，再用强度不低于两侧混凝土的补偿收缩混凝土浇筑密实，并养护 14d 以上。

3. 后浇带处混凝土浇筑

1）设置后浇带具有以下作用：

① 预防超长梁、板（宽）混凝土在凝结过程中的收缩应力对混凝土产生收缩裂缝。

② 减少结构施工初期地基不均匀沉降对强度还未完成增长的混凝土结构的破坏。

2）后浇带的位置是由设计确定的，后浇带处梁板的钢筋加强应按设计要求，后浇带的位置和宽度应严格按施工图要求留设。

3）后浇带混凝土的浇筑时间，是在1~2月以后，或主体施工完成后。这时，混凝土的强度增长和收缩已基本完成，地基的压缩变形也已基本完成。

4）后浇带处混凝土施工应符合下列要求：

① 后浇带处两侧应按施工缝处理。

② 应采用补偿收缩性混凝土（如UEA混凝土，UEA的掺量应按设计要求），后浇带处的混凝土应分层精心振捣密实。如在地下室施工中，底板和外侧墙体的混凝土中，应按设计在后浇带的两侧加强防水处理。

4. 混凝土振捣

1）每一振点的振捣延续时间，应使混凝土表面呈现浮浆和不再沉落。

2）当采用插入式振捣器时，捣实普通混凝土的移动间距，不宜大于振捣器作用半径的1.5倍，见图5-36。捣实轻骨料混凝土的移动间距，不宜大于其作用半径；振捣器与模板的距离，不应大于其作用半径的0.5倍，并应避免碰撞钢筋、模板、预埋件等；振捣器插入下层混凝土内的深度应不小于50mm。一般每点振捣时间为20~30s，使用高频振动器时，最短不应少于10s，应使混凝土表面成水平不再显著下沉，不再出现气泡，表面泛出灰浆为准。振动器插点要均匀排列，可采用"行列式"或"交错式"（图5-37）的次序移动，不应混用，以免造成混乱而发生漏振。

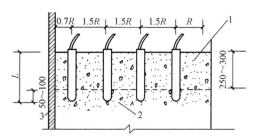

图5-36 插入式振捣器的插入深度
1—新浇筑的混凝土 2—下层已振捣但尚无初凝的混凝土 3—模板

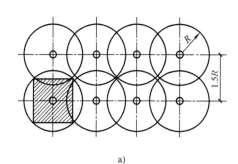
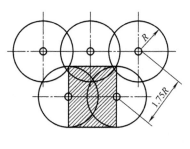

a)   b)

图5-37 振捣点的位置
a）行列式 b）交错式
R—振动棒的有效作用半径

3）采用表面振捣器时，在每一位置上应连续振捣一定时间，正常情况下为25~40s，但以混凝土面均匀出现浆液为准，移动时应成排依次振捣前进，前后位置和排与排间相互搭接应有30~50mm，防止漏振。振动倾斜混凝土表面时，应由低处逐渐向高处移动，以保证混凝土振实。表面振捣器的有效作用深度，在无筋及单筋平板中为 200mm，在双筋平板中约为 120mm。

4）采用外部振捣器时，振捣时间和有效作用随结构形状、模板坚固程度、混凝土坍落度及振捣器功率大小等各项因素而定。一般每隔 1~1.5m 的距离设置一个振捣器。当混凝土成一水平面不再出现气泡时，可停止振捣。必要时应通过试验确定振捣时间。待混凝土入模后方可开捣振捣器，混凝土浇筑高度要高于振捣器安装部位。当钢筋较密和构件截面较深较窄时，亦可采取边浇筑、边振捣的方法。外部振捣器的振捣作用深度在 250mm 左右，如构件尺寸较厚时，需在构件两侧安设振捣器同时进行振捣。

细节：混凝土的养护

养护是为了保证混凝土凝结和硬化必需的湿度和适宜的温度，促使水泥水化作用充分发展的过程，它是获得优质混凝土必不可少的措施。混凝土中拌和水的用量虽比水泥水化所需的水量大得多，但由于蒸发，骨料、模板和基层的吸水作用以环境条件等因素的影响，可使混凝土内的水分降低到水泥水化必需的用量之下，从而妨碍了水泥水化的正常进行。因此，混凝土养护不及时、不充分时（尤其在早期），不仅易产生收缩裂缝、降低强度，而且影响混凝土的耐久性以及其他各种性能。实验表明，未养护的混凝土与经充分养护的混凝土相比，其 28d 抗压强度将降低 30% 左右，一年后的抗压强度约降低 5% 左右，由此可见，养护对于混凝土工程的重要性。

1. 自然养护

自然养护的覆盖与浇水应满足下列要求：

1）当采用特种水泥时，混凝土的养护应根据所采用水泥的技术性能确定。

2）自然养护温度与龄期的混凝土强度增长百分率见表 5-52。

表 5-52 自然养护不同温度与龄期的混凝土强度增长百分率

水泥品种、强度等级	硬化龄期/d	混凝土硬化时的平均温度/℃							
		1	5	10	15	20	25	30	35
32.5 级普通水泥	2	—	—	—	28	35	41	46	50
	3	12	20	26	33	40	46	52	57
	5	20	28	35	44	50	56	62	67
	7	26	34	42	50	58	64	68	75
	10	35	44	52	61	68	75	80	86
	15	44	54	64	73	81	88	—	—
	28	65	72	82	92	100	—	—	—
42.5 级普通水泥	2	—	—	19	25	30	35	40	45
	3	14	20	25	32	37	43	48	52
	5	24	30	36	44	50	57	63	66
	7	32	40	46	54	62	68	73	76
	10	42	50	58	66	74	78	82	86
	15	52	63	71	80	88	—	—	—
	28	68	78	86	94	100	—	—	—

（续）

水泥品种、强度等级	硬化龄期/d	混凝土硬化时的平均温度/℃							
		1	5	10	15	20	25	30	35
32.5级矿渣水泥 火山灰质水泥	2	—	—	—	15	18	24	30	35
	3	—	—	11	16	22	28	34	44
	5	—	16	21	27	33	42	50	58
	7	14	23	30	36	44	52	61	70
	10	21	32	41	49	55	65	74	80
	15	28	41	54	64	72	80	88	—
	28	41	61	77	90	100	—	—	—
42.5级矿渣水泥 火山灰质水泥	2	—	—	—	15	18	24	30	35
	3	—	—	11	17	22	26	32	38
	5	12	17	22	28	34	39	44	52
	7	18	24	32	38	45	50	55	63
	10	25	34	44	52	58	63	67	75
	15	32	46	57	67	74	80	86	92
	28	48	64	83	92	100	—	—	—

2. 蒸汽养护

蒸汽法养护是利用蒸汽加热养护混凝土。可选用棚罩法、蒸汽套法、热模法、蒸汽毛管法。棚罩法是用帆布或其他罩子扣罩，内部通蒸汽养护混凝土，适用于预制梁、板、地下基础、沟道等。蒸汽套法是制作密封保温外套，分段送汽养护混凝土，蒸汽通入模板与套板之间的空隙，来加热混凝土，适用于现浇梁、板、框架结构、墙、柱等。其构造见图5-38。

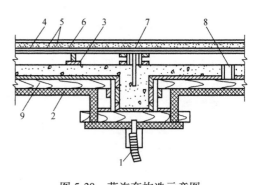

图5-38 蒸汽套构造示意图

1—蒸汽管 2—保温套板 3—垫板 4—木板 5—油毡
6—锯末 7—测温孔 8—送汽孔 9—模板

热模法是在模板外侧配置蒸汽管，加热模板再由模板传热给混凝土进行养护，适用于墙、柱及框架结构，其构造见图5-39。蒸汽毛管法是在结构内部预留孔道，通蒸汽加热混凝

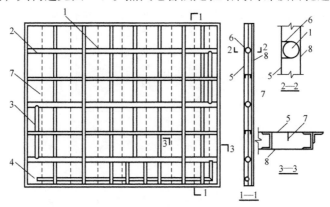

图5-39 蒸汽热模构造

1—φ89钢管 2—φ20进汽口 3—φ50连通管 4—φ20出汽口
5—3mm后面板 6—3mm×50mm导热横肋 7—导热竖肋 8—26号薄钢板

土进行养护，适用于预制梁、柱、桁架，现浇梁、柱、框架单梁，其构造见图 5-40。

蒸汽养护应使用低压饱和蒸汽。采用普通硅酸盐水泥时最高养护温度不超过 80℃，采用矿渣硅酸盐水泥时可提高到 85℃，但采用内部通汽法时，最高加热温度不超过 60℃。采用蒸汽养护整体浇筑的结构时，升温和降温速度不得超过表 5-53 的规定。蒸汽养护混凝土可掺入早强剂或非引气型减水剂。

3. 太阳能养护

太阳能养护是在结构或构件周围表面护盖塑料薄膜或透光材料搭设的棚罩，用以吸收太阳光的热能对结构、构件进行加热蓄热养护，使混凝土在强度增长过程中有足够的温度和湿度，促进水泥水化，获得早强。太阳能养护具有工艺简单，劳动强度低，投资少，节省费用（为自然养护的 45%~65%，蒸汽养护的 30%），缩短养护周期 30%~50%，节省能源和养护用水等优点，但需消耗一定量塑料薄膜材料，而棚罩式不便保管，占场地较多。适于中、小型构件的养护，亦可用于现场楼板、路面等的养护。

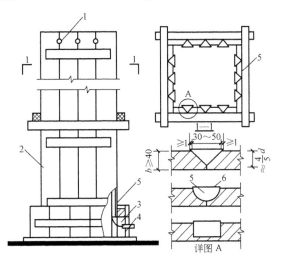

图 5-40　柱毛管模板
1—出汽孔　2—模板　3—蒸汽分配箱
4—进汽管　5—毛管　6—薄钢板

表 5-53　蒸汽加热养护混凝土升温和降温速度

结构表面系数/m^{-1}	升温速度/(℃/h)	降温速度/(℃/h)	结构表面系数/m^{-1}	升温速度/(℃/h)	降温速度/(℃/h)
≥6	15	10	<6	10	5

太阳能养护要点：

1）养护时要加强管理，根据气候情况，随时调整养护制度，当湿度不够时，要适当喷水。

2）塑料薄膜较易损坏，要经常检查修补。修补方法是：将损坏部分擦洗干净，然后用刷子蘸点塑料胶涂刷在破损部位，再将事先剪好的塑料薄膜贴上去，用手压平即可。

3）采用太阳能集热箱养护混凝土应注意使玻璃板斜度与太阳光垂直或接近垂直射入效果最好；反射角度可以调节，以反射光能全部射入为佳；反射板在夜间宜闭合，盖在玻璃板上，以减少箱内热介质传导散热的损失；吸热材料要注意防潮。

4）当遇阴雨天气收集的热量不足时，可在构件上加铺黑色薄膜，提高吸收效率。

4. 电热养护

电热养护是利用电能作为热源来加热养护混凝土的方法。这种方法设备简单，操作方便，热损失少，能适应各种条件。但耗电量较大，附加费用较高，只宜在其他方法不能保证混凝土在冻结前达到规定的强度、并有充足的电源时使用。

（1）电极加热　电极加热是在混凝土构件内安设电极并通以交流电，利用混凝土作为导体和本身的电阻，使电能转变为热能，对混凝土进行加热（图 5-41）。为保证施工安全和防止热量损失，通电加热应在混凝土的外露表面覆盖后进行。所用的工作电压宜为 50～110V。加热时，混凝土的升、降温速度不得超过设计的规定，混凝土的养护温度不得超过表 5-54 的规定。在养护过程中，应注意观察混凝土外露表面的湿度，防止干燥脱水。当表面开始干燥时，应先停电，然后浇温水湿润混凝土表面。

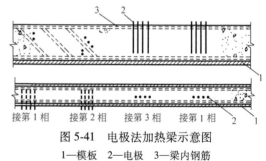

图 5-41 电极法加热梁示意图
1—模板 2—电极 3—梁内钢筋

表 5-54 电加热法养护混凝土的温度 （单位：℃）

水泥强度等级	结构表面系数/m⁻¹			水泥强度等级	结构表面系数/m⁻¹		
	<10	10~15	>15		<10	10~15	>15
32.5	70	50	45	42.5	40	40	35

（2）电热器加热 电热器加热是将电热器贴近于混凝土表面，靠电热元件发出的热量来加热混凝土。电热器可以用红外线电热元件或电阻丝电热元件制成，外形可做成板状或棒状，置于混凝土表面或内部进行加热养护。

（3）电磁感应加热 电磁感应加热是利用在电磁场中铁质材料发热的原理，使钢模板及混凝土中的钢筋发热，并将热量持续均匀地传给混凝土。工程中是在构件（如柱）模板表面绕上连续的感应线圈（图 5-42），线圈中通入交流电，则在钢模板和钢筋中都会产生涡流，钢模板和钢筋都会发热，从而加热其周围的混凝土。

5. 养护剂养护

养护剂养护又称喷膜养护，是在结构构件表面喷涂或刷涂养护剂，溶液中水分挥发后，在混凝土表面上结成一层塑料薄膜，使混凝土表面与空气隔缝，阻止内部水分蒸发，而使水泥水化作用完成。养护剂养护结构构件不用浇水养护，节省人工和养护用水等优点，但 28d 龄期强度要偏低 8% 左右。适于表面面积大、不便浇水养护结构（如烟囱筒壁、间隔浇筑的构件等）的地面、路面、机场跑道或缺水地区使用。

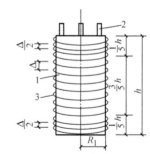

图 5-42 电磁感应加热示意图
1—模板 2—钢筋 3—感应线圈
Δ—线圈的间距 h—感应线圈缠绕的高度

（1）常用养护剂

1）薄膜养护剂：薄膜养护剂是将基料溶解于溶剂或乳化剂中而制成的一种液状材料。根据配制方法不同，薄膜养护剂可分为溶剂型和乳化剂型两种。溶剂型比乳化剂型涂膜均匀，成膜快。缺点是溶剂挥发会散发出异味。乳化型成本低廉，但由于水分蒸发较慢，用于垂直面易产生流淌现象。将养护剂喷涂于混凝土表面，当溶剂挥发或乳化液裂化后，有10%~50%的固体物质残留于混凝土表面而形成一层不透水薄膜，从而使混凝土与空气隔离，水分被封闭在混凝土内。混凝土靠自身的水分进行水化作用，即可达到养护的目的。为了反射阳光并供直观检验涂膜的完整性起见，通常都在养护剂里掺入适量的白色或灰色短效染料。常用的薄膜养护剂有树脂型养护剂、油乳型养护剂、煤焦油养护剂和沥青养护剂几种。树脂型养护剂以树脂、清漆、干性油及其他防水性物质作基料，以高挥发性溶液作溶剂配制而成。一种是以粗苯作溶剂，过氯乙烯树脂 9.5%，粗苯 86%，苯二甲酸二丁酯 4%，丙酮 0.5%配制而成的。另一种是以溶剂油作溶剂，其中溶剂油为 87.5%，过氯乙烯树脂为 10%，苯二甲酸二丁酯为 2.5%配制而成。

2）油乳型养护剂：油乳型养护剂以石蜡和熟亚麻油作基料，用水作乳化剂，用硬脂酸和三乙醇胺作稳定剂，其配方为石蜡 12%，熟亚麻油 20%，硬脂酸 4%，三乙醇胺 3%，水 61%。硬脂酸和三乙醇胺的比例，视乳化液的稳定状况可稍作调整。

3）煤焦油养护剂：煤焦油养护剂是用溶剂将煤焦油稀释至适宜于喷涂的稠度即成。

4）沥青型养护剂：沥青型养护剂是以沥青作基料，用水作乳化剂而制成。也可用溶剂制成。在炎热气温下使用时，应在涂刷养护剂 3~4h 后刷一道石灰水，否则由于表面吸热过大会使混凝土表面与内部温差过大而产生裂缝。

（2）薄膜养护剂使用要点

1）薄膜养护剂用人工涂刷或机械喷洒均可，但机械喷洒的涂膜均匀，操作速度快，尤其适宜大面积使用。

2）喷涂时间视环境条件和混凝土泌水情况而定，通常当混凝土表面无水渍，用手轻按无印痕时即可喷涂。

3）喷涂过早，会影响涂膜与混凝土表面的结合；喷涂过迟，养护剂易为混凝土表面的孔隙吸收而影响混凝土强度。

4）对模内的混凝土，拆模后应立即喷涂养护剂。如混凝土表面已明显干燥或失水严重，则应喷水使其湿润均匀，等表面游离水消失后方可喷涂养护剂。

5）对薄膜养护剂的技术要求是应无毒性，能粘附在混凝土表面，还应具有一定的弹性，能形成一层至少 7d 内不破裂的薄膜。

6）由于薄膜相当薄，隔热效能差，在炎夏使用时，为避免烈日暴晒应加盖覆盖层或遮蔽阳光。

细节：混凝土构件的运输和堆放

1）混凝土构件运输时，构件应有足够的强度，其强度不应低于设计强度标准值的 75%，桁架和薄壁构件应达到设计强度的 100%。

2）构件运输时的受力情况和支承方式，应尽量接近设计放置方式，避免引起混凝土的超应力和损伤构件。

3）屋架和梁应直立放置，其他构件可水平或直立放置。支承点应水平，并尽可能对称放置。对高宽比较大的构件或多层叠放构件，应设置支承框架、支撑、固定架等，避免运输时倾倒。

4）运输时，各构件之间应用隔板或垫木隔开，上下垫木应在同一垂直线上，并予垫紧，对构件边缘或与钢丝绳接触处的构件，应加衬垫保护。

5）运输时，场内应有足够的路面宽度，路面坚实；转弯半径要求，一般汽车转弯半径不小于 10m，半挂不小于 15m，拖车不小于 20m。

6）柱、梁、屋面板等构件，现场多平放或叠放；空心楼板可平放或立放；屋架、T 形梁、薄腹梁等侧向刚度差的构件，宜采取正放；大型墙板采取侧立放。

7）重叠堆放的构件，吊环应向上，标志向外。叠放高度根据构件与垫木的承载力和叠放的稳定性确定。各层垫木应在同一条垂直线上。重叠堆放一般为：柱不超过两层；梁不超过三层；屋面板、楼板不超过6~8块。

8）采用靠放架立放的构件，必须对称靠放和吊装，靠放的倾角应大于80°，构件上宜用木垫隔开。

9）构件应按吊装顺序堆放，配合作业，避免二次搬运。

10）构件堆放应留有操作间距。构件间的距离不得小于0.2m，每隔两垛应留出一条纵向通道。每隔25m留一条横向通道，宽度不少于0.7m。

细节：混凝土构件的吊装

1）混凝土构件安装前，应在构件上标注中心线，用经纬仪校核支承结构和预埋件的标高及平面位置，并在支承结构上标注中心线、标高，根据需要标出相关轴线位置，并做记录。

2）构件起吊点应根据计算确定。大型空间构件或薄壁构件在起吊前，应采取避免构件变形、受损的临时加固措施。

3）起吊的绳索与构件水平面夹角不宜小于45°；必须小于45°时，应经过验算或采用吊架起吊。

4）空心楼板吊装前，应用不低于板的强度等级的细石混凝土堵孔，堵孔深度为50~90mm。

5）空心楼板安装，应在墙顶或梁顶堆抹水泥砂浆，空心板应从房间一端开始顺序安装，补缺板放在最后。若一间房用两种规格空心板，应先安装规格大的一种，不可大小混装；若空心板铺后留有现浇板带，则现浇板带应留在墙边。空心板在砖墙上支承长度不得少于100mm，在钢筋混凝土梁上支承长度不得少于80mm，空心板安装结束，应及时对板缝灌注细石混凝土。

6）预制混凝土框架构件安装时，其柱子的吊点位置与吊点数量应由柱子长度、截面形状决定，一般用正扣绑扎，吊点选在距柱子上端600mm处，卡好特制的柱箍，在柱箍下方锁好卡环、钢丝绳，吊绳与卡环相钩区用卡环卡住，且处于吊点的正上方。当柱子吊起距地500mm时，稍停，清理柱头污物。吊至位置后，下落应缓慢、准确。安放后，用临时支撑固定，随后用经纬仪校核柱身中心线。检查无误后，方可进行柱头定位钢板的焊接。

7）预制混凝土框架构件安装时，其梁的吊装应按施工方案中所确定的吊点位置，进行挂钩和锁绳。若使用吊环起吊，应同时拴好保险绳；采用兜底吊运时，应用卡环卡牢。梁吊装前，应检查柱头支点钢垫的标高、位置，找好柱头上的定位轴线和梁上轴线间的关系，以便使梁正确就位。吊运单侧或局部带挑边的梁，应计算其重心位置，避免偏心，防止倾斜。吊点应尽量靠近吊环或梁端头的部位。梁就位后，两头应用支柱顶牢，就位支顶稳固后，对梁的标高、支点位置进行校正。校正无误后，梁头钢筋与相对应的主筋进行焊接。

8）预制隔墙板安装时，吊索应钩住墙板上的吊环，吊入房间后，对准墙位置就位，用临时支撑固定，校正墙板垂直度，校正无误后，墙板与支承面及相接主墙用连接钢板焊接牢固（必须三面围焊）。隔墙焊牢后，四周缝隙用1:2.5水泥砂浆捻塞密实，砂浆内掺有水泥重量 10%的 107 胶。缝宽大于 30mm 时，用 C20 细石混凝土填塞密实。

9）预制阳台、雨罩安装前，应检查临时支撑的强度和稳定性，支撑立柱应加剪刀撑。构件起吊时，吊绳与构件平面的夹角不小于 45°，吊装时应对准墙边线，按压墙尺寸放稳，调整校正，检查无误后，将内边梁上的预留环筋与圈梁钢筋绑扎，侧挑梁的外伸钢筋还应搭接焊上锚固钢筋，双面满焊，焊缝检查合格后办预检手续。阳台外伸钢筋焊完后，内侧环筋与圈梁绑扎完，与圈梁混凝土同时浇筑。

10）预制楼梯、休息板安装时，休息板的担架吊索一端应高于一端，以便插入支座洞内。安装楼梯段时，用吊装索具上的倒链调整一端索绳长度，使踏步面呈水平状。楼梯安装校正后，用连接钢板将楼梯段与休息板的预埋件围焊牢。每层楼梯段安装结束，应将休息板两端和墙面的空隙，支模浇筑 C20 细石混凝土填实。

细节：混凝土质量缺陷分析

当浇筑的混凝土结构构件成形后，在混凝土达到规定拆模强度拆除模板后，对混凝土表面出现的缺陷，应分析原因，根据具体情况采取补救措施。

1. 混凝土原因分析及缺陷控制手段

混凝土缺陷原因分析及缺陷控制手段见表 5-55。

表 5-55　混凝土缺陷原因分析及缺陷控制手段

缺陷类别	混凝土原因分析	控制手段
麻面	混凝土构件表面上出现的无数小凹点，但没有钢筋露出现象。这是由于木模板润湿不够或钢模隔离剂涂刷未到位产生粘模，或模板拼缝不严，有跑浆现象和振捣不密实，或养护不好造成的	在混凝土浇筑前，应认真清除模板内的杂物，模板表面要洁净，木模要充分湿润，钢筋隔离剂要涂刷均匀，模板安装必须严密，防止漏浆。浇筑时应分层浇筑、振捣密实以使气泡充分排除
露筋	混凝土结构件钢筋暴露在混凝土外面。主要是浇筑时垫块位移、混凝土漏捣。或木模板湿润不够、吸水过多而导致混凝土构件掉角露筋的	主要的手段是在混凝土浇筑前严格控制钢筋位置的正确性，不得有位移等缺陷，保护层厚度应准确，垫块要绑扎牢固；混凝土结构件截面尺寸小时，钢筋密集的部位应采用细石混凝土浇筑。混凝土应振捣密实，严禁振捣棒撞击钢筋
蜂窝	混凝土表面无水泥浆，露出石子深度大于 5m，但小于保护层厚度的缺陷，主要由于材料配合比不准确（浆少石多），拌和不均匀，浇筑方法不当，振捣不密实以及模板严重漏浆原因造成	混凝土拌和时要严格控制配合比，拌和物要均匀，匀质性好并应严格控制浇筑混凝土的坍落度。振捣要精心，以确保混凝土的密实度
孔洞	从混凝土结构表面开始，且深度超过保护层厚度，但不超过结构截面尺寸 1/2 深的缺陷。主要由于混凝土浇筑失控、漏捣等造成	对钢筋密集处应预防出现孔洞；应采用细石混凝土，振捣要采用专用工具、捣固密实。在构件预留孔洞处应从两侧同时下料。采用正确的振捣方法，严防漏振
裂缝	有温度裂缝、干缩裂缝和外力引起的裂缝。产生的原因主要是水泥在凝固过程中模板局部变形或沉陷引起。此外，还有对混凝土养护不好，表面水分蒸发过快等原因造成	混凝土结构构件产生裂缝进行预控。配制混凝土时，应严格控制水灰比和水泥用量，选择合理的级配，同时，要振捣密实，减少收缩量，提高混凝土抗裂强度，并要认真及时养护，防止水泥因水化反应失水而产生裂缝

（续）

缺陷类别	混凝土原因分析	控制手段
缝隙夹渣层	将混凝土构件分隔成几个不相连的部位，使施工缝处有缝隙或夹有杂物。主要是在施工缝处未清理干净或连接处理不妥，或者是支模方式不妥而造成	缝隙夹渣层的预防措施主要有混凝土应连续浇筑，以保证混凝土结构的整体性
缩径	混凝土构件的外形尺寸缩小。主要原因是模板外形尺寸局部变化而导致缩径	在浇筑混凝土前，要认真检查模板的形体和几何尺寸，严防模板支架变形和缩胀。以防止混凝土结构构件产生缩径现象
混凝土强度不足	主要是由于混凝土所用材料质量、配合比设计搅拌、浇捣和养护等方面的问题造成	严格控制混凝土拌和物原材料的质量和配比，拌和物投料计量和水灰比要准确，拌制要合理，应保证拌和物的匀质性和坍落度的适应性，混凝土要浇捣密实、养护要合理，以确保混凝土符合设计强度

2. 混凝土缺陷修整

混凝土表面缺陷的修整方法见表 5-56。

表 5-56　混凝土表面缺陷及修整方法

表面缺陷	表面缺陷的修整方法
蜂窝或露石	面积较小且数量不多的蜂窝或露石的混凝土表面，可用 1:2~1:2.5 的水泥砂浆抹平，抹砂浆前，必须用钢丝刷或加压水洗刷干净基底 较大面积的蜂窝、露石和露筋。应根据缺陷的深度和面积凿去已松动和薄弱的混凝土层和腐蚀层，然后用钢丝刷洗表面，在用比原混凝土强度等级提高一个强度等级的细石混凝土填塞，并仔细捣实
裂缝	环氧树脂补补。当混凝土构件裂缝宽度在 0.1mm 以上时，可用环氧树脂灌浆修补。材料以环氧树脂为主要成分加入增塑剂(邻苯二甲酸二丁酯)、稀释剂(二甲苯)和固化剂(乙二胺)等组成。修补时，先用钢丝刷将混凝土表面的灰尘、浮渣及松散层仔细清除，严重的用丙酮擦洗，使裂缝处保持干净。然后选择裂缝较宽处布置灌浆钢嘴子，嘴子的间距根据裂缝大小和结构形式而定，一般为 300~600mm。嘴子用环氧树脂腻子封闭，待腻子干固后，应进行漏浆检查以防止跑浆。最后对所有的嘴子都灌满浆液。有裂缝的混凝土经灌浆后，一般要在 7d 后方可加载使用
较深的蜂窝	采用压浆法补强。压浆法主要是通过管子用压力灌浆。灌浆前，先将易于脱落的混凝土清除，用水或压缩空气冲刷缝隙，把粉屑、石碴清理干净，并保持潮湿。灌浆用的管子用高于原设计一个强度等级的混凝土，或用 1:2.5 水泥砂浆来固定，并养护 3d。每一个灌浆点埋管两根，管径为 425mm，一根压浆，一根排气或排除积水；埋管的间距一般为 500mm。安设埋管后，再用混凝土封填裂缝表面，待封填的混凝土凝结 2d，然后用砂浆输送泵压浆。水泥浆的水灰比为 0.7~1.0，输送泵的压力为 6~8 个大气压。每一灌浆处压浆两次，第二次在第一次可灌的浆初凝后进行，压浆完毕 2~3d 后割除管子并用砂浆填补孔隙

细节：混凝土结构工程验收资料

1. 模板工程验收资料

1）模板设计资料。

2）预埋件、预留孔洞资料。

3）模板材料检验资料。

4）模板安装几何尺寸检验记录。

2. 钢筋工程验收资料

1）钢筋、钢板的材质合格证和试验报告。

2）焊条、焊剂质量检验报告。

3）焊接试件试验报告。

4）钢筋力学性能试验报告，进口钢筋有化学成分检验报告。

5）钢筋隐蔽工程验收记录。

6）成形网片出厂合格证。

7）钢筋分项工程技术交底。

8）钢筋焊接接头拉伸试验报告。

9）钢筋焊接接头弯曲试验报告。

10）钢筋焊接接头抗剪试验报告。

11）钢筋分项工程质量检验资料。

3. 混凝土工程验收资料

1）水泥出厂合格证，水泥进场试验报告。

2）砂子试验报告；石子试验报告。

3）外加剂出厂合格证，外加剂进场试验报告及掺量试验报告。

4）混合料出厂质量证明，混合料进场试验报告及掺量试验报告。

5）混凝土配合比通知单。

6）混凝土试块强度试压报告。

7）混凝土强度评定记录。

8）混凝土工程施工记录。

9）混凝土开盘鉴定。

10）隐蔽工程检查、预检记录。

11）设计变更及洽商记录。

12）混凝土试配记录。

13）混凝土分项工程质量检验资料。

4. 混凝土构件安装验收资料

1）钢筋出厂合格证、检验报告。

2）钢筋力学性能试验报告。

3）构件出厂合格证。

4）焊条出厂合格证。

5）预制构件吊装记录（预检记录）。

6）墙体混凝土、板缝混凝土试压报告。

7）焊接试验报告。

8）混凝土试块 28d 强度报告。

9）装配式结构预制构件的合格证和安装验收记录。

10) 预应力筋用锚具、连接器的合格证和进场复验报告。

11) 预应力筋安装、张拉及灌浆记录。

12) 混凝土构件安装分项工程质量检验。

细节：预应力混凝土材料

1. 混凝土

在预应力混凝土结构中所采用的混凝土应具有高强、轻质和高耐久性的性质。一般要求混凝土的强度等级不低于 C30。目前，我国在一些重要的预应力混凝土结构中，已开始采用 C50~C60 的高强混凝土，最高混凝土强度等级已达到 C80，并逐步向更高强度等级的混凝土发展。国外混凝土的平均抗压强度每 10 年提高 5~10MPa，现已出现抗压强度高达 200MPa 的混凝土。

2. 预应力钢筋

预应力筋通常由单根或成束的钢丝、钢绞线或钢筋组成。

对预应力筋的基本要求是高强度、较好的塑性以及较好的粘结性能。

（1）高强钢筋　高强钢筋可分为冷拉热轧低合金钢筋和热处理低合金钢筋两种。

（2）高强钢丝　常用的高强钢丝分为冷拉和矫直回火两种，按外形分为光面、刻痕和螺旋肋三种。常用的高强钢丝的直径（mm）有：4.0、5.0、6.0、7.0、8.0、9.0 等几种。

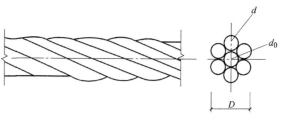

（3）钢绞线　钢绞线是用冷拔钢丝绞扭而成，其方法是在绞线机上以一种稍粗的直钢丝为中心，其余钢丝则围绕其进行螺旋状绞合（图5-43），再经低温回火处理即可。

图 5-43　预应力钢绞线的截面

D—钢绞线直径　d_0—中心钢丝直径　d—外层钢丝直径

（4）无粘结预应力钢筋　无粘结预应力钢筋是一种在施加预应力后沿全长与周围混凝土不粘结的预应力筋，它由预应力钢材、涂料层和包裹层组成（图5-44）。

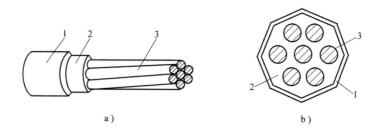

图 5-44　无粘结预应力筋

a）无粘结预应力筋　b）截面示意

1—聚乙烯塑料套管　2—保护油脂　3—钢绞线或钢丝束

细节：先张法施工

先张法施工是在浇筑混凝土前，预先将需张拉的预应力钢筋，用夹具固定在台座或钢材制成的定性模板上，然后做绑扎非预应力钢筋、支模等工序，并根据设计要求对预应力钢筋进行张拉到位，再浇筑混凝土，待混凝土达到一定强度（一般不低于设计强度标准值的75%），保证预应力筋与混凝土有足够的粘结力时，放松预应力筋，借助于混凝土与预应力筋的粘结，使混凝土产生预压应力。

预应力混凝土构件先张法施工如图 5-45 所示。图 5-45a 为预应力张拉时的情况，预应力筋一端用锚固夹具固定在台座上，另一端用张拉机械张拉后也用锚固夹具固定在台座的横梁上。图 5-45b 为混凝土浇筑及养护阶段，这时只有预应力筋有应力，混凝土没有应力。图 5-45c 为放松预应力筋后的情况，由于预应力筋和混凝土之间存在粘结力，因此在预应力筋弹性回缩时使混凝土产生预压应力。先张法中常用的预应力筋有钢丝和钢筋两类。先张法生产预应力混凝土构件，可采用台座法或机组流水法。但由于台座或钢模承受预应力筋的张拉能力受到限制并考虑到构件的运输条件，因此先张法施工适于在构件厂生产中小型预应力混凝土构件，如楼板、屋面板、中小型吊车梁等。

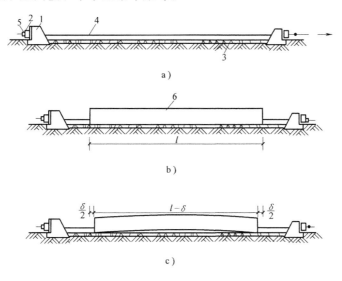

图 5-45　先张法施工示意图
1—台座承力结构　2—横梁　3—台面　4—预应力筋　5—锚固夹具　6—混凝土构件

1. 台座

台座是先张法施工的主要设备之一，它承受预应力筋的全部张拉力。因此，台座应有足够的强度、刚度和稳定性，以免台座变形、滑移或倾斜而引起预应力损失。台座按构造形式分墩式和槽式两类；选用时根据构件种类、张拉力大小和施工条件而定。

（1）墩式台座

1）墩式台座的构造。墩式台座由台墩、台面和横梁等组成，如图 5-46 所示。

台墩是墩式台座的主要受力结构，台墩依靠其自重和土压力平衡张拉力产生的倾覆力矩，依靠土的反力和摩阻力平衡张拉力产生的水平滑移，因此台墩结构体形大、埋设较深、投资较大。为了改善台墩的受力状况，常采用台墩与台面共同工作的做法以减小台墩自重和埋深。

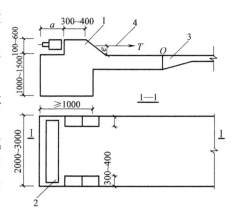

台面是预应力混凝土构件成形的胎模。它是由素土夯实后铺碎砖垫层，再浇筑 50～80mm 厚的 C15～C20 混凝土面层组成的。台面要求平整、光滑，沿其纵向设 3‰ 的排水坡度，每隔 10～20m 设置宽 30～50mm 的温度缝。为防止台面出现裂缝，台面宜做成预应力混凝土的。横梁是锚固夹具临时固定预应力筋的支座，常采用型钢或钢筋混凝土制作而成。横梁的挠度要求小于 2mm，并不得产生翘曲。

图 5-46　墩式台座
1—台墩　2—横梁　3—台面　4—预应力筋

墩式台座的长度通常为 100～150m，因此又称长线台座。墩式台座张拉一次可生产多根预应力混凝土构件，减少了张拉和临时固定的工作，同时也减少了由于预应力筋滑移和横梁变形引起的预应力损失。

2）墩式台座的稳定性验算。墩式台座一般埋置在地下，由现浇钢筋混凝土做成。台座应具有足够的强度、刚度和稳定性。稳定性验算包括抗倾覆验算和抗滑移验算两个方面，验算时，可按台面受力和台面不受力两种情况考虑。当不考虑台面受力时，如图 5-47a 所示，台墩借自重及土压力以平衡张拉力矩，借土压力和摩阻力以抵抗水平滑移，因此台墩自重大、埋设深；当考虑台面受力时，如图 5-47b 所示，由张拉力引起的水平滑移主要由混凝土台面抵抗，而土压力和摩阻力只抵抗少部分滑移力，因而可减小埋深。由张拉力引起的倾覆力矩靠台墩自重对台面 O 点的力矩来平衡，这时由于倾覆旋转点 O 上移，倾覆力矩减小，台墩自重可以减小。因此，为了减小台墩的自重和埋深，应采用台墩与台面共同工作的做法，充分利用台面受力。

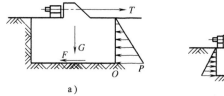 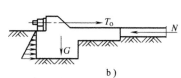

a)　　　　　　　　　　　　　　b)

图 5-47　墩式台座稳定性验算简图
a）不考虑台面受力　b）考虑台面受力

墩式台座的抗倾覆验算，可按下式进行：

$$K_1 = \frac{M_1}{M} \geq 1.5 \tag{5-20}$$

式中　K_1——抗倾覆安全系数；

　　　　M_1——抗倾覆力矩；

　　　　M——倾覆力矩。

墩式台座的抗滑移验算，可按下式进行：

$$K_2 = \frac{T_1}{T} \geq 1.3 \tag{5-21}$$

式中 K_2——抗滑移安全系数；

T_1——抗滑移力；

T——张拉力的合力。

如果台座的设计考虑台墩与台面共同工作，则可不作抗滑移验算，而应计算台面的承载力。

台座强度验算时，支承横梁的牛腿，按柱子牛腿计算方法计算其配筋；墩式台座与台面接触的外伸部分，按偏心受压构件计算；台面按轴心受压杆件计算；横梁按承受均布荷载的简支梁计算，其挠度应控制在 2mm 以内，并不得翘曲。

台面伸缩缝可根据当地温差和经验设置，一般约为 10m 设置一条。

（2）槽式台座 槽式台座由钢筋混凝土端柱、传力柱、柱垫、上下横梁、台面和砖墙等组成，既可承受张拉力，又可作蒸汽养护槽，适用于张拉吨位较高的大型构件，如吊车梁、屋架等。槽式台座构造如图 5-48 所示。

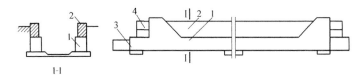

图 5-48 槽式台座

1—钢筋混凝土端柱 2—砖墙 3—下横梁 4—上横梁

槽式台座的长度一般不大于 76m，宽度随构件外形及制作方式而定，一般不小于 1m。槽式台座一般与地面相平，以便运送混凝土和蒸汽养护，但需考虑地下水位和排水等问题。端柱、传力柱的端面必须平整，对接接头必须紧密。柱与柱垫连接必须牢靠。

槽式台座需进行强度和稳定性验算。端柱和传力柱的强度按钢筋混凝土结构偏压构件计算。槽式台座端柱抗倾覆力矩由端柱、横梁自重力等组成。

2. 先张法施工工艺

先张法预应力混凝土构件在台座上生产时，其工艺流程一般如图 5-49 所示。

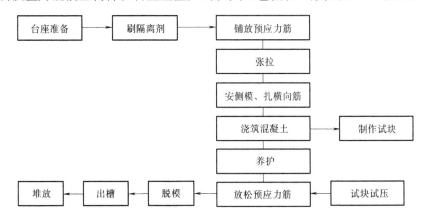

图 5-49 先张法施工工艺流程图

（1）预应力筋的铺设 长线台座台面（或胎模）在铺放钢丝前应涂刷隔离剂。隔离剂不应玷污钢丝，以免影响钢丝与混凝土的粘结。如果预应力筋遭受污染，应使用适宜的溶剂加以清洗干净。在生产过程中，应防止雨水冲刷掉台面上的隔离剂。

预应力钢丝宜用牵引车铺设。如遇钢丝需接长，可借助于钢丝拼接器用 20～22 号镀锌钢丝密排绑扎。绑扎长度：对冷拔低碳钢丝不得小于 40d；对刻痕钢丝不得小于 80d。钢丝搭接长度应比绑扎长度长 10d（d 为钢丝直径）。

预应力钢筋铺设时，钢筋之间的连接或钢筋与螺杆之间的连接，可采用连接器。

（2）预应力筋的张拉 预应力筋的张拉应根据设计要求采用合适的张拉方法、张拉顺序及张拉程序进行，并应有可靠的保证质量措施和安全技术措施。

1）张拉控制应力。预应力筋的张拉控制应力 σ_{con} 应符合下列规定，且不宜小于 $0.4f_{ptk}$：

① 消除应力钢丝、钢绞线

$$\sigma_{con} \leqslant 0.75f_{ptk} \tag{5-22}$$

② 中强度预应力钢丝

$$\sigma_{con} \leqslant 0.70f_{ptk} \tag{5-23}$$

③ 预应力螺纹钢筋

$$\sigma_{con} \leqslant 0.85f_{pyk} \tag{5-24}$$

式中 f_{ptk}——预应力筋极限强度标准值；

f_{pyk}——预应力螺纹钢筋屈服强度标准值。

消除应力钢丝、钢绞线、中强度预应力钢丝的张拉控制应力值不应小于 $0.4f_{ptk}$；预应力螺纹钢筋的张拉应力控制值不宜小于 $0.5f_{pyk}$。

当符合下列情况之一时，上述张拉控制应力限值可相应提高 $0.05f_{ptk}$ 或 $0.05f_{pyk}$：

a. 要求提高构件在施工阶段的抗裂性能而在使用阶段受压区内设置的预应力筋。

b. 要求部分抵消由于应力松弛、摩擦、钢筋分批张拉以及预应力筋与张拉台座之间的温差等因素产生的预应力损失。

2）张拉程序。预应力筋的张拉程序有超张拉和一次张拉两种。所谓超张拉，就是指张拉应力超过规范规定的控制应力值。用超张拉方法时，预应力筋可按下列两种张拉程序之一进行张拉：

$$0 \rightarrow 1.05\sigma_{con} \xrightarrow{持荷 2min} \sigma_{con}$$
$$或 0 \rightarrow 1.03\sigma_{con}$$

第一种张拉程序中，超张拉 5%并持荷 2min，其目的是为了加速预应力筋松弛早期发展，以减少应力松弛引起的预应力损失（约减少 50%）。第二种张拉程序中，超张拉 3%，其目的是为了弥补预应力筋的松弛损失。这种张拉程序施工简便，一般多被采用。以上两种超张拉程序是等效的，可根据构件类型、预应力筋与锚具种类、张拉方法、施工速度等选用。采用第一种张拉程序时，千斤顶回油至稍低于 σ_{con}，再进油至 σ_{con}，以建立准确的预应力值。

如果在设计中钢筋的应力松弛损失按一次张拉取值，则张拉程序取 $0 \rightarrow \sigma_{con}$ 就可以满足要求。

（3）预应力筋伸长值的检验 张拉预应力筋可单根进行也可多根成组同时进行。同时张拉多根预应力筋时，应预先调整初应力，使其相互之间的应力一致。预应力筋张拉锚固后，对设计位置的偏差不得大于 5mm，也不得大于截面短边长度的 4%。

采用应力控制方法张拉时，应校核预应力筋的伸长值。如实际伸长值比计算伸长值大于 10%或小于 5%，应暂停张拉，在查明原因、采用措施予以调整后，方可继续张拉。

预应力筋的计算伸长值 $\Delta l(\mathrm{mm})$ 可按下式计算：

$$\Delta l = \frac{F_p l}{A_p E_s} \qquad (5\text{-}25)$$

式中　F_p——预应力筋的平均张拉力，直线筋取张拉端的拉力；两端张拉的曲线筋，取张拉端的拉力与跨中扣除孔道摩阻损失后拉力的平均值(kN)；

　　　l——预应力筋的长度(mm)；

　　　A_p——预应力筋的截面面积(mm^2)；

　　　E_s——预应力筋的弹性模量($\mathrm{kN/mm}^2$)。

预应力筋的实际伸长值，宜在初应力为张拉控制应力10%左右时开始量测，但必须加上初应力以下的推算伸长值。通过伸长值的检验，可以综合反映张拉力是否足够以及预应力筋是否有异常现象等。因此，对于伸长值的检验必须重视。

3. 混凝土的浇筑和养护

预应力筋张拉完毕后即应浇筑混凝土，且应一次浇筑完毕。混凝土的强度等级不得小于C30。构件应避开台面的温度缝，当不可能避开时，在温度缝上可先铺薄钢板或垫油毡，然后浇筑混凝土。为保证钢丝与混凝土有良好的粘结，浇筑时振动器不应碰撞钢丝，混凝土未达到一定强度前，也不允许碰撞或踩动钢丝。混凝土的用水量和水泥用量必须严格控制，混凝土必须振捣密实，以减少混凝土由于收缩和徐变而引起的预应力损失。

采用平卧叠浇法制作预应力混凝土构件时，其下层构件混凝土的强度需达到5MPa后，方可浇筑上层构件混凝土并应有隔离措施。

混凝土可采用自然养护或蒸汽养护。但应注意，在台座上用蒸汽养护时，温度升高后，预应力筋膨胀而台座的长度并无变化，因而预应力筋应力减小，这就是温差引起的预应力损失。为了减少这种温差应力损失，应保证混凝土在达到一定强度之前，温差不能太大(一般不超过20℃)，故在台座上用蒸汽养护时，其最高允许温度应根据设计要求的允许温差(张拉钢筋的温度与台座温度的差)经计算确定。当混凝土强度养护至7MPa(粗钢筋配筋)或10.0MPa(钢丝、钢绞线配筋)以上时，则可不受设计要求的温差限制，按一般构件的蒸汽养护规定进行。这种养护方法又称为二次升温养护法。在采用机组流水法用钢模制作、蒸汽养护时，由于钢模和预应力筋同样伸缩，所以不存在因温差而引起的预应力损失，因此可以采用一般加热养护制度。

4. 预应力筋的放张

先张法预应力筋的放张工作应有序并缓慢进行，防止突然放线所引起的冲击，造成混凝土裂缝。

预应力筋放张时，混凝土强度应符合设计要求；当设计无要求时，不得低于设计的混凝土强度标准值的75%。对于重叠生产的构件，要求最上一层构件的混凝土强度不低于设计强度标准值的75%时方可进行预应力筋的放张。过早放张预应力筋会引起较大的预应力损失或预应力钢丝产生滑动。预应力混凝土构件在预应力筋放张前要对混凝土试块进行试压，以确定混凝土的实际强度。

(1) 放张顺序　预应力筋的放张顺序，应符合设计要求；当设计无专门要求时，应符合下列规定：

1) 对轴心受压构件，所有预应力筋宜同时放张。

2) 对受弯或偏心受压的构件，应先同时放张预压应力较小区域的预应力筋，再同时放张预压应力较大区域的预应力筋。

3）当不能按上述规定放张时，应分阶段、对称、相互交错地放张。

4）放张后，预应力筋的切断顺序，宜从张拉端开始依次切向另一端。

（2）放张方法　当构件的预应力筋为钢丝时，对配筋不多的钢丝，放张可采用剪切、割断和熔断的方法逐根放张并应自中间向两侧进行，以减少回弹量、利于脱模。对配筋较多的预应力钢丝，放张应同时进行，不得采用逐根放张的方法，以防止最后的预应力钢丝因应力增加过大而断裂或使构件端部开裂。放张的方法可用放张横梁来实现，横梁可用千斤顶或预先设置在横梁支点处的放张装置（楔块或砂箱）来放张。

当构件的预应力筋为钢筋时，放张应缓慢进行。对配筋不多的钢筋，可采用逐根加热熔断或借预先设置在钢筋锚固端的楔块等单根放张。对配筋较多的预应力钢筋，所有钢筋应同时放张，放张可采用楔块或砂箱等装置进行缓慢放张。

如图 5-50 所示为楔块放张的例子。楔块装置放置在台座与横梁之间，放张预应力筋时，旋转螺母使螺杆向上运动，带动楔块向上移动，横梁向台座方向移动，预应力筋得到放松。楔块放张，一般用于张拉力不大于 300kN 的情况。

如图 5-51 所示为砂箱放张的例子。砂箱装置放置在台座和横梁之间，它由钢制的套箱和活塞组成，内装石英砂或铁砂。预应力筋张拉时，砂箱中的砂被压实、承受横梁的反力。预应力筋放张时，将出砂口打开，砂缓慢流出，从而使预应力筋缓慢的放张。砂箱装置中的砂应采用干砂并选定适宜的级配，防止出现砂子压碎引起流不出的现象或者增加砂的空隙率，使预应力筋的预应力损失增加。采用砂箱放张，能控制放张速度、工作可靠、施工方便，可用于张拉力大于 1000kN 的情况。

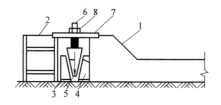

图 5-50　楔块放张图

1—台座　2—横梁　3、4—钢块　5—钢楔块
6—螺杆　7—承力板　8—螺母

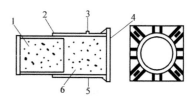

图 5-51　砂箱装置构造图

1—活塞　2—钢套箱　3—进砂口
4—钢套箱　5—出砂口　6—砂子

细节：后张法施工

后张法施工是在浇筑混凝土构件时，在配置预应力筋的位置处预先留出相应的孔道，然后绑扎非预应力钢筋、浇筑混凝土，待构件混凝土强度达到设计规定的数值后，在孔道内穿入预应力筋，用张拉机具进行张拉，然后用锚具将预应力筋锚固在构件上，最后进行孔道灌浆。预应力筋承受的张拉力通过锚具传递给混凝土构件，使混凝土产生预压应力。

1. 构件张拉

图 5-52 所示为预应力混凝土构件后张法施工示意图。图 5-52a 为制作混凝土构件并在预应力筋的设计位置上预留孔道，待混凝土达到规定的强度后，穿入预应力筋进行张拉。图 5-52b 为预应力筋的张拉，用张拉机械直接在构件上进行张拉，混凝土同时完成弹性压缩。

图 5-52c 为预应力筋的锚固和孔道灌浆，预应力筋的张拉力通过构件两端的锚具，传递给混凝土构件，使其产生预压应力，最后进行孔道灌浆。

后张法施工由于直接在混凝土构件上进行张拉，因此不需要固定的台座设备、不受地点限制，适于在施工现场生产大型预应力混凝土构件，尤其是大跨度构件。后张法施工还可作为一种预制构件的拼装手段，大型构件（如拼装式屋架）可以预制成小型块体，运至施工现场后，通过预加应力的手段拼装整体预应力结构。但后张法施工工序较多，工艺复杂，锚具作为预应力筋的组成部分，将永远留置在构件上不能重复使用。

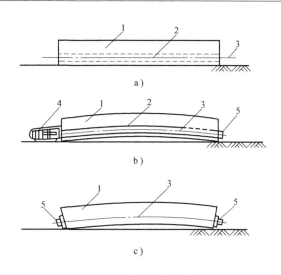

图 5-52 后张法施工示意图
a）制作混凝土构件 b）张拉钢筋 c）锚固和孔槽灌浆
1—混凝土构件 2—预留孔道 3—预应力筋 4—千斤顶 5—锚具

后张法施工中常用的预应力筋有单根钢筋、钢筋束（包括钢绞线束）和钢丝束等几类。

2. 后张法施工工艺

后张法预应力混凝土构件的制作工艺流程如图 5-53 所示。下面主要介绍孔道的留设、预应力筋的张拉和孔道灌浆等内容。

（1）孔道的留设　孔道留设是后张法施工中的一道关键工序。预留孔道的尺寸与位置应正确、孔道应平顺；端部的预埋垫板应垂直于孔道中心线并用螺栓或钉子固定在模板上，以防止浇筑混凝土时发生走动，孔道的直径应比预应力筋的直径的对焊接头处外径或需穿入孔道的锚具或连接器的外径大 10~15mm，以利于预应力筋穿入。孔道留设的方法有钢管抽芯法、胶管抽芯法和预埋波纹管法等。

1）钢管抽芯法。钢管抽芯法适用于留设直线孔道。钢管抽芯法是预先将钢管敷设在模板的孔道位置上，在混凝土浇筑后每隔一定时间慢慢转动钢管，防止与混凝土粘住，待混凝土初凝后、终凝前抽出钢管形成孔道。选用的钢管要平直，表面要光滑，敷设位置要准确。钢管用钢筋井字架固定，间距不宜大于 1.0m。每根钢管的长度最好不超过 15m，以利于转动和抽管。钢管两端应各伸出构件约 500mm 左右，较长的构件可采用两根钢管，中间用套管连接，套管连接方式如图 5-54 所示。

准确地掌握抽管时间很重要，抽管时间与水泥品种、气温和养护条件有关。抽管宜在混凝土初凝后、终凝以前进行，以用手指按压混凝土表面不显指纹时为宜。抽管过早，会造成塌孔事故；太晚，则混凝土与钢管粘结牢固，抽管困难，甚至抽不出来。常温下抽管时间约在混凝土浇筑后 3~5h。抽管顺序宜先上后下。抽管可采用人工或用卷扬机，抽管时速度必须均匀、边抽边转并与孔道保持直线。抽管后应及时检查孔道情况，并做好孔道清理工作，以防止以后穿筋困难。

2）胶管抽芯法。胶管抽芯法可用于留设直线孔道，亦可留设曲线或折线孔道。胶管弹性好，便于弯曲，一般有五层或七层帆布胶管和钢丝网，橡胶管两种。前者质软，必须在管

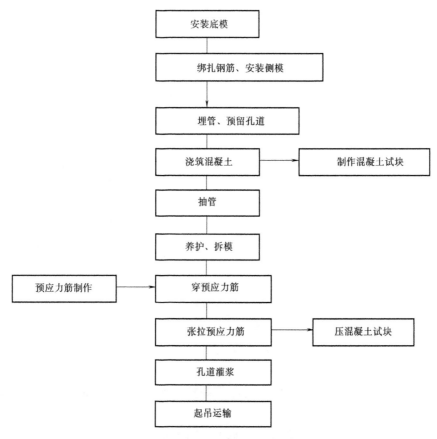

图 5-53 后张法施工工艺流程图

内充气或充水后才能使用；后者质硬，且有一定的
弹性，预留孔道时与钢管一样使用，所不同的是浇
筑混凝土后不需转动，抽管时可利用其有一定弹性
的特点，胶管在拉力作用下截面缩小，即可把管
抽出。

　　胶管用钢筋井字架固定，间距不宜大于 0.5m
且曲线孔道处应适当加密。对于充气或充水的胶

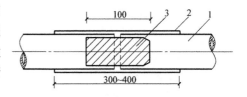

图 5-54 套管连接方式
1—钢管　2—镀锌铁皮套管　3—硬木塞

管，在浇筑混凝土前，胶管中应充入压力为 0.6~0.8MPa 的压缩空气或压力水，此时胶管直
径可增大 3mm 左右，然后浇筑混凝土，待混凝土初凝后，放出压缩空气或压力水，胶管孔
径缩小，与混凝土脱开，随即抽出胶管，形成孔道。胶管抽芯法预留孔道，混凝土浇筑后不
需要旋转胶管。抽管时间，一般控制在 200h·℃，抽管顺序一般应先上后下、先曲后直。

　　3）预埋波纹管法。孔道的留设除采用钢管或胶管抽拔成孔外，也可采用预埋波纹管的
方法成孔，波纹管直接埋设在构件中而不再抽出。波纹管应密封良好并有一定的轴向刚度，
接头应严密，不得漏浆。固定波纹管的钢筋井字架间距不宜大于 0.8m。波纹管全称镀锌双
波纹金属软管，是由镀锌薄钢带经压波后卷成，具有重量轻、刚度好、弯折方便、连接容
易、与混凝土粘结性能好等优点，可做成各种形状的孔道并可省去抽管工序。因此，这种留
孔方法具有较大的推广价值。

在留设孔道的同时，还要在设计规定的位置留设灌浆孔和排气孔。灌浆孔的间距：预埋波纹管不宜大于30m；抽芯成形孔道不宜大于12m。曲线孔道的曲线波峰部位，宜设置排气孔，留设灌浆孔或排气孔时，可用木塞或镀锌铁皮管成孔。孔道成形后，应立即逐孔检查，发现堵塞，应及时疏通。

（2）预应力筋的张拉　预应力筋的张拉是制作预应力混凝土构件的关键，必须按照现行《混凝土结构工程施工质量验收规范》（GB 50204—2015）的有关规定进行施工。

1）一般规定。预应力筋张拉时，结构的混凝土强度应符合设计要求；当设计无具体要求时，不应低于设计强度标准值的75%，以确保在张拉过程中，混凝土不致因受压而破坏。对于块体拼装的预应力构件，立缝处混凝土或砂浆的强度如设计无规定时，不应低于块体混凝土设计强度标准值的40%也不得低于15MPa，以防止在张拉预应力筋时压裂混凝土块体或使混凝土产生过大的弹性压缩；安装张拉设备时，直线预应力筋应使张拉力的作用线与孔道中心线重合；曲线预应力筋应使张拉力的作用线与孔道中心线末端的切线重合；预应力筋张拉、锚固完毕，如需要割去锚具外露出的预应力筋时，则留在锚具外的预应力筋长度不得小于30mm。锚具应用封端混凝土保护，如需长期外露应采取措施防止锈蚀。

后张法预应力筋的张拉控制应力，按《混凝土结构设计规范》（GB 50010—2010）的规定取用。后张法预应力筋的张拉程序与先张法相同，即可以采用超张拉法也可以采用一次张拉法。

2）张拉方法。为了减少预应力筋与孔道摩擦引起的损失，预应力筋张拉端的设置，应符合设计要求；当设计无要求时，应符合下列规定：

① 抽芯成形孔道：曲线预应力筋和长度大于24m的直线预应力筋，应在两端张拉；长度不大于24m的直线预应力筋，可在一端张拉。

② 预埋波纹管孔道：曲线预应力筋和长度大于30m的直线预应力筋，宜在两端张拉；长度不大于30m的直线预应力筋，可在一端张拉。

同一截面中有多根一端张拉的预应力筋时，张拉端宜分别设置在结构的两端。当两端同时张拉同一根预应力筋时，为了减少预应力损失，宜先在一端锚固，再在另一端补足张拉力后进行锚固。

3）张拉顺序。预应力筋的张拉顺序应符合设计要求，当设计无具体要求时，可采用分批、分阶段对称张拉。应使混凝土不产生超应力、构件不扭转与侧弯、结构不变位等。因此，对称张拉是一项重要原则。同时，还要考虑到尽量减少张拉机械的移动次数。

对配有多根预应力筋的预应力混凝土构件，由于不可能同时一次张拉，应分批、对称地进行张拉。分批张拉时，应计算分批张拉的弹性回缩造成的预应力损失值，分别加到先张拉预应力筋的张拉控制应力内，或采用同一张拉值逐根复位补足。

对于平卧叠浇的预应力混凝土构件，上层构件重量产生的水平摩阻力会阻止下层构件在预应力筋张拉时产生的混凝土弹性压缩的自由变形，待上层构件起吊后，由于摩阻力影响消失，则混凝土弹性压缩的自由变形恢复而引起预应力损失。所以，对于平卧重叠浇筑的构件，宜先上后下逐层进行张拉。为了减少上下层构件之间的摩阻力引起的预应力损失，可采用逐层加大张拉力的方法。但底层张拉力值：对光面钢丝、钢绞线和热处理钢筋，不宜比顶层张拉力大5%；对于冷拉HRB335级、HRB400级、RRB400级钢筋，不宜比顶层张拉力大9%，但也不得大于预应力筋的最大超张拉力的规定。可构件之间隔离层的隔离效果很好（如用塑料薄膜作隔离层或用砖作隔离层)。用砖作隔离层时,大部分砖应在张拉预应力筋时取出,仅有局部的支承点,构件之间基本上架空,也可自上而下采用同一张拉力值。

4)预应力值的校核和伸长值的确定。预应力筋张拉之前,应按设计张拉控制应力和施工所需的超张拉要求计算总张拉力。可以用下式计算:

$$N_p = (1+P)(\sigma_{con} + \sigma_p)A_p \tag{5-26}$$

式中　N_p——预应力筋总张拉力(kN);

　　　P——超张拉百分率(%);

　　σ_{con}——张拉控制应力(kN/mm^2);

　　　A_p——同一批张拉的预应力筋面积(mm^2);

　　　σ_p——分批张拉时,考虑后批张拉对先批张拉的混凝土产生弹性回缩影响所增加的
　　　　　应力值(对后批张拉时,该项为零,仅一批张拉时,该项亦为零)。

预应力筋张拉时,应尽量减少张拉机具的摩阻力,摩阻力的数值应由试验确定,将其加在预应力筋的总张拉力中去,然后折算成油压表读数值,作为施工时的控制数值。

为了了解预应力值建立的可靠性,需对预应力筋的应力及损失进行检验和测定,以便在张拉时补足和调整预应力值。检验应力损失最方便的方法,在后张法中是将钢筋张拉24h后,未进行孔道灌浆以前,重复张拉一次,测读前后两次应力值之差,即为钢筋预应力损失(并非全部损失,但已完成很大部分)。

预应力筋张拉时,通过伸长值的校核,综合反映张拉力是否足够,孔道摩阻损失是否偏大,以及预应力筋是否有异常现象。

用应力控制方法张拉时,还应测定预应力筋的实际伸长值,以对预应力筋的预应力值进行校核。预应力筋实际伸长值的测定方法与先张法相同。

(3)孔道灌浆　预应力筋张拉锚固后,利用灰浆泵将水泥浆压灌到预应力孔道中去,这样既可以起到预应力筋的防锈蚀作用,也可使预应力筋与混凝土构件的有效粘结增加,控制超载时的裂缝发展,减轻两端锚具的负荷状况。

孔道灌浆应采用强度等级不低于42.5级普通硅酸盐水泥或矿渣硅酸盐水泥配制的水泥浆;对空隙大的孔道可采用砂浆灌浆。水泥浆及砂浆强度均不应低于20MPa。灌浆用水泥浆的水灰比宜为0.4左右,搅拌后3h泌水率宜控制在2%,最大不得超过3%。纯水泥浆的收缩性较大,为了增加孔道灌浆的密实性,在水泥浆中可掺入为水泥用量0.01%的铝粉或0.25%的木质素磺酸钙或其他减水剂,但不得掺入氯化物或其他对预应力筋有腐蚀作用的外加剂。

灌浆前,混凝土孔道应用压力水冲刷干净并润湿孔壁。灌浆顺序应先下后上,以避免上层孔道漏浆而把下层孔道堵塞,孔道灌浆可采用电动灰浆泵,灌浆应缓慢均匀地进行,不得中断,灌满孔道并封闭排气孔后,宜再继续加压至0.5~0.6MPa并稳压一定时间,以确保孔道灌浆的密实性。对于不掺外加剂的水泥浆可采用二次灌浆法,以提高孔道灌浆的密实性。灌浆后,孔道内水泥浆及砂浆强度达到15MPa时,预应力混凝土构件即可进行起吊运输或安装。

6 钢结构工程

细节：钢结构构件加工制作的准备

1. 图纸审查

图纸审查的目的，一方面是检查图纸设计的深度能否满足施工的要求，核对图纸上构件的数量和安装尺寸，检查构件之间有无矛盾等；另一方面也对图纸进行工艺审核，即审查在技术上是否合理，构造是否便于施工，图纸上的技术要求按加工单位的施工水平能否实现等。图纸审查的主要内容包括：

1）设计文件是否齐全。设计文件包括设计图、施工图、图纸说明和设计变更通知单等。

2）构件的几何尺寸是否标注齐全，相关构件的尺寸是否正确。

3）构件连接是否合理，是否符合国家标准。

4）加工符号、焊接符号是否齐全。

5）构件分段是否符合制作、运输、安装的要求。

6）标题栏内构件的数量是否符合工程的总数量。

7）结合本单位的设备和技术条件考虑能否满足图纸上的技术要求。

2. 备料

根据设计图纸算出各种材质、规格的材料净用量，并根据构件的不同类型和供货条件，增加一定的损耗率(一般为实际所需量的 10%)提出材料预算计划。

3. 工艺装备和机具的准备

1）根据设计图纸及国家标准定出成品的技术要求。

2）编制工艺流程，确定各工序的公差要求和技术标准。

3）根据用料要求和来料尺寸统筹安排、合理配料，确定拼装位置。

4）根据工艺和图纸要求，准备必要的工艺装备(胎、夹、模具)。

细节：钢结构构件加工环境要求

为保证钢结构零部件在加工中钢材原材质不变，在零件冷、热加工和焊接时，应按照施工规范规定的环境温度和工艺要求进行施工。

1. 冷加工温度要求

1）零件为普通碳素结构钢，当操作地点环境温度低于-20℃，零件为低合金结构钢，操作地点环境温度低于-15℃时，均不得进行剪切和冲孔。否则，在外力作用下容易发生裂纹。

2）当零件为普通碳素结构钢，操作地点环境温度低于-16℃，低合金结构钢操作地点环境温度低于-12℃时，均不得进行矫正和冷弯曲，以防在低温条件和外力作用下发生裂纹。

3）冷矫正和冷弯曲不但严格要求在规定的温度下进行，还要求弯曲半径不宜过小，以免钢材丧失塑性，出现裂纹。

2. 热加工温度要求

1）零件热加工时，其加热温度为1000~1100℃，此时钢材表面呈现淡黄色；当普通碳素结构钢的温度下降到500~550℃之前(钢材表面呈现蓝色)和低合金结构钢的温度下降到800~850℃前(钢材表面呈红色)均应结束加工，应使加工件缓慢冷却，必要时应采用绝热材料加以围护，以延长冷却时间使其内部组织得到充分的恢复。

2）为使普通碳素结构钢和低合金结构钢的力学性能不发生改变，加热矫正时的加热温度严禁超过正火温度(900℃)，其中低合金结构钢加热矫正后必须缓慢冷却，更不允许在热矫正时用浇冷水法急冷，以免产生淬硬组织，导致脆性裂纹。

3）普通碳素结构钢、低合金结构钢的零件在热弯曲加工时，其加热温度在900℃左右进行。否则温度过高会使零件外侧在弯曲外力作用下被过多的拉伸而减薄；内侧在弯曲压力作用下厚度增厚；温度过低不但成形较困难，更重要的是钢材在蓝脆状态下弯曲受力时，塑性降低，易产生裂纹。

3. 焊接环境要求

在低温的环境下焊接不同钢种、厚度较厚的钢材时，为使加热与散热的速度按正比关系变化，避免散热速度过快，导致焊接的热影响区产生金属组织硬化，形成焊接残余应力，在焊接金属熔合线交界边缘或受热区域内的母材金属处局部产生裂纹，在焊接前应按《钢结构工程施工质量验收规范》(GB 50205—2001)规定的温度进行预热和保证良好的焊接环境。

1）普通碳素结构钢厚度大于34mm、低合金结构钢的厚度不小于30mm，当工作地点温度不低于0℃时，均需在焊接坡口两侧各80~100mm范围内进行预热，焊接预热温度及层间温度控制在100~150℃之间。

焊件经预热后可以达到以下的作用：

① 减缓焊接母材金属的冷却速度。

② 防止焊接区域的金属温度梯度突然变化。

③ 降低残余应力，并减少构件的焊后变形。

④ 消除焊接时产生气孔和熔合性飞溅物。

⑤ 有利于氢的逸出，防止氢在金属内部起破坏作用。

⑥ 防止焊接加热过程中产生热裂纹，焊缝终止冷却时产生冷裂纹或延迟性冷裂纹以及再加热裂纹。

2）如果焊接操作地点温度低于0℃时，需要预热的温度应根据试验来确定，试验确定的结果应符合下列要求：

① 焊接加热过程中在焊缝及热影响区不发生热裂纹。

② 焊接完成冷却后，在焊接范围的焊缝金属及母材上不产生即时性冷裂纹和延迟性冷裂纹。

③ 焊缝及热影响区的金属强度、塑性等性能应符合设计要求。

④ 在刚性固定的情况下进行焊接有较好的塑性，不致产生较大的约束应力或裂纹。

⑤ 焊接部位不产生过大的应力，焊后不需作热处理等调质措施。

⑥ 焊后接点处的各项力学性能指标，均符合设计结构要求。

3）当焊接重要钢结构构件时，应注意对施工现场焊接环境的监测与管理。如出现下列情况时，应采取相应有效的防护措施：

① 雨雪天气。

② 风速超过 8m/s。

③ 环境温度在−5℃以下或相对湿度在 90% 以上。

为保证钢结构的焊接质量，应改善上述不良的焊接环境，一般的做法是在具有保证质量条件的厂房、车间内施工；在安装现场制作与安装时，应在临建的防雨、雪棚内施工，棚内应设有提高温度、降低湿度的设施，以保证规定的正常焊接环境。

细节：零件加工

1. 放样

在钢结构制作中，放样是指把零（构）件的加工边线、坡口尺寸、孔径和弯折、滚圆半径等以 1∶1 的比例从图纸上准确地放到样板和样杆上，并注明图号、零件号、数量等。

2. 划线

划线也称号料，是指根据放样提供的零件的材料、尺寸、数量，在钢材上画出切割、铣、刨边、弯曲、钻孔等加工位置，并标出零件的工艺编号。

3. 切割下料

钢材切割下料方法有气割、机械剪切和锯切等。

（1）氧气切割　氧气切割是以氧气和燃料（常用的有乙炔气、丙烷气和液化气等）燃烧时产生的高温熔化钢材，并以氧气压力进行吹扫，造成割缝，使金属按要求的尺寸和形状切割成零件。目前已广泛采用了多头气割、仿型气割、数控气割、光电跟踪气割等自动切割技术。

（2）机械切割

1）带锯、圆盘锯切割。带锯切割适用于型钢、扁钢、圆钢、方钢，具有效率高、切割端面质量好等优点。

2）砂轮锯切割。砂轮锯适用于薄壁型钢切割。切口光滑，毛刺较薄，容易清除。当材料厚度较薄（1~3mm）时切割效率很高。

3）无齿锯切割。无齿锯锯片在高速旋转中与钢材接触，产生高温把钢材熔化形成切口，其生产效率高，切割边缘整齐且毛刺易清除，但切割时有很大噪声。由于靠摩擦产生高温切断钢材，因此在切断的断口区会产生淬硬倾向，深度为 1.5~2mm。

4）冲剪切割下料。用剪切机和冲切机切割钢材是最方便的切割方法，可以对钢板、型钢切割下料。当钢板较厚时，冲剪困难，切割钢材不容易保证平直，故应改用气割下料。

钢材经剪切后，在离剪切边缘 2~3mm 范围内，会产生严重的冷作硬化，这部分钢材脆性增大，因此用于钢材厚度较大的重要结构，硬化部分应刨削除掉。

4. 边缘加工

边缘加工分刨边、铲边和铣边三种：

刨边是用刨边机切削钢材的边缘，加工质量高，但工效低、成本高。

铲边分手工铲边和风镐铲边两种，对加工质量不高，工作量不大的边缘加工可以采用。

铣边是用铣边机滚铣切削钢材的边缘，工效高，能耗少，操作维修方便，加工质量高，应尽可能用铣边代替刨边。

5. 矫正平直

钢材由于运输和对接焊等原因产生翘曲时，在划线切割前需矫正平直。矫平可以用冷矫和热矫的方法。

6. 滚圆与煨弯

滚圆是用滚圆机把钢板或型钢变成设计要求的曲线形状或卷成螺旋管。

煨弯是钢材热加工的方式之一，即把钢材加热到 900~1000℃（黄赤色），立即进行煨弯，在 700~800℃（樱红色）前结束。采用热煨时一定要掌握好钢材的加热温度。

7. 零件的制孔

零件制孔方法有冲孔、钻孔两种。

冲孔在冲床上进行，冲孔只能冲较薄的钢板，孔径的大小一般大于钢材的厚度，冲孔的周围会产生冷作硬化。冲孔生产效率较高，但质量较差，只有在不重要的部位使用。

钻孔是在钻床上进行，可以钻任何厚度的钢材，孔的质量较好。

细节：钢结构构件组装

组装亦称装配、组拼，是把加工好的零件按照施工图的要求拼装成单个构件。钢构件的大小应根据运输道路、现场条件、运输和安装单位的机械设备能力与结构受力的允许条件等来确定。

1. 一般要求

1）钢构件组装应在平台上进行，平台应测平。用于装配的组装架及胎模要牢固的固定在平台上。

2）组装工作开始前要编制组装顺序表，组装时严格按照顺序表所规定的顺序进行组装。

3）组装时，要根据零件加工编号，严格检验核对其材质、外形尺寸。毛刺飞边要清除干净，对称零件要注意方向，避免错装。

4）对于尺寸较大、形状较复杂的构件，应先分成几个部分组装成简单组件，再逐渐拼成整个构件，并注意先组装内部组件，再组装外部组件。

5）组装好的构件或结构单元，应按图纸的规定对构件进行编号，并标注构件的质量、重心位置、定位中心线、标高基准线等。构件编号位置要在明显易查处，大构件要在三个面上都编号。

2. 焊接连接的构件组装

1）根据图纸尺寸，在平台上画出构件的位置线，焊上组装架及胎模夹具。组装架离平台面不小于50mm，并用左右螺旋丝杠或梯形螺纹作为夹紧调整零件的工具。

2）每个构件的主要零件位置调整好并检查合格后，把全部零件组装上并进行定位焊，使之定形。在零件定位前，要留出焊缝收缩量及变形量。高层建筑钢结构的柱子，两端除增加焊接收缩量的长度之外，还必须增加构件安装后荷载压缩变形量，并留好构件端头和支承点锐角的加工余量。

3）为了减少焊接变形，应该选择合理的焊接顺序，如对称法、分段逆向焊接法、跳焊法等。在保证焊缝质量的前提下，采用适量的电流，快速施焊，以减小热影响区和温度差，减小焊接变形和焊接应力。

细节：钢结构构件成品的表面处理

1. 高强度螺栓摩擦面的处理
采用高强度螺栓连接时，应对构件摩擦面进行加工处理。

摩擦面的处理方法一般有喷砂、酸洗、砂轮打磨等几种，其中喷砂处理过的摩擦面的抗滑移系数值较高，离散率较小。

构件出厂前，应按批进行试件抗滑移系数检验，试件的处理方法应与构件相同，检验的最小数值应符合设计要求，并附三组试件供安装时复验抗滑移系数。

2. 构件成品的防腐涂装
钢结构构件在加工验收合格后，应进行防腐涂料涂装。但构件焊缝连接处、高强度螺栓摩擦面处不能作防腐涂装，应在现场安装完后，再补刷防腐涂料。

细节：钢结构构件成品验收

钢结构构件制作完成后，应根据《钢结构工程施工质量验收规范》（GB 50205—2001）及其他相关规范、规程的规定进行成品验收。钢结构构件加工制作质量验收，可按相应的钢结构制作工程或钢结构安装工程检验批的划分原则划分为一个或若干个检验批进行。

构件出厂时，应提交产品质量证明（构件合格证）和下列技术文件：

1）钢结构施工详图、设计更改文件、制作过程中的技术协商文件。

2）钢材、焊接材料及高强度螺栓的质量证明书及必要的试验报告。

3）钢零件及钢部件加工质量检验记录。

4）高强度螺栓连接质量检验记录，包括构件摩擦面处抗滑移系数的试验报告。

5）焊接质量检验记录。

6）构件组装质量检验记录。

细节：焊接分类及型式

1. 建筑钢结构中常用的焊接方法分类
焊接方法分类见图 6-1。

2. 焊缝型式
焊缝型式见图 6-2。

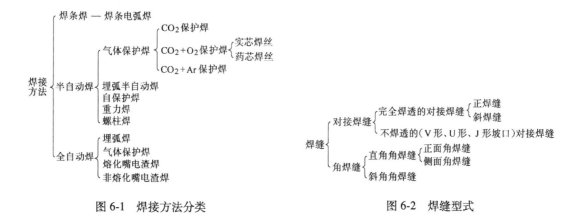

图 6-1　焊接方法分类　　　　　　　　　图 6-2　焊缝型式

细节：钢结构焊接施工

1. 焊接方法选择

焊接是钢结构使用最主要的连接方法之一。在钢结构制作和安装领域中，广泛使用的是电弧焊。在电弧焊中又以焊条电弧焊、自动埋弧焊、半自动与自动 CO_2 气体保护焊为主。在某些特殊场合，则必须使用电渣焊。钢结构焊接的类型、特点和适用范围见表 6-1。

表 6-1　钢结构焊接的类型、特点和适用范围

焊接的类型		特　　点	适 用 范 围
电弧焊	焊条电弧焊　交流焊机	利用焊条与焊件之间产生的电弧热焊接，设备简单，操作灵活，可进行各种位置的焊接，是建筑工地应用最广泛的焊接方法	焊接普通钢结构件
	焊条电弧焊　直流焊机	焊接技术与交流焊机相同，成本比交流焊机高，但焊接时电弧稳定	焊接要求较高的钢结构件
	埋弧焊	利用埋在焊剂层下的电弧热焊接，效率高，质量好，操作技术要求低，劳动条件好，是大型构件制作中应用最广的高效焊接方法	焊接长度较大的对接、贴角焊缝，一般是有规律的直焊缝
	半自动焊	与埋弧自动焊基本相同，操作灵活，但使用不够方便	焊接较短的或弯曲的对接、贴角焊缝
	CO_2 气体保护焊	用 CO_2 或惰性气体保护的实芯焊丝或药芯焊接，设备简单，操作简便，焊接效率高，质量好	用于构件长焊缝的自动焊
电渣焊		利用电流通过液态熔渣所产生的电阻热焊接，能焊大厚度焊缝	用于箱型梁及柱隔板与面板全焊透连接

2. 焊接工艺要点

（1）焊接工艺设计　确定焊接方式、焊接参数及焊条、焊丝、焊剂的规格型号等。

（2）焊条烘烤　焊条和粉芯焊丝使用前必须按质量要求进行烘焙，低氢型焊条经过烘焙后，应放在保温箱内随用随取。

（3）定位焊　焊接结构在拼接、组装时要确定零件的准确位置，要先进行定位焊。定位焊的长度、厚度应由计算确定。电流要比正式焊接提高 10%~15%，定位焊的位置应尽量避开构件的端部、边角等应力集中的地方。

（4）焊前预热　预热可降低热影响区冷却速度，防止焊接延迟裂纹的产生。预热焊缝两侧，每侧宽度均应大于焊件厚度的 1.5 倍以上，且不应小于 100mm。

（5）焊接顺序确定　一般从焊件的中心开始向四周扩展；先焊收缩量大的焊缝，后焊收缩量小的焊缝；尽量对称施焊；焊缝相交时，先焊纵向焊缝，待冷却至常温后，再焊横向焊缝；钢板较厚时分层施焊。

（6）焊后热处理　焊后热处理主要是对焊缝进行脱氢处理，以防止冷裂纹的产生。焊后热处理应在焊后立即进行，保温时间应根据板厚按每 25mm 板厚 1h 确定。预热及后热均可采用散发式火焰枪进行。

细节：高强度螺栓连接施工

高强度螺栓连接是目前与焊接并举的钢结构主要连接方法之一。其特点是施工方便，可拆可换，传力均匀，接头刚性好，承载能力大，疲劳强度高，螺母不易松动，结构安全可靠。高强度螺栓从外形上可分为大六角头高强度螺栓（即扭矩形高强度螺栓）和扭剪型高度螺栓两种。高强度螺栓和与之配套的螺母、垫圈总称为高强度螺栓连接副。

1. 一般要求

1）高强度螺栓使用前，应按有关规定对高强度螺栓的各项性能进行检验。运输过程应轻装轻卸，防止损坏。当发现包装破损、螺栓有污染等异常现象时，应用煤油清洗，按高强度螺栓验收规程进行复验，经复验扭矩系数合格后方能使用。

2）工地储存高强度螺栓时，应放在干燥、通风、防雨、防潮的仓库内，并不得沾染异物。

3）安装时，应按当天需用量领取，当天没有用完的螺栓，必须装回容器内，妥善保管，不得乱扔、乱放。

4）安装高强度螺栓时，接头摩擦面上不允许有毛刺、铁屑、油污、焊接飞溅物。摩擦面应干燥，没有结露、积霜、积雪，并不得在雨天进行安装。

5）使用定扭矩扳手紧固高强度螺栓时，每天上班前应对定扭矩扳手进行校核，合格后方能使用。

2. 安装工艺

1）一个接头上的高强度螺栓连接，应从螺栓群中部开始安装，向四周扩展，逐个拧紧。扭矩型高强度螺栓的初拧、复拧、终拧，每完成一次应涂上相应的颜色或标记，以防漏拧。

2）接头如有高强度螺栓连接又有焊接连接时，直按先栓后焊的方式施工，先终拧完高强度螺栓再焊接焊缝。

3）高强度螺栓应自由穿入螺栓孔内，当板层发生错孔时，允许用铰刀扩孔。扩孔时，铁屑不得掉入板层间。扩孔数量不得超过一个接头螺栓的 1/3，扩孔后的孔径不应大于 1.2d（d 为螺栓直径）。严禁使用气割进行高强度螺栓孔的扩孔。

4）一个接头多个高强度螺栓穿入方向应一致。垫圈有倒角的一侧应朝向螺栓头和螺母，螺母有圆台的一面应朝向垫圈，螺母和垫圈不应装反。

5）高强度螺栓连接副在终拧以后，螺栓螺纹外露应为 2~3 扣，其中允许有 10%的螺栓螺纹外露 1 扣或 4 扣。

3. 紧固方法

（1）大六角头高强度螺栓连接副紧固　大六角头高强度螺栓连接副一般采用扭矩法和转角法紧固。

扭矩法：使用可直接显示扭矩值的专用扳手，分初拧和终拧两次拧紧。初拧扭矩为终拧扭矩的 60%~80%，其目的是通过初拧，使接头各层钢板达到充分密贴，终拧扭矩把螺栓拧紧。

转角法：根据构件紧密接触后，螺母的旋转角度与螺栓的预拉力成正比的关系确定的一种方法。操作时分初拧和终拧两次施拧。初拧可用短扳手将螺母拧至附件靠拢，并做标记。终拧用长扳手将螺母从标记位置拧至规定的终拧位置。转动角度的大小在施工前由试验确定。

（2）扭剪型高强度螺栓紧固　扭剪型高强度螺栓有一特制尾部，采用带有两个套筒的专用电动扳手紧固。紧固时用专用扳手的两个套筒分别套住螺母和螺栓尾部的梅花头，接通电源后，两个套筒按反向旋转，拧断尾部后即达相应的扭矩值。一般用定扭矩扳手初拧，用专用电动扳手终拧。

细节：单层工业厂房结构吊装

1. 起重机械选择

1）根据构件质量、尺寸和安装高度选择起重机械。

2）所选用的起重机械的起重量必须大于安装最大构件质量与索具质量之和，即

$$Q \geqslant Q_1 + Q_2 \tag{6-1}$$

式中　Q——起重机械的起重量(t)；

　　　Q_1——构件的质量(t)；

　　　Q_2——索具质量(t)。

3）所选用起重机械的吊装高度必须高于所安装构件高度和索具高度之和，如图 6-3 所示。

无阻碍影响直接吊装按下式计算：

$$H \geqslant h_1 + h_2 + h_3 + h_4 \tag{6-2}$$

式中　H——起重机械的吊装高度（m），从地面起至吊钩中心；

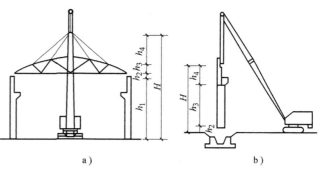

图 6-3　起重高度计算简图

a）安装屋架　b）安装柱子

h_1——安装支点表面高度(m)，从地面算起；

h_2——安装活动高度(m)，视安装条件确定，一般取 0.2m；

h_3——构件高度(m)；

h_4——索具高度(m)。

当起重机可以不受限制地开到构件吊装位置附近吊装构件时，对起重半径没有什么要求。

当起重机不能直接开到构件吊装位置附近去吊装构件时，就需要根据起重量、起重高度、起重半径三个参数，查阅起重机的性能表或性能曲线来选择起重机的型号及起重臂的长度。

当起重机的起重臂需要跨过已安装好的结构构件去吊装构件时，为了避免起重臂与已安装的结构构件相碰，则需求出起重机的最小臂长及相应的起重半径。此时，可用数解法或图解法。

数解法求所需最小起重臂长(图 6-4a)

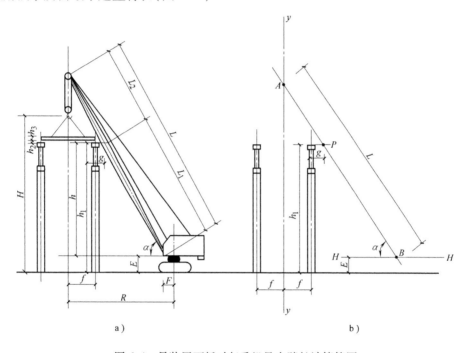

图 6-4 吊装屋面板时起重机最小臂长计算简图

a) 数解法 b) 图解法

$$L \geqslant L_1 + L_2 = \frac{h}{\sin\alpha} + \frac{f+g}{\cos\alpha} \tag{6-3}$$

式中 L——起重臂的长度(m)；

h——起重臂底铰至构件(如屋面板)吊装支座的高度(m)，$h = h_1 - E$；h_1 为停机面至构件(如屋面板)吊装支座的高度(m)；E 为起重臂底铰至停机面的距离(m)；

f——起重钩需跨过已安装结构构件的距离(m)；

g——起重臂轴线与已安装构件间的水平距离(m)；

α——起重臂仰角 $\alpha = \arctan\sqrt{\dfrac{h}{f+g}}$。

以求得的 α 角代入式(6-3)，即可求出起重臂的最小长度，据此，可选择适当长度的起重臂，然后根据实际采用的起重臂及仰角 α 计算起重半径 R：

$$R = F + L\cos\alpha \tag{6-4}$$

根据计算出的起重半径 R 及已选定的起重臂长度 L，查起重机的性能表或性能曲线，复核起重量 Q 及起重高度 H，如能满足吊装要求，即可根据 R 值确定起重机吊装屋面板时的停机位置。

图解法求起重机的最小起重臂长度，如图 6-4b 所示。

1) 选定合适的比例，绘制厂房一个节间的纵剖面图；绘制起重机吊装屋面板时吊钩位置处的垂线 y-y；根据初步选定的起重机的 E 值给出水平线 H-H。

2) 在所绘的纵剖面图上，自屋架顶面中心向起重机方向水平量出一距离 g，g 至少取 1m，定出 P。

3) 根据式 $\alpha = \arctan\sqrt{\dfrac{h}{f+g}}$ 求出起重臂的仰角 α，过 P 点作一直线，使该直线与 H-H 的夹角等于 α，交 y-y、H-H 于 A、B 两点。

4) AB 的实际长度即为所需起重臂的最小长度。

2. 结构安装方法

单层厂房结构安装方法主要有节间吊装法、分件吊装法和综合吊装法三种，见表 6-2。

表 6-2　结构安装方法

结构安装方法	结构安装特点
节间吊装法	节间吊装法的吊装顺序为起重机在厂房内一次开行过程中，顺序地一次吊装完成一个节间的各种类型构件，然后开行至下一个节间，再吊装下一个节间的全部构件，直至整个厂房的整体结构构件吊装完成
分件吊装法	分件吊装法的吊装顺序为起重机每开行一次只吊装一种或几种构件，厂房的第一类构件安装完毕后，再安装第二类构件，依此类推，直至整个厂房结构构件吊装完成
综合吊装法	综合吊装法的吊装顺序为将厂房的柱头以下部分的结构构件采用分件吊装法，然后一个节间一个节间地顺序综合吊装屋面结构构件，直至整个厂房结构构件吊装完成 综合吊装法保持了节间吊装法和分件吊装法的优点，避免了它们的缺点，能最大限度地发挥起重机的能力和效率，缩短工期，所以为国内大中型单层厂房结构构件安装工程所广泛采用

3. 构件的平面布置

(1) 构件布置的基本要求　构件平面布置是结构安装工程施工组织的重要内容，构件布置的基本要求是：

1) 各类构件布置应满足它们各自的安装工艺的要求。

2) 预制厂运来的构件应尽可能在起吊位置就位，以免二次搬运，各跨的构件尽可能布置在本跨内。

3) 必须保证起重机和运输工具开行线路畅通。

4) 构件之间应有一定距离(一般不小于 1m)，以免起吊时相互影响，现场预制或现场拼装的构件，其布置应满足构件预制和拼装工艺的要求。

（2）构件的平面布置

1）柱子的布置。柱子的起吊方法决定着柱子的平面布置，通常而言，柱子的预制位置最好就是起吊的位置，给出了部分柱子吊装前的平面布置，柱子布置的同时也决定了起重机的停机点和开行路线。

2）屋架的布置。屋架的布置分为屋架预制的布置和屋架吊装的布置两个阶段。屋架预制的布置根据屋架的尺寸和制作工艺等来确定，通常包括正面斜向布置法、正反斜向布置法、正反纵向布置法和相对对向布置法等。

3）屋盖系统的布置。屋盖系统构件安装均采用综合法吊装，由于构件种类、数量均较多，平面布置需视车间跨度和屋架安装工艺而定。条件允许时，屋面板等小型构件可采取随运随吊，以免现场过于拥挤。

4. 构件安装工程的技术措施

1）构件安装前，要认真熟悉图纸，按结构配件图核验构件的型号、规格、数量及构件的外观质量和构件的强度。核验依据是同批产品的出厂合格证及结构性能试验报告。

2）构件安装就位前，应在准备安装的构件上标出各个方向的中心线，并应对支承构件的结构尺寸、标高、平面位置和强度检查一遍，确认均能符合规定，再用仪器校核支承结构和预埋件的标高和平面位置，然后在支承结构上划出准备安装构件的中心线。

3）构件的起吊点必须根据计算决定。如设计图纸上已标明起吊点，则应按设计要求确定。

4）起吊绳索如与构件水平面形成的夹角小于45°，应对构件内力进行验算或采用横吊梁等起吊。

5）对大形构件应进行加固后方可起吊，以防止构件产生变形。

6）在构件安装就位后和起重机脱钩前，必须有稳妥的临时固定措施，固定牢靠后，方可脱钩。如无临时固定措施，只能等到接头或接缝连接牢固后才能脱钩。

7）构件安装后必须进行校正，检查构件的标高、中心线的位置、锚固长度是否与设计要求相一致。校正后，将构件相互焊接或将接头、接缝处浇筑混凝土。构件接头焊牢后再进行复查。

8）装配式框架结构的接头，浇筑的混凝土坍落度宜小，务必振捣密实。待接头混凝土强度达到10MPa，或采取足够的临时稳定措施后，才能吊装上一层构件。

9）大板接缝，浇筑的混凝土坍落度不宜过小，宜掺加减水剂。待接缝混凝土强度达到3MPa，即可吊装上一层大板。

细节：多/高层结构构件安装

1. 起重机械的选择

（1）起重机类型选择　用于多/高层建筑构件安装起重机械的选择主要根据主体结构的特点（平面尺寸、高度、构件质量和大小等）、施工现场条件和现有机械条件等因素来确定。目前较多使用的起重机械与单层厂房结构类似，分别是轨道式塔式起重机、自行式起重机（履带式起重机、汽车式起重机、轮胎式起重机）和自升式塔式起重机。其中，履带式起重机起重量大，移动灵活，对外形（平面或立面）不规则的框架结构的吊装而言具有其优越性，但因其起重高度和工作幅度较小，因而适用于5层以下框架结构的吊装，采用履带式起重机通常是跨内开行，用综合吊装法施工。塔式起重机具有较高的提升高度和较大的工作幅度，吊运特性好，构件吊装灵活，安装效率高，但由于需要铺设轨道，安装拆除耗费工时，因而适用于5层以上框架结构的吊装。

（2）型号的选择　塔式起重机型号的选择取决于房屋的高度、宽度和构件的质量，塔式起重机通常采用单侧布置、双侧布置或环形布置等型式，并宜采用爬升式或附着式塔式起重机。

单侧布置时，其回转半径应满足：

$$R \geqslant b+d \tag{6-5}$$

式中　b——房屋宽度；

　　　d——房屋外墙面至轨道中心的距离。

双侧布置时，其回转半径应满足：

$$R \geqslant \frac{b}{2}+d \tag{6-6}$$

2. 结构安装方法

（1）综合吊装法　综合吊装法是以一个柱网（节间）或若干个柱网（节间）为一个施工段，而以房屋的全高为一个施工层，组织各工序的流水作业。起重机把一个施工段的构件吊装至房屋的全高，然后转移到下一个施工段。当采用自行式起重机吊装框架结构时，或者虽然采用塔式起重机吊装，但由于建筑物四周场地狭窄而不能把起重机布置在房屋外边，或者，由于房屋宽度较大和构件较重，只把起重机布置在跨内才能满足吊装要求时，则需采用综合吊装法。

（2）分件吊装法　分件吊装法又称为分层分段流水吊装法，就是以一个楼层为一个施工层（如果柱是两节，则以两个楼层为一个施工层），每一个施工层再划分成若干个施工段，以便于构件吊装、校正、焊接以及接头灌浆等工序的流水作业。起重机在每一施工段作数次往返开行，每次开行，吊装该段内某一种构件。施工段的划分，主要取决于建筑物平面的形状和平面尺寸、起重机械的性能及其开行路线、完成各个工序所需的时间和临时固定设备的数量等因素。

分层大流水吊装法是每个施工层不再划分施工段，而按一个楼层组织各工序的流水。

分件吊装法是装配式框架结构最常用的方法。其优点是：容易组织吊装、校正、焊接、灌浆等工序的流水作业；容易安排构件的供应和现场布置工作；每次吊装同类型构件，可减少起重机变幅和索具更换的次数，从而提高吊装速度和效率；各工序的操作比较方便和安全。

3. 构件的平面布置

装配式框架结构除有些较重、较长的柱需在现场就地预制外，其他构件大多在工厂集中预制后运往工地吊装。因此，构件布置主要是解决柱的现场预制的布置和工厂预制构件运到现场后的堆放。构件的平面布置与所选用的吊装方案、起重机性能、构件制作方法或堆放要求等有关，建筑物平面及每个节间构件堆放布置均应位于选用的起重机械臂杆的回转半径范围内，避免和减少现场二次搬运。在工厂集中预制的构件，运到现场后应按照构件平面布置图码放，或采用构件分阶段运送，随运随吊装就位的方法。

细节：常用构件的就位、校正方法

1. 柱的就位、校正方法

柱的就位、校正方法见表 6-3。

表 6-3 柱的就位、校正方法

项　目	内　容
柱的就位	1）柱吊入杯口后，当柱脚距杯口底 50mm 左右时每面插入两个铁楔 2）将柱基杯口上表面中心线和柱子短边两面中心对齐，然后再平移柱子对准长边一面中心线 3）初步调整柱子垂直度（用垂球线坠自测），起重机落钩使柱落入杯口底面，均衡打紧四面楔子后起重机回钩
柱的校正	1）用两台经纬仪校正纵向轴线和横向轴线中心，当两个方向中心线校正到位后固定 2）柱基杯口上表面中心线，与柱子矩形长边中心线及短边中心线的校正，可用钢直尺直接进行
柱的固定	1）当柱中心线与垂直度校正达到标准后，再次轮流打紧四面钢楔，浇筑杯口细石混凝土前应再次确定垂直度与中心，达到标准后方可进行一般浇筑至铁楔底部 2）混凝土二次灌浆层强度达到标准强度的 50%、且不低于 $10N/mm^2$ 时，将铁楔拆掉，再浇筑混凝土至与杯口平齐
注意事项	1）柱子必须根据各自不同长度对正就位，以配合杯口底面不同的标高形成统一的标高 2）超过 9m 长度的柱子及细长柱子，在阳光照射条件下进行校正时，要考虑阴阳面温度差引起变形的影响，以早晨温差小时校正为宜

2. 吊车梁就位、校正方法

吊车梁就位、校正方法见表 6-4。

表 6-4 吊车梁的就位、校正方法

项　目	内　容
吊车梁就位	1）根据柱子校正完成后重新测定的标高，调整吊车梁垫板（支座处）厚度 2）根据柱子牛腿上测量给定的纵向、横向中心线与吊车梁纵横向线的位置就位一致。就位时应使吊车梁稍靠向小柱方向以利由小柱向外调整
吊车梁校正	1）以柱子牛腿上和小柱上测出的中心线为准，用千斤顶作用于小柱，向外移动调整吊车梁 2）标高必须于吊车梁就位前在梁下垫板一次性调整完 3）以线坠校正吊车梁垂直度
吊车梁固定	1）按设计要求拧紧螺母，焊牢梁柱间连接焊缝（定位焊） 2）待房屋安装完成并重新校正后焊好连接处，并浇筑梁柱间混凝土
注意事项	1）吊车梁的高宽比小于 4 的可不必临时固定，但高宽比大于 4 的梁端一般用 8 号钢丝临时固定 2）调整吊车梁纵向位置时，应避免柱的偏移

3. 屋架就位、校正方法

屋架就位、校正方法见表 6-5。

表6-5 屋架的就位、校正方法

项 目	内 容
屋架就位	1) 屋架吊装前在柱顶支点处应按纵横轴线校正测量结果给出定位线 2) 屋架吊升至超过柱顶,对好轴线缓慢落钩,同时确保柱顶纵横轴线与屋架给出的轴线对准一致 3) 屋架支点与柱顶支点间如有间隙应以钢板垫平 4) 第一榀屋架应以不少于4条缆风绳临时固定
屋架校正	1) 第二榀屋架之后的各榀屋架安装要以屋架校正器或脚手杆校正后临时固定 2) 在屋架跨中从上弦挂线坠垂至下弦,以桁架校正器或缆风绳找准垂直度后固定
屋架固定	1) 屋架找正后要同时进行上、下弦系杆、十字撑和水平撑的安装与固定 2) 屋架找正后同时进行端部支点与柱顶支点的连接,拧紧螺栓,焊好连接焊缝
注意事项	第一榀屋架临时固定的缆风绳必须安装到有垂直撑的空间后,全部屋架系统和支撑系统焊牢,形成空间稳定系统后方可拆下,要特别防止局部失稳造成倒塌事故

4. 屋面板就位、校正方法

屋面板就位、校正方法见表6-6。

表6-6 屋面板的就位、校正方法

项 目	内 容
屋面板就位	1) 大型屋面板安装可以采用一钩吊4~6块 2) 就位前,应根据屋面板实际宽度确定就位方向,以免形成端部屋面板支承不足
屋面板校正	屋面板就位后一般不进行二次校正,因此一次安装时位置必须准确,缝隙均匀
屋面板固定	屋面板四角埋设件必须与桁架支点埋设件紧密贴连,如有空隙,要用钢板垫平后再行焊接
注意事项	1) 每块屋面板必须保证三个点与屋架埋设件焊牢 2) 焊接必须及时配合屋面板就位情况进行

细节: 柱与柱连接

1. 湿式(榫式)接头

特点是上柱带有小榫头,与下柱相接承受施工阶段荷载,将上柱与下柱外露的受力筋用坡口焊,配置相应的箍筋,最后浇筑接头混凝土。使上下柱之间形成整体结构。

2. 干式(钢帽式)接头

特点是将柱子钢筋焊于用钢板制成的框箍上,用钢板将上下两柱框箍连接焊牢形成整体,因此柱子必须通过垫于柱心的垫板调整其倾斜程度以利安装就位,钢框箍和连接钢板均应刷油防腐。

细节: 梁与柱连接

梁与柱的连接有以下几点要求:

1）钢筋混凝土牛腿上搭接梁后，将钢筋采用坡口焊后浇筑混凝土形成刚性连接整体结构。

2）钢牛腿上搭接将梁主筋已经焊于梁端埋设钢件上的梁支点，将钢牛腿和梁端钢件焊接牢固，并将其缝隙灌浆形成整体结构，金属埋件均应刷油防腐。

3）槽齿式刚性连接的特点是将柱与梁连接处按设计要求作出齿槽、插筋和设置承载梁安装过程中临时支承的钢支点，待安装就位、连接插筋并焊接主筋后浇筑细石混凝土二次灌浆，达到强度后形成整体结构。

细节：钢柱拼装

钢柱拼装有平拼法和立拼法两种。

（1）钢柱平拼法　在胎模上设置垫木4处，位置根据钢柱几何尺寸确定，各支承点找平。先吊下节柱并找平，后吊上节柱，使上下柱连接端头对准，然后找正柱中心线，并把安装螺栓或夹具上紧，最后进行接头焊接。采取对称施焊，焊完一面，再翻身焊另一面。

（2）钢柱立拼法　在胎模上设置垫木4处，位置根据钢柱几何尺寸确定，找平各支承点。先吊下节柱，使牛腿向下并找平，再吊上节柱，使上下两节柱连接端头对准，然后找正柱中心线，并将安装螺栓拧紧，最后进行接头焊接。

细节：屋架、托架拼装

屋架、托架拼装有平拼法和立拼法两种。

1. 钢屋架、托架平拼法

在胎模上设置垫木或垫钢，位置根据钢屋架、托架几何尺寸确定，各支承点找平。先吊半榀钢屋架、托架并找平和检查起拱，再吊另半榀钢屋架、托架，拼缝处安装螺栓，找平，检查并找正钢屋架、托架的跨距和起拱值，安装拼接处连接角钢，用一卡具将屋架和定位钢板卡紧，拧紧螺栓并对拼装连接焊缝进行施焊，要求对称施焊，焊完一面，检查并纠正变形后，用两道木杆加固，然后将钢屋架、托架吊起翻身，同法施焊另一侧焊缝。当符合设计要求和施工规范要求后，用木杆加固，扶直并起吊就位。

2. 钢筋混凝土屋架、托架立拼法

在胎模上设置垫木4处，位置根据钢筋混凝土屋架、托架几何尺寸确定，找平各支承点，并在胎模上放线（钢筋混凝土屋架、托架的跨度、中轴线及边线等）。先吊半榀钢筋混凝土屋架、托架并找基准线，用8号钢丝将上弦与人字架绑牢。再吊另半榀就位。然后穿入预应力钢筋，检查钢筋混凝土屋架、托架跨度、垂直度、几何尺寸、侧向弯曲、起拱、上弦连接点及预应力钢筋孔洞是否对齐，用千斤顶和手拉葫芦等进行校正。校正后，先焊上弦拼接板，同时进行下弦连接点灌浆。待接缝砂浆达到强度要求，预应力钢筋张拉灌浆后，焊接下弦拼板，并进行上弦节点的灌缝。当钢筋混凝土屋架、托架符合设计和施工规范要求后，方可进行加固和起吊就位。

细节：天窗架拼装

天窗架拼装有平拼法和立拼法两种。

1. 钢筋混凝土天窗架平拼法

在胎模上设置垫木6处，每半榀天窗架3处，各支撑点找平。将两个半榀天窗架吊到垫木平台上并找平，在天窗架上下两端处校正跨距，在水平方向上绑扎木杆一道，将连接铁件装上进行拼接焊接，同时将支撑连接件焊上，检查变形和几何尺寸，校正后，翻身焊接另一侧。验收后，起吊就位。

2. 钢天窗架立拼法

与钢筋混凝土屋架立拼法相同。

细节：钢材表面锈蚀等级和除锈等级

1. 锈蚀等级

钢材表面分为A、B、C和D四个锈蚀等级，各等级文字说明如下：

1）A级是指大面积覆盖着氧化皮而几乎没有铁锈的钢材表面。

2）B级是指已发生锈蚀，并且氧化皮已开始剥落的钢材表面。

3）C级是指氧化皮已因锈蚀而剥落或可以刮除，并且在正常视力观察下可见轻微点蚀的钢材表面。

4）D级是指氧化皮已因锈蚀而剥离，并且在正常视力观察下可见普遍发生点蚀的钢材表面。

2. 喷射清理

喷射清理分四个等级，其文字部分叙述如下：

Sa1——轻度的喷射清理。

钢材表面应无可见的油、脂和污物，并且没有附着不牢的氧化皮、铁锈、涂层和外来杂质。外来杂质可能包括水溶性盐类和焊接残留物。这些污染物采用干法喷射清理、手工和动力工具清理或火焰清理，不可能从表面完全清除，可采用湿法喷射清理或水喷射清理。附着不牢是指氧化皮、铁锈或涂层可用钝的铲刀刮掉。

Sa2——彻底的喷射清理。

钢材表面无可见的油、脂和污物，并且几乎没有氧化皮、铁锈、涂层和外来杂质，任何残留污染物应附着牢固。

$Sa2\frac{1}{2}$——非常彻底的喷射清理。

钢材表面无可见的油、脂和污物，并且没有氧化皮、铁锈、涂层和外来杂质，任何污染物的残留痕迹应仅呈现为点状或条纹状的轻微色斑。

Sa3——使钢材表观洁净的喷射清理。

钢材表面应无可见的油、脂和污物，并且应无氧化皮、铁锈、涂层和外来杂质。该表面应具有均匀的金属色泽。

3. 手工和动力工具清理

手工和动力工具清理，其文字部分叙述如下：

St2——彻底的手工和动力工具清理。

钢材表面应无可见的油、脂和污物，并且没有附着不牢的氧化皮、铁锈、涂层和外来杂质。

St3——非常彻底的手工和动力工具清理。

钢材表面应无可见的油、脂和污物，并且没有附着不牢的氧化皮、铁锈、涂层和外来杂质。但表面处理应彻底得多，表面应具有金属底材的色泽。

4. 火焰清理

火焰清理，其文字叙述如下：

F1——火焰清理。

钢材表面应无氧化皮、铁锈、涂层和外来杂质，任何残留的痕迹应仅为表面变色（不同颜色的阴影）。

5. 最低除锈等级

各种底漆或防锈漆要求的最低除锈等级见表6-7。

表6-7 各种底漆或防锈漆要求的最低除锈等级

涂料品种	除锈等级
油性酚醛、醇酸等底漆或防锈漆	St2
高氯化聚乙烯、氯化橡胶、氯磺化聚乙烯、环氧树脂、聚氨酯等底漆或防锈漆	Sa2
无机富锌、有机硅、过氯乙烯等底漆	Sa2 $\frac{1}{2}$

细节：钢结构防腐涂装施工

1. 防腐涂装方法

钢结构防腐涂装，常用的施工方法有刷涂法和喷涂法两种。

（1）刷涂法 应用较广泛，适宜于油性基料刷涂。因为油性基料虽干燥得慢，但渗透性大，流平性好，不论面积大小，刷起漆来都会平滑流畅。一些形状复杂的构件，使用刷涂法也比较方便。

（2）喷涂法 施工工效高，适合于大面积施工，对于快干和挥发性强的涂料尤为适合。喷涂的漆膜较薄，为了达到设计要求的厚度，有时需要增加喷涂的次数。喷涂施工比刷涂施工涂料损耗大，一般要增加20%左右。

2. 防腐涂装质量要求

1）涂料、涂装遍数、涂层厚度均应符合设计要求。当设计对涂层厚度无要求时，涂层干漆膜总厚度：室外应为150μm，室内应为125μm，其允许偏差为-25μm。每遍涂层干漆膜厚度的允许偏差为-5μm。

2）配制好的涂料不宜存放过久，涂料应在使用的当天配制。稀释剂的使用应按说明规定执行，不得随意添加。

3）涂装时的环境温度和相对湿度应符合涂料产品说明书的要求，当产品说明书无要求时，环境温度宜在5℃~38℃之间，相对湿度不应大于85%。涂装时构件表面不应有结露；涂装后4h内应保护免受雨淋。

4）施工图中注明不涂装的部位不得涂装。焊缝处、高强度螺栓摩擦面处，暂不涂装，现场安装完后，再对焊缝及高强度螺栓接头处补刷防腐涂料。

5）涂层应均匀，无明显起皱、流挂、针眼和气泡等，附着应良好。

6）涂装完毕后，应在构件上标注构件的编号。大型构件应标明其质量、构件重心定位标记。

细节：钢结构防火涂装施工

1. 防火涂料涂装的一般规定

1）防火涂料的涂装，应在钢结构安装就位，并经验收合格后进行。

2）钢结构防火涂料涂装前钢材表面应除锈，并根据设计要求涂装防腐底漆。防腐底漆与防火涂料不应发生化学反应。

3）防火涂料涂装基层不应有油污、灰尘和泥砂等污垢。钢构件连接处4~12mm宽的缝隙应采用防火涂料或其他防火材料，填补堵平。

4）对大多数防火涂料而言，施工过程中和涂层干燥固化前，环境温度应宜保持在5~38℃之间，相对湿度不应大于85%，空气应流动。涂装时构件表面不应有结露，涂装后4h内应保护免受雨淋。

2. 厚涂型防火涂料涂装

（1）施工方法与机具　厚涂型防火涂料一般采用喷涂施工。机具可为压送式喷涂机或挤压泵，配有能自动调压的0.6~0.9m³/min的空气压缩机，喷枪口径为6~12mm，空气压力为0.4~0.6MPa。局部修补可采用抹灰刀等工具手工抹涂。

（2）涂料的搅拌与配置

1）由工厂制造好的单组分湿涂料，现场应采用便携式搅拌器搅拌均匀。

2）由工厂提供的干粉料，现场加水或用其他稀释剂调配，应按涂料说明书规定配比混合搅拌，边配边用。

3）由工厂提供的双组分涂料，按配制涂料说明书规定的配比混合搅拌，边配边用。特别是化学固化干燥的涂料，配制的涂料必须在规定的时间内用完。

4）搅拌和调配涂料，使稠度适宜，即能在输送管道中畅通流动，喷涂后也不会流淌和下坠。

（3）施工操作

1）喷涂应分2~5次完成，第一次喷涂以基本盖住钢材表面即可，以后每次喷涂厚度为5~10mm，一般以7mm左右为宜。通常情况下，每天喷涂一遍即可。

2）喷涂时，应注意移动速度，不能在同一位置久留，以免造成涂料堆积流淌；配料及往挤压泵加料应连续进行，不得停顿。

3）施工工程中，应采用测厚针检测涂层厚度，直到符合设计规定的厚度，方可停止喷涂。

4）喷涂后的涂层要适当维修，对明显的乳突应采用抹灰刀等工具剔除，以确保涂层表面均匀。

3. 薄涂型防火涂料涂装

（1）施工方法与机具

1）喷涂底层、主涂层涂料，宜采用重力（或喷斗）式喷枪，配备能自动调压的 0.6~0.9m³/min 的空气压缩机。喷嘴直径为 4~6mm，空气压力为 0.4~0.6MPa。

2）面层装饰涂料一般采用喷涂施工，也可以采用刷涂或滚涂的方法。喷涂时，应将喷涂底层的喷嘴直径换为 1~2mm，空气压力调至 0.4MPa。

3）局部修补或小面积施工，可采用抹灰刀等工具手工抹涂。

（2）施工操作

1）底层及主涂层一般应喷 2~3 遍，每遍间隔 4~24h，待前遍基本干燥后再喷后一遍。头遍喷涂以盖住基底面 70%即可，二、三遍喷涂每遍涂层厚度不超过 25mm 为宜。施工工程中应采用测厚针检测涂层厚度，确保各部位涂层达到设计规定的厚度。

2）面层涂料一般涂饰 1~2 遍。若头遍从左至右喷涂，二遍则应从右至左喷涂，以确保全部覆盖住下部主涂层。

7 屋面及防水工程

细节：基层与保护工程

1. 找坡层和找平层施工

1）装配式钢筋混凝土板的板缝嵌填施工应符合下列规定：

① 嵌填混凝土前板缝内应清理干净，并应保持湿润。

② 当板缝宽度大于 40mm 或上窄下宽时，板缝内应按设计要求配置钢筋。

③ 嵌填细石混凝土的强度等级不应低于 C20，填缝高度宜低于板面 10~20mm，且应振捣密实和浇水养护。

④ 板端缝应按设计要求增加防裂的构造措施。

2）找坡层和找平层的基层的施工应符合下列规定：

① 应清理结构层、保温层上面的松散杂物，凸出基层表面的硬物应剔平扫净。

② 抹找坡层前，宜对基层洒水湿润。

③ 突出屋面的管道、支架等根部，应用细石混凝土堵实和固定。

④ 对不易与找平层结合的基层应做界面处理。

3）找坡层和找平层所用材料的质量和配合比应符合设计要求，并应做到计量准确和机械搅拌。

4）找坡应按屋面排水方向和设计坡度要求进行，找坡层最薄处厚度不宜小于 20mm。

5）找坡材料应分层铺设和适当压实，表面宜平整和粗糙，并应适时浇水养护。

6）找平层应在水泥初凝前压实抹平，水泥终凝前完成收水后应二次压光，并应及时取出分格条。养护时间不得少于 7d。

7）卷材防水层的基层与突出屋面结构的交接处，以及基层的转角处，找平层均应做成圆弧形，且应整齐平顺。找平层圆弧半径应符合表 7-1 的规定。

表 7-1 找平层圆弧半径 （单位:mm）

卷材种类	圆弧半径
高聚物改性沥青防水卷材	50
合成高分子防水卷材	20

8）找坡层和找平层的施工环境温度不宜低于 5℃。

2. 隔汽层施工

1）隔汽层的基层应平整、干净、干燥。

2）隔汽层应设置在结构层与保温层之间；隔汽层应选用气密性、水密性好的材料。

3）在屋面与墙的连接处，隔汽层应沿墙面向上连续铺设，高出保温层上表面不得小于150mm。

4）隔汽层采用卷材时宜空铺，卷材搭接缝应满粘，其搭接宽度不应小于80mm；隔汽层采用涂料时，应涂刷均匀。

5）穿过隔汽层的管线周围应封严，转角处应无折损；隔汽层凡有缺陷或破损的部位，均应进行返修。

3. 保护层和隔离层施工

1）施工完的防水层应进行雨后观察、淋水或蓄水试验，并应在合格后再进行保护层和隔离层的施工。

2）保护层和隔离层施工前，防水层或保温层的表面应平整、干净。

3）保护层和隔离层施工时，应避免损坏防水层或保温层。

4）块体材料、水泥砂浆、细石混凝土保护层表面的坡度应符合设计要求，不得有积水现象。

5）块体材料保护层铺设应符合下列规定：

① 在砂结合层上铺设块体时，砂结合层应平整，块体间应预留10mm的缝隙，缝内应填砂，并应用1:2水泥砂浆勾缝。

② 在水泥砂浆结合层上铺设块体时，应先在防水层上做隔离层，块体间应预留10mm的缝隙，缝内应用1:2水泥砂浆勾缝。

③ 块体表面应洁净、色泽一致，应无裂纹、掉角和缺楞等缺陷。

6）水泥砂浆及细石混凝土保护层铺设应符合下列规定：

① 水泥砂浆及细石混凝土保护层铺设前，应在防水层上做隔离层。

② 细石混凝土铺设不宜留施工缝；当施工间隙超过时间规定时，应对接槎进行处理。

③ 水泥砂浆及细石混凝土表面应抹平压光，不得有裂纹、脱皮、麻面、起砂等缺陷。

7）浅色涂料保护层施工应符合下列规定：

① 浅色涂料应与卷材、涂膜相容，材料用量应根据产品说明书的规定使用。

② 浅色涂料应多遍涂刷，当防水层为涂膜时，应在涂膜固化后进行。

③ 涂层应与防水层粘结牢固，厚薄应均匀，不得漏涂。

④ 涂层表面应平整，不得流淌和堆积。

8）保护层材料的贮运、保管应符合下列规定：

① 水泥贮运、保管时应采取防尘、防雨、防潮措施。

② 块体材料应按类别、规格分别堆放。

③ 浅色涂料贮运、保管环境温度，反应型及水乳型不宜低于5℃，溶剂型不宜低于0℃。

④ 溶剂型涂料保管环境应干燥、通风，并应远离火源和热源。

9）保护层的施工环境温度应符合下列规定：

① 块体材料干铺不宜低于-5℃，湿铺不宜低于5℃。

② 水泥砂浆及细石混凝土宜为5～35℃。

③ 浅色涂料不宜低于5℃。

10）隔离层铺设不得有破损和漏铺现象。

11）干铺塑料膜、土工布、卷材时，其搭接宽度不应小于50mm；铺设应平整，不得有皱折。

12）低强度等级砂浆铺设时，其表面应平整、压实，不得有起壳和起砂等现象。

13）隔离层材料的贮运、保管应符合下列规定：

① 塑料膜、土工布、卷材贮运时，应防止日晒、雨淋、重压。

② 塑料膜、土工布、卷材保管时，应保证室内干燥、通风。

③ 塑料膜、土工布、卷材保管环境应远离火源、热源。

14）隔离层的施工环境温度应符合下列规定：

① 干铺塑料膜、土工布、卷材可在负温下施工。

② 铺抹低强度等级砂浆宜为5~35℃。

细节：保温与隔热工程

1. 板状材料保温层施工

1）基层应平整、干燥、干净。

2）相邻板块应错缝拼接，分层铺设的板块上下层接缝应相互错开，板间缝隙应采用同类材料嵌填密实。

3）采用干铺法施工时，板状保温材料应紧靠在基层表面上，并应铺平垫稳。

4）采用粘结法施工时，胶黏剂应与保温材料相容，板状保温材料应贴严、黏牢，在胶粘剂固化前不得上人踩踏。

5）采用机械固定法施工时，固定件应固定在结构层上，固定件的间距应符合设计要求。

2. 纤维材料保温层施工

1）基层应平整、干燥、干净。

2）纤维保温材料在施工时，应避免重压，并应采取防潮措施。

3）纤维保温材料铺设时，平面拼接缝应贴紧，上下层拼接缝应相互错开。

4）屋面坡度较大时，纤维保温材料宜采用机械固定法施工。

5）在铺设纤维保温材料时，应做好劳动保护工作。

3. 喷涂硬泡聚氨酯保温层施工

1）基层应平整、干燥、干净。

2）施工前应对喷涂设备进行调试，并应喷涂试块进行材料性能检测。

3）喷涂时喷嘴与施工基面的间距应由试验确定。

4）喷涂硬泡聚氨酯的配比应准确计量，发泡厚度应均匀一致。

5）一个作业面应分遍喷涂完成，每遍喷涂厚度不宜大于15mm，硬泡聚氨酯喷涂后20min内严禁上人。

6）喷涂作业时，应采取防止污染的遮挡措施。

4. 现浇泡沫混凝土保温层施工

1）基层应清理干净，不得有油污、浮尘和积水。

2）泡沫混凝土应按设计要求的干密度和抗压强度进行配合比设计，拌制时应计量准确，并应搅拌均匀。

3）泡沫混凝土应按设计的厚度设定浇筑面标高线，找坡时宜采取挡板辅助措施。

4）泡沫混凝土的浇筑出料口离基层的高度不宜超过 1m，泵送时应采取低压泵送。

5）泡沫混凝土应分层浇筑，一次浇筑厚度不宜超过 200mm，终凝后应进行保湿养护，养护时间不得少于 7d。

5. 种植隔热层施工

1）种植隔热层挡墙或挡板施工时，留设的泄水孔位置应准确，并不得堵塞。

2）凹凸型排水板宜采用搭接法施工，搭接宽度应根据产品的规格具体确定；网状交织排水板宜采用对接法施工；采用陶粒作排水层时，铺设应平整，厚度应均匀。

3）过滤层土工布铺设应平整、无皱折，搭接宽度不应小于 100mm，搭接宜采用粘合或缝合处理；土工布应沿种植土周边向上铺设至种植土高度。

4）种植土层的荷载应符合设计要求；种植土、植物等应在屋面上均匀堆放，且不得损坏防水层。

6. 架空隔热层施工

1）架空隔热层施工前，应将屋面清扫干净，并应根据架空隔热制品的尺寸弹出支座中线。

2）在架空隔热制品支座底面，应对卷材、涂膜防水层采取加强措施。

3）铺设架空隔热制品时，应随时清扫屋面防水层上的落灰、杂物等，操作时不得损伤已完工的防水层。

4）架空隔热制品的铺设应平整、稳固，缝隙应勾填密实。

7. 蓄水隔热层施工

1）蓄水池的所有孔洞应预留，不得后凿。所设置的溢水管、排水管和给水管等，应在混凝土施工前安装完毕。

2）每个蓄水区的防水混凝土应一次浇筑完毕，不得留置施工缝。

3）蓄水池的防水混凝土施工时，环境气温宜为 5℃~35℃，并应避免在冬期和高温期施工。

4）蓄水池的防水混凝土完工后，应及时进行养护，养护时间不得少于 14d；蓄水后不得断水。

5）蓄水池的溢水口标高、数量、尺寸应符合设计要求；过水孔应设在分仓墙底部，排水管应与水落管连通。

细节：防水与密封工程

1. 卷材防水层施工

1）卷材防水层基层应坚实、干净、平整，应无孔隙、起砂和裂缝。基层的干燥程度应根据所选防水卷材的特性确定。

2）卷材防水层铺贴顺序和方向应符合下列规定：

① 卷材防水层施工时，应先进行细部构造处理，然后由屋面最低标高向上铺贴。

② 檐沟、天沟卷材施工时，宜顺檐沟、天沟方向铺贴，搭接缝应顺流水方向。

③ 卷材宜平行屋脊铺贴，上下层卷材不得相互垂直铺贴。

3）立面或大坡面铺贴卷材时，应采用满粘法，并宜减少卷材短边搭接。

4）采用基层处理剂时，其配制与施工应符合下列规定：

① 基层处理剂应与卷材相容。

② 基层处理剂应配比准确，并应搅拌均匀。

③ 喷、涂基层处理剂前，应先对屋面细部进行涂刷。

④ 基层处理剂可选用喷涂或涂刷施工工艺，喷、涂应均匀一致，干燥后应及时进行卷材施工。

5）卷材搭接缝应符合下列规定：

① 平行屋脊的搭接缝应顺流水方向，搭接缝宽度应符合《屋面工程技术规范》（GB 50345—2012）第4.5.10条的规定。

② 同一层相邻两幅卷材短边搭接缝错开不应小于500mm。

③ 上下层卷材长边搭接缝应错开，且不应小于幅宽的1/3。

④ 叠层铺贴的各层卷材，在天沟与屋面的交接处，应采用叉接法搭接，搭接缝应错开；搭接缝宜留在屋面与天沟侧面，不宜留在沟底。

6）冷粘法铺贴卷材应符合下列规定：

① 胶粘剂涂刷应均匀，不得露底、堆积；卷材空铺、点粘、条粘时，应按规定的位置及面积涂刷胶粘剂。

② 应根据胶粘剂的性能与施工环境、气温条件等，控制胶粘剂涂刷与卷材铺贴的间隔时间。

③ 铺贴卷材时应排除卷材下面的空气，并应辊压粘贴牢固。

④ 铺贴的卷材应平整顺直，搭接尺寸应准确，不得扭曲、皱折；搭接部位的接缝应满涂胶粘剂，辊压应粘贴牢固。

⑤ 合成高分子卷材铺好压粘后，应将搭接部位的粘合面清理干净，并应采用与卷材配套的接缝专用胶粘剂，在搭接缝粘合面上应涂刷均匀，不得露底、堆积，应排除缝间的空气，并用辊压粘贴牢固。

⑥ 合成高分子卷材搭接部位采用胶粘带粘结时，粘合面应清理干净，必要时可涂刷与卷材及胶粘带材性相容的基层胶粘剂，撕去胶粘带隔离纸后应及时粘合接缝部位的卷材，并应辊压粘贴牢固；低温施工时，宜采用热风机加热。

⑦ 搭接缝口应用材性相容的密封材料封严。

7）热粘法铺贴卷材应符合下列规定：

① 熔化热熔型改性沥青胶结料时，宜采用专用导热油炉加热，加热温度不应高于200℃，使用温度不宜低于180℃。

② 粘贴卷材的热熔型改性沥青胶结料厚度宜为1.0~1.5mm。

③ 采用热熔型改性沥青胶结料铺贴卷材时，应随刮随滚铺，并应展平压实。

8）热熔法铺贴卷材应符合下列规定：

① 火焰加热器的喷嘴距卷材面的距离应适中，幅宽内加热应均匀，应以卷材表面熔融至光亮黑色为度，不得过分加热卷材；厚度小于3mm的高聚物改性沥青防水卷材，严禁采用热熔法施工。

② 卷材表面沥青热熔后应立即滚铺卷材，滚铺时应排除卷材下面的空气。

③ 搭接缝部位宜以溢出热熔的改性沥青胶结料为度，溢出的改性沥青胶结料宽度宜为8mm，并宜均匀顺直；当接缝处的卷材上有矿物粒或片料时，应用火焰烘烤及清除干净后再

进行热熔和接缝处理。

④ 铺贴卷材时应平整顺直，搭接尺寸应准确，不得扭曲。

9）自粘法铺贴卷材应符合下列规定：

① 铺贴卷材前，基层表面应均匀涂刷基层处理剂，干燥后应及时铺贴卷材。

② 铺贴卷材时应将自粘胶底面的隔离纸完全撕净。

③ 铺贴卷材时应排除卷材下面的空气，并应辊压粘贴牢固。

④ 铺贴的卷材应平整顺直，搭接尺寸应准确，不得扭曲、皱折；低温施工时，立面、大坡面及搭接部位宜采用热风机加热，加热后应随即粘贴牢固。

⑤ 搭接缝口应采用材性相容的密封材料封严。

10）焊接法铺贴卷材应符合下列规定：

① 对热塑性卷材的搭接缝可采用单缝焊或双缝焊，焊接应严密。

② 焊接前，卷材应铺放平整、顺直，搭接尺寸应准确，焊接缝的结合面应清理干净。

③ 应先焊长边搭接缝，后焊短边搭接缝。

④ 应控制加热温度和时间，焊接缝不得漏焊、跳焊或焊接不牢。

11）机械固定法铺贴卷材应符合下列规定：

① 固定件应与结构层连接牢固。

② 固定件间距应根据抗风揭试验和当地的使用环境与条件确定，并不宜大于 600mm。

③ 卷材防水层周边 800mm 范围内应满粘，卷材收头应采用金属压条钉压固定和密封处理。

12）防水卷材的贮运、保管应符合下列规定：

① 不同品种、规格的卷材应分别堆放。

② 卷材应贮存在阴凉通风处，应避免雨淋、日晒和受潮，严禁接近火源。

③ 卷材应避免与化学介质及有机溶剂等有害物质接触。

13）进场的防水卷材应检验下列项目：

① 高聚物改性沥青防水卷材的可溶物含量，拉力，最大拉力时延伸率，耐热度，低温柔性，不透水性。

② 合成高分子防水卷材的断裂拉伸强度、扯断伸长率、低温弯折性、不透水性。

14）胶粘剂和胶粘带的贮运、保管应符合下列规定：

① 不同品种、规格的胶粘剂和胶粘带，应分别用密封桶或纸箱包装。

② 胶粘剂和胶粘带应贮存在阴凉通风的室内，严禁接近火源和热源。

15）进场的基层处理剂、胶粘剂和胶粘带，应检验下列项目：

① 沥青基防水卷材用基层处理剂的固体含量、耐热性、低温柔性、剥离强度。

② 高分子胶粘剂的剥离强度、浸水 168h 后的剥离强度保持率。

③ 改性沥青胶粘剂的剥离强度。

④ 合成橡胶胶粘带的剥离强度、浸水 168h 后的剥离强度保持率。

16）卷材防水层的施工环境温度应符合下列规定：

① 热溶法和焊接法不宜低于 −10℃。

② 冷粘法和热粘法不宜低于 5℃。

③ 自粘法不宜低于 10℃。

2. 涂膜防水层施工

1）涂膜防水层的基层应坚实、平整、干净，应无孔隙、起砂和裂缝。基层的干燥程度应根据所选用的防水涂料特性确定；当采用溶剂型、热熔型和反应固体型防水涂料时，基层应干燥。

2）基层处理剂的施工应符合1．中4）内容的规定。

3）双组分或多组分防水涂料应按配合比准确计量，应采用电动机具搅拌均匀，已配制的涂料应及时使用。配料时，可加入适量的缓凝剂或促凝剂调节固化时间，但不得混合已固化的涂料。

4）涂膜防水层施工应符合下列规定：

① 防水涂料应多遍均匀涂布，涂膜总厚度应符合设计要求。

② 涂膜间夹铺胎体增强材料时，宜边涂布边铺胎体；胎体应铺贴平整，应排除气泡，并应与涂料粘结牢固。在胎体上涂布涂料时，应使涂料浸透胎体，并应覆盖完全，不得有胎体外露现象。最上面的涂膜厚度不应小于1.0mm。

③ 涂膜施工应先做好细部处理，再进行大面积涂布。

④ 屋面转角及立面的涂膜应薄涂多遍，不得流淌和堆积。

5）涂膜防水层施工工艺应符合下列规定：

① 水乳型及溶剂型防水涂料宜选用滚涂或喷涂施工。

② 反应固化型涂料宜选用刮涂或喷涂施工。

③ 热熔型防水涂料宜选用刮涂施工。

④ 聚合物水泥防水涂料宜选用刮涂法施工。

⑤ 所有防水涂料用于细部构造时，宜选用刷涂或喷涂施工。

6）防水涂料和胎体增强材料的贮运、保管，应符合下列规定：

① 防水涂料包装容器应密封，容器表面应标明涂料名称、生产厂家、执行标准号、生产日期和产品有效期，并应分类存放。

② 反应型和水乳型涂料贮运和保管环境温度不宜低于5℃。

③ 溶剂型涂料贮运和保管环境温度不宜低于0℃，并不得日晒、碰撞和渗漏；保管环境应干燥、通风，并应远离火源、热源。

④ 胎体增强材料贮运、保管环境应干燥、通风，并应远离火源、热源。

7）进场的防水涂料和胎体增强材料应检验下列项目：

① 高聚物改性沥青防水涂料的固体含量、耐热性、低温柔性、不透水性、断裂伸长率或抗裂性。

② 合成高分子防水涂料和聚合物水泥防水涂料的固体含量、低温柔性、不透水性、拉伸强度、断裂伸长率。

③ 胎体增强材料的拉力、延伸率。

8）涂膜防水层的施工环境温度应符合下列规定：

① 水乳型及反应型涂料宜为5~35℃。

② 溶剂型涂料宜为-5~35℃。

③ 热熔型涂料不宜低于-10℃。

④ 聚合物水泥涂料宜为5~35℃。

3. 接缝密封防水施工

1）密封防水部位的基层应符合下列规定：

① 基层应牢固，表面应平整、密实，不得有裂缝、蜂窝、麻面、起皮和起砂等现象。

② 基层应清洁、干燥，应无油污、无灰尘。

③ 嵌入的背衬材料与接缝壁间不得留有空隙。

④ 密封防水部位的基层宜涂刷基层处理剂，涂刷应均匀，不得漏涂。

2）改性沥青密封材料防水施工应符合下列规定：

① 采用冷嵌法施工时，宜分次将密封材料嵌填在缝内，并应防止裹入空气。

② 采用热灌法施工时，应由下向上进行，并宜减少接头；密封材料熬制及浇灌温度，应按不同材料要求严格控制。

3）合成高分子密封材料防水施工应符合下列规定：

① 单组分密封材料可直接使用；多组分密封材料应根据规定的比例准确计量，并应拌和均匀；每次拌和量、拌和时间和拌和温度，应按所用密封材料的要求严格控制。

② 采用挤出枪嵌填时，应根据接缝的宽度选用口径合适的挤出嘴，应均匀挤出密封材料嵌填，并应由底部逐渐充满整个接缝。

③ 密封材料嵌填后，应在密封材料表干前用腻子刀嵌填修整。

4）密封材料嵌填应密实、连续、饱满，应与基层粘结牢固；表面应平滑，缝边应顺直，不得有气泡、孔洞、开裂、剥离等现象。

5）对嵌填完毕的密封材料，应避免碰损及污染；固化前不得踩踏。

6）密封材料的贮运、保管应符合下列规定：

① 运输时应防止日晒、雨淋、撞击、挤压。

② 贮运、保管环境应通风、干燥，防止日光直接照射，并应远离火源、热源；乳胶型密封材料在冬季时应采取防冻措施。

③ 密封材料应按类别、规格分别存放。

7）进场的密封材料应检验下列项目：

① 改性石油沥青密封材料的耐热性、低温柔性、拉伸粘结性、施工度。

② 合成高分子密封材料的拉伸模量、断裂伸长率、定伸粘结性。

8）接缝密封防水的施工环境温度应符合下列规定：

① 改性沥青密封材料和溶剂型合成高分子密封材料宜为 0~35℃。

② 乳胶型及反应型合成高分子密封材料宜为 5~35℃。

细节：瓦面与板面工程

1. 瓦屋面施工

1）瓦屋面采用的木质基层、顺水条、挂瓦条的防腐、防火及防蛀处理，以及金属顺水条、挂瓦条的防锈蚀处理，均应符合设计要求。

2）屋面木基层应铺钉牢固、表面平整；钢筋混凝土基层的表面应平整、干净、干燥。

3）防水垫层的铺设应符合下列规定：

① 防水垫层可采用空铺、满粘或机械固定。

② 防水垫层在瓦屋面构造层次中的位置应符合设计要求。

③ 防水垫层宜自下而上平行屋脊铺设。

④ 防水垫层应顺流水方向搭接，搭接宽度应符合《屋面工程技术规范》（GB 50345—2012）第4.8.6条的规定。

⑤ 防水垫层应铺设平整，下道工序施工时，不得损坏已铺设完成的防水垫层。

4）持钉层的铺设应符合下列规定：

① 屋面无保温层时，木基层或钢筋混凝土基层可视为持钉层；钢筋混凝土基层不平整时，宜用1:2.5的水泥砂浆进行找平。

② 屋面有保温层时，保温层上应按设计要求做细石混凝土持钉层，内配钢筋网应骑跨屋脊，并应绷直与屋脊和檐口、檐沟部位的预埋锚筋连牢；预埋锚筋穿过防水层或防水垫层时，破损处应进行局部密封处理。

③ 水泥砂浆或细石混凝土持钉层可不设分格缝；持钉层与突出屋面结构的交接处应预留30mm宽的缝隙。

（1）烧结瓦、混凝土瓦屋面

1）顺水条应顺流水方向固定，间距不宜大于500mm，顺水条应铺钉牢固、平整。钉挂瓦条时应拉通线，挂瓦条的间距应根据瓦片尺寸和屋面坡长经计算确定，挂瓦条应铺钉牢固、平整，上棱应成一直线。

2）铺设瓦屋面时，瓦片应均匀分散堆放在两坡屋面基层上，严禁集中堆放。铺瓦时，应由两坡从下向上同时对称铺设。

3）瓦片应铺成整齐的行列，并应彼此紧密搭接，应做到瓦榫落槽、瓦脚挂牢、瓦头排齐，且无翘角和张口现象，檐口应成一直线。

4）脊瓦搭盖间距应均匀，脊瓦与坡面瓦之间的缝隙应用聚合物水泥砂浆填实抹平，屋脊或斜脊应顺直。沿山墙一行瓦宜用聚合物水泥砂浆做出披水线。

5）檐口第一根挂瓦条应保证瓦头出檐口50~70mm；屋脊两坡最上面的一根挂瓦条，应保证脊瓦在坡面瓦上的搭盖宽度不小于40mm；钉檐口条或封檐板时，均应高出挂瓦条20~30mm。

6）烧结瓦、混凝土瓦屋面完工后，应避免屋面受物体冲击，严禁任意上人或堆放物件。

7）烧结瓦、混凝土瓦的贮运、保管应符合下列规定：

① 烧结瓦、混凝土瓦运输时应轻拿轻放，不得抛扔、碰撞。

② 进入现场后应堆垛整齐。

8）进场的烧结瓦、混凝土瓦应检验抗渗性、抗冻性和吸水率等项目。

（2）沥青瓦屋面

1）铺设沥青瓦前，应在基层上弹出水平及垂直基准线，并应按线铺设。

2）檐口部位宜先铺设金属滴水板或双层檐口瓦，并应将其固定在基层上，再铺设防水垫层和起始瓦片。

3）沥青瓦应自檐口向上铺设，起始层瓦应由瓦片经切除垂片部分后制得，且起始层瓦沿檐口应平行铺设并伸出檐口10mm，再用沥青基胶结材料和基层粘结；第一层瓦应与起始层瓦叠合，但瓦切口应向下指向檐口；第二层瓦应压在第一层瓦上且露出瓦切口，但不得超过切口长度。相邻两层沥青瓦的拼缝及切口应均匀错开。

4）檐口、屋脊等屋面边沿部位的沥青瓦之间、起始层沥青瓦与基层之间，应采用沥青基胶结材料满粘牢固。

5）在沥青瓦上钉固定钉时，应将钉垂直钉入持钉层内；固定钉穿入细石混凝土持钉层的深度不应小于 20mm，穿入木质持钉层的深度不应小于 15mm，固定钉的钉帽不得外露在沥青瓦表面。

6）每片脊瓦应用两个固定钉固定；脊瓦应顺年最大频率风向搭接，并应搭盖住两坡面沥青瓦每边不小于 150mm；脊瓦与脊瓦的压盖面不应小于脊瓦面积的 1/2。

7）沥青瓦屋面与立墙或伸出屋面的烟囱、管道的交接处应做泛水，在其周边与立面 250mm 的范围内应铺设附加层，然后在其表面用沥青基胶结材料满粘一层沥青瓦片。

8）铺设沥青瓦屋面的天沟应顺直，瓦片应粘结牢固，搭接缝应密封严密，排水应通畅。

9）沥青瓦的贮运、保管应符合下列规定：

① 不同类型、规格的产品应分别堆放。

② 贮存温度不应高于 45℃，并应平放贮存。

③ 应避免雨淋、日晒、受潮，并应注意通风和避免接近火源。

10）进场的沥青瓦应检验可溶物含量、拉力、耐热度、柔度、不透水性、叠层剥离强度等项目。

2. 金属板屋面施工

1）金属板屋面施工应在主体结构和支承结构验收合格后进行。

2）金属板屋面施工前应根据施工图纸进行深化排板图设计。金属板铺设时，应根据金属板板型技术要求和深化设计排板图进行。

3）金属板屋面施工测量应与主体结构测量相配合，其误差应及时调整，不得积累；施工过程中应定期对金属板的安装定位基准点进行校核。

4）金属板屋面的构件及配件应有产品合格证和性能检测报告，其材料的品种、规格、性能等应符合设计要求和产品标准的规定。

5）金属板的长度应根据屋面排水坡度、板型连接构造、环境温差及吊装运输条件等综合确定。

6）金属板的横向搭接方向宜顺主导风向；当在多维曲面上雨水可能翻越金属板板肋横流时，金属板的纵向搭接应顺流水方向。

7）金属板铺设过程中应对金属板采取临时固定措施，当天就位的金属板材应及时连接固定。

8）金属板安装应平整、顺滑，板面不应有施工残留物；檐口线、屋脊线应顺直，不得有起伏不平现象。

9）金属板屋面施工完毕，应进行雨后观察、整体或局部淋水试验，檐沟、天沟应进行蓄水试验，并应填写淋水和蓄水试验记录。

10）金属板屋面完工后，应避免屋面受物体冲击，并不宜对金属面板进行焊接、开孔等作业，严禁任意上人或堆放物件。

11）金属板应边缘整齐、表面光滑、色泽均匀、外形规则，不得有扭翘、脱膜和锈蚀等缺陷。

12）金属板的吊运、保管应符合下列规定：

① 金属板应用专用吊具安装，吊装和运输过程中不得损伤金属板材。

② 金属板堆放地点宜选择在安装现场附近，堆放场地应平整坚实且便于排除地面水。

13）进场的彩色涂层钢板及钢带应检验屈服强度、抗拉强度、断后伸长率、镀层重量、涂层厚度等项目。

14）金属面绝热夹芯板的贮运、保管应符合下列规定：

① 夹芯板应采取防雨、防潮、防火措施。

② 夹芯板之间应用衬垫隔离，并应分类堆放，应避免受压或机械损伤。

15）进场的金属面绝热夹芯板应检验剥离性能、抗弯承载力、防火性能等项目。

3. 玻璃采光顶施工

1）玻璃采光顶施工应在主体结构验收合格后进行；采光顶的支承构件与主体结构连接的预埋件应按设计要求埋设。

2）玻璃采光顶的施工测量应与主体结构测量相配合，测量偏差应及时调整，不得积累；施工过程中应定期对采光顶的安装定位基准点进行校核。

3）玻璃采光顶的支承构件、玻璃组件及附件，其材料的品种、规格、色泽和性能应符合设计要求和技术标准的规定。

4）玻璃采光顶施工完毕，应进行雨后观察、整体或局部淋水试验，檐沟、天沟应进行蓄水试验，并应填写淋水和蓄水试验记录。

5）框支承玻璃采光顶的安装施工应符合下列规定：

① 应根据采光顶分格测量，确定采光顶各分格点的空间定位。

② 支承结构应按顺序安装，采光顶框架组件安装就位、调整后应及时紧固；不同金属材料的接触面应采用隔离材料。

③ 采光顶的周边封堵收口、屋脊处压边收口、支座处封口处理，均应铺设平整且可靠固定。

④ 采光顶天沟、排水槽、通气槽及雨水排出口等细部构造应符合设计要求。

⑤ 装饰压板应顺流水方向设置，表面应平整，接缝应符合设计要求。

6）点支承玻璃采光顶的安装施工应符合下列规定：

① 应根据采光顶分格测量，确定采光顶各分格点的空间定位。

② 钢桁架及网架结构安装就位、调整后应及时紧固；钢索杆结构的拉索、拉杆预应力施加应符合设计要求。

③ 采光顶应采用不锈钢驳接组件装配，爪件安装前应精确定出其安装位置。

④ 玻璃宜采用机械吸盘安装，并应采取必要的安全措施。

⑤ 玻璃接缝应采用硅酮耐候密封胶。

⑥ 中空玻璃钻孔周边应采取多道密封措施。

7）明框玻璃组件组装应符合下列规定：

① 玻璃与构件槽口的配合应符合设计要求和技术标准的规定。

② 玻璃四周密封胶条的材质、型号应符合设计要求，镶嵌应平整、密实，胶条的长度宜大于边框内槽口长度1.5%~2.0%，胶条在转角处应斜面断开，并应用粘结剂粘结牢固。

③ 组件中的导气孔及排水孔设置应符合设计要求，组装时应保持孔道通畅。

④ 明框玻璃组件应拼装严密，框缝密封应采用硅酮耐候密封胶。

8）隐框及半隐框玻璃组件组装应符合下列规定：

① 玻璃及框料粘结表面的尘埃、油渍和其他污物，应分别使用带溶剂的擦布和干擦布

清除干净，并应在清洁1h内嵌填密封胶。

② 所用的结构粘结材料应采用硅酮结构密封胶，其性能应符合现行国家标准《建筑用硅酮结构密封胶》（GB 16776—2005)的有关规定；硅酮结构密封胶应在有效期内使用。

③ 硅酮结构密封胶应嵌填饱满，并应在温度15~30℃、相对湿度50%以上、洁净的室内进行，不得在现场嵌填。

④ 硅酮结构密封胶的粘结宽度和厚度应符合设计要求，胶缝表面应平整光滑，不得出现气泡。

⑤ 硅酮结构密封胶固化期间，组件不得长期处于单独受力状态。

9）玻璃接缝密封胶的施工应符合下列规定：

① 玻璃接缝密封应采用硅酮耐候密封胶，其性能应符合现行行业标准《幕墙玻璃接缝用密封胶》（JC/T 882—2001）的有关规定，密封胶的级别和模量应符合设计要求。

② 密封胶的嵌填应密实、连续、饱满，胶缝应平整光滑、缝边顺直。

③ 玻璃间的接缝宽度和密封胶的嵌填深度应符合设计要求。

④ 不宜在夜晚、雨天嵌填密封胶，嵌填温度应符合产品说明书规定，嵌填密封胶的基面应清洁、干燥。

10）玻璃采光顶材料的贮运、保管应符合下列规定：

① 采光顶部件在搬运时应轻拿轻放，严禁发生互相碰撞。

② 采光玻璃在运输中应采用有足够承载力和刚度的专用货架；部件之间应用衬垫固定，并应相互隔开。

③ 采光顶部件应放在专用货架上，存放场地应平整、坚实、通风、干燥，并严禁与酸碱等类的物质接触。

细节：细部构造工程

1. 檐口
1）卷材防水屋面檐口800mm范围内的卷材应满粘，卷材收头应采用金属压条钉压，并应用密封材料封严。檐口下端应做鹰嘴和滴水槽（图7-1）。

2）涂膜防水屋面檐口的涂膜收头，应用防水涂料多遍涂刷。檐口下端应做鹰嘴和滴水槽（图7-2）。

3）烧结瓦、混凝土瓦屋面的瓦头挑出檐口的长度宜为50~70mm（图7-3、图7-4）。

4）沥青瓦屋面的瓦头挑出檐口的长度宜为10~20mm；金属滴水板应固定在基层上，伸入沥青瓦下宽度不应小于80mm，向下延伸长度不应小于60mm（图7-5）。

5）金属板屋面檐口挑出墙面的长度不应小于200mm；屋面板与墙板交接处应设置金属封檐板和压条（图7-6）。

2. 檐沟和天沟
1）卷材或涂膜防水屋面檐沟（图7-7）和天沟的防水构造，应符合下列规定：

① 檐沟和天沟的防水层下应增设附加层，附加层伸入屋面的宽度不应小于250mm。

② 檐沟防水层和附加层应由沟底翻上至外侧顶部，卷材收头应用金属压条钉压，并应用密封材料封严，涂膜收头应用防水涂料多遍涂刷。

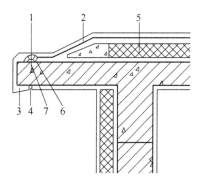

图 7-1　卷材防水屋面檐口
1—密封材料　2—卷材防水层
3—鹰嘴　4—滴水槽
5—保温层　6—金属压条　7—水泥钉

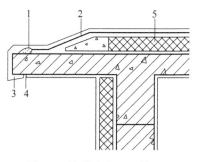

图 7-2　涂膜防水屋面檐口
1—涂料多遍涂刷　2—涂膜防水层
3—鹰嘴　4—滴水槽　5—保温层

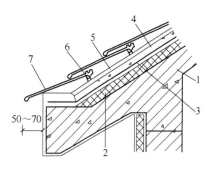

图 7-3　烧结瓦、混凝土瓦屋面檐口（一）
1—结构层　2—保温层　3—防水层或防水垫层
4—持钉层　5—顺水条　6—挂瓦条
7—烧结瓦 或混凝土瓦

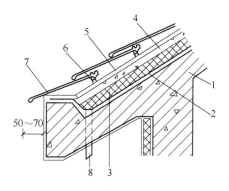

图 7-4　烧结瓦、混凝土瓦屋面檐口（二）
1—结构层　2—防水层或防水垫层　3—保
温层　4—持钉层　5—顺水条　6—挂瓦条
7—烧结瓦或混凝土瓦　8—泄水管

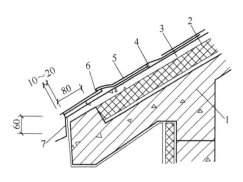

图 7-5　沥青瓦屋面檐口
1—结构层　2—保温层　3—持钉层　4—防水层或防水
垫层　5—沥青瓦　6—起始层沥青瓦　7—金属滴水板

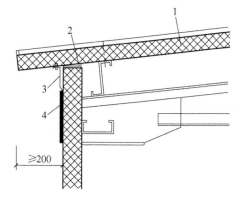

图 7-6　金属板屋面檐口
1—金属板　2—通长密封条
3—金属压条　4—金属封檐板

③ 檐沟外侧下端应做鹰嘴或滴水槽。

④ 檐沟外侧高于屋面结构板时，应设置溢水口。

2）烧结瓦、混凝土瓦屋面檐沟（图 7-8）和天沟的防水构造，应符合下列规定：

① 檐沟和天沟防水层下应增设附加层，附加层伸入屋面的宽度不应小于 500mm。

② 檐沟和天沟防水层伸入瓦内的宽度不应小于 150mm，并应与屋面防水层或防水垫层顺流水方向搭接。

③ 檐沟防水层和附加层应由沟底翻上至外侧顶部，卷材收头应用金属压条钉压，并应用密封材料封严；涂膜收头应用防水涂料多遍涂刷。

④ 烧结瓦、混凝土瓦伸入檐沟、天沟内的长度，宜为 50~70mm。

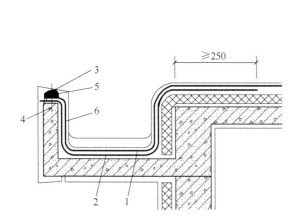

图 7-7　卷材、涂膜防水屋面檐沟
1—防水层　2—附加层　3—密封材料
4—水泥钉　5—金属压条　6—保护层

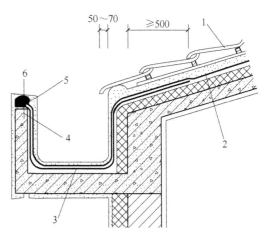

图 7-8　烧结瓦、混凝土瓦屋面檐沟
1—烧结瓦或混凝土瓦　2—防水层或防水垫层
3—附加层　4—水泥钉　5—金属压条　6—密封材料

3）沥青瓦屋面檐沟和天沟的防水构造，应符合下列规定：

① 檐沟防水层下应增设附加层，附加层伸入屋面的宽度不应小于 500mm。

② 檐沟防水层伸入瓦内的宽度不应小于 150mm，并应与屋面防水层或防水垫层顺流水方向搭接。

③ 檐沟防水层和附加层应由沟底翻上至外侧顶部，卷材收头应用金属压条钉压，并应用密封材料封严；涂膜收头应用防水涂料多遍涂刷。

④ 沥青瓦伸入檐沟内的长度宜为 10~20mm。

⑤ 天沟采用搭接式或编织式铺设时，沥青瓦下应增设不小于 1000mm 宽的附加层（图 7-9）。

⑥ 天沟采用敞开式铺设时，在防水层或防水垫层上应铺设厚度不小于 0.45mm 的防锈金属板材，沥青瓦与金属板材应顺流水方向搭接，搭接缝应用沥青基胶结材料粘结，搭接宽度不应小于 100mm。

3. 女儿墙和山墙

1）女儿墙的防水构造应符合下列规定：

① 女儿墙压顶可采用混凝土或金属制品。压顶向内排水坡度不应小于 5%，压顶内侧下端应作滴水处理。

② 女儿墙泛水处的防水层下应增设附加层，附加层在平面和立面的宽度均不应小于 250mm。

③ 低女儿墙泛水处的防水层可直接铺贴或涂刷至压顶下，卷材收头应用金属压条钉压固定，并应用密封材料封严；涂膜收头应用防水涂料多遍涂刷（图7-10）。

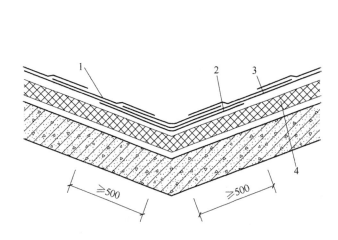
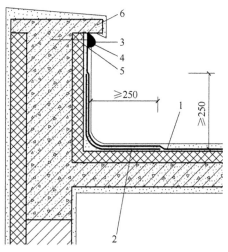

图7-9　沥青瓦屋面天沟
1—沥青瓦　2—附加层　3—防水层或
防水垫层　4—保温层

图7-10　低女儿墙
1—防水层　2—附加层　3—密封材料
4—金属压条　5—水泥钉　6—压顶

④ 高女儿墙泛水处的防水层泛水高度不应小于250mm，防水层收头应符合③的规定；泛水上部的墙体应作防水处理（图7-11）。

⑤ 女儿墙泛水处的防水层表面，宜采用涂刷浅色涂料或浇筑细石混凝土保护。

2）山墙的防水构造应符合下列规定：

① 山墙压顶可采用混凝土或金属制品。压顶应向内排水，坡度不应小于5%，压顶内侧下端应作滴水处理。

② 山墙泛水处的防水层下应增设附加层，附加层在平面和立面的宽度均不应小于250mm。

③ 烧结瓦、混凝土瓦屋面山墙泛水应采用聚合物水泥砂浆抹成，侧面瓦伸入泛水的宽度不应小于50mm（图7-12）。

④ 沥青瓦屋面山墙泛水应采用沥青基胶粘材料满粘一层沥青瓦片，防水层和沥青瓦收头应用金属压条钉压固定，并应用密封材料封严（图7-13）。

⑤ 金属板屋面山墙泛水应铺钉厚度不小于0.45mm的金属泛水板，并应顺流水方向搭接；金属泛水板与墙体的搭接高度不应小于250mm，与压型金属板的搭盖宽度宜为1波～2波，并应在波峰处采用拉铆钉连接（图7-14）。

4. 水落口

1）重力式排水的水落口（图7-15、图7-16）防水构造应符合下列规定：

① 水落口可采用塑料或金属制品，水落口的金属配件均应作防锈处理。

② 水落口应牢固地固定在承重结构上，其埋设标高应根据附加层的厚度及排水坡度加大的尺寸确定。

③ 水落口周围直径500mm范围内坡度不应小于5%，防水层下应增设涂膜附加层。

④ 防水层和附加层伸入水落口内不应小于50mm，并应粘结牢固。

2）虹吸式排水的水落口防水构造应进行专项设计。

5. 变形缝

变形缝防水构造应符合下列规定：

1）变形缝泛水处的防水层下应增设附加层，附加层在平面和立面的宽度不应小于250mm；防水层应铺贴或涂刷至泛水墙的顶部。

2）变形缝内应预填不燃保温材料，上部应采用防水卷材封盖，并放置衬垫材料，再在其上干铺一层卷材。

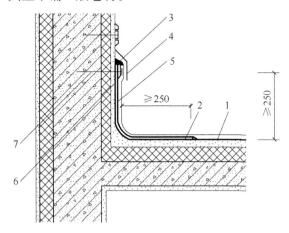

图 7-11　高女儿墙
1—防水层　2—附加层　3—密封材料　4—金属盖板
5—保护层　6—金属压条　7—水泥钉

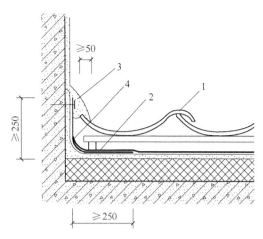

图 7-12　烧结瓦、混凝土瓦屋面山墙
1—烧结瓦或混凝土瓦　2—防水层或防水垫层
3—聚合物水泥砂浆　4—附加层

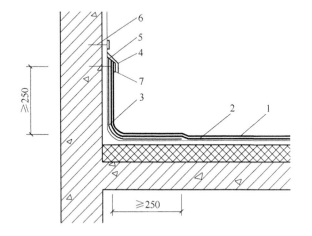

图 7-13　沥青瓦屋面山墙
1—沥青瓦　2—防水层或防水垫层
3—附加层　4—金属盖板　5—密封材料
6—水泥钉　7—金属压条

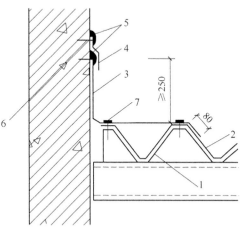

图 7-14　压型金属板屋面山墙
1—固定支架　2—压型金属板
3—金属泛水板　4—金属盖板　5—密封材料
6—水泥钉　7—拉铆钉

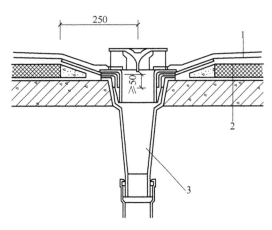

图 7-15 直式水落口
1—防水层 2—附加层 3—水落斗

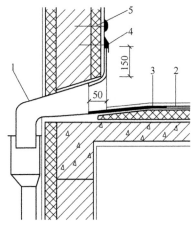

图 7-16 横式水落口
1—水落斗 2—防水层 3—附加层
4—密封材料 5—水泥钉

3）等高变形缝顶部宜加扣混凝土或金属盖板（图 7-17）。

4）高低跨变形缝在立墙泛水处，应采用有足够变形能力的材料和构造作密封处理（图 7-18）。

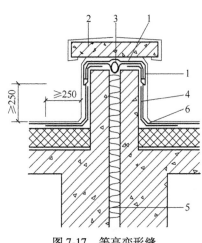

图 7-17 等高变形缝
1—卷材封盖 2—混凝土盖板 3—衬垫
材料 4—附加层 5—不燃保温材料
6—防水层

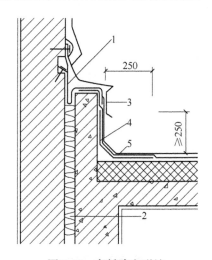

图 7-18 高低跨变形缝
1—卷材封盖 2—不燃保温材料 3—金属
盖板 4—附加层 5—防水层

6. 伸出屋面管道

1）伸出屋面管道（图 7-19）的防水构造应符合下列规定：

① 管道周围的找平层应抹出高度不小于 30mm 的排水坡。

② 管道泛水处的防水层下应增设附加层，附加层在平面和立面的宽度均不应小于 250mm。

③ 管道泛水处的防水层泛水高度不应小于 250mm；

④ 卷材收头应用金属箍紧固和密封材料封严，涂膜收头应用防水涂料多遍涂刷。

2）烧结瓦、混凝土瓦屋面烟囱（图 7-20）的防水构造，应符合下列规定：

① 烟囱泛水处的防水层或防水垫层下应增设附加层，附加层在平面和立面的宽度不应

小于 250mm。

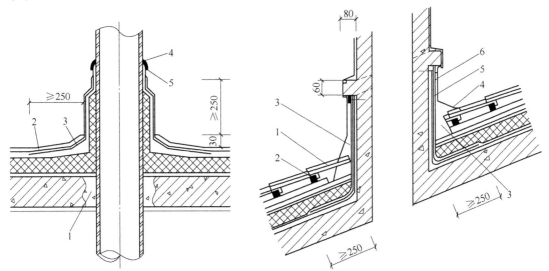

图 7-19　伸出屋面管道
1—细石混凝土　2—卷材防水层　3—附加层
4—密封材料　5—金属箍

图 7-20　烧结瓦、混凝土瓦屋面烟囱
1—烧结瓦或混凝土瓦　2—挂瓦条　3—聚合物水泥砂浆
4—分水线　5—防水层或防水垫层　6—附加层

② 屋面烟囱泛水应采用聚合物水泥砂浆抹成。

③ 烟囱与屋面的交接处，应在迎水面中部抹出分水线，并应高出两侧各 30mm。

7. 屋面出入口

1）屋面垂直出入口泛水处应增设附加层，附加层在平面和立面的宽度均不应小于 250mm；防水层收头应在混凝土压顶圈下（图 7-21）。

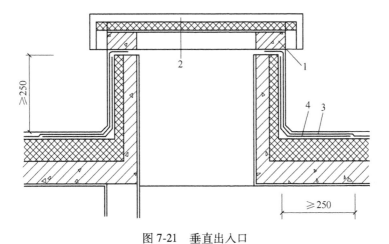

图 7-21　垂直出入口
1—混凝土压顶圈　2—上人孔盖　3—防水层　4—附加层

2）屋面水平出入口泛水处应增设附加层和护墙，附加层在平面上的宽度不应小于 250mm；防水层收头应压在混凝土踏步下（图 7-22）。

8. 反梁过水孔

反梁过水孔构造应符合下列规定：

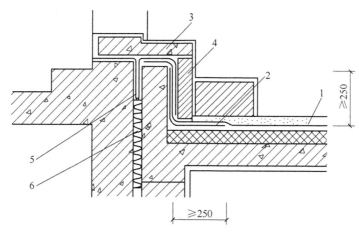

图 7-22　水平出入口
1—防水层　2—附加层　3—踏步　4—护墙
5—防水卷材封盖　6—不燃保温材料

1）应根据排水坡度留设反梁过水孔，图纸应注明孔底标高。

2）反梁过水孔宜采用预埋管道，其管径不得小于 75mm。

3）过水孔可采用防水涂料、密封材料防水。预埋管道两端周围与混凝土接触处应留凹槽，并应用密封材料封严。

9. 设施基座

1）设施基座与结构层相连时，防水层应包裹设施基座的上部，并应在地脚螺栓周围作密封处理。

2）在防水层上放置设施时，防水层下应增设卷材附加层，必要时应在其上浇筑细石混凝土，其厚度不应小于 50mm。

10. 屋脊

1）烧结瓦、混凝土瓦屋面的屋脊处应增设宽度不小于 250mm 的卷材附加层。脊瓦下端距坡面瓦的高度不宜大于 80mm，脊瓦在两坡面瓦上的搭盖宽度，每边不应小于 40mm；脊瓦与坡瓦面之间的缝隙应采用聚合物水泥砂浆填实抹平（图 7-23）。

2）沥青瓦屋面的屋脊处应增设宽度不小于 250mm 的卷材附加层。脊瓦在两坡面瓦上的搭盖宽度，每边不应小于 150mm（图 7-24）。

3）金属板屋面的屋脊盖板在两坡面金属板上的搭盖宽度每边不应小于 250mm，屋面板端头应设置挡水板和堵头板（图 7-25）。

11. 屋顶窗

1）烧结瓦、混凝土瓦与屋顶窗交接处，应采用金属排水板、窗框固定铁脚、窗口附加防水卷材、支瓦条等连接（图 7-26）。

2）沥青瓦屋面与屋顶窗交接处，应采用金属排水板、窗框固定铁脚、窗口附加防水卷材等与结构层连接（图 7-27）。

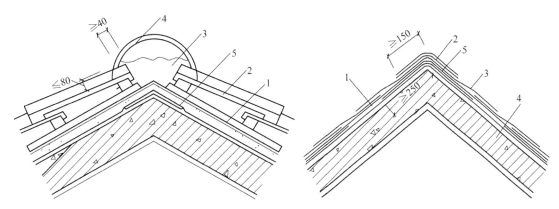

图 7-23 烧结瓦、混凝土瓦屋面屋脊
1—防水层或防水垫层 2—烧结瓦或混凝土瓦
3—聚合物水泥砂浆 4—脊瓦 5—附加层

图 7-24 沥青瓦屋面屋脊
1—防水层或防水垫层 2—脊瓦 3—沥青瓦
4—结构层 5—附加层

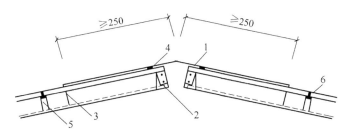

图 7-25 金属板材屋面屋脊
1—屋脊盖板 2—堵头板 3—挡水板 4—密封材料
5—固定支架 6—固定螺栓

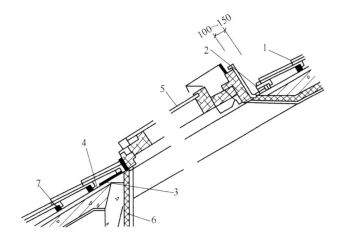

图 7-26 烧结瓦、混凝土瓦屋面屋顶窗
1—烧结瓦或混凝土瓦 2—金属排水板 3—窗口附加防水卷材
4—防水层或防水垫层 5—屋顶窗 6—保温层 7—支瓦条

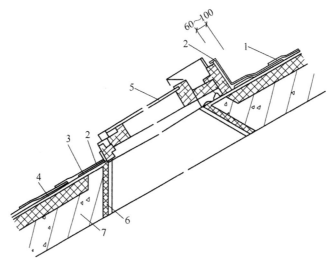

图 7-27 沥青瓦屋面屋顶窗
1—沥青瓦 2—金属排水板 3—窗口附加防水卷材
4—防水层或防水垫层 5—屋顶窗 6—保温层 7—结构层

细节：防水混凝土

1）防水混凝土施工前应做好降排水工作，不得在有积水的环境中浇筑混凝土。

2）防水混凝土的配合比，应符合下列规定：

① 胶凝材料用量应根据混凝土的抗渗等级和强度等级等选用，其总用量不宜小于 $320kg/m^3$；当强度要求较高或地下水有腐蚀性时，胶凝材料用量可通过试验调整。

② 在满足混凝土抗渗等级、强度等级和耐久性条件下，水泥用量不宜小于 $260kg/m^3$。

③ 砂率宜为 35%~40%，泵送时可增至 45%。

④ 灰砂比宜为 1∶1.5~1∶2.5。

⑤ 水胶比不得大于 0.50，有侵蚀性介质时水胶比不宜大于 0.45。

⑥ 防水混凝土采用预拌混凝土时，入泵坍落度宜控制在 120~160mm，坍落度每小时损失值不应大于 20mm，坍落度总损失值不应大于 40mm。

⑦ 掺加引气剂或引气型减水剂时，混凝土含气量应控制在 3%~5%。

⑧ 预拌混凝土的初凝时间宜为 6~8h。

3）防水混凝土配料应按配合比准确称量，其计量允许偏差应符合表 7-2 的规定。

表 7-2 防水混凝土配料计量允许偏差

混凝土组成材料	每盘计量（%）	累计计量（%）
水泥、掺合料	±2	±1
粗、细骨料	±3	±2
水、外加剂	±2	±1

注：累计计量仅适用于微机控制计量的搅拌站。

4）使用减水剂时，减水剂宜配制成一定浓度的溶液。

5）防水混凝土应分层连续浇筑，分层厚度不得大于 500mm。

6）用于防水混凝土的模板应拼缝严密、支撑牢固。

7）防水混凝土拌合物应采用机械搅拌，搅拌时间不宜小于 2min。掺外加剂时，搅拌时间应根据外加剂的技术要求确定。

8）防水混凝土拌合物在运输后如出现离析，必须进行二次搅拌。当坍落度损失后不能满足施工要求时，应加入原水胶比的水泥浆或掺加同品种的减水剂进行搅拌，严禁直接加水。

9）防水混凝土应采用机械振捣，避免漏振、欠振和超振。

10）防水混凝土应连续浇筑，宜少留施工缝。当留设施工缝时，应符合下列规定：

① 墙体水平施工缝不应留在剪力最大处或底板与侧墙的交接处，应留在高出底板表面不小于 300mm 的墙体上。拱（板）墙结合的水平施工缝，宜留在拱（板）墙接缝线以下 150~300mm 处。墙体有预留孔洞时，施工缝距孔洞边缘不应小于 300mm。

② 垂直施工缝应避开地下水和裂隙水较多的地段，并宜与变形缝相结合。

11）施工缝防水构造形式宜按图 7-28~图 7-31 选用，当采用两种以上构造措施时可进行有效组合。

12）施工缝的施工应符合下列规定：

① 水平施工缝浇筑混凝土前，应将其表面浮浆和杂物清除，然后铺设净浆或涂刷混凝土界面处理剂、水泥基渗透结晶型防水涂料等材料，再铺 30~50mm 厚的 1:1 水泥砂浆，并应及时浇筑混凝土。

② 垂直施工缝浇筑混凝土前，应将其表面清理干净，再涂刷混凝土界面处理剂或水泥基渗透结晶型防水涂料，并应及时浇筑混凝土。

③ 遇水膨胀止水条（胶）应与接触表面密贴。

④ 选用的遇水膨胀止水条（胶）应具有缓胀性能，7d 的净膨胀率不宜大于最终膨胀率的 60%，最终膨胀率宜大于 220%。

⑤ 采用中埋式止水带或预埋式注浆管时，应定位准确、固定牢靠。

13）大体积防水混凝土的施工，应符合下列规定：

① 在设计许可的情况下，掺粉煤灰混凝土设计强度等级的龄期宜为 60d 或 90d。

② 宜选用水化热低和凝结时间长的水泥。

③ 宜掺入减水剂、缓凝剂等外加剂和粉煤灰、磨细矿渣粉等掺合料。

④ 炎热季节施工时，应采取降低原材料温度、减少混凝土运输时吸收外界热量等降温措施，入模温度不应大于 30℃。

⑤ 混凝土内部预埋管道，宜进行水冷散热。

⑥ 应采取保温保湿养护。混凝土中心温度与表面温度的差值不应大于 25℃，表面温度与大气温度的差值不应大于 20℃，温降梯度不得大于 3℃/d，养护时间不应少于 14d。

14）防水混凝土结构内部设置的各种钢筋或绑扎钢丝，不得接触模板。用于固定模板的螺栓必须穿过混凝土结构时，可采用工具式螺栓或螺栓加堵头，螺栓上应加焊方形止水环。拆模后应将留下的凹槽用密封材料封堵密实，并应用聚合物水泥砂浆抹平（图 7-32）。

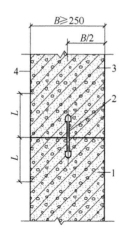

图 7-28 施工缝防水构造(一)

钢板止水带 $L \geqslant 150$；橡胶止水带 $L \geqslant 200$；
钢边橡胶止水带 $L \geqslant 120$　1—先浇混凝土
2—中埋止水带　3—后浇混凝土
4—结构迎水面

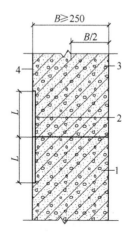

图 7-29 施工缝防水构造(二)

外贴止水带 $L \geqslant 150$；外涂防水涂料 $L = 200$；
外抹防水砂浆 $L = 200$　1—先浇混凝土
2—外贴止水带　3—后浇混凝土
4—结构迎水面

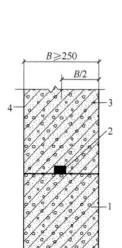

图 7-30 施工缝防水构造(三)

1—先浇混凝土　2—遇水膨胀止
水条(胶)　3—后浇混凝土
4—结构迎水面

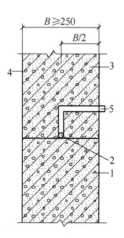

图 7-31 施工缝防水构造(四)

1—先浇混凝土　2—预埋注
浆管　3—后浇 混凝土
4—结构迎水面　5—注浆导管

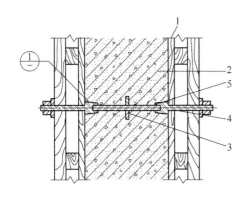
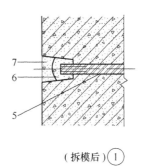

（拆模后）①

图 7-32 固定模板用螺栓的防水构造
1—模板 2—结构混凝土 3—止水环 4—工具式螺栓
5—固定模板用螺栓 6—密封材料 7—聚合物水泥砂浆

15）防水混凝土终凝后应立即进行养护，养护时间不得少于 14d。

16）防水混凝土的冬期施工，应符合下列规定：

① 混凝土入模温度不应低于 5℃。

② 混凝土养护应采用综合蓄热法、蓄热法、暖棚法、掺化学外加剂等方法，不得采用电热法或蒸气直接加热法。

③ 应采取保湿保温措施。

细节：水泥砂浆防水层

1）基层表面应平整、坚实、清洁，并应充分湿润、无明水。

2）基层表面的孔洞、缝隙，应采用与防水层相同的防水砂浆堵塞并抹平。

3）施工前应将预埋件、穿墙管预留凹槽内嵌填密封材料后，再施工水泥砂浆防水层。

4）防水砂浆的配合比和施工方法应符合所掺材料的规定，其中聚合物水泥防水砂浆的用水量应包括乳液中的含水量。

5）水泥砂浆防水层应分层铺抹或喷射，铺抹时应压实、抹平，最后一层表面应提浆压光。

6）聚合物水泥防水砂浆拌和后应在规定时间内用完，施工中不得任意加水。

7）水泥砂浆防水层各层应紧密粘合，每层宜连续施工；必须留设施工缝时，应采用阶梯坡形槎，但离阴阳角处的距离不得小于 200mm。

8）水泥砂浆防水层不得在雨天、五级及以上大风中施工。冬期施工时，气温不应低于 5℃。夏季不宜在 30℃ 以上的烈日照射下施工。

9）水泥砂浆防水层终凝后，应及时进行养护，养护温度不宜低于 5℃，并应保持砂浆表面湿润，养护时间不得少于 14d。

聚合物水泥防水砂浆未达到硬化状态时，不得浇水养护或直接受雨水冲刷，硬化后应采用干湿交替的养护方法。潮湿环境中，可在自然条件下养护。

细节：卷材防水层

1）卷材防水层的基面应坚实、平整、清洁，阴阳角处应做圆弧或折角，并应符合所用卷材的施工要求。

2）铺贴卷材严禁在雨天、雪天、五级及以上大风中施工；冷粘法、自粘法施工的环境气温不宜低于 5℃，热熔法、焊接法施工的环境气温不宜低于-10℃。施工过程中下雨或下雪时，应做好已铺卷材的防护工作。

3）不同品种防水卷材的搭接宽度，应符合表 7-3 的要求。

表 7-3 防水卷材搭接宽度

卷材品种	搭接宽度/mm
弹性体改性沥青防水卷材	100
改性沥青聚乙烯胎防水卷材	100
自粘聚合物改性沥青防水卷材	80
三元乙丙橡胶防水卷材	100/60（胶粘剂/胶粘带）
聚氯乙烯防水卷材	60/80（单焊缝/双焊缝）
	100（胶粘剂）
聚乙烯丙纶复合防水卷材	100（粘结料）
高分子自粘胶膜防水卷材	70/80（自粘胶/胶粘带）

4）防水卷材施工前，基面应干净、干燥，并应涂刷基层处理剂；当基面潮湿时，应涂刷湿固化型胶粘剂或潮湿界面隔离剂。基层处理剂的配制与施工应符合下列要求：

① 基层处理剂应与卷材及其粘结材料的材性相容。

② 基层处理剂喷涂或刷涂应均匀一致，不应露底，表面干燥后方可铺贴卷材。

5）铺贴各类防水卷材应符合下列规定：

① 应铺设卷材加强层。

② 结构底板垫层混凝土部位的卷材可采用空铺法或点粘法施工，其粘结位置、点粘面积应按设计要求确定；侧墙采用外防外贴法的卷材及顶板部位的卷材应采用满粘法施工。

③ 卷材与基面、卷材与卷材间的粘结应紧密、牢固；铺贴完成的卷材应平整顺直，搭接尺寸应准确，不得产生扭曲和皱折。

④ 卷材搭接处的接头部位应粘结牢固，接缝口应封严或采用材性相容的密封材料封缝。

⑤ 铺贴立面卷材防水层时，应采取防止卷材下滑的措施。

⑥ 铺贴双层卷材时，上下两层和相邻两幅卷材的接缝应错开 1/3~1/2 幅宽，且两层卷材不得相互垂直铺贴。

6）弹性体改性沥青防水卷材和改性沥青聚乙烯胎防水卷材采用热熔法施工应加热均匀，不得加热不足或烧穿卷材，搭接缝部位应溢出热熔的改性沥青。

7）铺贴自粘聚合物改性沥青防水卷材应符合下列规定：

① 基层表面应平整、干净、干燥、无尖锐突起物或孔隙。

② 排除卷材下面的空气，应辊压粘贴牢固，卷材表面不得有扭曲、皱折和起泡现象。

③ 立面卷材铺贴完成后，应将卷材端头固定或嵌入墙体顶部的凹槽内，并应用密封材料封严。

④ 低温施工时，宜对卷材和基面适当加热，然后铺贴卷材。

8）铺贴三元乙丙橡胶防水卷材应采用冷粘法施工，并应符合下列规定：

① 基底胶粘剂应涂刷均匀，不应露底、堆积。

② 胶粘剂涂刷与卷材铺贴的间隔时间应根据胶粘剂的性能控制。

③ 铺贴卷材时，应辊压粘贴牢固。

④ 搭接部位的粘合面应清理干净，并应采用接缝专用胶粘剂或胶粘带粘结。

9）铺贴聚氯乙烯防水卷材，接缝采用焊接法施工时，应符合下列规定：

① 卷材的搭接缝可采用单焊缝或双焊缝。单焊缝搭接宽度应为 60mm，有效焊接宽度不应小于 30mm；双焊缝搭接宽度应为 80mm，中间应留设 10~20mm 的空腔，有效焊接宽度不宜小于 10mm。

② 焊接缝的结合面应清理干净，焊接应严密。

③ 应先焊长边搭接缝，后焊短边搭接缝。

10）铺贴聚乙烯丙纶复合防水卷材应符合下列规定：

① 应采用配套的聚合物水泥防水粘结材料。

② 卷材与基层粘贴应采用满粘法，粘结面积不应小于 90%，刮涂粘结料应均匀，不应露底、堆积。

③ 固化后的粘结料厚度不应小于 1.3mm。

④ 施工完的防水层应及时做保护层。

11）高分子自粘胶膜防水卷材宜采用预铺反粘法施工，并应符合下列规定：

① 卷材宜单层铺设。

② 在潮湿基面铺设时，基面应平整坚固、无明显积水。

③ 卷材长边应采用自粘边搭接，短边应采用胶粘带搭接，卷材端部搭接区应相互错开。

④ 立面施工时，在自粘边位置距离卷材边缘 10~20mm 内，应每隔 400~600mm 进行机械固定，并应保证固定位置被卷材完全覆盖。

⑤ 浇筑结构混凝土时不得损伤防水层。

12）采用外防外贴法铺贴卷材防水层时，应符合下列规定：

① 应先铺平面，后铺立面，交接处应交叉搭接。

② 临时性保护墙宜采用石灰砂浆砌筑，内表面宜做找平层。

③ 从底面折向立面的卷材与永久性保护墙的接触部位，应采用空铺法施工；卷材与临时性保护墙或围护结构模板的接触部位，应将卷材临时贴附在该墙上或模板上，并应将板端临时固定。

④ 当不设保护墙时，从底面折向立面的卷材接槎部位应采取可靠的保护措施。

⑤ 混凝土结构完成，铺贴立面卷材时，应先将接槎部位的各层卷材揭开，并应将其表面清理干净，如卷材有局部损伤，应及时进行修补；卷材接槎的搭接长度，高聚物改性沥青类卷材应为 150mm，合成高分子类卷材应为 100mm；当使用两层卷材时，卷材应错槎接缝，

上层卷材应盖过下层卷材。

卷材防水层甩槎、接槎构造见图 7-33。

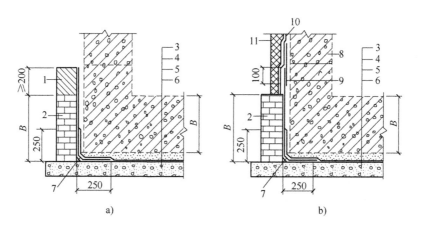

图 7-33 卷材防水层甩槎、接槎构造
a）甩槎 b）接槎
1—临时保护墙 2—永久保护墙 3—细石混凝土保护层
4—卷材防水层 5—水泥砂浆找平层 6—混凝土垫层 7—卷材加强层
8—结构墙体 9—卷材加强层 10—卷材防水层 11—卷材保护层

13）采用外防内贴法铺贴卷材防水层时，应符合下列规定：

① 混凝土结构的保护墙内表面应抹厚度为 20mm 的 1:3 水泥砂浆找平层，然后铺贴卷材。

② 卷材宜先铺立面，后铺平面；铺贴立面时，应先铺转角，后铺大面。

14）卷材防水层经检查合格后，应及时做保护层，保护层应符合下列规定：

① 顶板卷材防水层上的细石混凝土保护层，应符合下列规定：

a. 采用机械碾压回填土时，保护层厚度不宜小于 70mm。

b. 采用人工回填土时，保护层厚度不宜小于 50mm。

c. 防水层与保护层之间宜设置隔离层。

② 底板卷材防水层上的细石混凝土保护层厚度不应小于 50mm。

③ 侧墙卷材防水层宜选用软质保护材料或铺抹 20mm 厚 1:2.5 水泥砂浆层。

细节：涂料防水层

1）无机防水涂料基层表面应干净、平整、无浮浆和明显积水。

2）有机防水涂料基层表面应基本干燥，不应有气孔、凹凸不平、蜂窝麻面等缺陷。涂料施工前，基层阴阳角应做成圆弧形。

3）涂料防水层严禁在雨天、雾天、五级及以上大风时施工，不得在施工环境温度低于 5℃ 及高于 35℃ 或烈日暴晒时施工。涂膜固化前如有降雨可能时，应及时做好已完涂层的保护工作。

4）防水涂料的配制应按涂料的技术要求进行。

5）防水涂料应分层刷涂或喷涂，涂层应均匀，不得漏刷漏涂；接槎宽度不应小于100mm。

6）铺贴胎体增强材料时，应使胎体层充分浸透防水涂料，不得有露槎及褶皱。

7）有机防水涂料施工完后应及时做保护层，保护层应符合下列规定：

① 底板、顶板应采用20mm厚1∶2.5水泥砂浆层和40~50mm厚的细石混凝土保护层，防水层与保护层之间宜设置隔离层。

② 侧墙背水面保护层应采用20mm厚1∶2.5水泥砂浆。

③ 侧墙迎水面保护层宜选用软质保护材料或20mm厚1∶2.5水泥砂浆。

细节：塑料防水板防水层

1）塑料防水板防水层的基面应平整、无尖锐突出物；基面平整度D/L不应大于1/6。

注：D为初期支护基面相邻两凸面间凹进去的深度；L为初期支护基面相邻两凸面间的距离。

2）铺设塑料防水板前应先铺缓冲层，缓冲层应采用暗钉圈固定在基面上（图7-34）。钉距应符合《地下工程防水技术规范》（GB 50108—2008）第4.5.6条的规定。

3）塑料防水板的铺设应符合下列规定：

① 铺设塑料防水板时，宜由拱顶向两侧展铺，并应边铺边用压焊机将塑料板与暗钉圈焊接牢靠，不得有漏焊、假焊和焊穿现象。两幅塑料防水板的搭接宽度不应小于100mm。搭接缝应为热熔双焊缝，每条焊缝的有效宽度不应小于10mm。

② 环向铺设时，应先拱后墙，下部防水板应压住上部防水板。

③ 塑料防水板铺设时宜设置分区预埋注浆系统。

④ 分段设置塑料防水板防水层时，两端应采取封闭措施。

4）接缝焊接时，塑料板的搭接层数不得超过三层。

5）塑料防水板铺设时应少留或不留接头，当留设接头时，应对接头进行保护。再次焊接时应将接头处的塑料防水板擦拭干净。

6）铺设塑料防水板时，不应绷得太紧，宜根据基面的平整度留有充分的余地。

7）防水板的铺设应超前混凝土施工，超前距离宜为5~20m，并应设临时挡板防止机械损伤和电火花灼伤防水板。

8）二次衬砌混凝土施工时应符合下列规定：

① 绑扎、焊接钢筋时应采取防刺穿、灼伤防水板的措施。

② 混凝土出料口和振捣棒不得直接接触塑料防水板。

9）塑料防水板防水层铺设完毕后，应进行质量检查，并应在验收合格后进行下道工序的施工。

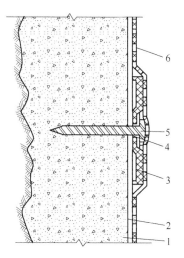

图7-34 暗钉圈固定缓冲层
1—初期支护 2—缓冲层 3—热塑性暗钉圈 4—金属垫圈 5—射钉 6—塑料防水板

细节：金属防水层

1）金属防水层可用于长期浸水、水压较大的水工及过水隧道，所用的金属板和焊条的规格及材料性能，应符合设计要求。

2）金属板的拼接应采用焊接，拼接焊缝应严密。竖向金属板的垂直接缝，应相互错开。

3）主体结构内侧设置金属防水层时，金属板应与结构内的钢筋焊牢，也可在金属防水层上焊接一定数量的锚固件（图7-35）。

4）主体结构外侧设置金属防水层时，金属板应焊在混凝土结构的预埋件上。金属板经焊缝检查合格后，应将其与结构间的空隙用水泥砂浆灌实（图7-36）。

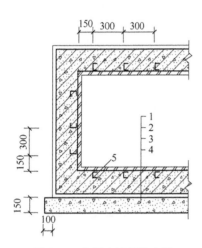

图7-35　内侧金属板防水层
1—金属板　2—主体结构　3—防水砂浆
4—垫层　5—锚固筋

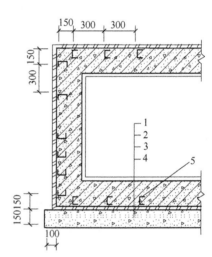

图7-36　外侧金属板防水层
1—防水砂浆　2—主体结构　3—金属板
4—垫层　5—锚固筋

5）金属板防水层应用临时支撑加固。金属板防水层底板上预留浇捣孔，并应保证混凝土浇筑密实，待底板混凝土浇筑完后应补焊严密。

6）金属板防水层如先焊成箱体，再整体吊装就位时，应在其内部加设临时支撑。

7）金属板防水层应采取防锈措施。

细节：膨润土防水材料防水层

1）基层应坚实、清洁，不得有明水和积水。平整度应符合"细节：塑料防水板防水层"中1）内容的规定。

2）膨润土防水材料应采用水泥钉和垫片固定。立面和斜面上的固定间距宜为400～500mm，平面上应在搭接缝处固定。

3）膨润土防水毯的织布面应与结构外表面或底板垫层混凝土密贴；膨润土防水板的膨润土面应与结构外表面或底板垫层密贴。

4）膨润土防水材料应采用搭接法连接，搭接宽度应大于100mm。搭接部位的固定位置距搭接边缘的距离宜为 25~30mm，搭接处应涂膨润土密封膏。平面搭接缝可干撒膨润土颗粒，用量宜为 0.3~0.5kg/m。

5）立面和斜面铺设膨润土防水材料时，应上层压着下层，卷材与基层、卷材与卷材之间应密贴，并应平整无皱折。

6）膨润土防水材料分段铺设时，应采取临时防护措施。

7）甩槎与下幅防水材料连接时，应将收口压板、临时保护膜等去掉，并应将搭接部位清理干净，涂抹膨润土密封膏，然后搭接固定。

8）膨润土防水材料的永久收口部位应用收口压条和水泥钉固定，并应用膨润土密封膏覆盖。

9）膨润土防水材料与其他防水材料过渡时，过渡搭接宽度应大于 400mm，搭接范围内应涂抹膨润土密封膏或铺撒膨润土粉。

10）破损部位应采用与防水层相同的材料进行修补，补丁边缘与破坏部位边缘的距离不应小于 100mm；膨润土防水板表面膨润土颗粒损失严重时应涂抹膨润土密封膏。

细节：锚喷支护

1）喷射混凝土施工前，应根据围岩裂隙及渗漏水的情况，预先采用引排或注浆堵水。
采用引排措施时，应采用耐侵蚀、耐久性好的塑料丝盲沟或弹塑性软式导水管等导水材料。

2）锚喷支护用作工程内衬墙时，应符合下列规定：

① 宜用于防水等级为三级的工程。

② 喷射混凝土宜掺入速凝剂、膨胀剂或复合型外加剂、钢纤维与合成纤维等材料，其品种及掺量应通过试验确定。

③ 喷射混凝土的厚度应大于 80mm，对地下工程变截面及轴线转折点的阳角部位，应增加 50mm 以上厚度的喷射混凝土。

④ 喷射混凝土设置预埋件时，应采取防水处理。

⑤ 喷射混凝土终凝 2h 后，应喷水养护，养护时间不得少于 14d。

3）锚喷支护作为复合式衬砌的一部分时，应符合下列规定：

① 宜用于防水等级为一、二级工程的初期支护。

② 锚喷支护的施工应符合 2）中②~⑤的规定。

4）锚喷支护、塑料防水板、防水混凝土内衬的复合式衬砌，应根据工程情况选用，也可将锚喷支护和离壁式衬砌、衬套结合使用。

细节：地下连续墙

1）地下连续墙应根据工程要求和施工条件划分单元槽段，宜减少槽段数量。墙体幅间接缝应避开拐角部位。

2）地下连续墙用作主体结构时，应符合下列规定：

① 单层地下连续墙不应直接用于防水等级为一级的地下工程墙体。单墙用于地下工程墙体时，应使用高分子聚合物泥浆护壁材料。

② 墙的厚度宜大于600mm。

③ 应根据地质条件选择护壁泥浆及配合比，遇有地下水含盐或受化学污染时，泥浆配合比应进行调整。

④ 单元槽段整修后墙面平整度的允许偏差不宜大于50mm。

⑤ 浇筑混凝土前应清槽、置换泥浆和清除沉渣，沉渣厚度不应大于100mm，并应将接缝面的泥皮、杂物清理干净。

⑥ 钢筋笼浸泡泥浆时间不应超过10h，钢筋保护层厚度不应小于70mm。

⑦ 幅间接缝应采用工字钢或十字钢板接头，锁口管应能承受混凝土浇筑时的侧压力，浇筑混凝土时不得发生位移和混凝土绕管。

⑧ 胶凝材料用量不应少于400kg/m³，水胶比应小于0.55，坍落度不得小于180mm，石子粒径不宜大于导管直径的1/8。浇筑导管埋入混凝土深度宜为1.5~3m，在槽段端部的浇筑导管与端部的距离宜为1~1.5m，混凝土浇筑应连续进行。冬期施工时应采取保温措施，墙顶混凝土未达到设计强度50%时，不得受冻。

⑨ 支撑的预埋件应设置止水片或遇水膨胀止水条（胶），支撑部位及墙体的裂缝、孔洞等缺陷应采用防水砂浆及时修补；墙体幅间接缝如有渗漏，应采用注浆、嵌填弹性密封材料等进行防水处理，并应采取引排措施。

⑩ 底板混凝土应达到设计强度后方可停止降水，并应将降水井封堵密实。

⑪ 墙体与工程顶板、底板、中楼板的连接处均应凿毛，并应清洗干净，同时应设置1~2道遇水膨胀止水条（胶），接驳器处宜喷涂水泥基渗透结晶型防水涂料或涂抹聚合物水泥防水砂浆。

表 7-4　明挖法地下工程防水设防要求

工程部位		主体结构							施工缝							后浇带					变形缝（诱导缝）					
防水措施		防水混凝土	防水卷材	防水涂料	塑料防水板	膨润土防水材料	防水砂浆	金属防水板	遇水膨胀止水条（胶）	外贴式止水带	中埋式止水带	外抹防水砂浆	外涂防水涂料	水泥基渗透结晶型防水涂料	预埋注浆管	补偿收缩混凝土	外贴式止水带	预埋注浆管	遇水膨胀止水条（胶）	防水密封材料	中埋式止水带	外贴式止水带	可卸式止水带	防水密封材料	外贴防水卷材	外涂防水涂料
防水等级	一级	应选	应选一种至二种						应选二种							应选	应选二种				应选	应选一至二种				
	二级	应选	应选一种						应选一种至二种							应选	应选一至二种				应选	应选一至二种				
	三级	应选	宜选一种						宜选一种至二种							应选	宜选一种至二种				应选	宜选一种至二种				
	四级	宜选	—						宜选一种							应选	宜选一种				应选	宜选一种				

3）地下连续墙与内衬构成的复合式衬砌，应符合下列规定：

① 应用作防水等级为一、二级的工程。

② 应根据基坑基础形式、支撑方式内衬构造特点选择防水层。

③ 墙体施工应符合2）中③~⑩的规定，并应按设计规定对墙面、墙缝渗漏水进行处理，并应在基面找平满足设计要求后施工防水层及浇筑内衬混凝土。

④ 内衬墙应采用防水混凝土浇筑，施工缝、变形缝和诱导缝的防水措施应按表7-4选用，并应与地下连续墙墙缝互相错开。施工要求应符合"细节：防水混凝土"和"细节：水泥砂浆防水层"的有关规定。

4）地下连续墙作为围护并与内衬墙构成叠合结构时，其抗渗等级要求可比表7-5规定的抗渗等级降低一级；地下连续墙与内衬墙构成分离式结构时，可不要求地下连续墙的混凝土抗渗等级。

表7-5 防水混凝土设计抗渗等级

工程埋置深度 H/m	设计抗渗等级
$H<10$	P6
$10\leqslant H<20$	P8
$20\leqslant H<30$	P10
$H\geqslant30$	P12

注：1. 本表适用于Ⅰ、Ⅱ、Ⅲ类围岩(土层及软弱围岩)。
2. 山岭隧道防水混凝土的抗渗等级可按国家现行有关标准执行。

细节：盾构法隧道

1）盾构法施工的隧道，宜采用钢筋混凝土管片、复合管片等装配式衬砌或现浇混凝土衬砌。衬砌管片应采用防水混凝土制作。当隧道处于侵蚀性介质的地层时，应采取相应的耐侵蚀混凝土或外涂耐侵蚀的外防水涂层的措施。当处于严重腐蚀地层时，可同时采取耐侵蚀混凝土和外涂耐侵蚀的外防水涂层措施。

2）不同防水等级盾构隧道衬砌防水措施应符合表7-6的要求。

表7-6 不同防水等级盾构隧道的衬砌防水措施

防水等级	高精度管片	接缝防水				混凝土内衬或其他内衬	外防水涂料
		密封垫	嵌缝	注入密封剂	螺孔密封圈		
一级	必选	必选	全隧道或部分区段 应选	可选	必选	宜选	对混凝土有中等以上腐蚀的地层应选，在非腐蚀地层宜选
二级	必选	必选	部分区段宜选	可选	必选	局部宜选	对混凝土有中等以上腐蚀的地层宜选
三级	应选	必选	部分区段宜选	—	应选	—	对混凝土有中等以上腐蚀的地层宜选
四级	可选	宜选	可选	—	—	—	—

3）钢筋混凝土管片应采用高精度钢模制作，钢模宽度及弧、弦长偏差宜为±0.4mm。

钢筋混凝土管片制作尺寸的允许偏差应符合下列规定：

① 宽度应为±1mm。

② 弧、弦长应为±1mm。

③ 厚度应为+3mm，−1mm。

4）管片防水混凝土的抗渗等级应符合表7-5的规定，且不得小于P8。管片应进行混凝土氯离子扩散系数或混凝土渗透系数的检测，并宜进行管片的单块抗渗检漏。

5）管片应至少设置一道密封垫沟槽。接缝密封垫宜选择具有合理构造形式、良好弹性或遇水膨胀性、耐久性、耐水性的橡胶类材料，其外形应与沟槽相匹配。弹性橡胶密封垫材料、遇水膨胀橡胶密封垫胶料的物理性能应符合表7-7和表7-8的规定。

表 7-7　弹性橡胶密封垫材料物理性能

项目		指标	
		氯丁橡胶	三元乙丙橡胶
硬度（邵尔A，度）		45±5～60±5	55±5～70±5
伸长率（%）		≥350	≥330
拉伸强度/MPa		≥10.5	≥9.5
热空气老化（70℃×96h）	硬度变化值（邵尔A，度）	≤+8	≤+6
	拉伸强度变化率（%）	≥−20	≥−15
	扯断伸长率变化率（%）	≥−30	≥−30
压缩永久变形（70℃×24h，%）		≤35	≤28
防霉等级		达到与优于2级	达到与优于2级

注：以上指标均为成品切片测试的数据，若只能以胶料制成试样测试，则其伸长率、拉伸强度的性能数据应达到本规定的120%。

表 7-8　遇水膨胀橡胶密封垫胶料的主要物理性能

项目		指标		
		PZ-150	PZ-250	PZ-400
硬度（邵尔A，度）		42±7	42±7	45±7
拉伸强度/MPa		≥3.5	≥3.5	≥3.0
扯断伸长率（%）		≥450	≥450	≥350
体积膨胀倍率（%）		≥150	≥250	≥400
反复浸水试验	拉伸强度/MPa	≥3	≥3	≥2
	扯断伸长率（%）	≥350	≥350	≥250
	体积膨胀倍率（%）	≥150	≥250	≥300
低温弯折（−20℃×2h）		无裂纹		
防霉等级		达到与优于2级		

注：1. 成品切片测试应达到本指标的80%。

2. 接头部位的拉伸强度指标不得低于本指标的50%。

3. 体积膨胀倍率是浸泡前后的试样质量的比率。

6）管片接缝密封垫应被完全压入密封垫沟槽内，密封垫沟槽的截面积应大于或等于密封垫的截面积，其关系宜符合下式：

$$A = (1 \sim 1.15)A_0 \qquad (7-1)$$

式中　A——密封垫沟槽截面积；

　　A_0——密封垫截面积。

管片接缝密封垫应满足在计算的接缝最大张开量和估算的错位量下、埋深水头的 2~3 倍水压下不渗漏的技术要求；重要工程中选用的接缝密封垫，应进行一字缝或十字缝水密性的试验检测。

7）螺孔防水应符合下列规定：

① 管片肋腔的螺孔口应设置锥形倒角的螺孔密封圈沟槽。

② 螺孔密封圈的外形应与沟槽相匹配，并应有利于压密止水或膨胀止水。在满足止水的要求下，螺孔密封圈的断面宜小。

螺孔密封圈应为合成橡胶或遇水膨胀橡胶制品，其技术指标要求应符合表 7-7 和表 7-8 的规定。

8）嵌缝防水应符合下列规定：

① 在管片内侧环纵向边沿设置嵌缝槽，其深度比不应小于 2.5，槽深宜为 25~55mm，单面槽宽宜为 5~10mm；嵌缝槽断面构造形状应符合图 7-37 的规定。

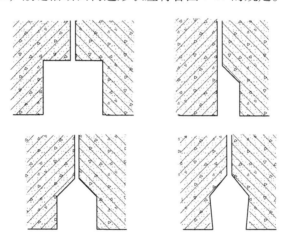

图 7-37　管片嵌缝槽断面构造形式

② 嵌缝材料应有良好的不透水性、潮湿基面黏结性、耐久性、弹性和抗下坠性。

③ 应根据隧道使用功能和表 7-6 中的防水等级要求，确定嵌缝作业区的范围与嵌填嵌缝槽的部位，并采取嵌缝堵水或引排水措施。

④ 嵌缝防水施工应在盾构千斤顶顶力影响范围外进行。同时，应根据盾构施工方法、隧道的稳定性确定嵌缝作业开始的时间。

⑤ 嵌缝作业应在接缝堵漏和无明显渗水后进行，嵌缝槽表面混凝土如有缺损，应采用聚合物水泥砂浆或特种水泥修补，强度应达到或超过混凝土本体的强度。嵌缝材料嵌填时，应先刷涂基层处理剂，嵌填应密实、平整。

9）复合式衬砌的内层衬砌混凝土浇筑前，应将外层管片的渗漏水引排或封堵。采用塑料防水板等夹层防水层的复合式衬砌，应根据隧道排水情况选用相应的缓冲层和防水板材料，并应按《地下工程防水技术规范》(GB 50108—2008)第4.5节和第6.4节的有关规定执行。

10) 管片外防水涂料宜采用环氧或改性环氧涂料等封闭型材料、水泥基渗透结晶型或硅氧烷类等渗透自愈型材料，并应符合下列规定：

① 耐化学腐蚀性、抗微生物侵蚀性、耐水性、耐磨性应良好，且应无毒或低毒。

② 在管片外弧面混凝土裂缝宽度达到0.3mm时，应仍能在最大埋深处水压下不渗漏。

③ 应具有防杂散电流的功能，体积电阻率应高。

11) 竖井与隧道结合处，可用刚性接头，但接缝宜采用柔性材料密封处理，并宜加固竖井洞圈周围土体。在软土地层距竖井结合处一定范围内的衬砌段，宜增设变形缝。变形缝环面应贴设垫片，同时应采用适应变形量大的弹性密封垫。

12) 盾构隧道的连接通道及其与隧道接缝的防水应符合下列规定：

① 采用双层衬砌的连接通道，内衬应采用防水混凝土。衬砌支护与内衬间宜设塑料防水板与土工织物组成的夹层防水层，并宜配以分区注浆系统加强防水。

② 当采用内防水层时，内防水层宜为聚合物水泥砂浆等抗裂防渗材料。

③ 连接通道与盾构隧道接头应选用缓膨胀型遇水膨胀类止水条(胶)、预留注浆管以及接头密封材料。

细节：沉井

1) 沉井主体应采用防水混凝土浇筑，分别制作时，施工缝的防水措施应根据其防水等级按表7-4选用。

2) 沉井施工缝的施工应符合"细节：防水混凝土"中11)的规定。固定模板的螺栓穿过混凝土井壁时，螺栓部位的防水处理应符合"细节：防水混凝土"中14)的规定。

3) 沉井的干封底应符合下列规定：

① 地下水位应降至底板底高程500mm以下，降水作业应在底板混凝土达到设计强度，且沉井内部结构完成并满足抗浮要求后，方可停止。

② 封底前井壁与底板连接部位应凿毛或涂刷界面处理剂，并应清洗干净。

③ 待垫层混凝土达到50%设计强度后，浇筑混凝土底板，应一次浇筑，并应分格连续对称进行。

④ 降水用的集水井应采用微膨胀混凝土填筑密实。

4) 沉井水下封底应符合下列规定：

① 水下封底宜采用水下不分散混凝土，其坍落度宜为200±20mm。

② 封底混凝土应在沉井全部底面积上连续均匀浇筑，浇筑时导管插入混凝土深度不宜小于1.5m。

③ 封底混凝土应达到设计强度后，方可从井内抽水，并应检查封底质量，对渗漏水部位应进行堵漏处理。

④ 防水混凝土底板应连续浇筑，不得留设施工缝，底板与井壁接缝处的防水措施应按表7-4选用，施工要求应符合"细节：防水混凝土"中11)的规定。

5）当沉井与位于不透水层内的地下工程连接时，应先封住井壁外侧含水层的渗水通道。

细节：逆筑结构

1）直接采用地下连续墙作围护的逆筑结构，应符合"细节：地下连续墙"中1）和2）的规定。

2）采用地下连续墙和防水混凝土内衬的复合逆筑结构，应符合下列规定：

① 可用于防水等级为一、二级的工程。

② 地下连续墙的施工应符合"细节：地下连续墙"的2）中③～⑧、⑩的规定。

③ 顶板、楼板及下部500mm的墙体应同时浇筑，墙体的下部应做成斜坡形；斜坡形下部应预留300~500mm空间，并应待下部先浇混凝土施工14d后再行浇筑；浇筑前所有缝面应凿毛、清理干净，并应设置遇水膨胀止水条（胶）和预埋注浆管。上部施工缝设置遇水膨胀止水条时，应使用胶粘剂和射钉（或水泥钉）固定牢靠。浇筑混凝土应采用补偿收缩混凝土（图7-38）。

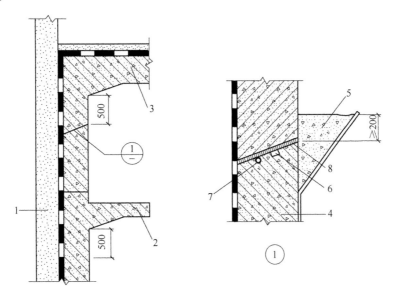

图7-38 逆筑法施工接缝防水构造
1—地下连续墙 2—楼板 3—顶板 4—补偿收缩混凝土 5—应凿去的混凝土
6—遇水膨胀止水条或预埋注浆管 7—遇水膨胀止水胶 8—粘结剂

④ 底板应连续浇筑，不宜留设施工缝，底板与桩头相交处的防水处理应符合《地下工程防水技术规范》（GB 50108—2008）第5.6节的有关规定。

3）采用桩基支护逆筑法施工时，应符合下列规定：

① 应用于各防水等级的工程。

② 侧墙水平、垂直施工缝，应采取二道防水措施。

③ 逆筑施工缝、底板、底板与桩头的接触做法应符合2）中③、④的规定。

细节：排水工程

1）纵向盲沟铺设前，应将基坑底铲平，并应按设计要求铺设碎砖（石）混凝土层。

2）集水管应放置在过滤层中间。

3）盲管应采用塑料（无纺布）带、水泥钉等固定在基层上，固定点拱部间距宜为300~500mm，边墙宜为1000~1200mm，在不平处应增加固定点。

4）环向盲管宜整条铺设，需要有接头时，宜采用与盲管相配套的标准接头及标准三通连接。

5）铺设于贴壁式衬砌、复合式衬砌隧道或坑道中的盲沟（管），在浇灌混凝土前，应采用无纺布包裹。

6）无砂混凝土管连接时，可采用套接或插接，连接应牢固，不得扭曲变形和错位。

7）隧道或坑道内的排水明沟及离壁式衬砌夹层内的排水沟断面，应符合设计要求，排水沟表面应平整、光滑。

8）不同沟、槽、管应连接牢固，必要时可外加无纺布包裹。

细节：注浆工程

1）注浆孔数量、布置间距、钻孔深度除应符合设计要求外，尚应符合下列规定：

① 注浆孔深小于10m时，孔位最大允许偏差应为100mm，钻孔偏斜率最大允许偏差应为1%。

② 注浆孔深大于10m时，孔位最大允许偏差应为50mm，钻孔偏斜率最大允许偏差应为0.5%。

2）岩石地层或衬砌内注浆前，应将钻孔冲洗干净。

3）注浆前，应进行测定注浆孔吸水率和地层吸浆速度等参数的压水试验。

4）回填注浆时，对岩石破碎、渗漏水量较大的地段，宜在衬砌与围岩间采用定量、重复注浆法分段设置隔水墙。

5）回填注浆、衬砌后围岩注浆施工顺序，应符合下列规定：

① 应沿工程轴线由低到高，由下往上，从少水处到多水处。

② 在多水地段，应先两头，后中间。

③ 对竖井应由上往下分段注浆，在本段内应从下往上注浆。

6）注浆过程中应加强监测，当发生围岩或衬砌变形、堵塞排水系统、窜浆、危及地面建筑物等异常情况时，可采取下列措施：

① 降低注浆压力或采用间歇注浆，直到停止注浆。

② 改变注浆材料或缩短浆液凝胶时间。

③ 调整注浆实施方案。

7）单孔注浆结束的条件，应符合下列规定：

① 预注浆各孔段均应达到设计要求并应稳定10min，且进浆速度应为开始进浆速度的1/4或注浆量达到设计注浆量的80%。

②　衬砌后回填注浆及围岩注浆应达到设计终压。

③　其他各类注浆，应满足设计要求。

8）预注浆和衬砌后围岩注浆结束前，应在分析资料的基础上，采取钻孔取芯法对注浆效果进行检查，必要时应进行压(抽)水试验。当检查孔的吸水量大于 1.0L/min·m 时，应进行补充注浆。

9）注浆结束后，应将注浆孔及检查孔封填密实。

8 地 面 工 程

细节：垫层的材料要求

1. 灰土垫层材料

熟石灰：用生石灰（石灰中的块灰不少于70%）在使用前3~4d洒水粉化、过筛，其粒径不大于5mm。熟化石灰亦可用磨细生石灰，生石灰粉按体积比与黏土拌和洒水堆放8h后使用。

黏土：用粉质黏土或粉土。也可采用基坑中挖出的砂粒较少、有机质含量不大的黏性土，使用前应过筛，其粒径不大于15mm。

当采用粉煤灰或电石渣代替熟化石灰作垫层时，其粒径不得大于5mm，拌和料的体积比应通过试验确定。

2. 三合土垫层材料

熟石灰：用生石灰（石灰中的块灰不应少于70%）使用前3~4d洒水粉化，过筛，其粒径不得大于5mm。亦可采用磨细生石灰粉，生石灰粉按体积比与黏土拌和，洒水堆放8h后使用。建筑生石灰的技术指标见表8-1。

表 8-1 建筑生石灰技术指标

名称	（CaO+MgO）含量（%）	MgO含量(%)	CO_2含量(%)	SO_3含量(%)	产浆量/（dm^3/10 kg）	细度	
						0. 2mm筛余量(%)	90μm筛余量(%)
CL 90-Q CL 90-QP	≥90	≤5	≤4	≤2	≥26 —	— ≤2	— ≤7
CL 85-Q CL 85-QP	≥85	≤5	≤7	≤2	≥26 —	— ≤2	— ≤7
CL 75-Q CL 75-QP	≥75	≤5	≤12	≤2	≥26 —	— ≤2	— ≤7
ML 85-Q ML 85-QP	≥85	>5	≤7	≤2	—	— ≤2	— ≤7
ML 80-Q ML 80-QP	≥80	>5	≤7	≤2	—	— ≤7	— ≤2

碎砖：用无风化、不酥松、不含有机杂质的砖料，粒径不大于60mm。

砂：用中砂和中粗砂，砂中不得含有草根等有机杂质。

3. 炉渣垫层材料

炉渣：选用浇水闷透的炉渣，新炉渣浇水闷透时间不少于5d。炉渣不应含有有机杂质和未燃尽煤块，粒径不应大于 40mm，且粒径在 5mm 及以下的，不得超过总体积的 40%。

水泥：宜用硅酸盐水泥。

石灰：用熟化石灰。用生石灰（石灰中块灰不少于 70%）在使用前 3~4d 洒水粉化，过筛，其粒径不大于 5mm。亦可采用磨细生石灰粉，使用前加水溶化后方可使用。

4. 水泥混凝土垫层材料

水泥：宜用普通硅酸盐水泥、矿渣硅酸盐水泥，强度等级 32.5。

砂：用中砂或粗砂，其含泥量不大于 5%。

石：碎石或卵石，粒径不大于 15mm，含泥量不大于 2%。

细节：垫层的施工

1. 灰土垫层施工技术要点

1）基层清理干净。抄平放线，弹灰土垫层厚度控制线，做水平木桩。

2）灰土配合比一般为熟石灰：黏性土 = 3：7，也有用 2：8 的。

3）灰土比例应准确，拌和时，应翻拌均匀，色一致，加水量宜为拌和料总重量的 16%。现场鉴定方法：用手握灰土成团，两指轻捏即碎为好。

4）铺设灰土拌和料，应分层随铺随夯，不得隔日夯实，也不得受雨淋。

5）灰土应分层分段铺设，每层虚铺厚度宜为 150~250mm，用机械或人工夯实，夯实的干密度最低值应符合设计要求，一般灰土最低干密度值：黏土为 1.45g/cm³；粉质黏土为 1.50g/cm³；粉土为 1.55g/cm³。

6）灰土分层铺设时，上下灰土的接槎应相互错开，其距离不得少于 100mm。

7）在施工间歇后继续铺设前，接槎处应清扫干净，铺设后接槎处应重叠夯实。通常每层所铺虚土从接槎处往前延伸 500~600mm，夯实时，要夯过接槎处 300mm，然后，用铁锹在接槎处垂直切齐。

8）夯实后的表面应平整，经晾干后，方可进行下道工序施工。

9）施工中，如遇雨淋浸泡，则应将积水排完，松软和过湿灰土除去，然后补填夯实。

10）冬季气温在 -10℃ 以下时，不宜施工。

2. 三合土垫层施工技术要点

三合土垫层的施工有两种方法，一是先拌和后铺设，二是将碎砖先铺设夯实，后灌浆的办法。常用的是第一种。

1）基层面清理干净，设控制标高。

2）采用先拌和后铺设方法时，石灰：砂：砖料（体积比）= 1：3：6（或按设计要求配料）。

3）石灰、砂、碎砖按比例加水拌和均匀，然后摊铺，每层虚铺厚度为 150mm，铺平夯实后，每层厚度为 120mm。

4）采用先铺碎砖后灌浆方法时，石灰砂浆的体积比宜为 1：2~1：4。

5）碎砖分层铺设，每层虚铺厚度不大于 120mm，平整后，适当洒水湿润，加以拍实，而后灌石灰砂浆，再行夯实。

6）三合土经机械或人工夯打后，表面应平整，搭接处应夯实。

7）三合土垫层在硬化期间应避免受水浸湿，严禁上人踩踏。

3. 炉渣垫层施工技术要点

炉渣垫层有三种铺设形式，一是纯炉渣料铺设；二是水泥与炉渣拌和铺设；三是水泥、石灰、炉渣拌和铺设。

1）炉渣垫层施工应在结构工程验收后进行。施工前，应检查各种预埋管线是否安装完成，管线是否用细石混凝土或1∶3水泥砂浆嵌固严实，是否办完相关的隐蔽工程验收手续。检查无误，方可施工。

2）基层应清扫干净，并洒水湿润。

3）水泥炉渣垫层的水泥与炉渣配合比为1∶6或1∶8；水泥石灰炉渣垫层的水泥、石灰、炉渣配合比为1∶1∶8或1∶1∶10。

4）炉渣使用前，应过两遍筛，一次筛孔为40mm，二次筛孔为5mm。

5）纯炉渣或水泥炉渣垫层采用的炉渣，使用前应浇水闷透，时间不少于5d；水泥石灰炉渣垫层采用的炉渣，应用石灰浆或熟石灰浇水拌和闷透，时间不少于5d。

6）测量垫层厚度标高，做找平墩，有泛水要求时，按坡度要求拉线找最高与最低标高，并做相应的坡度墩。

7）垫层拌和料配合比应准确，拌和时，应先干拌均匀后，再加水。严格控制水量，以铺设时垫层表面不出现泌水为度。

8）铺设拌和料前，应在基层刷一道水灰比为0.4~0.5的素水泥浆，随后铺拌和料。拌和料虚铺厚度一般按1.3∶1比例进行。若垫层厚度大于200mm时，则应分层铺设，每层压实后的厚度不应大于虚铺厚度的3/4。

9）拌和料铺设后，刮平，用压滚反复滚压至表面平整、出浆、无颗粒松散为止。虚铺厚度大于200mm时，应用平板振捣器振压实，对墙角、管根等不易滚压之处，应用木拍板拍打密实。

10）水泥炉渣垫层应随拌随铺、随压实，全部操作过程应控制在2h内完成。

11）炉渣垫层一般不留施工缝。若必须留施工缝时，应用木板挡好留槎处，以保证接槎处的密实。继续施工时，接槎处应刷素水泥浆一道，以保证接槎良好。

12）炉渣垫层压实后，应进行洒水养护，但应避免受水浸泡，常温下养护3d，待其凝固后方可进行下工序施工。养护期间，严禁上人踩踏。

4. 炉渣垫层常见的质量缺陷

1）基层未清理干净，铺设前未洒水，炉渣闷水不透，或含有未燃尽的煤渣等引起的垫层空鼓开裂。

2）水泥炉渣垫层，整个操作过程未控制在2h之内，形成水泥初凝，难以压平，造成垫层表面不平。

3）垫层压实后，未经养护，过早踩踏，造成垫屡表面松散，强度较低。

以上缺陷，施工中需十分注意。

5. 水泥混凝土垫层施工技术要点

1）垫层前期施工准备同炉渣垫层。

2）基层清理干净，并洒水湿润。

3）量出垫层上平标高，做标高木桩，做找平墩，桩、墩间距一般为3m。

4）混凝土搅拌时，按设计配合比投料，每盘投料顺序为石子→水泥→砂→水，搅拌时，应严格控制水量，搅拌时间不少于 90 s。

5）按规范制作水泥混凝土试块。试块的组数，按每一层建筑地面工程不少于一组，当每层地面工程面积超过 1000m² 时，每增加 1000m²，应增做一组试块，不足 1000m² 按 1000m² 计算。

6）混凝土铺设前，应在基面上刷一层素水泥浆。混凝土应连续铺设，一般间隔时间不超过 2h。如停工时间过长，应设施工缝或分块铺设。大面积垫层应分区段进行，区段应结合变形缝位置、不同材料的地面面层连接处等进行划分，一般宽度 3~4m。

7）垫层中有设计孔洞的，应注意预留。

8）混凝土铺设后，用平板振捣器振捣至出浮浆为止。当垫层厚度超过 200mm 时，应用插入式振捣器，移动距离不大于作用半径的 1.5 倍。

9）混凝土捣实后，刮平，搓平，然后检查平整度，有泛水要求的垫层，坡度应符合设计要求。

10）混凝土铺设完，应在 12h 内用草帘覆盖浇水养护，养护时间不少于 7d。

11）冬季施工时，环境温度不得低于 50℃，若在 0℃ 以下温度施工，所掺防冻剂必须经试验合格方可使用。

6. 水泥混凝土垫层常见的质量缺陷

1）由于振捣不密实，漏振，或配合比计量不准，或基面未洒水湿润，或垫层厚度小于 60mm 等，造成混凝土垫层不密实。

2）由于垫层面积大，而未分仓铺设，或地面回填土下沉，或管线多而垫层厚度小于 60mm 等，造成混凝土垫层裂缝。

3）由于操作时未认真找平，或振捣后未检查平整度，未去高填低、刮平、搓平等，造成混凝土垫层表面不平，标高不准。

细节：找平层的材料要求

1. 水泥砂浆和水泥混凝土找平层材料

水泥：普通硅酸盐水泥，强度等级 32.5。

砂：用中砂或粗砂，含泥量不大于 3%。

石：碎石、卵石，粒径不大于找平层厚度的 2/3，含泥量不大于 2%。

2. 沥青砂浆和沥青混凝土找平层材料

沥青：用建筑石油沥青 10 号、30 号或道路石油沥青 60 号甲、60 号乙。

砂：天然砂或以坚硬岩石破碎而成的砂，含泥量不大于 3%，砂应洁净、干燥。

石：碎石、卵石，含泥量不大于 2%，粒径不大于铺设厚度的 2/3。石料应洁净、干燥。

粉状充填料：磨细的石料、砂或炉灰、粉煤灰、页岩灰以及其他粉状的矿物材料。粉状填充料中小于 0.08mm 的细颗粒含量不应小于 85%。采用振动法使粉状填充料密实时，其空隙率不应大于 45%，其含泥量不应大于 3%。不得采用石灰、石膏、泥岩灰或黏土作粉状填充料。

细节：找平层的施工

1. 水泥砂浆和水泥混凝土找平层施工技术要点

1）找平层施工应在垫层完工，且检验合格后进行。

2）基层表面应清理干净，当找平层下有松散填充料时，应予铺平振实；当找平层下为水泥混凝土垫层时，应洒水湿润，当其表面光滑时，应凿毛。

3）在预制钢筋混凝土板上施工，对其板缝的填嵌应符合以下规定：

① 填缝应用细石混凝土，强度等级不小于C20。填嵌高度应低于板面10～20mm，表面不宜压光。

② 当板缝分两次填嵌时，可先灌体积比为1：2～1：2.5的水泥砂浆，后灌注细石混凝土。

③ 当板缝宽度大于40mm时，板缝内应按设计要求配置钢筋，施工时，应支底模，并嵌入缝内5～100mm。

④ 板端间应按设计要求采取防裂的构造措施。

4）在有防水要求的楼面铺设找平层时，应对立管、套管、地漏等进行密封处理，并应在管四周留出深8～10mm的沟槽，用防水卷材或防水涂料裹住管口和地漏。

5）用于找平层的水泥砂浆体积比不宜小于1：3，水泥混凝土强度等级不应小于C15。铺设前，用水灰比为0.4～0.5的素水泥浆先刷一遍，随后铺设水泥砂浆或水泥混凝土。

6）水泥砂浆和水泥混凝土铺设后，刮平，搓平或找坡，最后抹压平整。

7）铺设结束，应覆盖草帘浇水养护，养护时间不少于7d。

2. 找平层施工技术要点

1）沥青砂浆和沥青混凝土找平层，应在垫层完工，并经检验合格后进行。

2）基层面应清理干净。当基层有松散填充料时，应予铺平振实。在预制混凝土板上施工时，应将板缝清理干净，并按水泥砂浆找平层中对其填嵌的规定，填嵌密实。

3）沥青加热应均匀，加热过程中随时搅拌，沥青熔化后，捞出杂物，熬制脱水无泡沫。

4）沥青砂浆和沥青混凝土拌和物的拌制，开始碾压、压实完毕的温度和技术要求见表8-2。

表8-2 沥青砂浆施工温度

室 外 温 度	沥青砂温度/℃		
	拌　　制	开 始 滚 压	液 压 完 毕
+5℃以上 +5～-10℃	140～170 160～180	90～100 110～130	60 40

5）沥青拌和料的配合比应通过试验确定，配合比计量应准确。

6）拌和料铺平后，应用有加热设备的碾压机具压实，每层虚铺厚度不大于 30mm。

7）沥青砂浆拌和料振动密实时，其空隙率不大于 25%；沥青混凝土拌和料振动密实时，其空隙率不大于 22%。

8）碾压施工有间歇时，应在继续施工前，将已压实的接槎部加热，然后铺设、碾压至看不出接缝为止。

9）若在沥青砂浆和沥青混凝土找平层上铺设水泥类面层或结合层时，其找平层表面应涂刷一层厚为 1.5~2.0mm 的热沥青或沥青玛瑞脂，并随即将筛洗、晾干、预热至 50~60℃ 的绿豆砂均匀撒在沥青或玛瑞脂内，压入 1~1.5mm，使绿豆砂粘牢。

10）沥青砂浆和沥青混凝土找平层完成后，应注意保护，避免弄脏、损坏。

细节：隔离层的材料要求

1. 沥青卷材隔离层材料

沥青：用建筑石油沥青 10 号、30 号、普通石油沥青 55 号、60 号。

卷材：用石油沥青油毡 200 号、300 号、400 号、500 号。

汽油或煤油。

砂：用绿豆砂，筛洗晾干，粒径为 2.5~5mm。

2. 聚氨酯涂膜隔离层材料

双组分聚氨酯涂料：甲组分异氰酸基含量为 3.5%±0.2%；乙组分羟基含量为 0.7% ±0.1%。

磷酸：作缓凝剂。

二月桂酸二丁基锡：作促凝剂。

二甲苯：作稀释、清洗。

豆石：作粘接过渡层。

细节：隔离层的施工

1. 沥青卷材隔离层施工技术要点

1）检查基面是否清理干净；基面是否干燥、平整、无起砂、空鼓等；预埋的管线安装固定是否牢靠。

2）沥青卷材隔离层做楼面防水层时，其楼面结构层应用现浇水泥混凝土，或整块预制钢筋混凝土板。楼面结构层四周支承处除门洞外，应设置向上翻的边梁，高度不应小于 120mm，宽度不应小于 100mm。

3）用刮板或棕刷均匀涂刷冷底子油，厚度 0.5mm，刷后干燥 12h 后，再进行下一工序。

4）建筑石油沥青熬制温度应不高于 240℃，使用温度不低于 190℃；普通石油沥青熬制温度应不高于 280℃，使用温度不低于 240℃。

5）对厕、浴等处的管道进行附加层处理，各类管道根部应铺贴玻璃纤维布或卷材附加层。

6）铺贴卷材应先铺排水集中部位，由低向高处铺，卷材应顺水流方向搭接，卷材长边搭接和短边搭接均不小于 100~150mm。铺二毡三油时，上下层和相邻卷材的接缝应相互错开，不得垂直铺贴，压边应错开 1/3 幅卷材宽，接头应错开 30mm。

7）热沥青应沿卷材宽度做蛇形浇洒，随浇随铺卷材。卷材应推滚铺，边推边用力揉压，压平粘牢，挤出的多余沥青应及时刮去，接缝处用粘结材料封严。

8）卷材铺设至楼板面各类管道四周处时，卷材应超过套管的上口，在靠近墙面处，卷材直高出面层 200~300mm。

9）卷材铺设时，需注意预留孔洞位置的准确。铺设时，环境温度不应低于 5℃，且不得在雨天、大风天施工。

10）卷材铺完后，在卷材表面涂刷一层 1.5mm 左右的热沥青，并随即将预热至 50~60℃ 的绿豆砂压入沥青中，待沥青冷却后，将多余绿豆砂扫去。

2. 沥青卷材隔离层常见质量缺陷

1）基面清理不干净、含水率较高，或使用较为潮湿的卷材，造成隔离层起鼓缺陷。

2）卷材收头处，粘接材料未封严，造成卷材翘边缺陷。

3）铺贴结束，保护措施跟不上，产生一些人为的损坏。

3. 聚氨酯涂膜隔离层施工技术要点

1）检查基面是否坚实平整，无起砂、开裂现象，穿过楼面的各类管道、设施是否已安装牢固；孔洞是否已填嵌密实。

2）将基面的杂物、油污清理干净，用干净湿布擦一遍。

3）配制底料：将聚氨酯甲组分、乙组分和二甲苯按 1∶1.5∶2 的比例（重量比）配合搅拌均匀。底料应随用随配，且应在 2h 内用完。

4）涂刷底胶。涂刷量一般为 0.3 kg/m²，涂后常温下干燥 4h，手感不粘时，可进行下一工序。

5）对穿地面、顶板的管根，地漏等部位做附加涂层，用玻璃纤维布贴裹管根等部位，并用配制好的涂料对裹贴部位进行反复刮涂，使玻璃纤维布紧密粘贴在管根部。

6）按甲组分∶乙组分 = 1∶1 比例配制好涂料，用搅拌机搅拌均匀，用橡胶刮板将其均匀涂刮在底胶基面上，厚度为 1.5mm，用量约 1.5 kg/m²。顺序为先立面，后平面，不得漏刮。

7）第一遍涂膜经 24h 固化，手感不粘时，可刮第二遍。第二遍与第一遍之间的间隔时间不应超过 72h。第二遍刮涂方向应与第一遍涂刮方向相垂直，厚度 1mm，刮涂应均匀，不得漏刮。

4. 浴厕隔离层细部构造

（1）管道穿楼板　浴厕间管道穿楼板时，一般有套管，其套管与立管间应填密封膏，套管周围用 C20 细石混凝土或 1∶2 水泥砂浆填嵌密实，附加一布一涂，防水层与管道搭接密实，并用聚氨酯封严。细部构造见图 8-1。

（2）地漏　地漏管道的孔洞应清理干净，地漏按标高安装固定后，孔洞用 1∶2 水泥砂浆填实，将防水层与地漏搭接密实，并用聚氨酯封严。细部结构见图 8-2。

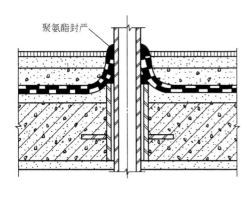

图 8-1 管道细部构造

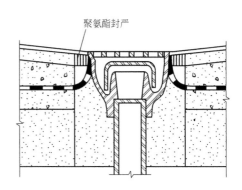

图 8-2 地漏细部构造

（3）浴盆　浴室地面的防水层一般应超过浴盆上沿 400mm，浴盆靠墙安装时，上沿用建筑密封膏封严，防水层卷上墙不少于 150mm。细部结构见图 8-3。

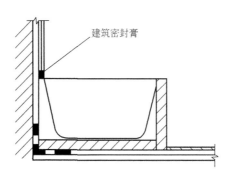

图 8-3 浴盆安装

细节：整体面层的材料要求

1. 细石混凝土面层材料

水泥：用硅酸盐水泥、普通硅酸盐水泥、矿渣硅酸盐水泥，强度等级 42.5 以上。

砂：粗砂或中砂，含泥量不大于 5%。对有抗冻、抗渗或其他特殊要求的混凝土用砂，含泥量不应大于 3%。

石：粒径不大于 15mm，含泥量不大于 2%。

2. 水泥砂浆面层材料

水泥：硅酸盐水泥、普通硅酸盐水泥，强度等级小于 32.5。

砂：用中砂或粗砂，过 8mm 孔径筛，含泥量不大于 3%。

3. 水磨石面层材料

水泥：宜用硅酸盐水泥、普通硅酸盐水泥、矿渣硅酸盐水泥；白色或浅色水磨石面层，应用白水泥。水泥强度等级不应低于 42.5。

砂：用中砂、过 8mm 孔径筛，含泥量不大于 3%。

石：用坚硬可磨的白云石、大理石等岩石加工颗粒，常用规格为大八厘、中八厘、小八厘，规格见表8-3。

表 8-3 石子规格与粒径

规 格 俗 称	大 二 分	一 分 半	大 八 厘	中 八 厘	小 八 厘	米 粒 石
相当粒径/mm	20	15	8	6	4	2~4

水磨石石料应洁净无杂物。

颜料：用耐光、耐碱的矿物颜料，不得使用酸性颜料，其掺入量宜为水泥重量的 3% ~ 6%，或由试验确定。

分格条：铜条，采用 1~2mm 厚，10mm 宽(宽度还应根据面层厚度确定)，长度按分格尺寸定。

玻璃条，采用 3mm 厚、10mm 宽(宽度还应根据面层厚度确定)长度按分格尺寸定。

铝条和塑料条与铜条尺寸相同。

草酸：块状、粉状均可，用沸水溶化稀释，浓度宜为 10% ~ 25%。

白蜡及 22 号铁丝。

细节：整体面层的施工

1. 细石混凝土面层施工技术要点

1）施工前，应检查预制空心楼板嵌缝是否已完成；板端的缝隙是否采取了防裂措施；有防水层的层面是否经过蓄水试验，不渗不漏；立管管洞是否堵塞密实；埋入地面的各类管线是否固定，并做完隐蔽工程验收；门框是否已安装完，并做好保护。

2）根据面层水平标高线，横竖拉线，做标高灰饼，灰饼间距 1.5m，面积较大的还应做标筋。带坡度的地面，应以地漏为中心，向四周做坡度标筋。

3）面层施工前，清理基面，提前一天对基面洒水湿润。

4）在已湿润的基面上刷一道素水泥浆，水灰比为 1：0.4~0.5。刷素水泥浆与浇铺细石混凝土连续进行，随刷随铺。

5）细石混凝土面层的强度等级应按设计要求试配，如设计无要求，其强度等级不应小于 C20，坍落度不宜大于 30mm。

6）细石混凝土搅拌后，应按国家标准制作试块，按施工规范确定试块组数。

7）细石混凝土按灰饼、标筋高度浇铺，刮平，用铁滚筒反复滚压至出现泌水。滚压时，若出现凹陷，应用同配合比混凝土填平。当面层灰面吸水后，用木抹子搓打、抹平。

8）设计有分格缝的面层，在用木抹子搓平后，应在地面弹线，在弹线两侧 200mm 宽范围内，用铁抹子抹压一遍，然后用分格器紧贴靠尺抽出格缝，以后随大面压光时，沿分格缝，用分格器抹压两遍。

9）细石混凝土第一遍抹压，应在混凝土初凝前进行，用铁抹子轻抹压一遍，至出浆为止。

10）当面层初凝，面层上人有脚印但陷不下去时，用铁抹进行第二遍抹压。

11）当面层终凝前，即面层上人稍有脚印用铁抹压光无抹痕时，用铁抹进行第三遍压光。第三遍压抹，应把所有抹纹压平压光，全部作业应在水泥终凝前完成。

12）面层抹压完 24h 后，覆盖材料浇水养护，养护时间不少于 7d。

2. 细石混凝土面层质量通病与预防

细石混凝土面层质量通病与预防见表 8-4。

表 8-4 细石混凝土面层质量通病与预防

质量通病	原因	预防
面层起砂	1）水泥强度等级不足，或使用过期水泥	1）应用硅酸盐水泥、普通硅酸盐水泥，强度等级不低于 42.5，应检查生产日期
	2）操作规程不熟，抹压遍数不够	2）操作人员应熟练掌握操作规程，掌握三遍抹压的时间和质量要求
	3）养护期不足，过早踩踏	3）加强对养护期的保护，养护期间严禁踩踏
面层开裂	1）混凝土坍落度过大，面层水分过多	1）混凝土坍落度应按设计要求控制，设计无要求时，坍落度应控制在 30mm
	2）抹压时间掌握不好，终凝前未完成抹压工序	2）操作人员应熟练掌握操作规程，掌握好抹压的时间
面层空鼓	1）基面洒水湿润不足，基面清理不干净	1）基面清理干净后，提前一天浇水湿润基面，施工前，基面若仍干燥，应洒水湿润
	2）刷素水泥浆与浇铺混凝土不是随刷随浇铺	2）刷素水泥浆与浇铺混凝土应连续进行，随刷随浇铺，刷素水泥浆一次面积不宜过大

3. 水泥砂浆面层施工技术要点

1）水泥砂浆面层施工，应在地面垫层做完，预制楼板嵌缝完成，墙顶抹灰、屋面防水做完后进行。施工前，应检查预埋的各种管线是否已安装固定，孔洞是否已用 C20 细石混凝土灌实，已安装固定的门框是否有保护措施。

2）将基面上的灰渣、杂物等清理干净，并洒水湿润。

3）根据标高线，量出面层标高，拉水平线做灰饼，横竖间距为 1.5m。若开间较大，应做标筋。带坡度的地面应以地漏或排水口为中心，向四周做坡度标筋。

4）水泥砂浆的体积比宜为 1：2，其稠度不应大于 35mm，强度等级不应小于 M15。水泥砂浆应用搅拌机拌匀。

5）涂刷素水泥浆，水灰比为 1：0.4~1：0.5，涂刷素水泥浆应与铺设砂浆面层连续进行，随刷素水泥浆随铺面层砂浆。

6）砂浆铺摊后，按灰饼、标筋刮平，用木抹子搓平面层，并检查平整度。

7）木抹子搓平后，用铁抹轻抹压一遍，至出浆为止。若砂浆过稀，抹压后出现泌水，可均匀撒干水泥砂（砂过 3mm 筛，1：1 拌合）再用木抹子抹压，干拌料吸水后，用铁抹子压平。

8）有分格要求的地面，应在木抹子搓平后，在面层上弹分格线，然后，在弹线两侧约200mm范围内，用铁抹子抹压一遍，用分格器紧贴靠尺压出分格缝。以后随大面压光，用分格器沿分格缝抹压两遍。

9）砂浆初凝后，面层上人时有脚印，但不下陷时，用铁抹子抹压第二遍，压平抹纹，不得漏压。

10）在水泥砂浆终凝前，进行第三遍抹压，此时，面层上人时稍有脚印，但用抹子抹压时不再有抹纹，这一遍抹压应用力，将原有的抹纹全部压平、压实、压光。

三遍抹压应在水泥砂浆终凝前完成。

11）面层压光完工24h后，铺锯末或其他覆盖材料洒水养护，一般养护不少于7d。

4. 水泥砂浆踢脚施工技术要点

1）水泥砂浆踢脚有底层砂浆和面层砂浆两次抹成与只抹面层两种方法。设计规定墙基体有抹灰时，用第一种方法，反之，用第二种方法。

2）抹踢脚底层水泥砂浆时，应清理基面洒水湿润。量踢脚上口标高，吊线确定踢脚抹灰厚度，然后拉通线，做灰饼，抹1:3水泥砂浆，刮尺刮平，木抹子搓平，扫毛养护。

3）抹踢脚面层水泥砂浆时，应在底层砂浆养护硬化后进行。操作时，上口拉线贴粘靠尺，抹1:2水泥砂浆，刮尺紧贴靠尺垂直地面刮平，用铁抹子压光，阴阳角及踢脚上口用角抹压光溜直即可。

5. 水泥砂浆面层质量通病与预防

水泥砂浆面层质量通病与预防有以下几点：

（1）面层空鼓 产生原因及预防措施见下表：

原　因	预 防 措 施
基面清理不干净，洒水湿润时，有积水	基面应清理干净，不得有松散杂物，洒水湿润时，基面不应有积水
素水泥浆刷涂不当，操作不熟	熟练掌握刷素水泥浆与铺设砂浆的操作方法，素水泥浆涂刷应均匀，不宜采用扫浆方法
炉渣垫层质量不好	施工前，仔细检查炉渣垫层质量，不合格应返修

（2）面层起砂 产生原因及预防措施见下表：

原　因	预 防 措 施
水泥砂浆稠度超过35mm	水泥砂浆应控制好水灰比，稠度不应超过35mm
面层抹压时间掌握不好，过早或过迟	熟练掌握面层抹压的时间，不应过早或过迟，掌握时间时，应注意环境温度的影响
水泥砂浆受冻	应保证施工环境温度在5℃以上
养护期不足过早使用	应保证养护期不少于7d，养护期间严禁使用
水泥强度等级低、砂粒过细	水泥强度等级应小于32.5，砂应用中砂

（3）面层不规则裂缝 产生原因及预防措施见下表：

原 因	预 防 措 施
水泥安定性不合格，或不同品种水泥混用	应使用安定性合格的水泥，施工中，不同品种、不同强度等级的水泥不允许混用
水泥砂浆过稀，或砂浆搅拌不均匀	应严格控制水泥砂浆的水灰比，砂浆应用搅拌机拌匀
垫层质量差，承载力弱	施工前，应检查垫层质量，达不到要求的应返工

（4）带地漏面层倒泛水 产生原因及预防措施见下表：

原 因	预 防 措 施
面层标高不准确，做坡度标筋不准	弹面层标高应仔细，对有坡度要求的地面，坡度标筋应以地漏为中心，向四周辐射做
阳台、外走廊、浴厕间地面与相邻房间一样平	阳台、外走廊、浴厕间地面标高应比相邻房间地面标高低 20~50mm
预留的地漏位置不合安装要求	加强土建与安装的配合，进行施工交底，做到一次留置准确

（5）预制楼板顺纵缝方向裂缝 产生原因及预防措施见下表：

原 因	预 防 措 施
板缝嵌缝质量低	板缝嵌缝应按规定严格执行
嵌缝养护不认真	板嵌缝后应及时进行养护，待养护至一定强度后方可进行下道工序
在预制板缝中敷设电线管处理不当	暗敷线管的板缝应适当放大
预制板安装时，两块板紧靠	预制板安装时，两板间应留出一定的拼缝宽度

6. 水磨石面层施工技术要点

1）基面清理干净，表面不得有灰渣、杂物、油污等。检查基面质量，有起砂、开裂等缺陷，应作加强处理。

2）根据水平标高，量出面层标高。

3）做水泥砂浆找平层。按面层标高，留出面层厚度（约 10~15mm）做灰饼、标筋，间距为 1.5m 左右。有坡度面层，以排水口为中心，做向四周辐射的坡度标筋。

基面洒水湿润，刷一道素水泥浆，水灰比为 1:0.4~1:0.5，同时铺抹 1:3 水泥砂浆，随刷浆随铺抹，以灰饼、标筋为准刮平，木抹子拍实搓平。

找平层砂浆铺抹后，应养护 24h。

4）找平层砂浆抗压强度达到 1.2MPa 后，根据设计要求，弹分格尺寸线，间距一般为 1m。弹线时，应在房间中部弹十字线，由十字线弹其他分格线，若有图案要求时，则按设计图案弹线。

5）用素水泥浆将分格条固定在分格线上，水泥抹成30°~45°的八字形，高度低于分格条顶部6mm左右，见图8-4。

固定铜条、铝条时，在铜条、铝条两端头下部1/3处钻 ϕ2mm~ϕ5mm的孔，将22号钢丝穿入孔内，锚固在八字水泥浆中。

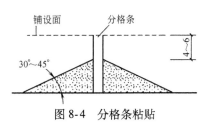

图8-4 分格条粘贴

白水泥美术水磨石用玻璃分格条时，在镶条处，先抹一条50mm宽白水泥带，然后镶玻璃条。

6）分格条的十字交接处，应空40~50mm距离不抹水泥浆，见图8-5。

7）固定分格条后，应检查其平直、牢固和接头处的空隙，平直偏差不大于1~2mm，接头处空隙不大于1mm。做成曲线的分格条弯曲应自然，检查无误后12h开始浇水养护2d。养护期间禁止各工序进行。

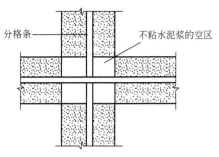

图8-5 分格条十字交接平面

8）水磨石拌和料的体积比一般为：水泥：石粒=1:1.5~1:2.5。根据石子规格，配合比可做调整，参考比例见表8-5。

表8-5 水磨石拌和料参考比例

部　　位	石子规格/mm	参考配合比	部　　位	石子规格/mm	参考配合比
楼地面	8	1:1.5~1:2	楼地面	4	1:1.25~1:1.5
楼地面、墙裙	6	1:1.3~1:2	墙裙	或2~4米粒石	1:1~1:1.4

9）水磨石拌和料应根据用量，统一配制，一次配足。所配材料应是同厂、同品种、同批号，不允许混用，配好的材料按一定重量装袋，置于干燥室内待用。

10）水磨石拌和料机械搅拌顺序为：石料→水泥+颜料；人工搅拌顺序为：颜料拌入水泥，拌匀后→石料。拌和料的稠度为60mm。

11）找平层洒水湿润，涂刷素水泥浆，水灰比为1:0.4~1:0.5。随刷随铺水磨石拌和料。

12）铺拌和料，应先铺分格条边部分，后中间部分，用铁抹子将料由中间向边角推送，拍平、拍实。对边线和分格交叉处，应注意压实抹平，不得用刮尺刮平。

13）铺彩色水磨石拌和料，应先铺深色的，后铺浅色的，先做大面，后做镶边。在前一种色料凝结后，再铺另一种色料，不同颜色的拌和料不能同时铺抹。

14）拌和料厚度宜为12~18mm，并应按石子粒径确定。通常铺抹厚度高出分格条5mm，待滚筒碾压后，以高出2mm为宜。

15）拌和料收水后，用滚筒滚压至表面平整密实、出浆，石粒均匀为止。待石粒浆稍收水后，用铁抹子将浆抹平、压实。用靠尺检查平整度或流水坡度，发现缺陷应及时修补。

16）滚压完24h后，浇水养护，养护时间可参考表8-6。

表 8-6 现制水磨石地面开磨时间

环境温度/℃	开磨时间/d		环境温度/℃	开磨时间/d	
	机器磨	人工磨		机器磨	人工磨
20~30	2~3	1~2	5~10	5~6	2~3
10~20	3~4	1.5~0.5			

17）机器磨前，宜用手工试磨，以石子不松动为准。水磨石第一遍粗磨，用60~80号粗金刚石，边磨边加水，磨至分格条、石子全部磨出为止。用水清洗晾干面层，用同色水泥浆满擦补浆，最后浇水养护2~3d。

18）水磨石第二遍细磨，用90~120号金刚石，边磨边加水，磨至面层表面光滑为止。用清水冲洗干净，用同色水泥浆满擦补浆，最后浇水养护2~3d。

19）水磨石第三遍细磨，用180~240号金刚石，边磨边加水，磨至表面平整光滑。磨后冲洗干净，浇水养护。

20）草酸擦洗，应在各工种完工后进行。用浓度10%的草酸溶液，蘸洒面层，用240号以上油石打磨一遍。水冲净，软布擦干，待地面干燥发白时，在面层上均匀涂蜡，磨光打亮。

7. 水磨石面层质量通病与预防

水磨石面层质量通病与预防有以下几点：

（1）**分格条两边或交叉处石子显露不清、不匀** 产生原因及预防措施见下表：

原 因	预 防 措 施
分格条粘贴方法不正确	粘贴分格条时，素水泥浆应抹成45°的八字形，分条顶部应有6mm左右的空间
分格条交叉处粘贴方法不正确	分格条的十字交叉处，应空40~50mm的空隙不抹水泥浆
面层水泥石子浆太稀，石子少	宜采用干硬性水泥石子浆，石子浆的配合比应准确

（2）**分格条显露不清** 产生原因及预防措施见下表：

原 因	预 防 措 施
面层水泥石子浆铺设过高，无法磨出分格条	控制好水泥石子浆的铺设厚度，碾压后，石子浆高出分格条应不超过2mm
开磨时间过迟，水泥石子浆强度高	熟练掌握开磨时间，十分注意温度的影响，避免开磨时间过迟
研磨时，用水较多，影响磨量	研磨时，应控制浇水量，面层保持适当磨浆水

（3）**面层光亮度差，有明显磨石凹痕** 产生原因及预防措施见下表：

原 因	预 防 措 施
磨具规格不齐，使用不当	选择适当的磨具规格，第一遍应磨平，第二遍应磨光，第三遍应磨光滑
补水泥浆不仔细，操作方法不正确	补浆应用擦浆法，用棉纱将水泥浆擦严擦实，擦浆后应进行养护
涂擦草酸方法不正确，或未擦草酸就上蜡	涂擦草酸应用10%的草酸溶液涂擦、打磨，上蜡前，必须经草酸涂擦工序

（4）面层水泥石子浆色彩污染　产生原因及预防措施见下表：

原　　因	预 防 措 施
先铺设的水泥石子浆过厚，漫过分格条	掌握好面层石子浆厚度，对分格条处应严格控制其厚度，沿分格条边水泥浆应仔细拍实
铺设方法不正确	应先铺深色水泥石子浆，后铺浅色的，先铺掺有颜料的，后铺未掺颜料的
补浆时不仔细、方法不正确	二次补浆应仔细认真，先补不掺颜色的或浅色部位，后补掺颜色或深色部位的

细节：板块面层的材料要求

1. 陶瓷马赛克面层材料

陶瓷马赛克：有各种式样的图案和色彩，根据设计选用，其外观质量应符合表 8-7 的规定。

表 8-7　陶瓷马赛克外观质量要求

缺陷名称	表示方法	单位	缺陷允许范围				备注
			优等品		合格品		
			正面	背面	正面	背面	
夹层、釉裂、开裂	—		不允许				—
斑点、粘疤、起泡、坯粉、麻面、波纹、缺釉、桔釉、棕眼、落脏、溶洞	—	—	不明显		不严重		—
缺角	斜边长	mm	<1.0	<2.0	2.0~3.5	4.0~5.5	正背面缺角不允许在同一角部 正面只允许缺角 1 处
	深度		不大于砖厚的 2/3				
缺边	长度		<2.0	<4.0	3.0~5.0	6.0~8.0	正背面缺边不允许出现在同一侧面 同一侧面边不允许有 2 处缺边；正面只允许 2 处缺边
	宽度		<1.0	<2.0	1.5~2.0	2.5~3.0	
	深度		<1.5	<2.5	1.5~2.0	2.5~3.0	
变形	翘曲		不明显				—
	大小头		0.6		0.8		

水泥：普通硅酸盐水泥、矿渣硅酸盐水泥，水泥强度等级 42.5 以上。

白水泥：42.5 等级硅酸盐白水泥。

砂：粗砂或中砂，用时过筛，含泥量不大于 3%。

2. 大理石和花岗石面层材料

大理石板材物理性能及外观质量要求见表 8-8、表 8-9。

表 8-8　大理石板材外观质量要求

缺陷名称	规定内容	技术指标		
		A	B	C
裂纹	长度≥10mm 的条数/条	0		
缺棱①	长度≤8mm，宽度≤1.5mm（长度≤4mm，宽度≤1mm 不计），每米长允许个数/个	0	1	2
缺角①	沿板材边长顺延方向，长度≤3mm，宽度≤3mm（长度≤2mm，宽度≤2mm 不计），每块板允许个数/个			
色斑	面积≤6cm²（面积<2cm² 不计），每块板允许个数/个			
砂眼	直径<2mm		不明显	有，不影响装饰效果

注：①对毛光板不做要求。

表 8-9　大理石板材物理性能

项目		方解石大理石	白云石大理石	蛇纹石大理石
镜面板材的镜向光泽值		不低于 70 光泽单位		
体积密度/（g/cm³）　≥		2.60	2.80	2.56
吸水率（%）　≤		0.50	0.50	0.60
压缩强度/MPa　≥	干燥	52	52	70
	水饱和			
弯曲强度/MPa　≥	干燥	7.0		
	水饱和			
耐磨性①/（1/cm³）　≥		10		

注：①仅适用于地面、楼梯踏步、台面等易磨损部位的大理石石材。

大理石板材允许偏差见表 8-10。

表 8-10　大理石板材规格尺寸、平面度、角度允许偏差

项目		允许偏差					
		A		B		C	
长度、宽度		0~1.0		0~1.0		0~1.5	
厚度	≤12	±0.5		±0.8		±1.0	
	>12	±1.0		±1.5		±2.0	
干挂板材厚度		+2.0 / 0		+2.0 / 0		+3.0 / 0	
	—	镜面板材	粗面板材	镜面板材	粗面板材	镜面板材	粗面板材
平面度允许公差/mm	≤400	0.2	0.5	0.3	0.8	0.5	1.0
	>400~≤800	0.5	0.8	0.6	1.0	0.8	1.4
	>800	0.7	1.0	0.8	1.5	1.0	1.8
角度允许公差/mm	≤400	0.3		0.4		0.5	
	>400	0.4		0.5		0.7	

花岗石板材物理性能及外观质量见表 8-11。

表 8-11 花岗石板材物理性能及外观质量要求

类别	名称	规定内容		一般用途	功能用途
物理性能	体积密度/(g/cm³)		≥	2.56	2.56
	吸水率(%)		≤	0.60	0.40
	干燥	压缩强度/MPa	≥	100.0	131
	水饱和				
	干燥	弯曲强度/MPa	≥	8.0	8.3
	水饱和				
	耐磨性(1/cm³)		≥	25	25
正面外观缺陷	缺棱	长度不超过 10mm，宽度不超过 1.2mm(长度小于 5mm,宽度小于 1.0mm 不计)，周边每米长允许个数/个		1	2
	缺角	沿板材边长，长度≤3mm，宽度≤3mm(长度≤2mm，宽度≤2mm 不计)，每块板允许个数/个			
	裂纹	长度不超过两端顺延至板边总长度的 1/10(长度小于 20mm 的不计)，每块板允许条数/条		0	
	色斑	面积不超过 15mm×30mm(面积小于 10mm×10mm 不计)，每块板允许个数/个			
	色线	长度不超过两端顺延至板边总长度的 1/10(长度小于 40mm 的不计)，每块板允许条数/条		2	3

水泥：硅酸盐水泥、普通硅酸盐水泥、矿渣硅酸盐水泥，强度等级不宜小于 42.5。

砂：中砂或粗砂，含泥量不大于 3%。

矿物颜料、草酸、蜡。

3. 塑料板面层材料

塑料板：品种较多，有聚氯乙烯树脂板、聚乙烯树脂板、聚丙烯树脂板、聚氯乙烯一聚乙烯共聚板、石棉塑料板等。

胶粘剂：品种较多，有乙烯类、氯丁橡胶型、聚氨酯、环氧树脂、合成橡胶溶液型、沥青类、926 多功能建筑胶等。胶粘剂应与塑料板品种配套使用。

水泥：用硅酸盐水泥、普通硅酸盐水泥，强度等级 42.5。

二甲苯、丙酮、硝基稀料、醇酸稀料、聚醋酸乙烯乳液、107 胶、汽油、软蜡等。

细节：板块面层的施工

1. 陶瓷锦砖面层施工技术要点

1）基面清理干净，表面灰浆应铲净，无杂物。

2）按水平标高线，弹陶瓷锦砖找平层、面层标高线。

3）对陶瓷锦砖进行挑选，品种、规格、花色应符合要求。应剔除色差明显、接缝不匀、有缺棱、掉角的锦砖联。

4）做找平层灰饼、标筋。有地漏、排水口的坡度地面，标筋应按设计做成坡度标筋，并向地漏、排水口方向作放射状布置。

5）刷涂灰比为 1:0.4~0.5 的素水泥浆，随刷随摊铺 1:3 干硬性水泥砂浆，厚 20~25mm。顺标筋刮平、木抹子拍实、抹平。有地漏、排水口的地面按要求坡度做出泛水。

6）找平层砂浆抗压强度达到 1.2MPa 后，在房间中心弹十字控制线，根据设计要求的图案结合陶瓷锦砖每联的尺寸，计算张数，弹出各砖联的分格线，并按图案形式写上编号，在相应的砖联背纸上也写上编号。

7）洒水湿润找平层，抹 2~2.5mm 的水泥浆（宜掺水泥重量 20% 的 107 胶）随抹随贴陶瓷锦砖联。操作时，抹水泥浆的面积不要过大，随抹随贴。贴时，将成联锦砖，对准分格线贴在水泥浆上，用与砖联同样尺寸的木拍板覆盖在砖背纸上，用橡胶锤敲打至纸面露出砖缝水印为止。

8）铺贴顺序应从里往外沿控制线退着进行，并随时用靠尺检查平整度。铺至地漏、排水口处，应先试铺、按地漏口的形状，裁去不需要部分后正式铺贴。

9）铺贴时，应按房间一次连续操作。如面积过大，则需将接槎切齐，余灰清理干净。

10）整间铺贴完，检查、修整四周边角和门口与其他地面的接槎部位，有缺陷应及时修整。

11）检查无误，紧接着在纸面上均匀刷水，常温下过 5~30min，背纸湿透后，将背纸全部撕掉。

12）检查锦砖拼缝，如拼缝宽窄不一，应用拨刀、靠尺按先纵缝后横缝的顺序将其拨正，用木拍板和橡胶锤拍实，若有颗粒粘贴不牢，应加水泥浆重新粘贴、拍实。

13）抹水泥浆、铺贴锦砖、刷水撕纸、修理、拨缝等工序，一般应控制在 4h 内完成。

14）灌缝应在拨缝后的第二天进行，用白水泥或与锦砖同色的素水泥浆擦缝，用棉纱从里到外顺缝揉擦。

15）锦砖擦缝后 24h，应铺锯末或其他覆盖材料洒水养护，常温下养护时间不少于 7d。

2. 陶瓷锦砖面层质量通病与预防

陶瓷锦砖面层质量通病与预防见表 8-12。

表 8-12　陶瓷面层质量通病与预防

质 量 通 病	原　　因	预　　防
面层空鼓	基面清理不干净，未洒水湿润	基面清理应仔细、杂质、污物应清理干净，基面清理干净后，应洒水湿润
	铺贴操作方法不正确	水泥浆结合层一次不可刷的面积过大，应随刷随铺贴
面层砖缝格不直、不匀	锦砖质量差，铺贴前，未仔细挑选	应采用质量好的锦砖，铺贴前，应对砖联进行挑选
	遗漏修理、拨缝工序	严格按工序进行操作，修理、拨缝时，应用靠尺或拉通线进行控制
地漏周围套割不规则	铺贴至地漏口处，未进行试铺	铺至地漏口处，应进行试铺，以确定地漏周围锦砖的尺寸、形状、裁合适后，再正式铺贴

3. 大理石和花岗石面层施工技术要点

1）基面应清理干净，去除基面上的砂浆、杂物。

2）根据水平标高，弹面层标高线。在房间内拉十字控制线，按施工大样图弹分格线。

3）按设计图案，画出大理石或花岗石地面施工大样图。

4）进场大理石、花岗石应侧立、光面相对堆放于木方上。对进场的板材，应核对品种、规格，并逐块进行挑选，对有裂缝、掉角、翘曲等缺陷的，应予剔除。对存在明显色差的板材，应予归类，分别堆放。

5）铺设前，应按每一房间的设计图案、颜色、纹理等进行试拼，试拼后，按纵横方向编号，并堆放整齐。

6）基面洒水湿润，涂刷1:0.4~1:0.5素水泥浆，随刷随摊铺1:4干硬性水泥砂浆（干硬程度以手捏成团、落地开花为宜），摊铺厚度宜为放大理石、花岗石板材后，高出面层标高3~4mm。摊铺后，刮平，木抹子拍实。

7）大理石、花岗石刷水湿润，表面晾干后，方可使用。

8）根据试拼时的编号、图案和试排的缝隙（板块缝隙宽度无设计要求时，不应大于1mm）在十字交点处，按房间十字控制线，纵横各铺一行，作铺设标筋用，面积较大时，可分段设标筋，以控制累积误差。

9）铺设大理石、花岗石板材，可从里往外顺控制线依次铺设，也可从门口处按控制线往里铺设。当墙、柱处有镶边时，应按控制线先铺镶边板材。

10）铺设板材按先试铺、后实铺的顺序进行。即先将板材铺在已刮平拍实的干硬性水泥砂浆层面上，用橡胶锤敲木垫板（不得用橡胶锤直接敲击板面），振实至铺设面层标高后，将板块掀至一旁，检查砂浆表面与板块的结合情况，若发现空隙，应用砂浆填补、拍实，然后，在板块背面满刮素水泥浆（也可在砂浆层面上均匀满浇一层1:0.4~1:0.5水泥浆）。铺设时，应四周同时放下，用橡胶锤敲击木垫板，至面层标高为止。

11）每铺设一块板材，应用水平尺测量纵横两个方向的水平度。不足之处，用橡胶锤敲击木垫板予以纠正，若低于水平标高，或高于水平标高，应起出板块，重新铺设砂浆和素水泥浆。

12）大理石、花岗石板材铺设24~48h后，进行灌浆、擦缝。根据大理石、花岗石的颜色，选择相同颜色的耐光、耐碱矿物颜料与水泥拌和成稀水泥浆，用浆壶灌入板块间。灌浆1~2h后，用棉纱擦缝，擦缝同时，应将板材面层的水泥浆擦净。

13）擦缝结束，面层应加覆盖材料进行养护，养护期不少于7d。

14）大理石、花岗石的打蜡，应在所有工序完成，准备交工时进行。用5%草酸溶液清洗面层，干燥后，涂蜡、抛光。

4. 大理石、花岗石踢脚施工技术要点

大理石、花岗石踢脚的做法有粘贴法和灌浆法两种。

粘贴法施工技术要点如下：

1）根据水平标高线，量踢脚板上口标高线，吊线确定踢脚板的出墙厚度。

2）用1:2~3水泥砂浆抹墙面底灰，抹平、划毛。

3）水泥砂浆干硬后，拉踢脚板上口水平线。

4）在刷水、阴干的踢脚板背面，满刮一层素水泥浆（宜加 10%左右的 107 胶），厚 2~3mm 按水平线进行粘贴，用橡胶锤敲实。粘结材料也可选用粘结剂，但应经试验，合格后使用。

5）踢脚板粘贴时，其缝隙应与大理石、花岗石面层接缝相齐。墙面和墙柱的阳角处，应用正面板盖侧面板，或将板端切割成 45°角碰角连接。

6）踢脚板粘贴 24h 后，用同色水泥浆擦缝，并将余浆擦净。

灌浆法施工技术要点：

1）根据水平标高线，量出踢脚板上口标高线，吊线确定踢脚板出墙厚度。

2）拉踢脚板上口水平线，在墙两端先按水平线各镶贴一块踢脚板，然后，逐块顺序安装。安装时，在相邻两块板间、板与地面、墙面间，用石膏稳牢。安装时，随时检查上口水平、立面垂直和缝隙大小。

3）灌 1:2 水泥砂浆，用钎插捣实，对溢出的余浆擦净。捣实过程中，注意板材不能松动和移位。

4）砂浆终凝后，将石膏铲去，用棉纱蘸水泥浆擦缝。

5. 大理石、花岗石面层质量通病与预防

大理石、花岗石面层质量通病与预防有以下几点：

（1）面层空鼓　产生原因及预防措施见下表：

原　因	预 防 措 施
基面清理不仔细	基面清理应仔细，杂物油污等应清理干净
结合层水泥浆涂刷操作方法不正确	若用素水泥浆，则应涂刷均匀，若撒干水泥面，应洒水调和均匀，水泥浆应控制涂刷面积，应随涂刷随摊铺水泥砂浆
干硬性水泥砂浆太稀，或铺设过厚	1:4 的干硬性水泥砂浆不能太稀，应以手捏成团，落地开花为度，铺设厚度不宜超过 30mm
板背面灰尘、杂物未清理	板材背面在使用前，应刷干净

（2）面层接缝不平、不匀　产生原因及预防措施见下表：

原　因	预 防 措 施
各房间水平标高线不统一	应由专人负责从楼道统一往各房间引进标高线
铺设时，未拉通线	铺设时，应从基准线开始，按顺序铺设，铺设时，应拉通线，缝隙不应有偏差
板材挑选不严	挑选板材时，应仔细，对翘曲、拱背、宽窄不方正等缺陷的板材应予剔除
养护期不到，过早踩踏	加强成品保护，养护期内严禁踩踏

6. 塑料板面层施工技术要点

1）检查基面，当基面为水泥砂浆抹面时，基面应平整（允许间隙不大于 2mm）、坚硬、干燥、无油、无杂质。当基面有麻面、起砂、裂缝时，应用乳液腻子处理。乳液腻子的配合比及使用范围见表 8-13。

表 8-13　乳液腻子的配合比及使用范围

名　称	配　合　比	使用范围
107 胶水泥腻子	水泥：107 胶：水＝1：0.175：0.4（质量比）	用于基面不平整、麻面、起砂等处理
石膏乳液腻子	石膏：土粉：聚醋酸乙烯乳液＝2：2：1（体积比），加水量根据现场需要定	基层第一道嵌补找平
滑石粉乳液腻子	滑石粉：聚醋酸乙烯乳液：羧甲基纤维素溶液＝1：0.2：0.1～1：0.25：0.1（体积比），加水量根据现场需要定	基层第二道修补找平
107 胶水泥乳液	水泥：107 胶：水＝1：0.5：6～1：0.8：8（质量比）	涂刷基面增强胶结层的粘结力

用乳液腻子处理基面时，每次涂刷厚度不应大于 0.8mm，干燥后，用 0 号铁砂布打磨，再涂刷两遍腻子，至表面平整后，再用稀释的乳液涂刷一遍。

2）当基面为预制大楼板时，应将楼板接口处的板缝勾平、勾严、压光。表面多余物剔除，凹坑填平，用 10%火碱水刷净、晾干，再刷配合比为水泥：107 胶：水＝1：0.2：0.4～1：0.3：0.4 的水泥乳液腻子，刮平后，第二天用砂纸打磨平整。

3）在基面上弹铺贴基准线。当塑料板正向铺贴时，纵向基准线和横向基准线均应通过房间中心点；当斜向铺贴时，斜向基准线与房间纵向线应为 45°角，且过房间中心点，见图 8-6。

4）弹出基准线后，按每隔 2～4 块板弹一道分格线，当房间的净尺寸不足板块尺寸的整块数时，应加镶条边，沿房间四周弹镶边线，边线距墙面 200～300mm。

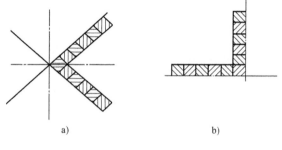

a)　　　　　　　　　　b)

图 8-6　基准定位
a）对角定位　b）直角定位

5）塑料板铺粘前应进行处理。软质聚氯乙烯板应作预热，宜放入 75℃热水中浸泡 10～20min，待板面全部松软伸平后，晾干待用；半硬质聚氯乙烯板宜用丙酮、汽油混合液（比例 1：8）进行脱脂涂蜡。

6）按弹线预铺，做编号。

7）涂刷底子胶。底子胶配制：当采用非水溶性胶粘剂时，宜按同类胶粘剂加入其重量为 10%的 65 号汽油和 10%醋酸乙酯（或乙酸乙酯）并搅拌均匀；当采用水溶性胶粘剂时，宜按同类胶加水，拌匀。

涂刷基面底子胶应均匀，干燥后，方可正式铺贴。

8）配制胶粘剂。配制时，应在原筒内搅拌，用稀料对胶液进行稀释时，应随拌随用，存放时间不大于 1h。在拌和、运输、储存时，应用塑料或搪瓷容器，禁止使用铁器。

9）铺粘塑料板应从基准线开始。当采用乳液型胶粘剂时，应在塑料板背面和基层面上同时刮涂胶结剂；当采用溶剂型胶粘剂时，只在基面上均匀刮涂胶粘剂。

10）刮涂胶粘剂时，应满刮，且超出铺贴分格线 10mm 左右，刮涂厚度≤1mm。待胶层干燥至不粘手时(约历时 10~20min),即可按控制线铺贴。铺贴时,板块应一次就位,用橡胶滚子压实。滚子应从板中心向四周赶压,对出现的翘角、翘边等,可用砂袋加压。对溢出的胶粘剂应即时擦去。

11)当软质聚氯乙烯板缝需要焊接时,宜在铺设完 48h 后进行。焊接时,板缝间应切 V 形槽,然后,用与板块性能相同的焊条施焊,焊缝凝固后,用刨刀仔细修平。

12)铺粘踢脚板时,先弹踢脚板上口线,在墙两端各铺粘一块踢脚板,然后拉通线铺粘。涂胶粘贴后,用橡胶滚反复滚压密实。

13)用棉纱擦净面层表面,擦上光蜡 1~2 遍。

7. 塑料板面层质量通病与预防

塑料板面层质量通病与预防有以下几点:

(1)面层空鼓、边角起翘 产生原因及预防措施见下表:

原　因	预　防　措　施
基层面处理不好	检查基面时,对有麻面、起砂、开裂等缺陷的表面应仔细处理,按规范要求做,基面的含水率应小于 9%,检查处理完基面,其表面应清理干净
操作方法不正确,粘贴时间掌握不好	针对不同面材和胶结剂,采用不同的粘贴方法,粘贴时间应按胶粘剂的使用说明进行,不可过早或过迟
胶粘剂质量低劣	采用质量好的胶粘剂、板材性质与胶粘剂应相配套
粘结层过厚	胶粘剂厚度应不大于 1mm

(2)面层平整度差 产生原因及预防措施见下表:

原　因	预　防　措　施
基面不平整	检查基面时,注意平整度不应大于 ±2mm
涂刷胶粘剂不均匀	刮涂胶粘剂应使用齿形恰当的刮板刮涂,使胶粘层薄而均匀
在低温下刮涂胶粘剂,产生不均匀	施工温度应在 15℃~30℃ 间,刮涂胶粘剂时,基面涂刷胶方向应与板材背面刷胶方向相垂直

(3)面层平整度差 产生原因及预防措施见下表:

原　因	预　防　措　施
使用品种不一,软硬程度不一的板材	应使用同一品种板材,质量相同,无色差的板材
板材预热方法不当	板材预热,应用 75℃ 热水浸泡 10~20min,严禁用电热炉、炉火烘烤加热

8. 板块面层质量控制

(1)板块面层质量验收标准

1)面层的厚度、标高、坡度应符合设计要求。

2)供排除液体的带坡度的面层做泼水试验应合格,不得有倒泛水和积水现象。

3)面层粘贴牢固,不得有空鼓。踢脚板应与墙面紧密贴合。

4)不同类型面层的连接以及面层的图案应符合设计要求。

(2)板块面层质量允许偏差 板块面层质量允许偏差见表 8-14。

表 8-14　板块面层质量允许偏差

项　目	允　许　偏　差/mm											检 验 方 法
	陶瓷锦砖面层、高级水磨石板、陶瓷地砖面层	缸砖面层	水泥花砖面层	水磨石板块面层	大理石面层、花岗石面层、人造石面层、金属板面层	塑料板面层	水泥混凝土板块面层	碎拼大理石、碎拼花岗石面层	活动地板面层	条石面层	块石面层	
表面平整度	2.0	4.0	3.0	3.0	1.0	2.0	4.0	3.0	2.0	10.0	10.0	用2m靠尺和楔形塞尺检查
缝格平直	3.0	3.0	3.0	3.0	2.0	3.0	3.0	—	2.5	8.0	8.0	拉5m线和用钢尺检查
接缝高低差	0.5	1.5	0.5	1.0	0.5	0.5	1.5	—	0.4	2.0	—	用钢尺和楔形塞尺检查
踢脚线上口平直	3.0	4.0	—	4.0	1.0	2.0	4.0	1.0	—	—	—	拉5m线和用钢尺检查
板块间隙宽度	2.0	2.0	2.0	2.0	1.0	—	6.0	—	0.3	5.0	—	用钢尺检查

细节：木质板面层的材料要求

1. 空铺式木质板面层材料

长条木地板：用红松、云杉或耐磨、不易腐朽、不易变形开裂的木材制成。每块板宽不大于120mm。

拼花地板条：用水曲柳、核桃木、柞木等质地优良、不易腐朽开裂的木材，一般做成企口板。

毛地板：用不易腐朽、变形、开裂的木材制成，如松木、杉木等，其宽度不大于120mm。

木搁栅：俗称龙骨，一般用松木干燥加工制成，尺寸根据要求确定。

木踢脚板：用材与地板条相同，板后应开槽，满涂防腐剂。

不同地区对木地板含水率的要求见表8-15。

表 8-15　不同地区木地板含水率限值

地 区 类 别	地 区 范 围	面层板含水率（%）	毛地板含水率（%）
Ⅰ	包头、兰州以西的西北地区和西藏	10	12
Ⅱ	徐州、郑州、西安及其以北的华北和东北地区	12	15
Ⅲ	徐州、郑州、西安以南的中南、华东和西南地区	15	18

其他材料：圆钉、扒钉、5～10号镀锌铁丝、木螺钉、木楔、防潮纸、氟化钠或其他防腐材料、隔声材料、金属箅子等。

2. 实铺式木质板面层材料

木地板条：长条木地板品种、规格较多，目前，常用的是已油漆的长条土地板，可根据设计需要选用。

毛地板：用不易腐朽、变形、开裂的木材制成。

木搁栅：选用红松、白松干燥后加工的木搁栅。

专用铁钉、防潮纸、镀锌铁丝、木楔、氟化钠或其他防腐材料等。

3. 强化木地板面层材料

强化木地板板材：强化木地板板材由耐磨层、装饰层、基材层和防潮层组成。构造见图 8-7。

按欧洲 EN13329 标准，强化木地板分为两大类六个等级，其等级标准和适用场合见表 8-16。

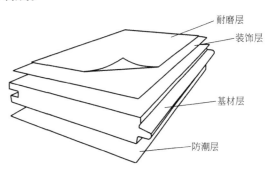

图 8-7　强化木地板构造

表 8-16　强化木地板适用范围

类别	等　级	适 用 范 围	类别	等　级	适 用 范 围
家庭类	家庭类轻级 家庭类中级 家庭类重级	卧室等不经常活动的场合 非频繁活动区 客厅、门口或儿童活动区	公用类	公用类轻级 公用类中级 公用类重级	非开放式办公室 教室、开放式办公室、图书馆等 商场、运动场所等

我国对强化木地板的质量标准有《浸渍纸层压木质地板》（GB/T 18102—2007），其主要技术标准见表 8-17。

表 8-17　强化木地板主要技术指标

项　目	单位	指　标	项　目	单位	指　标
含水率	%	3.0~10.0	表面耐磨	r/min	家用 II 级：≥4000
密度	g/cm³	≥0.85	甲醛释放量	mg/L	E₀ 级：≤0.5
静曲强度	MPa	≥35.0			E₁ 级：≤1.5
吸水厚度膨胀率	%	≤18%	表面耐香烟灼烧	—	无黑斑、裂纹和鼓泡
表面耐磨	r/min	商用级：≥9000	表面耐龟裂	—	用 6 倍放大镜观察，表面无裂纹
		家用 I 级：≥6000	表面耐污染腐蚀	—	无污染、无腐蚀

强化木地板连接采用专用胶粘剂、木楔、木块、拉钩等。

细节：木质板面层的施工

1. 空铺式木质板面层施工技术要点

1）木质板面层施工，应在屋面防水、墙、顶抹灰完工，门框安装完，预埋各类管线做完，暖、卫管道打压试水完成，并验收合格后进行。

2）空铺木板面层的地垄墙砌完，墙顶防水砂浆已完，检查预留通风洞，每道墙通风洞应有两个，尺寸为120mm×120mm，预埋铁丝牢固。

3）地垄墙一般高600mm，中距为800mm，墙厚为120mm。当墙高超过600mm时，墙厚应为240mm；当墙长度超过4m时，两侧应加120mm×120mm的砖垛。木地板下如设计进入检修时，地垄墙的过人孔应为750mm×750mm。

4）清除地垄墙上的砂浆、灰渣。墙顶面用水平仪找平，用1∶3水泥砂浆抹20mm厚找平层。

5）砂浆凝固后，干铺油毡一层，垫通长防腐垫木（又称沿缘木），用预埋铁丝绑扎拧紧。防腐垫木的接头取平头接，并分别绑牢在接头处。垫木绑牢后应调平，标高符合要求。

6）在垫木上弹木搁栅铺设中线。

7）木搁栅满涂防腐剂，铺设时，将木搁栅对准中线，铺至墙面，端头留30mm缝隙。边铺边找平，搁栅面的平整度不允许超过3mm。不平处，用防腐木楔或调平垫木调平，两边钉斜钉将其与垫木连接、绑牢。为防止钉剪刀撑时搁栅移动，应在搁栅上临时钉一些木拉条，使搁栅相互牵插牢固。

8）按剪刀撑间距钉剪刀撑，中距一般为800mm。剪刀撑端面应与搁栅侧面紧贴。钉时，剪刀撑应低于搁栅顶面10~20mm，同一行剪刀撑应对齐，呈一条直线。

9）毛地板经防腐处理后，沿搁栅顶面与搁栅成30°~45°角铺钉。若面层板为人字形或斜铺方块时，毛地板应与搁栅相垂直铺钉。铺钉时，毛地板接头应设在搁栅上，错缝相接，每块板的接头处留2~3mm缝隙，板与板之间留缝宽2~3mm，铺至墙面时，应留出10~20mm间隙。铺钉时，应边铺边检查其牢固程度，以脚踏无松动、无响声为准。

10）铺设防潮油纸或油毡。干铺时，搭接宽度不得少于100mm。

11）铺钉木地板。从墙的一边铺起，靠墙板应离墙约10~20mm，以后逐块紧排，用50mm专用铁钉从长条板凸榫上肩斜向钉入毛地板。钉帽应打扁，冲入不露头，见图8-8。

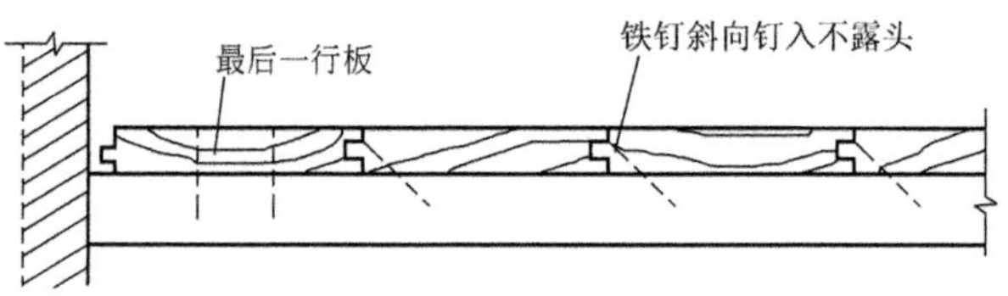

图8-8 木地板钉法

为使缝隙严密顺直，一般在铺钉近处钉一铁扒钉，在扒钉与板之间夹一对硬木楔，通过打紧木楔排紧板块。钉到最后一块时，可用明钉钉牢，钉帽打扁，冲入板内不露头。

12）长条木地板的接头，一般在木搁栅中心线上，若无毛地板层，则接头必须在搁栅上，且相互错缝。

13）木地板铺完后应测水平，按顺木纹方向刨平、刨光，并随时测平整度，若用打磨机打磨，应顺木纹方向打磨。木地板磨光后，可进行油漆工序。

14）铺设空铺式木地板应十分注意防腐工序，所有垫木、搁栅、剪刀撑、毛地板等都应满涂防腐剂。

铺设空铺木地板，对通风孔应十分注意，每道工序完结都应对通风口加以检查，保证空气的对流。

2. 木踢脚板施工技术要点

1）木踢脚板的构造与安装见图8-9。

2）木踢脚板表面应刨光，上口刨出线条，板背面开出两条深约 3~5mm 的凹槽，并每隔 1m 钻直径为 6mm 的通风孔，背面满刷防腐剂。

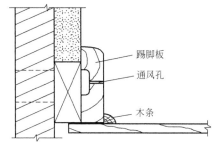

图 8-9 木踢脚板安装

3）在墙面防腐木砖外钉防腐木块，将加工好的踢脚板钉牢于防腐木块上，钉帽打扁，冲入板内。踢脚板板面要垂直，上沿应水平。

4）在墙阴阳角处，应将板端加工成 45°角斜接，踢脚板接口处应在防腐木块上，接头成坡面对接。

5）踢脚板与地板相交处，用 15mm×15mm 的三角木条盖住缝隙。

3. 空铺木地板质量通病与预防

空铺木地板质量通病与预防有以下几点：

（1）脚踏有响声 产生原因及预防措施见下表：

原 因	预 防 措 施
搁栅捆绑不牢	捆绑搁栅的铁丝应拧紧，拧紧后应检查
搁栅未垫实、垫平	垫搁栅时，垫木应垫实，严禁分层加垫
搁栅间距过大，地板弹性较大	搁栅间距应根据铺设形式确定，单层木搁栅间距为 400mm，房间铺设间距为 250~350mm
毛地板铺钉时，未边铺边检	铺钉毛地板时，应边铺边检查其牢固度，以脚踏无松动、无响声为度

（2）表面不平 产生原因及预防措施见下表：

原 因	预 防 措 施
搁栅固定后上平未找平	搁栅固定后，应找平，不平处或垫、或刨
毛地板铺钉后未找平	毛地板铺完后应检查平整度，不平处或垫、或刨直至达到规定标准
板条厚度不一	带油漆面的板条使用前应复检质量，不合标准的应予剔除

（3）地板缝不严 产生原因及预防措施见下表：

原 因	预 防 措 施
铺板条时，企口未插严	铺板条时，应插严挤紧，为保证接缝，应用扒钉加木楔使地板排紧
钉子钉入角度不合理	钉子应顺板条凸榫上口，做 45°或 60°角斜向钉入，使钉子产生挤压作用

（4）踢脚板出墙厚度不一 产生原因及预防措施见下表：

原 因	预 防 措 施
墙面不平，超差严重	做踢脚板时，应检查墙面的平整度，不平之处应加修整
踢脚板厚度不一	踢脚板安装前，应检查其质量，质量不合格的，应予剔除

4. 实铺式木质板面层施工技术要点

1）清理基面上的砂浆、杂物，刷焦油沥青两道，或采用其他材料做防潮层。

2）按水平标高，弹地面标高。大面积施工，应采用分格法，在方格的交叉点处设标高标志，并拉线控制标高。

3）根据预埋件、固定连接件的不同，安装木搁栅。若预埋件为螺栓，则木搁栅应钻孔安装；若为 ⌐ 型预埋件或铁丝时，则用铁丝绑扎；若无预埋件，则可用射钉、膨胀螺栓、水泥钉等固定木搁栅。

4）木搁栅间距为 250~400mm。木搁栅上应每隔 1m 开一个 10mm×20mm 的通风槽，槽位应在同一直线上的搁栅上。

5）木搁栅安装从墙边开始，逐步向对边铺设，搁栅与墙应留 30mm 缝隙。搁栅接头应用平接头，接头应相互错档。

6）按控制标高调平木搁栅，不平处用防腐木垫块调整。调平时，不得进行多层垫平。

7）在搁栅间钉横撑，横撑间距一般为 800mm，与木搁栅相垂直，其顶面应低于搁栅顶面约 10~20mm。两端用铁钉斜向钉牢。

8）铺设填充料，填充料应经干燥处理，铺设时应均匀，厚度比搁栅顶面应低 20mm 以上。

9）将防腐处理后的毛地板条，沿搁栅顶与搁栅成 30°~45°铺钉，板条接头应设在搁栅上，不得悬挑，且错缝相接。接头处留出 2~3mm 缝隙，板与板间留出 2~3mm 缝隙，与墙面接触边留出 10~20mm 空隙。

10）铺钉毛地板应随铺随检查牢固程度，以脚踏无松动、无响声为度。全部铺钉完，应检查水平度和平整度。大面积施工中，毛地板铺钉完，应弹 3m 方格网，用水平仪校平，不平处应刨平或垫平。

11）根据设计要求，铺设防潮纸或其他防潮隔离材料。防潮纸的搭接宽度不少于 100mm。

12）钉木地板面层应从墙边开始，靠墙板与墙之间留 10~20mm 空隙，以后逐块排紧。用 50mm 专用铁钉从条板凸榫上肩斜向钉入，钉帽打扁，冲进不露头，排紧方法同空铺式木地板。

13）木地板的接头，应在木搁栅的中心线上，接头应相互错缝，不允许两块板接头出现在同一位置上。

14）木地板铺完后，应测水平。按顺木纹方向刨平、刨光。用打磨机打磨时，也应按顺木纹方向打磨。检查合格后，进行油漆、打蜡工序。

5. 拼花木地板施工技术要点

1）铺设拼花木地板应在毛地板上进行。毛地板前的施工同实铺式条板面层相同。

2）根据拼花形式，在毛地板中央弹 90°十字线或 45°斜交线。

3）按拼花板尺寸计算块数，并进行预排。预排后确定圈边宽度（一般为 300mm 左右），弹出分档施工控制线、圈边线。

4）由房间中心线开始向四周铺钉，边铺防潮纸，边铺钉拼花地板条。用 50mm 专用铁钉两只从拼花木板条侧边斜向钉入（可预先在板条上钻出斜孔），钉帽打扁，钉入不露头。当板条长于 300mm 时，应钉 3 只铁钉。每钉完一方，应套方一次，并与控制线核对，发现误差，即时修正。

5）拼花木地板的圈边，可用木地板条沿墙铺钉，也可先用长条板圈边，再用短条板横钉。当对称的两边圈边宽窄不一致时，可将圈边加宽或作横圈边处理，见图 8-10。

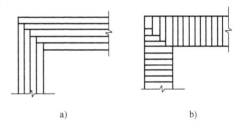

图 8-10　圈边处理
a）圈边不对称处理法　b）纵横圈边不一致处理法

6）人字形拼花地板铺设前，在毛地板上弹十字线和圈边位置线。按中心线，以 45°角斜铺两档作标准，按此标准档距向两边逐档弹线。随后，边铺防潮纸，边铺人字形拼花板，方法同正方形拼花。最后铺至圈边处，应先预铺，根据圈边位置，将地板条裁割成所需长度和角度，然后铺严密。

7）对斜铺的方格形拼花，应在十字弹线的中点，再弹出 45°斜线作铺钉线，其余工序同正方形拼花板。

8）拼花地板铺钉结束，宜用转速为 500 r/min 以上的刨地板机与木纹成 45°角斜刨，刨时不宜走得太快，停机时，应将电刨提起后再关机。刨平后，检查平整度，最后，用打磨机与木纹成 45°角斜磨打光，检查合格后，进行油漆、打蜡工序。

9）拼花地板铺设时常见的缺陷是拼花不规矩、表面不平。拼花不规矩，主要原因是未按施工控制线进行铺钉，以及未及时规方，铺钉时缝隙控制不严造成的；表面不平主要原因是：板材厚薄不匀，偏差较大，以及毛地板未找平。这些需要在铺钉过程中十分注意。

6. 强化木地板面层施工技术要点

1）基面清理。对基面上的杂质清理干净，测量基面平整度、不平处，用 107 胶水泥砂浆找平。

2）基面清理、处理后应晾干。底层场所加做一层防潮层。居室中可用塑料膜做防潮层。

3）铺垫层，一般用泡沫塑料毡作垫层，其铺设方向应与地板块铺设方向垂直。

4）试铺板面。将第一块板的凹槽面靠墙摆放，板与墙间用专用木楔塞住（每块板用两个木楔），板墙间留 10mm 间隙。第一块的方向应按设计方向确定，无设计要求时，一般以进门时木纹为顺直方向为好。方位确定后，依次排接至墙边，靠墙不足一块整板时，可进行锯裁。方法是：将整板一端靠墙，用木楔留出 10mm 间隙，与已排好的前块板凸榫相对平行放置，用角尺在整板上划线，顺线锯割。

5）试铺检查无误后，正式铺粘。将专用胶粘剂涂于板块纵横两边凸榫的上端面。涂胶时，应将凸榫上端面连续满涂，不允许出现断涂，随后将地板的凹槽与前一块板的凸榫相接，用专用木块和铁锤将铺好的板面打紧，挤出的胶液应随手用刮刀和软布擦净。

6）粘铺板块的接缝应错缝。安装至每行的最后一块板时，用专用拉钩将板挤紧。

7）粘铺至管道时，应按管道尺寸开出管道槽，开口槽的尺寸应大于管道 10mm，锯下的余料，按管道形状锯割，填补到管道缺口处。

8）粘贴至地板的收口处，应用金属压条或专用压条封边。地板条在金属压条内应有 10mm 间隙。相通房间，若地板铺设方向相互垂直，则应在门口处加压条，见图 8-11。

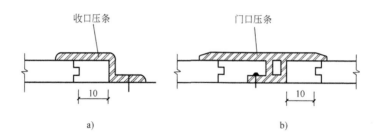

图 8-11 地板收口

a) 地板收口处　b) 地板门口处

9）强化木地板的踢脚板，多为定型产品，有木质活络板、悬挂板等，可根据设计需要选用，按使用说明书安装。

10）整个房间粘贴完工 24h，等胶结剂凝固后，拔除四周木楔，留有的 10mm 间隙中，不得填塞任何物体，其间隙用踢脚板遮盖。注意：踢脚板下口不得与地板面粘连。

7. 木质板地面质量控制

（1）木质板地面质量要求

1）木地板材质和铺设时的含水率必须符合《木结构工程施工质量验收规范》（GB 50206—2012）的有关规定。

2）木搁栅、毛地板和垫木等必须作防腐处理。木搁栅安装必须牢固、平直。在混凝土基面上铺设木搁栅，其间距和稳固方法必须符合设计要求。

3）木质板面层必须铺钉牢固无松动，粘结牢固无空鼓。

4）木板和拼花木板面层刨平磨光，无明显刨痕、戗槎；图案清晰；清油面层颜色均匀。

5）木板面层缝隙严密，接头位置错开；拼花木板面层接缝对齐，粘钉严密。

6）踢脚板接缝严密、表面光滑，高度与出墙厚度一致。

（2）木地板地面允许偏差　木地板地面允许偏差见表 8-18。

表 8-18　木地板地面允许偏差

项　目	允许偏差/mm				检验方法
	实木地板、实木集成地板、竹地板面层			浸渍纸层压木质地板、实木复合地板、软木类地板面层	
	松木地板	硬木地板、竹地板	拼花地板		
板面缝隙宽度	1.0	0.5	0.2	0.5	用钢尺检查
表面平整度	3.0	2.0	2.0	2.0	用 2m 靠尺和楔形塞尺检查
踢脚线上口平齐	3.0	3.0	3.0	3.0	拉 5m 线和用钢尺检查
板面拼缝平直	3.0	3.0	3.0	3.0	
相邻板材高差	0.5	0.5	0.5	0.5	用钢尺和楔形塞尺检查
踢脚线与面层的接缝	1.0				楔形塞尺检查

细节：水泥砂浆楼地面施工

水泥砂浆地面一般用 32.5 级水泥与中砂或粗砂配制，配合比为 1∶2~2.5（体积比），铺装厚度为 15~20mm。铺装前，应放出地坪标高，清理垫层并用水湿润，先刷一道 108 胶素水泥浆或界面结合剂，紧接铺水泥砂浆，用刮尺赶平，并用木抹子压实，待砂浆初凝后、终凝前，用铁抹子反复压光三遍成活。砂浆终凝后（一般在 24h 以后），铺盖草袋、锯末等浇水养护，每天不少于两次，养护期不少于 7d。面层未完全硬化前不要上人堆物。

水泥砂浆面层的质量控制有以下几点：

1）水泥应采用强度等级不低于 32.5 级的硅酸盐水泥和普通硅酸盐水泥，不同品种、不同强度等级的水泥严禁混用；砂应用中砂，当采用石屑时，其粒径应为 1~5mm。且含泥量不应大于 3%。

2）水泥砂浆的面层的体积比应为 1∶2，强度等级不小于 M15。

3）面层与基层应结合牢固，无空鼓、裂纹。

4）面层表面的坡度应符合设计要求，不得有倒泛水和积水现象。

5）面层表面应洁净、无裂纹、脱皮、麻面、起砂等缺陷。

6）面层的允许偏差为：

① 表面平整度：4mm。

② 踢角线上口平直：4mm。

③ 格缝平直：3mm。

7）踢角线与墙面应结合紧密，高度一致，出墙厚度均匀。

8）楼梯踏步宽度、高度应符合设计要求，楼层梯段相邻踏步高度差不应大于 10mm，每踏步两端宽度差不应大于 10mm，旋转楼梯段的每踏步两端的允许偏差为 5mm。踏步的齿角应整齐，防滑条应顺直。

细节：细石混凝土楼地面施工

细石混凝土的强度等级不低于 C20，浇筑时的坍落度不大于 30mm，水泥标号不低于 32.5 级，砂用中砂或粗砂，细石的粒径不大于 15mm，铺装厚度一般为 30~40mm。

混凝土铺装前，先在四周墙、柱上弹出水平线控制铺装厚度，并用木板隔成宽小于 3m 的条形区域。铺砂浆前，应先湿润基层，再刷以水灰比为 0.4~0.5 的水泥浆，随即铺装混凝土，用刮尺找平，用平板振捣器捣实或用滚筒交叉来回滚压 3~5 遍，至表面泛浆为止。混凝土面层在初凝前完成两遍抹压，终凝前完成第三次抹平压光工作。压光和养护要求同水泥砂浆面层。

其他同地面工程中相应内容。

细节：现浇水磨石楼地面施工

现浇水磨石楼地面由面层和找平层构成。水泥砂浆找平层的作用是使水磨石面层有一个坚实平整的基层，保证面层不出现空鼓、裂缝甚至局部塌陷。水泥砂浆配合比为水泥：砂子=1：2.5（质量比），施工方法同水泥砂浆面层施工。

水磨石地面的构造如图 8-12 所示。

现浇水磨石地面施工的工艺流程如下：基层清理→浇水冲洗湿润→设置标筋→做水泥砂浆找平层→养护→镶嵌金属条（或玻璃条）→铺抹水泥石子浆面层→养护、试磨→第一遍磨平并养护→第二遍磨平磨光并养护→第三遍磨光并养护→酸洗打蜡。

彩色石子浆面层主要施工工艺如下：

1）镶嵌金属条：水磨石面层施工一般在找平层养护 2~3d 后进行，铺装前应按设计要求弹分格线和按设计图案设置分格条（铜条、铝条或玻璃条）。嵌条时用木条顺线找平，将嵌条紧靠木条，用素水泥浆抹嵌条的一边，然后拿开木条抹另一边，砂浆高度应比分格条低 3mm，并抹成八字形，如图 8-13 所示。分格条嵌好后，应拉 5m 通线检查，嵌条应平直方正，高低一致，接头严密，镶嵌牢固。嵌条 12h 后应浇水养护，最少须 2d。

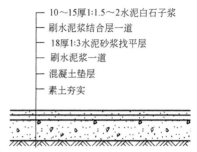

— 10~15厚1:1.5~2水泥白石子浆
— 刷水泥浆结合层一道
— 18厚1:3水泥砂浆找平层
— 刷水泥浆一道
— 混凝土垫层
— 素土夯实

图 8-12 水磨石地面

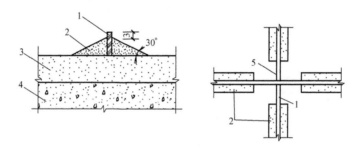

图 8-13 分格嵌条位置
1—分格条 2—素水泥浆 3—水泥砂浆找平层
4—混凝土垫层 5—40~50mm 内不抹素水泥浆

2）铺抹水泥石子浆面层：待嵌条两侧的素水泥浆硬化后，在找平层表面刷一遍与面层颜色相同的水灰比为 0.4~0.5 的水泥砂浆作结合层，随即铺抹水泥石子浆。水泥石子浆的铺抹厚度应比嵌条高出 1~2mm，要铺平整，用滚筒滚压密实。待表面泛浆后，再用木抹子抹平，次日开始养护。

3）试磨：水泥石子浆达到一定的硬度（气温在 20~30℃时，养护 2~3d）后可以开磨。水磨石开磨前应试磨，以表面石粒不松动为准，一般开磨时间见表 8-19。过早试磨，石粒易松动，过晚试磨则磨光困难。

表 8-19 现制水磨石面层开磨时间

平均温度/℃	开磨时间/d		平均温度/℃	开磨时间/d	
	机 磨	人 工 磨		机 磨	人 工 磨
20~30	2~3	1~2	5~10	5~6	2~3
10~20	3~4	1.5~2.5			

4）分次磨光：水磨石面层应使用磨石机分次磨光。

第一次磨光用 60~90 号粗金刚石磨，要求磨平磨匀，使全部分格嵌条外露。磨时边磨边加水，磨后将泥浆冲洗干净，用同色水泥砂浆涂抹面层，以填补面层的细小孔隙和凹痕，洒水养护 2~3d 再进行第二次磨光。

第二次磨光用 90~120 号金刚石磨，要求表面磨到光滑为止，其他做法同第一遍。

第三次磨光用 180~200 号金刚石磨，磨到表面石子粒粒外露，平整光滑，无砂眼细孔。

5）酸洗打蜡：最后磨光的水磨石面层应涂抹 10%草酸溶液将面层的污物清除，并用水冲洗晾干再用油石轻磨一遍。打蜡工作应在影响面层质量的其他工序完成以后进行。将蜡包在薄布后，在面层上涂一薄层，待干后再用钉有细帆布（或麻布）的木块代替油石，装在磨石机的磨盘上进行研磨，直至光滑洁亮为止。

质量控制有如下内容：

1）面层的石粒应洁净、无杂质，粒径应为 6~15mm，应采用坚硬、可磨的白云石、大理石加工而成。水泥强度等级不应小于 32.5 级；颜料应采用耐光、耐碱的矿物原料，不得使用酸性原料。

2）面层拌和料的体积比应符合设计要求（一般为 1:1.5~1:2.5）。

3）面层与基层的结合应牢固，无空鼓、裂纹现象。

4）面层表面应光滑，无明显裂纹、砂眼和磨纹。

5）面层的允许偏差为：

① 表面平整度：3mm（高级水磨石为 2mm）。

② 踢角线上口平直：31mm。

③ 缝格平直：3mm（高级水磨石为 2mm）。

6）踢角线质量要求同水泥砂浆面层。

7）楼梯踏步质量要求同水泥砂浆面层。

9 装饰装修工程

细节：抹灰工程的分类

抹灰工程分为一般抹灰和装饰抹灰两种，具体见下表。

分 类	项 目	内 容
一般抹灰	一般抹灰	抹灰所用的材料为石灰砂浆、水泥砂浆、水泥混合砂浆、聚合物水泥砂浆、膨胀珍珠岩水泥砂浆和麻刀石灰、纸筋石灰、石膏等
装饰抹灰	砂浆装饰抹灰	砂浆装饰抹灰根据使用材料、施工方法和装饰效果不同，分为拉毛灰、甩毛灰、搓毛灰、扫毛灰、拉条抹灰、装饰线条抹灰、假面砖、人造大理石以及外墙喷涂、滚涂、弹涂和机喷石屑等装饰抹灰
	石碴装饰抹灰	石碴装饰抹灰根据使用材料、施工方法、装饰效果不同，分为刷石、假石、磨石、粘石和机喷石粒、干粘瓷粒及玻璃球等装饰抹灰

细节：抹灰层的结构组成

1. 抹灰层的结构组成及作用

抹灰层的结构组成及作用见表 9-1。

表 9-1 抹灰层的结构组成及作用

灰层	作 用	基层材料	一 般 做 法
底层灰	主要起与基层粘接作用。兼初步找平作用	砖墙基层	1) 内墙一般采用石灰砂浆、石灰麻刀、石灰炉渣浆打底 2) 外墙、勒脚、屋檐以及室内有防水防潮要求，可采用水泥砂浆打底
		混凝土和加气混凝土基层	1) 宜先刷 20%108 胶水泥浆一道，采用水泥砂浆或混合砂浆打底 2) 高级装饰工程的预制混凝土板顶棚，宜用聚合物水泥砂浆打底
		木板条、苇箔、钢丝网基层	1) 宜用混合砂浆或麻刀灰、玻璃丝灰打底 2) 须将灰浆挤入基层缝隙内，以加强拉结
中间灰	主要其起找平作用		1) 所用材料基本与底层相同 2) 根据施工质量要求。可以一次抹成，亦可分遍进行
面层灰	主要起装饰作用		1) 要求大面平整，无裂痕，颜色均匀 2) 室内一般采用麻刀灰、纸筋灰、玻璃丝灰、高级墙面也有用石膏灰浆和水砂面层等，室外常用水泥砂浆、水刷石、斩假石等

2. 抹灰层平均总厚度

抹灰层平均总厚度见表9-2。

表 9-2　抹灰层平均总厚度

种　类	基　层	抹灰层总厚度不得大于/mm	种　类	基　层	抹灰层总厚度不得大于/mm
内墙抹灰	普通抹灰	18~20	顶棚抹灰	板条、空心砖、现浇混凝土	15
	高级抹灰	25		预制混凝土	18
外墙抹灰	砖墙面	20		金属网	20
	勒脚及突出墙面部分	25			
	石材墙面	35			

3. 一般抹灰的分级

一般抹灰的分级见表9-3。

表 9-3　一般抹灰的分级

级　别	适 用 范 围	操 作 要 求
高级抹灰	适用于大型公共建筑物、纪念性建筑物以及有特殊要求的高级建筑物	一底层、数中层和一面层。多遍成活
普通抹灰	适用于一般居住、共用和工业房屋以及高级建筑物的附属用房	一底层、一中层和一面层。三遍成活

细节：一般抹灰的材料要求

1. 对一般抹灰材料的要求

1）水泥：水泥必须有出厂合格证，品种、性能符合要求，凝结时间和安定性复验应合格。

2）石灰膏应用块状生石灰淋制。淋制时，必须用孔径不大于 3mm×3mm 的筛过滤，并储存在沉淀池中。

熟化时间，常温下一般不少于 15d；用于罩面时，不应少于 30d。使用时，石灰膏内不得含有未熟化的颗粒和其他杂质。

在沉淀池中的石灰膏应加以保护，防止其干燥、冻结和污染。

3）抹灰用的石灰膏可用磨细生石灰粉代替，其细度应通过 4900 孔/cm² 筛。

用于罩面时，熟化时间应不小于 3d。

4）抹灰用的砂子应过筛，不得含有杂物。

装饰抹灰用的骨料（石粒、砾石等）应耐光、坚硬，使用前必须冲洗干净。干粘石用的石粒应干燥。

5）抹灰用的膨胀珍珠岩，宜采用中级粗细粒径混合级配，堆积密度宜为 80~150 kg/m³。

6）抹灰用的黏土、炉渣应清洁，不得含有杂物。

黏土应选用粉质黏土，并加水浸透；炉渣应过筛，粒径应不大于 3mm，并加水焖透。

7）抹灰用的纸筋应浸泡、捣烂、清洁；罩面纸筋应宜机碾磨细。稻草、麦秸、麻刀应坚韧、干燥，不含杂物，其长度不大于30mm。

稻草、麦秸应经石灰浸泡处理。

8）粉煤灰的品质应达到Ⅲ级灰的技术要求。

9）水宜采用生活用水。

10）掺入装饰砂浆的颜料，应用耐碱、耐光的颜料。

2. 一般抹灰的砂浆配合比

一般抹灰的砂浆配合比见表9-4。

表9-4 一般抹灰的砂浆配合比

材 料	配合比(体积比)	应 用 范 围
石灰：砂	1：2~1：3	用于砖石墙（檐口、勒脚、女儿墙及潮湿房间的墙除外）面层
水泥：石灰：砂	1：0.3：3~1：1：6	墙面混合砂浆打底
水泥：石灰：砂	1：0.5：2~1：1：4	混凝土顶棚抹混合砂浆打底
水泥：石灰：砂	1：0.5：4~1：3：9	板条顶棚抹灰
水泥：石灰：砂	1：0.5：4.5~1：1：6	用于檐口、勒脚、女儿墙外角以及比较潮湿处墙面抹混合砂浆打底
水泥：砂	1：3~1：2.5	用于砖石、潮湿车间等墙裙、勒脚等或地面基层抹水泥砂浆打底
水泥：砂	1：2~2：1.5	用于地面、顶棚或墙面面层
水泥：砂	1：0.5~1：1	用于混凝土地面压光
水泥：石灰：砂：锯末	1：1：3.5	用于吸声粉刷
白灰：麻筋	100：2.5(质量比)	用于木板条顶棚底层
石灰膏：麻筋	100：1.3(质量比)	用于木板条顶棚底层（或100kg石膏加3.8kg纸筋）
纸筋：白灰膏	灰膏0.1m³，纸筋3.6kg	用于较高级墙面或顶棚

细节：一般抹灰工程的施工

抹灰施工采用石灰膏时，块状生石灰应先淋制，淋制时必须用孔径不大于3mm×3mm的筛过滤，并储存在沉淀池中。石灰熟化时间，常温下不少于15d；用于罩面时不少于30d。使用时，石灰膏内不得含有未熟化的颗粒和其他杂质，在沉淀池中的石灰膏应加以保护，防止其干燥、冻结和污染。抹灰用的石灰膏可用磨细的生石灰粉代替，但其细度应通过4900孔/cm²筛子过筛，用于罩面时，熟化时间不少于3d；砂子必须过筛，严格控制含泥量，其他材料应符合相关的设计要求。

1. 墙面抹灰

墙面一般抹灰操作工序见表9-5。

表 9-5 墙面一般抹灰操作工序

工序名称	一般抹灰质量等级		
	普通抹灰	中级抹灰	高级抹灰
基体清理	+	+	+
湿润墙面	+	+	+
阴角找方		+	+
阳角找方			+
涂刷 108 胶水泥浆	+	+	+
抹踢脚板、墙裙及护角底层灰	+	+	+
抹墙面底层灰	+	+	+
设置标筋		+	+
抹踢脚板、墙裙及护角中层灰	+	+	+
抹墙面中层灰(高级抹灰墙面中层灰应分遍找平)		+	+
检查修整		+	+
抹踢脚板、墙裙面层灰	+	+	+
抹墙面面层灰并修整	+	+	+
表面压光	+	+	+

注:表中"+"号表示应进行的工序。

(1) 基体处理和准备 为了确保抹灰层与基体之间粘接牢固,避免出现裂缝、空鼓和脱落等现象,抹灰前必须针对不同的基体采取相应的处理方法。砖墙因干燥吸水快,所以重点是清除砖面未刮净的干涸砂浆,并浇水润湿墙面;混凝土基体表面光滑不易吸水,预制构件表面油污较多,所以处理的重点是划毛和清除油污;对于两种不同材料基体的结合部,应加钉金属网,防止受温度影响变形不同而产生裂缝,木板条则应用水浇透,防止木板条吸水过快而引起砂浆开裂。表面太光的基体可剔毛,或用 1:1 水泥浆掺 10% 108 胶抹一薄层。

抹灰前,应检查墙面的平整度和垂直度,墙面的脚手孔洞及安装水暖、通风等各种管线凿剔墙后的孔洞和其他凹凸不平处,应用 1:3 水泥砂浆堵塞严密,室内墙面、柱面的阳角和门洞口的阳角,宜用 1:2 水泥砂浆做护角,其高度不应低于 2m,每侧宽度不小于 50mm。

(2) 弹线 将房间用角尺规方,小房间可用一面墙为基线,大房间应在地面上弹出十字线。在距墙阴角 100mm 处用线坠吊直弹出竖线后,再按规方基线及抹灰层厚度向里反弹出墙角抹灰准线,并在准线上下两端钉上铁钉,挂上白线,作为抹灰饼、冲筋的标准。

(3) 抹灰饼、冲筋 抹灰饼的操作方法:先在距顶棚约 200mm 处做两个上灰饼,并以此为准吊线做下灰饼,下灰饼一般设在踢脚线上方 200~300mm 处,然后根据上下灰饼再上下左右拉通线设中间灰饼,灰饼大小一般为 40mm×40mm,间距为 1.2~1.5m。灰饼收水后,在上下灰饼间填充作冲筋,灰饼和冲筋的砂浆应用与抹灰层相同的砂浆。抹完冲筋后用硬尺通平并检查垂直度和平整度,误差控制在 1mm 以内。

（4）抹底层灰　底层砂浆厚度为冲筋厚度的2/3，冲筋达到一定的强度（刮尺操作不致损坏为限）后，清理表面并湿润即可进行底灰涂抹，先用铁抹子将砂浆抹上墙面并压实，并用木抹刀修补、压实、搓平、搓粗，底层灰应与基层粘接牢固。

（5）抹中层灰　待已抹底层灰达到7~8成干后即可抹中层灰。中层灰厚度以冲筋厚度为准，上满砂浆以后用木刮尺紧贴冲筋将灰刮平，再用木抹子搓平。最后用2m的靠尺检查平整度和垂直度，超过标准者立即修整，直到符合标准为止。

（6）抹罩面灰　当中层灰凝结后，可上罩面灰。普通抹灰用麻刀灰罩面，中、高级抹灰应用纸筋灰罩面。面灰用铁抹子抹平，并分两遍连续适时压实收光。

（7）墙面阳角抹灰　墙面阳角抹灰时，先将靠尺在墙的一面用线坠找直并固定好，然后在另一面沿靠尺抹上砂浆，压实收光。

室内墙裙、踢脚板，一般要比罩面灰墙面高出3~5mm，因此，应根据高度弹线，把八字尺靠在线上用铁抹子切齐，修边清理，然后再抹墙裙和踢脚板。

2. 顶棚抹灰

混凝土顶棚抹灰的主要工艺流程为：基层处理→弹线→湿润→抹底层灰→抹中层灰→抹罩面灰。

基层处理包括清除板底的浮灰、砂石和松动的混凝土，剔平混凝土的突出部分，油脂类隔离剂先用浓度为10%的火碱溶液清刷干净，再用清水冲洗，预制混凝土楼板的板缝应用1:0.3:3的混合砂浆预先勾板缝至楼板底平。

抹顶棚灰前，根据室内50cm水平线，用杆尺或钢直尺向上量出顶棚四周的水平线，此线一般距顶板10cm，作为顶棚抹灰的水平控制。

抹底层灰的前一天，用水湿润基层，当天再根据情况适当洒水，紧接满刷一遍108胶水泥浆作为结合层，随刷随抹底层灰。底子灰要用力压，以便挤入顶棚的细小孔隙中，与顶棚粘接牢固。随后用软刮尺刮抹平顺，再用木抹子搓平、搓毛。底层灰通常厚度为3~5mm。

抹底层灰后（在常温下12h后），采用水泥混合砂浆抹中层灰，分层压实。抹完后先用软刮尺顺平，再用木抹子搓平。

待中层灰凝固后，即可用纸筋灰罩面，用铁抹子抹平，压实收光。

不同基层一般抹灰的施工要点归纳见表9-6。

表9-6　不同基层一般抹灰的施工要点

名　称	分 层 做 法	厚度/mm	操 作 要 点
普通砖墙抹石灰砂浆	1）1:3石灰砂浆打底找平 2）纸筋灰、麻刀灰或玻璃丝灰罩面	10~15 2	1）底子灰先由上往下抹一遍，接着抹第二遍，由下往上刮平，用木抹子搓平 2）底子灰五六成干时抹罩面灰，用铁抹子先竖着刮一遍，再横抹找平，最后压一遍
普通砖墙抹水泥砂浆	1）1:3水泥砂浆打底找平 2）1:2.5水泥砂浆罩面	10~15 5	1）同上1），表面须划痕 2）隔一天抹罩面，分两遍抹，先用木抹子搓平，再用铁抹子揉实压光，24h后洒水养护 3）基层为混凝土时，先刷水泥浆一遍
墙面抹混合砂浆	1）1:0.3:3(或1:1:6)水泥石灰砂浆打底找平 2）1:0.3:3水泥石灰砂浆罩面	13 5	基层为混凝土时，先洒水湿润，再刷水泥浆一遍，随即抹底子灰

（续）

名　　　称	分　层　做　法	厚度/mm	操　作　要　点
混凝土墙、石墙抹纸筋灰	1）刷水泥浆一遍 2）1：3：9 水泥石灰砂浆打底找平 3）纸筋灰、麻刀灰或玻璃丝灰罩面	13 2	基层为混凝土时，先洒水湿润，再刷水泥浆一遍，随即抹底子灰
加气混凝土墙抹石灰砂浆	1）1：3：9 水泥石灰砂浆打底 2）1：3 石灰砂浆找平 3）纸筋灰、麻刀灰或玻璃丝灰罩面	3 13 2	抹灰前先洒水湿透，再刷水泥浆一遍，随即抹底子灰
混凝土顶棚抹混合砂浆	1）1：0.5：1（或1：1：4）水泥石灰砂浆打底 2）1：3：9（或1：0.5：4）水泥石灰砂浆找平 3）纸筋灰、麻刀灰或玻璃丝灰罩面	2 6 2	1）底子灰垂直模板方向薄抹 2）随即顺着模板方向抹第二遍，用刮尺顺平，木抹子搓平 3）第二遍灰六七成干时，抹罩面灰。两遍成活时，待第二遍灰稍干，即顺抹纹压实、抹光 4）当为预制板时，第一遍用1：2 水泥砂浆勾缝，再用1：1 水泥砂浆加水泥质量2%的乳胶抹 2~3mm 厚，并随手带毛

细节：砂浆装饰抹灰的施工

1. 拉毛灰施工要点

拉毛装饰抹灰的基体处理，与一般抹灰相同。中层砂浆涂抹后，先刮平，再用木抹子搓毛，待中层6~7成干时，根据其干湿程度，浇水湿润墙面，然后涂抹面层（罩面）拉毛。

1）纸筋石灰拉毛。

2）水泥石灰砂浆拉毛。

水泥石灰砂浆罩面拉毛时，待中层砂浆6~7成干时，浇水湿润墙面，刮水泥浆，以保证拉毛面层和中间层粘接牢固。

拉毛时，在一个平面上，应避免中断留搓，以做到色调一致，不露底。

拉条抹灰的基体处理及底层、中层抹灰与一般抹灰相同。

拉条时，墙面中间层强度应达到 70%，才能涂抹粘结层及抹罩面砂浆。罩面砂浆需根据所拉条形采用不同的砂浆，粘结层与罩面砂浆湿度适宜，要求到达能拉的稠度。

2. 假面砖抹灰施工要点

假面砖抹灰用水泥、石灰膏配合一定量的矿物颜料制成彩色砂浆，配合比可参见表9-7。

表 9-7 彩色砂浆参考配合比(体积比)

设计颜色	普通水泥	白 水 泥	石 灰 膏	颜料(按水泥质量)(%)	细 砂
土黄色	5		1	氧化铁红 0.2~0.3 氧化铁黄 0.1~0.2	9
咖啡色	5		1	氧化铁红 0.5	9
淡黄色		5		铬黄 0.9	9
浅桃色		5		铬黄 0.9,珠红 0.4	白色细砂 9
淡绿色		5		氧化铬绿 2	白色细砂 9
灰绿色	5		1	氧化铬绿 2	白色细砂 9
白色		5			白色细砂 9

面层砂浆涂抹前,要浇水湿润中间层,先弹水平线,然后在中间层上抹 1∶1 水泥垫层砂浆,厚度为 3mm,接着抹面层砂浆,面层稍收水后,用卡尺板使铁梳子或铁辊由上向下划纹,然后根据面砖的宽度用铁钩子沿靠尺板横向划沟,划好后将飞边砂粒扫净。

3. 水刷石施工要点

水刷石底层和中间层抹灰操作要点与一般抹灰相同,抹好后中间层表面要划毛。

中间层砂浆抹好后,弹线分格,粘分格条,具体操作方法与一般抹灰相同。

中间层砂浆 6~7 成干时(终凝之后),根据中间层抹灰的干燥程度浇水湿润。紧接着刮水灰比为 0.37~0.40 水泥浆一遍。

为了协调石粒颜色或在气候炎热季节避免面层砂浆凝结太快而便于操作,可在水泥颗粒浆中掺加石灰膏,但其参量应控制在水泥用量的 50% 以内,水泥石粒浆或水泥石灰膏石粒浆稠度应为 5~7cm,石粒用前要认真过筛,并用清水洗净。

面层开始凝固时,即用刷子蘸水刷掉面层水泥浆,至石子外露。

如表面水泥已经结硬,可用 5% 稀盐酸溶液洗刷,然后用水冲洗。

水刷石除了采用彩色石粒外,也有用小豆石、石屑或粗砂的。

水刷小豆石根据各地方材料的不同,可采用河石、海滩白色或浅色豆石,粒径一般为 8~12mm 左右,其操作方法与水刷石粒相同。

水刷砂,一般选用粒径为 1.2~2.5mm 的粗砂,其面层配合比是水泥∶石灰膏∶砂子 = 1∶0.2∶1.5。砂子须事先筛过洗净。有的为了避免面层过于灰暗,可在粗砂中掺加 30% 白石砂或石英砂。工艺上的区别是砂子粒径比石子粒径小得多,刷洗时易将砂粒刷掉,应用细毛刷蘸水刷洗,操作要细致,用水量少。

水刷石屑,一般选用加工彩色石粒下脚料,其面层砂浆配合比及其施工方法同水刷砂。

4. 干粘石施工要点

干粘石装饰抹灰的基体处理方法与一般外墙抹灰方法相同。

打底后按设计要求弹线分格,贴分格木条。

粘分格木条的方法与一般抹灰相同。但粘木条时粘接高度应不超过面层厚度,否则不易使面层平整。

石粒应筛过,去掉杂物,洗净、晾干,盛在木框底部钉有 16 目筛网的托盘内。

甩石粒操作时,一手拿盛料盘,一手拿木拍,用木拍铲石粒,反手往墙上甩。注意甩撒均匀密布,将石料扩散成薄片。

甩石粒顺序,先上部及左右边角处,下部最后。

甩石时要托盘承接掉下来的石粒,粘接上的石粒,要随时用铁抹子将石粒拍入粘结层1/2深,要求拍实拍平,但不得把灰浆拍出,影响美观,待有一定强度后洒水养护。

5. 机喷干粘石施工要点

当中间层砂浆刚要吸水时即可抹粘结层。

粘结层抹好后随即进行喷石粒,并将石粒拍实拍平。

粘结砂浆,按预先分格逐块喷抹。

6. 斩假石施工要点

斩假石在基本处理后,即涂抹底层、中间层砂浆。底层与中间层表面应划毛。涂抹面层砂浆前,要认真浇水湿润中间层抹灰,并满刮纯水泥浆一道,按设计要求弹线分格,粘分格条。

斩假石面层砂浆一般用白石粒和石屑,应统一配料,干搅拌均匀备用。

抹罩面时一般分两次进行。

面层抹灰完成后,不得受烈日曝晒和冰冻。在常温下一般养护 2~3d,其强度应控制在 $5N/mm^2$。

面层斩剁时,应先进行试斩,以石子不脱落为准。

斩剁前,应先弹顺线,按线操作,以免剁纹跑斜。斩剁时,必须保持墙面湿润,如墙面过于干燥,应予蘸水,但是斩剁完成部分不得蘸水。

细节:假面砖和人造大理石抹灰的施工

1. 外墙假面砖抹灰的分层做法

1)第一层:1:0.3:3 水泥石灰混合砂浆垫层,厚度为 13mm。

第二层:饰面色浆或饰面砂浆,厚度为 3~4mm。

2)第一层:1:1 水泥砂浆垫层:厚度为 13mm。

第二层:饰面砂浆;厚度为 3~4mm。

2. 人造大理石墙面的分层做法

1)第一层:1:3 水泥砂浆打底,并画出纹道,厚度为 13mm。

第二层:刮石膏浆一遍。

第三层:抹石膏饰面层,厚度为 5~7mm。

2)第一层:1:3 水泥砂浆打底,并画出纹道,厚度为 13mm。

第二层:刮石膏浆一遍。

第三层:甩石膏罩面,厚度为 20mm。

细节:灰线的做法

灰线是室内装饰线,常见于高级装修房间的顶棚四周及灯光周围舞台口等处。

1. 分层做法

1)粘结层,1:1:1 水泥石灰砂浆薄薄刷一层。

2）垫灰层，1：1：4 水泥石灰砂浆略掺麻刀。

3）出线灰，1：2 石灰砂浆(砂子过 3mm 筛孔)。

4）2mm 厚纸筋灰罩面，分两次抹成。

2. 施工要点

（1）抹灰线的施工工艺流程　通常先抹墙面底子灰，靠近顶棚处留出灰线尺寸不抹，以便在墙面底子灰上粘贴抹灰面的靠尺板，这样可以避免后抹墙面底子灰时碰坏灰线。顶棚抹灰常在抹完灰线后进行。

（2）死模施工方法　先薄薄抹一层 1：1：1 水泥石灰砂浆与混凝土基层粘接牢固，随着垫层灰一层一层抹，模子要随时推拉找标准，抹到离模子边缘约 5mm 处。第二天先用出线灰抹一遍，再用普通纸筋灰，一人在前面用喂灰板模子口处喂灰，一人在后，将模子推向前进，等基本推出棱角并有三四成干后，再用细纸筋灰推到使棱角整齐光滑为止。

如果抹石灰膏线，在形成出线棱角时用 1：2 石灰浆推出棱角，在六七成干时稍洒水用石灰浆掺石膏，在 6~7min 内推抹至棱角整齐光滑。

（3）活模施工方法　采用一边粘尺一边冲筋，模子一边靠在靠尺板上一边紧贴筋上捋出线条，其他同死模施工方法。

（4）圆形灰线活模施工方法　应先找出圆中心，钉上钉子，将活模尺板顶端孔套在钉子上，围着中心捋出圆形灰线。罩面时一次成活。

（5）灰线接头的施工方法

1）接阴角做法：当房屋四周灰线抹完后，切齐甩搓，先用抹子抹灰线的各层灰，当抹上出线灰及罩面灰后，分别用灰线接角尺一边轻挨已成活的灰线作为基准，一边刮接角的灰使之成形。接头阴角的交线与立墙阴角的交线要在一个平面之内。

2）接阳角做法：首先要找出垛、柱阳角距离来确定灰线位置，施工时先将两边靠阴角处与垛柱结合齐，再接阳角。

细节：外墙喷涂、弹涂、滚涂抹灰的施工

1. 外墙喷涂抹灰施工要点

1）灰浆管道产生堵塞而又不能马上排除故障时，要迅速改用喷斗上料继续喷涂，不留接搓，直到喷涂完为止，以免影响质量。

2）要掌握好石灰膏的稠度和细度，应将所用的石灰膏一次上齐，存放在池子里搅拌均匀，做样板和大面均用同一含水率的石灰膏，否则会产生颜色不一现象。

3）颜色选择要适当，要选择耐碱性强、耐光性和耐污染性好的颜料，如氧化铁黄、氧化铁红、群青、赭石等。

4）要注意基层干湿度，尽量使其干湿度一致。

5）颜料一次不要拌得太多，避免变稠再加水。

2. 外墙滚涂抹灰施工要点

1）抹聚合物水泥砂浆后，必须紧跟进行滚涂以免出现"翻砂"现象。辊子运行要轻缓平移，直上直下，以保持花纹均匀一致。

2）滚涂分为干滚法和湿滚法两种。干滚法辊子上下一个来回，再向下走一遍，表面均

匀拉毛即可；湿滚法要求辊子蘸水上墙，或向墙面洒少量的水，滚到花纹均匀为止。

3）横滚的花纹容易积尘污染，不宜采用。

4）如产生翻砂现象，应再薄抹一层砂浆重新滚涂，不得事后修补。

5）因罩面层较薄，因此要求底层顺直平整，避免面层做后产生露底现象。

6）滚涂应按分格缝或分段进行，不得任意甩槎。

3. 外墙弹涂抹灰施工要点

1）弹涂抹灰前，先涂刷一遍刷底色浆，以增强基层与水泥色点间的附着力。

2）几种色浆均要弹得均匀，应相互衬托，弹出的色浆点应为近似圆粒状。

3）弹点时，若出现色浆拉丝、流坠等现象，应停止操作，调整浆胶水灰比。

4）适当调整弹力器与墙身距离（一般为 200~300mm），弹涂斗盛浆得多少、色浆稠度的大小可控制圆点的大小。弹好的头道色浆稍干后即可弹第二遍色浆，施工完毕后当天养护，其效果更好。

5）待面层色浆干燥后，随即喷一道甲基硅溶液或聚乙烯醇缩丁醛乙醇溶液进行罩面，以防水、防老化。喷涂时，涂层要均匀，不宜过厚或遗漏。

细节：水刷石面层的施工

1. 水刷石面层施工技术要点

1）当墙体为砖墙时，底层灰用 12mm 厚 1∶3 水泥砂浆铺抹，扫毛或划出纹道；当墙体为混凝土墙时，底层灰用素水泥浆（掺占水重 3%~5% 的 107 胶）涂刷，用 6mm 厚 1∶0.5∶3 水泥石灰砂浆铺抹并扫毛；当墙体为加气混凝土墙时，底层灰用 107 胶水溶液（107 胶：水 =1∶4）涂刷，用 6mm 厚 2∶1∶8 水泥石灰砂浆铺抹，并扫毛或划出纹道。中层灰用 6mm 厚 1∶1∶6 水泥石灰砂浆铺抹，刮平扫毛。

2）待底层灰或中层灰凝固后，按墙面分格设计，在墙面上弹出分格线。

3）用水湿润墙面，依分格线用素水泥浆将木分格条粘贴在抹灰面上（木分格条应预先浸水）。

4）在各分格区内刮抹一道水灰比为 0.37~0.4 的水泥浆（可掺入 3%~5% 水重的 107 胶），随后抹上拌匀的水泥石子浆。水泥石子浆可用 1∶1.5 水泥石子浆（小八厘）铺抹 8mm 厚，或用 1∶1.25 水泥石子浆（中八厘）铺抹 10mm 厚。

5）用刮尺刮平，铁抹子压实。待水泥石子浆稍收水后，用铁抹子将石子浆满压一遍，将露出的石子尖棱压平，然后用刷子蘸水刷去表面浮浆，拍平压光一遍，再刷再压，如此反复不少于三次，最后，用铁抹子拍平，使石子的大面朝外。

6）待水泥初凝后，用手指按上去无痕，用刷子刷石粒不松动时，即可进行水刷。

7）水刷由上而下，分两遍进行，第一遍用软毛刷蘸水刷面层水泥浆，露出石粒；第二遍用喷雾器喷水，把表面的水泥浆冲掉，使石粒外露约为粒径的 1/2，再用水壶从上往下冲水，使面层干净。

8）如表面水泥浆已硬结，可用 5% 稀盐酸溶液洗刷，然后用清水冲洗。

9）待水泥石子浆面层硬结后，起出木分格条，再用线抹子将分格缝边抹平，根据设计需要，用水泥砂浆勾缝（凹缝）或上色。

2. 水刷石施工质量控制

1）各抹灰层之间及抹灰层与基体之间应粘接牢固，无脱层、空鼓和开裂等缺陷。

2）分格条的宽度、深度基本均匀，楞角整齐，横平竖直。

3）水刷石表面石粒紧密平整，色泽均匀、无掉粒。

4）水刷石质量允许偏差见表9-8。

表 9-8　水刷石质量允许偏差

项　目	允许偏差/mm	检 验 方 法	项　目	允许偏差/mm	检 验 方 法
表面平整度	3	用2m靠尺和塞尺检查	墙裙、勒脚上口直线度	3	拉5m线，不足5m拉通线和尺量检查
立面垂直度	5	用2m垂直检测尺检查			
阴、阳角方正	3	用方尺和塞尺检查	分格条（缝）直线度	3	

3. 水刷石质量通病与预防

水刷石质量通病与预防有以下几点：

（1）石子不均匀、脱落　产生原因及预防措施见下表：

原　因	预 防 措 施
石碴使用前未洗净	水刷石碴使用前应冲洗干净
底层灰或中层灰干湿程度掌握不好	应待底层灰凝结后，方可抹中层灰
水泥石子浆搅拌不均匀	水泥石子浆应搅拌均匀

（2）面层空鼓　产生原因及预防措施见下表：

原　因	预 防 措 施
底层灰或中层灰未洒水湿润	底层灰或中层灰有7成干时，可抹下一道，若已干燥应洒水湿润
素水泥浆抹刮不匀或漏刮	素水泥浆应抹刮均匀，随抹随铺面层灰

（3）阴阳角不垂直　产生原因及预防措施见下表：

原　因	预 防 措 施
阴角处抹水泥石子浆一次成活，未弹垂直线	阴角处水刷面宜两次完成，在靠近阴角处，按水泥石子浆厚度在底层灰上弹垂直线，作抹阴角依据
阳角分段抹水泥石子浆时，靠尺位置不妥	阳角贴靠尺时，应比上段已抹完的阳角略高1~2mm
抹阳角操作不正确	抹阳角时，水泥石子浆接槎应正交在阳角角尖上

细节：干粘石面层的施工

1. 干粘石面层施工技术要点

干粘石有手工干粘石和机喷干粘石两种施工方法。

（1）人工干粘石施工技术要点

1）当墙体为砖墙时，底层灰用12mm厚1∶3水泥砂浆铺抹，并扫毛，中层灰用6mm厚1∶3水泥砂浆铺抹；当墙体为混凝土墙时，底层灰用素水泥浆（掺占水重3%~5%的107胶）涂刷，用6mm厚1∶0.5∶3水泥石灰砂浆铺抹划纹道，中层灰用6mm厚1∶3水泥砂浆铺抹；当墙体为加气混凝土墙时，底层灰用107胶水溶液（107胶∶水=1∶4）涂刷，用

10mm 厚 2：1：8 水泥石灰砂浆铺抹并扫毛，中层灰用 6mm 厚 1：3 水泥砂浆铺抹。

2）底层灰凝固后，在墙面上弹出分格线，洒水湿润，按分格线将木分格条用水泥浆粘贴在墙面上。

3）分格条粘牢后，在分格区内抹中层灰，随后抹 107 胶水泥浆（水泥：107 胶 = 1：0.3 ~ 0.5)随即粘小八厘色石粒。

4）粘结上的石粒，应随即用铁抹子将石粒拍入结合层 1/2 深，拍实拍平，但不得将灰浆拍出。

5）待面层有一定强度后，洒水养护。

6）面层养护完，起出分格条，用水泥砂浆勾缝。

（2）机喷干粘石施工技术要点

1）底层灰与人工抹灰层相同。

2）底层灰凝固后，弹分格线，用水泥浆粘分格条。

3）分格条粘牢后，在分格区内抹 107 胶水溶液（107 胶：水 = 1：4），接着抹 5mm 厚 107 胶水泥砂浆（水泥：中砂：细砂：107 胶 = 1：1.35：0.65：0.1），待其收水时，即可喷石粒。

4）喷石粒时，喷头距墙面约 300~400mm，气压以 0.6~0.8MPa 为宜。

5）喷石粒后，用铁抹子轻拍，使石子面平整，待面层有一定强度后，洒水养护。

6）养护完，起出分格条，用水泥砂浆勾缝。

2. 干粘石面层质量控制

1）各抹灰层之间及抹灰层与基体之间必须粘接牢固，无脱层、空鼓和裂缝等缺陷。

2）分格缝宽度、深度基本均匀，楞角整齐，横平竖直。

3）干粘石粒粘接牢固，分布均匀，表面平整，颜色一致。

3. 干粘石质量通病与预防

（1）面层空鼓 产生原因及预防措施见下表：

原 因	预 防 措 施
基面清理不干净	墙面清理应仔细，表面应清理干净
基层墙面未浇水湿润或浇水过多	抹灰前，墙面浇水应适当
墙面凹凸超差	抹灰前，检查墙面平整度，凸处剔平，凹处修补平整

（2）面层滑坠 产生原因及预防措施见下表：

原 因	预 防 措 施
干粘石拍打过重，局部返浆	干粘石拍打应轻，避免返浆
底层灰抹得不平，灰厚处易产生滑坠	底层灰的平整度应控制，平整度误差不应大于 5mm
底层灰未干就抹中层灰	应待底层灰凝固后，洒水湿润再抹中层灰

（3）粘石饰面浑浊不洁 产生原因及预防措施见下表：

原 因	预 防 措 施
石子内混有杂质	石子应先过筛，去除杂质，然后用水冲洗
石子内掺入石屑过多，或含有石粉	石屑掺量不应大于 30%，石粉应筛去
几种色石碴混用时，配合比例不准	石碴配合比应准确，最好采用重量比

（4）接槎明显　产生原因及预防措施见下表：

原　因	预防措施	原　因	预防措施
结合层涂抹与干粘石不衔接	结合层涂刷后，应即粘石子	分格较大，不能连续粘完	一分格内干粘石应连续做完

细节：轻钢龙骨吊顶的种类与材料要求

轻钢龙骨吊顶分为轻型、中型、重型三类。轻型吊顶不能承受上人荷载；中型吊顶能承受偶然上人荷载；重型吊顶能承受重约 80kg 的集中活荷载。

轻钢龙骨吊顶有单层、双层之分。大、中龙骨底面在同一水平面上，或不设大龙骨直接挂中龙骨称为单层构造；中、小龙骨紧贴大龙骨底面吊顶（不在同一水平面上）称为双层构造。

U 形轻钢吊顶龙骨见图 9-1。

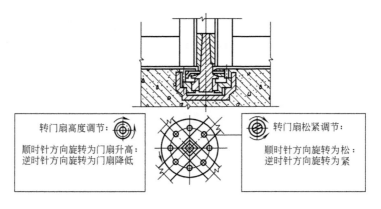

图 9-1　U 形轻钢吊顶龙骨

T 形轻钢吊顶龙骨见图 9-2。

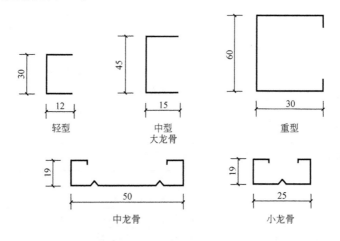

图 9-2　T 形轻钢吊顶龙骨

龙骨配件：有各种型式，主要有吊挂件、纵向连接件、平面连接件等。

钢筋吊杆、吊钩。

罩面板：品种众多，常用的有纸面石膏板、吸声石棉板、石膏吸声板、聚氯乙烯塑料板、钙塑泡沫吸声板等，其各自的规格尺寸及技术指标如下：

石膏装饰板技术性能见表9-9。

表9-9　石膏装饰板技术性能

名　　称	规格/mm×mm×mm	技　术　性　能
平面石膏装饰吸声板 压花石膏装饰吸声板 平面钻孔石膏装饰吸声板 压花钻孔石膏装饰吸声板 油漆钻孔石膏装饰吸声板 印花石膏装饰吸声板	300×300×9 400×400×9 500×500×9 600×600×9 亦可按设计要求 生产异型规格	密度/(kg/m³)：850 断裂荷载/N：200~280 挠度(相对湿度92%，跨距580mm)/mm：0.5 软化系数：>0.8 热导率/(W/m·K)：0.15 防水性能(%)：24h<2.5
深浮雕式石膏装饰板		耐火度/℃：1150~1320 吸声系数(Hz/吸声系数)：$\frac{250}{0.08~0.14}$、$\frac{500}{0.50~0.82}$、$\frac{1000}{0.30~0.48}$、$\frac{2000}{0.34}$
高效防水石膏吸声装饰板 抗水防潮石膏装饰板	300×300×9 500×500×9 600×600×11 900×900×12~20	密度/(kg/m³)：750~800 断裂荷载/N：>200 挠度(相对湿度95%，跨距580mm)(防水石膏板)/mm：1 软化系数：>0.72 热导率/(W/m·K)：<0.1 防水性能(高效防水板)(%)：24h<2.5 耐火度/℃：1200~1300 吸声系数(Hz/吸声系数)：$\frac{250}{0.08~0.14}$、$\frac{500}{0.6}$、$\frac{1000}{0.4}$、$\frac{2000}{0.34}$

纸面装饰吸声板技术性能见表9-10。

表9-10　纸面装饰吸声板技术性能

名　　称	技　术　指　标			备　　注
板厚/mm	9	12	25	
单位面积质量/(kg/m²)	≤9.0	≤12.0	≤25.0	
挠度(⊥纤维)/mm 挠度(‖纤维)/mm	— —	≤0.8 ≤1.0	— —	支座间距40d(d为板厚)
断裂强度(⊥纤维)/N 断裂强度(‖纤维)/N	≥400 ≥150	≥600 ≥180	≥500 ≥180	支座间距40d(d为板厚)
耐火极限	纸面石膏板5~10min 防火纸面石膏板>20min			
燃烧性能	A2级不燃			
含水率(%)	≤2			

（续）

名　称	技术指标			备　注
热导率/(W/m·K)	0.190~0.209			
隔声性能/dB	26	28	—	
钉入强度/MPa	1.0	2.0	—	

聚氯乙烯塑料天花板规格与技术性能见表9-11。

表9-11　聚氯乙烯塑料天花板规格与技术性能

名　称	规格/mm×mm×mm	技术性能
聚氯乙烯塑料天花板	500×500×0.5 颜色：乳白、米黄、湖蓝等 图案：昙花、蟠桃、熊竹、云龙、格花、拼花等	密度/(g/cm³)：1.3~1.6 抗拉强度/MPa：28.0 伸长率(%)：100 吸水性(%)：<0.2 耐热性/℃：60(不变形) 阻燃性：离火自熄 热导率/(W/m·K)：0.174
聚乙烯塑料天花板	500×500×0.5	密度/(g/cm³)：≤0.25 抗拉强度/MPa：≥0.8 伸长率(%)：30 吸水性(%)：<0.2 耐热性/℃：30~60 阻燃性：氧指数40 热导率/(W/m·K)：0.071~0.139
聚氯乙烯塑料天花板CPVC和PS复合板	500×500×16	吸水性(%)：≤0.2 耐热性/℃：60(不变形) 阻燃性：离火自熄

矿棉装饰吸声板规格与技术性能见表9-12。

表9-12　矿棉装饰吸声板规格与技术性能

名　称	规格/mm×mm×mm	技术指标
矿棉装饰吸声板	596×596×(12、15、18) 496×496×(12、15)	密度/(kg/m³)：450~600 抗弯强度/MPa：≥1.5 热导率/(W/m·K)：0.0488 吸湿率(%)：≤5 防火：自熄 吸声系数(Hz/吸声系数)：0.2~0.3
	500×500×(12~20)	密度/(kg/m³)：300~400 抗弯强度/MPa：≥0.8 热导率/(W/m·K)：0.0523 吸湿率(%)：≤2 防火：自熄 吸声系数(Hz/吸声系数)：0.49(平均)

钙塑泡沫板规格与技术性能见表 9-13。

表 9-13　钙塑泡沫板规格与技术性能

名　称	规格/mm×mm×mm	技术指标
钙塑板(一般板) 有各种花色图案	500×500×(4~7)	密度/(g/cm³)：≤0.25 抗拉强度/MPa：≥0.8 断裂伸长率(%)：≥50 热导率/(W/m·K)：0.074 耐温/℃：−30~60 吸水性/(kg/m³)：≤0.05 吸声系数(Hz/吸声系数)： (7952-1 板：凹凸表面，穿孔、φ7、98mm 孔) $\frac{125}{0.08}$、$\frac{250}{0.16}$、 $\frac{500}{0.34}$、$\frac{1000}{0.16}$、$\frac{2000}{0.14}$、$\frac{4000}{0.17}$ (7952-1 板，容腹内放厚 30mm 超细玻璃棉) $\frac{125}{0.19}$、$\frac{250}{1.03}$、 $\frac{500}{0.42}$、$\frac{1000}{0.32}$、$\frac{2000}{0.21}$、$\frac{4000}{0.07}$
钙塑板(难燃板)	500×500×(4~7)	密度/(g/cm³)：≤0.3 抗拉强度/MPa：≥1.0 断裂伸长率(%)：≥60 热导率/(W/m·K)：0.081 耐温/℃：−30~80 自熄性/s：预燃 10s，离火自熄时间≤25 氧指数：>30

细节：轻钢龙骨吊顶的安装

轻钢龙骨吊顶施工的技术要点如下：

1）应在墙面、柱面或其他面层施工完成后，以及管道、线路安装完毕后进行施工。

2）根据设计吊顶高度在墙上放线。

3）安装吊杆。预制板下吊杆固定见图 9-3；现浇板下吊杆固定见图 9-4。

4）安装大龙骨。根据吊顶构造方式确定大龙骨的布置安装。U 形龙骨为单层构造时，大龙骨宜平行于房间短边布置；当为双层结构时，

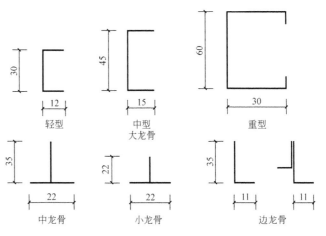

图 9-3　预制板下吊杆固定

大龙骨宜平行于房间的长边布置。T形龙骨只有双层构造，大龙骨宜平行于房间短边布置。单层轻钢龙骨平面布置见图9-5，双层轻钢龙骨平面布置见图9-6。

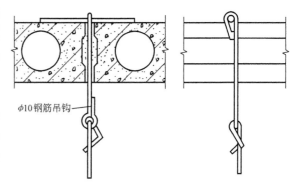

将大龙骨垂直吊挂件套在大龙骨上；使顶部吊杆下端穿入大龙骨垂直吊挂件上孔中，用螺母拧住，根据房间吊顶中点起拱高度（一般为房间短向跨度的1/200），计算出大龙骨各吊点起拱值，拧螺母调起拱，调完后，将垂直吊挂件紧固。

图9-4 现浇板下吊杆固定

5）根据设计选用的罩面板规格弹线，确定中、小龙骨位置。

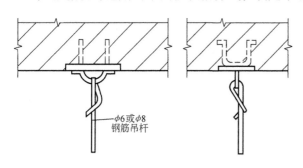

图9-5 单层轻钢龙骨平面布置

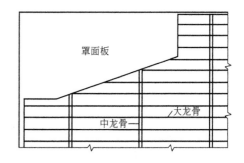

图9-6 双层轻钢龙骨平面布置

6）将中龙骨垂直吊挂件放在大龙骨上，将中龙骨扣住。如中龙骨与横撑相交，则在中龙骨上放平面连接件，横撑扣住中龙骨平面连接件。

7）将小龙骨垂直吊挂件放在大龙骨上，将小龙骨扣住。如小龙骨与横撑相交，则在小龙骨上放平面连接件，横撑扣住小龙骨平面连接件。

安装中、小龙骨时，吊挂件应夹紧，防止松紧不一。

8）罩面板安装。不同面层材料，要求的安装方法也不尽相同，有粘贴法、钉接法、卡接法、粘贴加钉接法等；板材的接缝有并缝、凹缝、压条等。

① 纸面石膏板安装：纸面石膏板的长边（包封边）应沿纵向中龙骨铺设；纸面石膏板与中龙骨固定时，应从中间向板的四周进行固定，不得多点同时作业；安装时，自攻螺钉与面纸包封的板边以10~15mm为宜，钉距以150~170mm为宜，螺钉头宜略埋入板面，钉眼用石膏腻子抹平；石膏板的接缝，应按设计要求进行板缝处理。

② 石膏板安装：用粘贴法时，胶结剂应涂抹均匀，粘实粘牢；用钉接法时，螺钉与板边距离不小于15mm，螺距为150~170mm，钉头嵌入石膏板深度为0.5~1.0mm，钉帽涂防锈涂料，用石膏腻子将钉眼抹平。

③ 矿棉吸音板安装：矿棉吸音板用粘贴法安装。用1:1水泥石膏粉加适量的107胶随调随用。在板背面按团状涂刷胶粘剂，每团中距不大于200mm，再将面板按线粘于底层板上。安装时，注意板背面箭头方向和白线方向一致。吸音板应留缝隙，每边缝隙不大于1mm。

④ 钙塑板安装：钙塑板可用粘贴法。用401胶在板背面四周涂刷，胶液稍干，手摸能拉出细丝时，进行粘贴，并及时擦去挤出的胶液。装饰板的交角处，用塑料小花固定时，应用木螺钉在小花之间沿板边按等距离加钉固定。用压条固定时，压条应平直，接口应严密。

⑤ 塑料板安装：安装塑料贴面复合板时，应先钻孔，而后用木螺钉或压条固定。用木螺钉时，螺距为400~500mm；用压条时，应先临时固定罩板，然后压条。

⑥ 金属装饰板安装：条板式板材一般可直接吊挂。方板板材用卡接。

细节：铝合金龙骨吊顶的安装

1. 铝合金龙骨吊顶材料

铝合金龙骨吊顶材料及配件见图9-7。

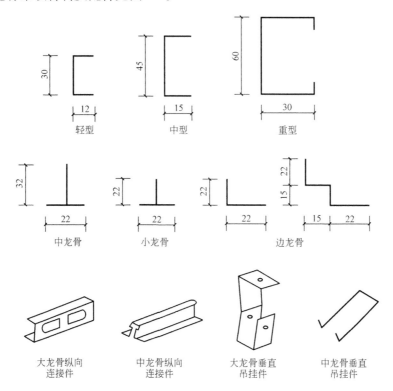

图9-7　铝合金龙骨吊顶材料及配件

铝合金吊顶板材见图9-8。

2. 铝合金吊顶施工技术要点

1）铝合金龙骨有两种布置方式：一种是大龙骨沿房间短向布置，中龙骨沿房间长向、小龙骨沿短向布置形式；另一种是大龙骨沿房间长向布置，中龙骨沿短向、小龙骨沿长向布置形式。布置形式应根据罩面板材料及设计要求确定。

2）安装吊杆和大龙骨安装方法与轻钢龙骨吊顶相同。

3）安装铝合金条板吊顶：

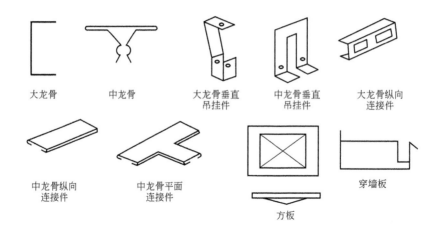

图9-8　铝合金吊顶板材

① 将条板龙骨吊挂件放在大龙骨上，若无大龙骨，可将吊挂件固定于吊杆上。用吊挂件下端扣住条板龙骨。

② 安装条板时，将其两侧挂边扣在条板龙骨下部的凸起部位。若用插缝板，则将插缝板嵌入条板拼缝中，见图9-9。

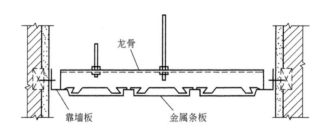

图9-9　条板吊顶安装示意图

③ 靠墙板安装的先与后应根据构造确定。可钉固于墙内的预埋木砖上，也可钻孔，用胀管木螺钉固定。

4）安装铝合金方板吊顶：

① 安装中龙骨，将中龙骨吊挂件放在大龙骨上，用扣件将中龙骨两翼扣住，予以紧固。

② 将方板棱夹在中龙骨内。

③ 靠墙处用靠墙板嵌入，一边夹在中龙骨内，一边与墙面抹灰层紧贴。

④ 采用上型龙骨时，方板应用带边沿的，方板边沿放在上型龙骨两翼上。

⑤ 采用上型龙骨时，靠墙处应将边龙骨钉固于墙内，用纸面石膏板补缺。

细节：吊顶工程的通病与预防

1. 吊顶面层不平

产生原因及预防措施见表9-14：

表 9-14　吊顶面层不平产生原因及预防措施

原　　因	预　防　措　施
安装主龙骨时，调整不到位	主龙骨安装时，应认真按标高线调平，可拉通线检查标高和平整度
操作中对吊挂件紧固程度不一	安装龙骨时，应将吊挂件紧固，施工中，加强对紧固情况的检查
边角处理不一致，安装不准确	边角处的固定点应按弹线安装准确，布点应均匀，安装时注意缝隙的一致
龙骨的分格安装与罩面板模数不相配套	龙骨的分格应按面板的规格尺寸进行安装，分格不可过大，避免板面产生挠度变形
罩面板质量差	使用的罩面板必须符合设计要求，使用前应仔细检查、挑选

2. 面板间隙不直

产生原因及预防措施见表 9-15：

表 9-15　面板间隙不直产生原因及预防措施

原　　因	预　防　措　施
操作方法不当，未按规定进行控制	安装时，应拉通线找直，并按拼缝中心线排放面板，安装时，应沿中心线和边线进行，保持缝隙一致
面板质量差，使用前未挑选	面板应符合设计要求，使用前，对规定尺寸有偏差的应予剔除

3. 压条不严不直

产生原因及预防措施见表 9-16：

表 9-16　压条不严不直产生原因及预防措施

原　　因	预　防　措　施
压条规格不一致	压条使用前，应与设计要求进行核对，使用的压条规格应一致
操作处理不当	压条安装时，应沿装钉线装钉，并拉线找正，接缝处理应符合规定

4. 面板留洞处刚度不足

产生原因：未按设计的节点构造设置龙骨及连接件。

预防措施：在留洞口、灯具口、通风口处，应按设计的洞口节点构造设置龙骨和连接件，保证吊挂的刚度。操作中，对节点构造应加强检查。

细节：饰面工程的材料要求

饰面板(砖)工程的一般材料及质量要求如下：

1. 天然大理石、花岗石饰面板

表面应平整，边缘整齐，棱角未损坏，无隐伤、风化等缺陷。

2. 人造石饰面板

表面应平整，几何尺寸准确，面层石粒均匀、洁净，颜色一致，边角整齐。

3. 金属装饰板

表面应平整、光滑、无皱折，颜色一致，边角整齐，涂膜厚度均匀。

4. 塑料饰面板

表面应平整，颜色一致，边角整齐，表面无皱折。

5. 饰面砖

表面应光洁，质地坚固，尺寸准确，颜色一致，无暗痕和裂纹。吸水率不大于 10%。

6. 陶瓷锦砖、玻璃锦砖

质地应坚硬，边棱整齐，尺寸正确，无翘曲、变形，无锦砖脱落，颜色一致。

细节：石材饰面板的安装

1. 各种石材饰面板的安装

（1）天然大理石饰面板

1）基层处理：此过程是防止饰面板安装后产生空鼓、脱落的关键工序之一。

① 镶贴饰面板的基体或基层，应有足够的稳定性和刚度，且表面应平整粗糙。

② 光滑的基层或基体表面，镶贴前应进行打毛处理，凿毛深度为 5~15mm，间距不大于 30mm。

③ 基层或基体表面残留的砂浆、尘土和油渍等用钢丝刷刷净，并用清水冲洗。

④ 找平层凝固后，分块弹出水平和垂直控制线。

2）抄平放线：柱子镶贴饰面板，应按设计轴线距离弹出柱子中心线和水平标高线。

3）饰面板检验和编号：

① 大理石板拆开包装后，挑选出品种、规格、颜色一致，无缺棱掉角的板料。剩下的破碎、变色、局部污染和缺边掉角的一律另行堆放。

② 按设计尺寸进行试拼，套方磨边，进行边角垂直度测量、平整度检验、裂缝检验和棱角缺陷检验，使尺寸大小符合要求，以便控制镶贴后的实际尺寸，保证宽高尺寸一致。

③ 要求颜色变化自然，一片墙或一个立面色调要和谐，花纹要对好，做到浑然一体，以提高装饰效果。

④ 预拼编号时，对各镶贴部位挑选石材应严，而且要把颜色、纹理最美的大理石板用于主要的部位，以提高建筑装饰美。

4）饰面板补修：缝隙用调有颜色的环氧树脂胶粘剂修补好。粘补处应和大理石板的颜色一致，表面平整而无接槎。

5）施工程序（传统湿法安装施工）：

① 绑扎钢筋网：按施工大样图要求的横竖距离，焊接或绑扎安装用的钢筋骨架。

② 预拼编号：为了能使大理石板安装时上下左右颜色花纹一致，纹理通顺、接缝严密吻合，安装前必须按大样图预拼编号。

③ 钻孔、剔凿、固定不锈钢丝：大理石饰面板预拼排号后，按顺序在板材侧面钻孔打眼，然后穿插和固定不锈钢丝。

④ 安装：安装顺序，一般由下向上，每层由中间或一端开始。

⑤ 临时固定：板材安装后，用纸或熟石膏将两侧缝隙堵严，上下口临时固定。

⑥ 灌浆：用稠度为 80~120mm 的 1:3 水泥砂浆分层灌注。灌注时不要碰动板材，也不要只从一处灌注，同时要检查板材是否因灌浆而外移。

⑦ 嵌缝：全部大理石饰面板安装完毕后，应将表面清理干净，并按板材颜色调制水泥色浆嵌缝，边嵌边擦干净，颜色应一致。安装固定后的板材，如面层光泽受到影响，要重新打蜡上光，并采取临时措施保护棱角。

（2）天然花岗石饰面板

1）普通板安装方法：对于边长大于 400mm 的大规格花岗石板材或高度超过 1m 时，通常采用镶贴安装方法。安装时，其接缝宽度：光面、镜面为 1mm；粗磨面、条纹面为 5mm；天然面为 10mm。

2）细琢面花岗石饰面板安装办法：细琢面花岗石饰面板材有剁斧板、机刨板和粗磨板等种类，其板厚一般为 50mm、76mm、100mm，墙面、柱面多采用板厚 50mm，勒脚饰面多用 76mm、100mm。

细琢面花岗石饰面板安装，一般通过镀锌钢锚件与基体连接锚固，锚固件有扁条锚件、圆形锚件和线型锚件等，因此根据其采用锚固件的不同，所采用的板材开口形式也各不相同。而用镀锌钢锚固件将饰面板与基体锚固后，缝中要分层灌筑 1:2.5 的水泥砂浆。

（3）人造石饰面板

1）镶贴前应进行划线，横竖预排，使接缝均匀。

2）胶接面用 1:3 水泥砂浆打底，找平划毛。

3）用清水充分浇湿要施工的基层面。

4）用 1:2 水泥砂浆粘贴。

5）背面抹一层水泥净浆或水泥砂浆，进行对活，由上往下逐一胶结在基层上。

6）待水泥砂浆凝固后，板缝或阴角部分用建筑密封膏或用 10:0.5:2.6（水泥:108胶:水）的水泥浆掺入与板材颜色相同的颜料进行处理。

2. 饰面板固定的具体做法

饰面板的固定方法较多，应根据工程性质进行选择，下面介绍几种常见的固定方法。

（1）绑扎固定灌浆法 此法是先在基体上焊接或绑扎钢筋网片，然后将石材与网片固定，最后在缝隙内灌水泥砂浆固定。

钢筋网与预埋铁件应连接牢固，预埋铁件可以预先埋好，也可以用冲击电钻在基体上打孔埋入短钢筋，用以绑扎或焊接固定水平钢筋。

其次要对大理石进行修边、钻孔、剔槽，以便穿绑铜丝（或钢丝）与墙面钢筋网片绑牢，固定饰面板。每块板的上下边钻孔数量不少于两个，板宽超过 500mm 时，应不少于 3 个。

大理石板材的安装应自下而上进行，首先确定第一层板的位置。方法是根据施工大样图的平面布置，考虑板材的厚度、灌缝宽度、钢筋网所占尺寸等确定距基层的尺寸，再将第一层板的下沿线或踢脚板的标高线确定，同时应弹出若干水平线和垂直线。

开始安装时，按事先找好的水平线和垂直线，在最下一行两头找平，用直尺托板和木楔按基线找平垫牢，拉上横线从中间或两头开始，按编号将板就位，然后将上下口的铜丝与钢筋网绑牢，并用木楔临时垫稳。随后用靠尺调整水平度和垂直度，注意上口平直，缝隙均匀一致，调整合格后，应再次系紧铜丝，如图 9-10 所示。

灌浆前，应用石膏进行临时固定，以防松动和错位，板两侧的缝隙可以用纸或石膏糊堵严密。

临时固定的石膏硬固后，用水泥砂浆在板材与基层之间灌浆作最后固定。

灌浆应分层灌入，第一次灌入高度不超过板高的1/3；均衡灌入后用铁棒轻轻捣实，切忌猛捣猛灌，以免石板错位。第二层灌浆在第一层灌浆1~2h后进行，灌至板的1/2高度处。第三层灌浆低于板材上口5~10cm，作为上下层石板灌浆的接缝，以加强上下层板材之间的连接。

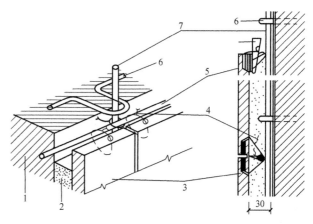

图9-10　饰面板钢筋网片固定
1—墙体　2—水泥砂浆　3—大理石板　4—铜丝或钢丝
5—横筋　6—铁环　7—立筋

一层石板安装灌浆完毕后，砂浆初凝时即可清理上口余浆杂物，并用棉纱擦干净。隔天再清理木楔、石膏及杂物，将板材清扫干净后，即可重复上述操作安装另一层石材，反复循环直至安装完毕为止。

全部石板安装完毕后，应按板材的颜色调制水泥色浆嵌缝。边嵌边擦干净，使缝隙密实干净，颜色一致。

嵌缝完成后，应将板面清理干净，重新打蜡上光，并对棱角采取保护措施。

（2）钉固定灌浆法　这种方法不用焊钢筋网，基体处理完之后，在板材上打直孔，在基体上钻斜孔，利用U形钉将板材紧固在基体上，然后分层灌浆。

板材钻孔要求在板两端1/4板宽处，在板厚中心钻直孔，孔径为6mm，深度为35~40mm，板宽≤500mm时打两个孔，板宽>500mm时打3个孔，板宽>800mm时打4个孔，并在顶端剔出深7mm的槽，或按错口缝做法进行边加工，以便安装U形钉，如图9-11所示。

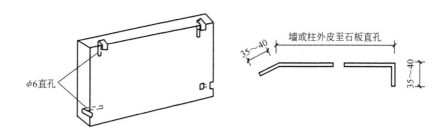

图9-11　大理石钻直孔和U形孔

基体上要求钻45°的斜孔，孔径为6mm，孔深为40~50mm。

石板的就位、固定如图9-12所示。首先将板材按大样图就位，然后依板材至基体间的距离，用45mm的不锈钢丝制成U形钉，U形钉的尺寸如图9-11所示。将U形钉的一端勾进大理石板直孔内，并用硬木楔子楔紧；另一端勾进基体的斜孔内，校正板的位置后，也用小楔子背紧。接着在板材与基体之间用大木楔紧固U形钉。

上述工作完成后，即可进行分层灌浆固定，其余工序与上述绑扎灌浆固定法相同。

（3）钢针式干挂法　上述两种方法存在粘结性能低，抗震性能差的缺点，而且水泥砂浆的潮气易从缝隙中析出，产生水线污染板面，破坏外观装饰效果。钢针式干挂工艺是利用高强螺栓和耐腐蚀、强度高的柔性连接件，将薄型石材饰面干挂在建筑物的外表面，由于连接件具有三维的调节空间，增加了石材安装的灵活性，易于使饰面平整，如图9-13所示。

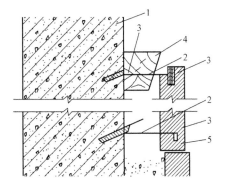

图9-12　石板就位、固定示意图
1—基体　2—U形钉　3—硬木小楔
4—大头木楔　5—石板

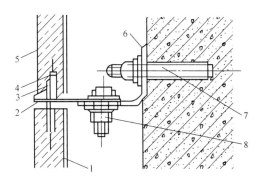

图9-13　干挂安装示意图
1—玻璃纤维布增强层　2—嵌缝　3—钢针
4—长孔（充填环氧树脂胶粘剂）　5—石材薄板
6—L形不锈钢固定件　7—膨胀螺栓　8—紧固螺栓

干挂法安装大理石板的工艺流程如下：

1）弹线及挂竖向线。在石材安装前，必须先用经纬仪在结构上找出角上两个面的垂直线，然后挂线，再根据设计要求弹出石材的位置线。

2）石材钻孔。石材须按设计要求预先钻孔，钻孔位置必须准确，孔中的粉末要及时倒出，孔的深度应一致，钻孔后立即分类编号存放。

3）石材背后涂附加层。石材背面刷胶粘剂，贴玻璃纤维网格布，此附加层对石材有保护和增强作用，涂层干燥后方可施工。

4）支底层石材托架，放置底层石板，调节并临时固定。用冲击钻在结构上钻孔，插入膨胀螺栓，镶L形不锈钢固定件。

5）用胶粘剂灌入下层板材上部孔眼，插入连接钢针（ϕ4mm不锈钢，长为40mm），使板材与L形不锈钢固定件相连接，并进行校正和固定。

6）将胶粘剂灌入上层板材下端孔内，再将上层板材对准钢针插入，重复以上操作，直至完成全部板材的安装，最后镶顶层板材。

7）清理板材饰面，贴防污胶条，嵌缝，刷罩面涂料。

细节：金属饰面板的安装

1. 铝合金板幕墙安装

（1）放线　固定骨架，首先要将骨架的位置弹到基层上。只有放线，才能保证骨架施工的准确性。骨架固定在结构上，放线前要检查结构的质量，如果结构垂直度与平整度误差较大，势必影响骨架的垂直与平衡。放线最好一次放完，如有差错，可随时进行调整。

（2）固定骨架连接件　骨架的横、竖杆件是通过连接件与结构固定，而连接件与结构之间可以与结构的预埋件焊牢，也可以在墙上打膨胀螺栓，见图9-14。

（3）固定骨架　骨架应预先进行防腐处理。安装骨架位置要准确，结合要牢固。安装后，检查中心线、表面标高等。对多层或高层建筑外墙，为了保证板的安装精度，宜用经纬仪对横、竖杆件进行贯通。变形缝、沉降缝、变截面处等应妥善处理，使之满足使用要求。

（4）安装铝合金板 铝合金板的安装固定既要牢固、同时也要简便易行。

（5）收口构造处理 虽然铝合金装饰墙板在加工时，其形状已考虑了防水性能，但若遇到材料弯曲，接缝处高低不平，其形状的防水功能可能失去作用，这种情况在边角部位更加明显，诸如水平部位的压顶，端部的收口，伸缩缝、沉降缝的处理，两种不同材料的交接处理等。这些部位往往是饰面施工的重点，因为它不仅关系到美观问题，同时对功能影响也较大。因此，一般用特制的铝合金成型板进行妥善处理。

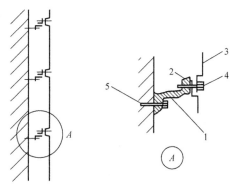

图 9-14 铝合金板连接示意图
1—连接件 2—角钢 3—铝合金板
4—螺栓 5—膨胀螺栓

2. 彩色压型钢板复合墙板安装

1）复合板安装是用吊挂件把板材挂在墙身骨架檩条上，再把吊挂件与骨架焊牢，小型板材，也可用钩形螺钉固定。

2）板与板之间的连接，水平缝为搭接缝，竖缝为企口缝，所有接缝处，除用超细玻璃棉塞严外，还用自攻螺钉钉牢，钉距为 200mm。

3）门窗孔洞、管道穿墙及强面端头处，墙板均为异形板，女儿墙顶部、门窗周围均设防雨泛水板，泛水板与墙板的接缝处，用防水油膏嵌缝；压型板墙转角处，均用槽型转角板进行外包角和内包角，转角板用螺栓固定。

4）安装墙板可用脚手架，或利用檐口挑梁加设临时单轨，操作人员在吊篮上安装和焊接。板的起吊可在墙的顶部设滑轮，然后用小型卷扬机或人力吊装。

5）墙板的安装顺序是从厂房边部竖向第一排下部第一块板开始，自下而上安装。安装完第一排再安装第二排。每安装 10 排墙板后，吊线坠检查一次，以便及时消除误差。

6）为了保证墙面外观质量，需在螺栓位置划线，按线开孔，采用单面施工的钩形螺栓固定，使螺栓的位置横平竖直。

7）墙板的外、内包角及钢窗周围的泛水板，须在现场加工的异形件，应参考图纸，对安装好的墙面进行实测，确定其形状尺寸，使其加工准确，便于安装。

细节：饰面砖的镶贴

1. 釉面砖的镶贴

釉面砖的镶贴方法有水泥砂浆粘贴和胶粘剂粘贴两大类，前者易产生空鼓脱落现象，后者造价较高，对基底要求也高。

（1）水泥砂浆粘贴法的施工要点

1）基层处理。饰面砖应粘贴在湿润、干净的基层上，以保证粘贴牢固。不同的基层应分别做以下处理：纸面石膏板基层先用腻子嵌填板缝，然后在基层上粘贴玻璃丝网布形成整体；砖墙应用水湿润后，用 1:3 水泥砂浆打底搓毛；混凝土墙面应先凿毛，并用水湿润，刷一道 108 胶素水泥浆，用 1∶3 水泥砂浆打底搓毛；加气混凝土基层先用水湿润表面后，修补缺棱掉角处，隔天刷 108 胶素水泥浆，并用 1∶1∶6 混合砂浆打底搓毛。

2）釉面砖浸水、预排。釉面砖使用前应套方选砖，大面所用的砖的颜色、大小应一致，使用前放入水中浸泡 2h 以上，取出阴干备用。预排的目的是保证缝隙均匀，同一墙面的横竖排列不得有一行以上的非整砖。非整砖应排在次要部位或阴角处，接缝宽度可在 1～1.5mm 调整。砖的排列可采用直线排列和错缝排列两种方式。

3）分格弹线、立皮数杆。根据预排计算出镶贴面积，并求出纵横的皮数，由此划出皮数杆，并根据皮数杆的皮数在墙上的水平和竖直方向用粉线弹出若干控制线，以控制砖在镶贴过程中的水平度和垂直度，防止砖在镶贴过程中因自重而下滑，保证缝隙横平竖直。

4）做灰饼。用废釉面砖按粘结层厚度用混合砂浆于四角贴标志块，用托线板上下挂直，横向拉通，补做间距为 1.5m 的中间标准点，用以控制饰面的平整度和垂直度（见图 9-15）。

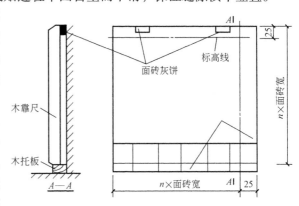

图 9-15　釉面砖的镶贴

5）釉面砖的镶贴。釉面砖镶贴时，宜从墙的阳角自下往上进行。在底层第一整块砖的下方用木托板（见图 9-15）支牢，防止下滑。镶贴一般用 1∶2（体积比）水泥砂浆（可掺入不大于水泥用量 15% 的石灰膏）刮满砖的背面（厚为 6～8mm），贴于墙面用力按压，并用铲刀木柄轻轻敲击，使砖密贴墙面，再用靠尺按灰饼校正平直。高出标志块可再轻击调平，低于标志块的应取出重贴，不要在砖口处往里塞灰，以免造成空鼓。

镶贴完第一行砖以后，按上述步骤往上镶贴，在镶贴过程中要随时调整砖面的平整度和垂直度。砖缝要横平竖直，如因砖尺寸误差较大，应尽量在每块砖的范围内随时调整，避免砖缝的累积误差过大，造成砖缝宽窄不一致。当贴到最上面一行时，要求上口成一直线，上口如无镶边，就应用一面圆的釉面砖，阳角的大面一侧应用圆的釉面砖。

6）勾缝及清洁面层。釉面砖镶贴完毕后，应用清水将砖的表面擦洗干净，砖缝用白水泥浆坐缝，然后用棉纱及时擦净，切不可等砖面上的水泥干后再擦洗。擦洗不及时极易造成砖面污染。全部完工以后，根据砖面的污染情况分别用棉丝、砂纸或稀盐酸处理，并用清水冲洗干净。

（2）用胶粘剂粘贴的施工要点　下面以 SG-8407 胶粘剂镶贴釉面砖为例说明其施工要点。

用胶粘剂镶贴釉面砖的基层准备同水泥砂浆粘贴法，但对基层的平整度要求较高，用 2m 长的靠尺检查，饰面的平整度应在 3mm 以内。

1）调制粘结浆料。将 32.5 级以上普通硅酸盐水泥加入 SG-8407 胶液，拌和至适宜的施工稠度待用。当粘结厚度大于 3mm 时，应加砂子，水泥∶砂子 = 1∶1～1∶2。砂子应用 ϕ2.5mm 筛子过筛的干净中砂。

2）刮浆粘贴。用钢抹子将粘结浆料横刮在已做好基层准备的墙面上，然后用带齿的铁板在已抹的粘结浆料上，刮出一条条的直棱，以增加砖与墙面的粘结力。在已安置好的木托板上镶贴第一皮釉面砖，并用橡胶槌逐块轻轻敲实。重复上述操作，随后将尼龙绳（直径以不超过釉面砖的厚度为宜）放在已铺贴第一皮釉面砖上方的灰缝位置，紧靠尼龙绳上铺贴第二皮釉面砖。在镶贴过程中，每铺一皮砖宜用尺靠在砖的顶面检查上口水平，再用直尺放在砖的平面上检查平面的平整度，发现不正及时纠正。每铺贴2~3皮砖，用直尺或线坠检查一下垂直度，不符合要求随时纠正。

反复循环上面的操作，釉面砖自下而上逐层铺贴完，隔1~2h，即可将灰缝的尼龙绳拉出。大面砖铺到上口，必须平直成一条线，上口应用一面圆的釉面砖粘贴。墙面贴完后，必须整体检查一遍平整度和垂直度，缝宽不均匀者应调整，并将调缝的砖重新敲实，以防空鼓。

3）灌浆擦缝。釉面砖铺贴完后3~4h，即可进行灌浆擦缝，用白水泥加水调成糊状，用长毛刷蘸白水泥浆在墙面砖缝上刷，待水泥浆逐渐变稠时，用布将水泥擦去，使灰缝填嵌密实饱满，防止漏擦或不均匀现象。

2. 外墙面砖贴面

1）按设计要求挑选规格、颜色一致的面砖，面砖使用前在清水中浸泡2~3h后阴干备用。

2）根据设计要求，统一弹线分格、排砖，一般要求横缝与贴脸或窗台一平，阳角窗口都是整砖，并在底子灰上弹上垂直线。横向不是整块的面砖时，要用合金钢锯和砂轮切割整齐。如按整块分格，可采取调整砖缝大小解决。

3）外墙面砖粘贴排缝种类很多，原则上要按设计要求进行。

4）用面砖做灰饼，找出墙面、柱面、门窗套等横竖标准，阳角处要双面排直，灰饼间距为1.6mm。

5）粘贴时，在面砖背后满铺粘结砂浆。粘贴后，用小铲柄轻轻敲击，使之与基层粘接牢固。并用靠尺随时找平找正。贴完一皮砖后，需将砖上口灰刮平，每日下班前应清理干净。

6）在与抹灰交接的门窗套、窗正墙、柱子等处先抹好底子灰，然后粘贴面砖。罩面灰可在面砖粘贴后进行。面砖与抹灰交接处做法可按设计要求处理。

7）分格条在粘贴前应用水充分浸泡，以防胀缩变形。在粘贴面砖次日取出。起分格条时要轻巧，避免碰动面砖，不能上下撬动。在面砖粘贴完成一定流水段后，立即用1∶1水泥砂浆勾第一道缝，再用与面砖同色的彩色水泥砂浆勾凹槽，凹进深度为3mm。

8）整个工程完工后。应加强养护。同时可用稀盐酸刷洗表面，并随时用水冲洗干净。

3. 陶瓷锦砖的镶贴

陶瓷锦砖俗称"马赛克"，是以优质的瓷土烧制成的小块瓷砖，有挂釉和不挂釉两种，可用于门厅、走廊、餐厅、卫生间、浴室等处的地面和墙面装饰。

目前陶瓷锦砖流行的镶贴方法有水泥素浆粘贴和胶粘剂粘贴两类。

（1）水泥素浆粘贴

1）施工准备。施工准备包括基层处理和准备，排砖、分格，绘制墙面施工大样，放水平和竖直施工控制线，做小样板等，基本与釉面砖的要求相同。

2）镶贴。按已弹好的水平线在墙面底层放直靠尺，并用水平尺校正垫平支牢，由下往上铺贴锦砖，如图9-16所示。

铺贴时，先湿润墙面，刮一道素水泥浆后抹上 2mm 厚的水泥粘结层，将陶瓷锦砖放在如图 9-17 所示的木垫板上，纸面朝下，锦砖的背面朝上，砖面水刷一遍再刮一道白水泥浆，要求刮至锦砖的缝隙中，然后将刮满浆的锦砖铺贴在墙上，按顺序由下往上铺贴，注意缝对齐，缝格一致。锦砖铺贴到墙面后应用木锤轻击垫板，并将所有砖面轻敲一遍，使其与墙面粘贴密实。

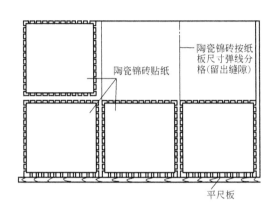

图 9-16　陶瓷锦砖的镶贴示意图

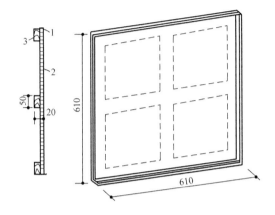

图 9-17　木垫板
1—四边包 0.5mm 薄钢板　2—三合板面层
3—木垫板底盘架

3）揭纸。一般每铺贴完 2~3m² 陶瓷锦砖，在结合层砂浆凝固前用软毛刷刷水湿润锦砖的护面纸，刷匀刷透，待护面纸吸水泡开，胶质水解松涨后（约 15~20min）即开始揭纸。揭纸时先试揭，在感到轻松无粘结时再一起揭去，用力方向应与墙面平行，以免拉掉小瓷粒。揭纸工作应在水泥初凝前完成，以便拨缝工作顺利完成。

揭纸过程中拉掉的个别小瓷粒应及时补上，掉粒过多说明护面纸未泡透，此时应用抹子将其重新压紧，继续刷水湿润，直至揭纸无掉粒为止。

4）拨缝。揭纸后检查砖缝，不符合要求的缝要在粘结层砂浆凝固前拨正。拨正后要用小锤轻轻敲击一遍，以增强与墙面的粘结和密实。

5）擦缝。擦缝的目的是使陶粒之间粘结牢固，并加强陶粒与墙面的粘结，外观平整美观。

方法是用棉纱蘸水泥浆擦缝，注意密实和均匀，并用棉纱清理多余的水泥浆，然后用水冲洗，最后用干净的棉纱擦干砖面，切忌砖面残留水泥浆弄花面层。

（2）AH-05 建筑胶粘剂镶贴陶瓷锦砖

1）施工准备。将基层清理干净，用胶∶水泥 = 1∶2~1∶3 的灰浆（1mm 厚）抹在墙面作粘结层，并按放样图弹出水平分格线和垂直线。

2）镶贴。在墙面最下层已弹好的水平线上支上靠尺，并校正垫平垫牢，将锦砖放在木垫板上，纸面朝下，将搅拌均匀的胶粘剂（胶∶水泥 = 1∶2~1∶3）刮于缝内，并在砖面上留出薄薄的一层胶，将锦砖铺贴在墙面上，一手压住垫板一手用小锤轻轻敲一遍垫板，敲平敲实。

3）揭纸和拨缝。在铺贴完锦砖 0.5~1h 后，在锦砖的护面纸上均匀刷水湿润泡开，20~30min 后开始揭纸并拨缝。

4）擦缝：方法同前。

细节：涂料的功能及分类

1. 建筑装饰涂料的功能

（1）保护墙体　由于建筑物的墙体材料多种多样，选用适当的建筑装饰涂料，可对墙面起到一定的保护作用，一旦涂膜遭受破坏，还可重新涂饰。

（2）美化建筑物　不仅可使建筑物外观美观，而且可以做出线条，增加质感，起到美化城市的作用。

（3）多功能作用　有些建筑涂料可以起到保色、隔声、吸声等作用，经过特殊配制的涂料，还可起到防水、防火、防腐蚀、防霉、防静电和保健等作用。

2. 建筑装饰涂料的分类

建筑装饰涂料的分类见表 9-17。

表 9-17　建筑装饰涂料的分类

分 类 原 则	名 称	分 类 原 则	名 称
按用途	外墙涂料	按材质（成膜物质）	有机无机复合型涂料
	内墙涂料	按涂层质感	薄质涂料
	地面（或地板）涂料		厚质涂料
	顶棚涂料		复层涂料
按材质（成膜物质）	有机涂料		多彩涂料
	无机涂料		

细节：涂饰工程的施工

建筑装饰涂料一般适用于混凝土基层、水泥砂浆或混合砂浆抹面、水泥石棉板、加气混凝土、石膏板砖墙等各种基层面。一般采用刷、喷、滚、弹涂施工。

1. 基层处理和要求

1）新抹砂浆常温要求在 7d 以上，现浇混凝土常温要求在 28d 以上，方可涂饰建筑涂料，否则会出现粉化或色泽不均匀等现象。

2）基层要求平整，但又不应太光滑。孔洞和不必要的沟槽应提前进行修补，修补材料可采用 108 胶加水泥和适量水调成的腻子。太光滑的表面对涂料粘接性能有影响；太粗糙的表面，涂料消耗量大。

3）在喷、刷涂料前，一般要先喷、刷一道与涂料体系相适应的冲稀了的乳液，稀释了的乳液透渗能力强，可使基层坚实、干净，粘接性好并节省涂料。如果在旧涂层上刷新涂料，应除去粉化、破碎、生锈、变脆、起鼓等部分，否则刷上的新涂料就不会牢固。

2. 涂饰程序

外墙面涂饰时，不论采取何种工艺，一般均应由上而下、分段分片进行涂饰，分段分片的部位应选择在门、窗、拐角、水落管等处，因为这些部位易于掩盖。内墙面涂饰时，应在顶棚涂饰完毕后进行，由上而下分段涂饰；涂饰分段的宽度要根据刷具的宽度以及涂料稠度决定；快干涂料慢涂宽度为 15~25cm，慢干涂料快涂宽度为 45cm 左右。

3. 刷、喷、滚、弹涂施工要点

（1）刷涂 涂刷时，其涂刷方向和行程长短均应一致。涂刷层次一般不少于两度，在前一度涂层表干后才能进行后一度涂刷。前后两次涂刷的相隔时间与施工现场的温度、湿度有密切关系，通常不少于 2~4h。

（2）喷涂

1）在喷涂施工中，涂料稠度、空气压力、喷射距离、喷枪运行中的角度和速度等方面均有一定要求。

2）施工时，应连续作业，一气呵成，争取到分格缝处再停歇。室内喷涂一般先喷顶后喷墙，两遍成活，间隔时间为 2h；外墙喷涂一般为两遍，较好的饰面为三遍。罩面喷涂时，喷离脚手架 10~20cm 处，往下另行再喷。作业段分割线应设在水落管、接缝、雨罩等处。

3）当灰浆管道堵塞而又不能马上排除故障时，要迅速改用喷斗上料继续喷涂，不留接搓，直到喷完为止，以免影响质量。

4）要注意基层干湿度，尽量使其干湿度一致。

5）颜料一次不要拌得太多，避免变稠再加水。

（3）滚涂施工

1）施工时，在辊子上蘸少量涂料后再在被滚墙面上轻缓平稳地来回滚动，直上直下，避免歪扭蛇行，以保证涂层厚度一致、色泽一致、质感一致。

2）滚涂分为干滚法和湿滚法两种。干滚法辊子上下一个来回，再向下走一遍，表面均匀拉毛即可；湿滚法要求辊子蘸水上墙，或向墙面洒少量的水，滚到花纹均匀为止。

3）横滚的花纹容易积尘污染，不宜采用。

4）如产生起砂现象，应再薄抹一层砂浆重新滚涂，不得事后修补。

5）因罩面层较薄，因此要求底层顺直平整，避免面层产生露底现象。

6）滚涂应按分格缝或分段进行，不得任意甩搓。

（4）弹涂施工（宜用云母片状和细料状涂料）

1）彩弹饰面施工的全过程都必须根据事先所设计的样板上的色泽和涂层表面形状的要求进行。

2）在基层表面先刷 1~2 度涂料，作为底色涂层。待底色涂层干燥后，才能进行弹涂。门窗等不必进行弹涂的部位应予遮挡。

3）弹涂时，手提彩弹机，先调整和控制好浆门、浆量和弹棒，然后开动电动机，使机口垂直对准墙面，保持适当距离（一般为 30~50cm），按一定手势和速度，自上而下，自右（左）至左（右），循序渐进，要注意弹点密度均匀适当，上下左右接头不明显。

4）大面积弹涂后，如出现局部弹点不均匀或压花不符合要求影响装饰效果时，应进行修补，修补方法有补弹和笔绘两种。修补所用的涂料，应与刷底或弹涂同一颜色。

参 考 文 献

[1] 中华人民共和国国家质量监督检验检疫总局 . GB/T 197—2018 普通螺纹 公差[S]. 北京：中国标准出版社，2004.

[2] 中国国家标准化管理委员会 . GB/T 18102—2007 浸渍纸层压木质地板[S]. 北京：中国标准出版社，2008.

[3] 中华人民共和国住房和城乡建设部 . GB 50010—2010 混凝土结构设计规范[S]. 北京：中国建筑工业出版社，2011.

[4] 中华人民共和国住房和城乡建设部 . GB/T 50080—2016 普通混凝土拌和物性能试验方法标准[S]. 北京：中国建筑工业出版社，2003.

[5] 中华人民共和国住房和城乡建设部 . GB 50082—2009 普通混凝土长期性能和耐久性能试验方法标准[S]. 北京：中国建筑工业出版社，2009.

[6] 中华人民共和国住房和城乡建设部 . GB 50108—2008 地下工程防水技术规范[S]. 北京：中国计划出版社，2009.

[7] 中华人民共和国住房和城乡建设部 . GB 50119—2013 混凝土外加剂应用技术规范[S]. 北京：中国计划出版社，2014.

[8] 中华人民共和国住房和城乡建设部 . GB 50202—2018 建筑地基基础工程施工质量验收规范[S]. 北京：中国计划出版社，2002.

[9] 中华人民共和国住房和城乡建设部 . GB 50204—2015 混凝土结构工程施工质量验收规范[S]. 北京：中国建筑工业出版社，2015.

[10] 中华人民共和国住房和城乡建设部 . GB 50205—2001 钢结构工程施工质量验收规范[S]. 北京：中国计划出版社，2001.

[11] 中华人民共和国住房和城乡建设部 . GB 50207—2012 屋面工程质量验收规范[S]. 北京：中国建筑工业出版社，2012.

[12] 中华人民共和国住房和城乡建设部 . GB 50208—2011 地下防水工程质量验收规范[S]. 北京：中国建筑工业出版社，2012.

[13] 中华人民共和国住房和城乡建设部 . GB 50210—2018 建筑装饰装修工程质量验收规范[S]. 北京：中国建筑工业出版社，2001.

[14] 中华人民共和国住房和城乡建设部 . JGJ 18—2012 钢筋焊接及验收规程[S]. 北京：中国建筑工业出版社，2012.

[15] 中华人民共和国住房和城乡建设部 . JGJ 55—2011 普通混凝土配合比设计规程[S]. 北京：中国建筑工业出版社，2011.

[16] 中华人民共和国住房和城乡建设部 . JGJ 70—2009 建筑砂浆基本性能试验方法标准[S]. 北京：中国建筑工业出版社，2009.

[17] 中华人民共和国住房和城乡建设部 . JGJ 94—2008 建筑桩基技术规范[S]. 北京：中国建筑工业出版社，2008.

[18] 中华人民共和国住房和城乡建设部 . JGJ 107—2016 钢筋机械连接技术规程[S]. 北京：中国建筑工业出版社，2010.

—同类书推荐—

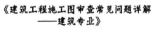

读者调查问卷

亲爱的读者：

感谢您对机械工业出版社建筑分社的厚爱和支持，并再次对您填写并寄出（或传真或 E-mail）下面的读者调查问卷表示由衷地感谢！

请邮寄到：北京市百万庄大街 22 号机械工业出版社　建筑分社　收　邮编 100037

电话或传真：010— 68994437　E-mail：cmpjz2008@ 126. com

读者调查问卷

姓　名				性　别	□男 □女	年　龄	
有效联系方式	地　址					邮政编码	
	电话	手机/小灵通		网络	E-mail		
		住宅			QQ/MSN		
		办公室			其他即时方式		
现从事专业			从事现专业时间			所学专业	
现有职称	□建筑师　□建筑工程师　□土木工程师　□结构工程师　□建造师　□公用设备工程师 □咨询工程师　□房地产估价师　□城市规划师　□设备监理师　□造价工程师 □电气工程师　□安全工程师　□房地产经纪人　□化工工程师　□其他						
教育程度	□初中以下　□技校/中专/职高/高中　□大专　□本科　□硕士及以上						
个人平均月收入（元）	□1000 以下　□1000~2000　□2000~3000　□3000~5000 □5000~8000　□8000~12000　□12000 以上						
购书名称							
本书购买决定	□书店　□网上书店　□邮购　□上门推销　□其他						
促使您决定购买直接原因	□内容　□书名　□封面　□现场人员推荐　□报纸/期刊广告 □电视/网络广告　□同事/同行/朋友推荐　□其他						
您愿意收到与您职业/专业相关图书的信息					□愿意　□不愿意		
您有何建议？							

注：1. 可选择项目用笔在□划"√"即可。

　　2. 对信息填写完整的读者，我们将努力为您的职业发展提供更多量身定做的贴心服务（如提供相关职业图书信息，机械工业出版社及其合作伙伴的信息或礼品等）。